21世纪普通高等教育基础课系列教材

新编大学物理教程
下册

主　编　陈兰莉　石明吉
副主编　王生钊　宋金璠
　　　　王世娜　海　帮
参　编　陈　岩　尹应鹏
　　　　龚　裴　于家辉
　　　　张云云

机械工业出版社

本套书依据教育部高等学校大学物理课程教学指导委员会编制的 2023 版《理工科类大学物理课程教学基本要求》的框架编写而成，涵盖了该基本要求的核心内容，并增加了部分拓展内容。本套书编写团队成员陈兰莉、宋金璠、石明吉等在 2021 年度被教育部授予课程思政教学名师，教材编写凝聚了编者多年的教学经验，力求生动、简洁、富有吸引力。本套书分为上、下两册，共 18 章，包含力学、热学、电磁学、振动和波、波动光学、相对论和量子力学、核物理和粒子物理等内容，由基本内容、本章逻辑主线、拓展阅读、思考题及习题等板块构成。此外，为了拓展读者的知识面、提高学习兴趣，还增加了部分选学内容（以"＊"号标识）；第 18 章介绍了物理学在前沿科学和技术中的应用，以适应不同专业学生需求。

本套书可作为理工科院校尤其是应用型本科院校的大学物理教材，对物理类专业学生也有一定的参考价值。

图书在版编目（CIP）数据

新编大学物理教程．下册/陈兰莉，石明吉主编．
北京：机械工业出版社，2025.1（2025.9重印）．--（21 世纪普通高等教育基础课系列教材）．-- ISBN 978－7－111－77096－1
Ⅰ.04
中国国家版本馆 CIP 数据核字第 2024Q4X205 号

机械工业出版社（北京市百万庄大街 22 号　邮政编码 100037）
策划编辑：张金奎　　　　　责任编辑：张金奎　汤　嘉
责任校对：梁　园　张　征　封面设计：王　旭
责任印制：单爱军
北京盛通数码印刷有限公司印刷
2025 年 9 月第 1 版第 2 次印刷
184mm×260mm・18 印张・467 千字
标准书号：ISBN 978－7－111－77096－1
定价：56.80 元

电话服务　　　　　　　　　网络服务
客服电话：010-88361066　　机　工　官　网：www.cmpbook.com
　　　　　010-88379833　　机　工　官　博：weibo.com/cmp1952
　　　　　010-68326294　　金　书　网：www.golden-book.com
封底无防伪标均为盗版　机工教育服务网：www.cmpedu.com

前　言

"杠杆轻撬，一个世界从此转动；王冠潜底，一条定理浮出水面；苹果落地，人类飞向太空；蝴蝶振羽，风云为之色变；三棱镜中折射出七色彩虹，大漠荒原上升腾起蘑菇烟尘。"这就是美妙的物理学，实验室中窥探上帝的杰作——对称而又简洁，有趣而又深刻。

一、物理学的研究对象

物理学是探讨物质结构、运动基本规律和相互作用的科学。

物理学是一门实验科学，物理学实验是物理学理论正确与否的仲裁者。

随着科学的发展，从物理学中不断地分化出了粒子物理、原子核物理、原子分子物理、凝聚态物理、激光物理、电子物理、等离子体物理等名目繁多的新分支。此外，从物理学和其他学科中还生长出来了天体物理、地球物理、化学物理、生物物理等众多交叉学科。

物理学是一切自然科学的基础，也是当代工程技术的支柱。

二、物理学对科学技术的推动以及在学生全面素质培养中的作用

现代科学技术正以惊人的速度发展。在物理学中，每一学科的发展都成为新技术发明或生产方法改进的基础。首先，物理学定律是揭示物质运动的规律的，使人们在技术上运用这些定律成为可能；第二，物理学有许多预言和结论，为开发新技术指明了方向；第三，新技术的发明、改进和传统技术的根本改造，无论是原理或工艺，也无论是试验或应用，都直接与物理学有着密切的关系。若没有物理基本定律与原理的指导，可以毫不夸大地说，就不可能有现代生产技术的大发展。

在 18 世纪以蒸汽机为动力的生产时代，蒸汽机的不断提高改进，物理学中的热力学与机械力学是起着相当重要的作用的。19 世纪中期开始，电力在生产技术中日益发展起来了，这是与物理中电磁学理论建立与应用分不开的。现代原子能的应用、激光器的制造、人造卫星的上天、电子计算机的发明以及生物工程的兴起等，都是与物理学理论有着千丝万缕的密切联系的。物理学本身就是以实验为基础的科学，物理学实验既为了物理学发展创造条件，同时也为了现代工农业生产技术的研究打下了基础。从 20 世纪初开始，超高压装置、超低温设备、油扩散真空泵的先后发明，为现代创造极端物质材料提供了条件。随着电力和电子技术的广泛应用，出现了各种用途重大、精确计量的电动装置和电子仪器。自伦琴发现 X 光、汤姆逊发现电子以后，相继又有阿普顿质谱仪的发明以及同位素测定、红外线光谱、原子光谱等仪器的产生。20 世纪 30 年代发明的电子示波器、电子显微镜，以及 20 世纪 40 年代发明的电子计算机等，不但使物理学家可直接观察到电子运动规律和物质结构等微观现象，而且也为技术应用开拓了一条技术研究及自动化控制的新途径。

20 世纪以来，以相对论与量子力学的创立为标志的现代物理学研究工作，从理论和实践两个方面，对人类认识和社会发展起到了难以估量的作用。物理学理论的发展，正在从三个层次上把人类对自然界的认识推进到了前所未有的深度和广度。在微观领域内，已经深入到基

本粒子的亚核世界（10^{-15} cm），并建立起统一描述电磁、弱、强相互作用的标准模型，还引起了人们测量观、因果观的深刻变革。特别是量子力学的建立，为描述自然现象提供了一个全新的理论框架，并成为现代物理学乃至化学、生物学等学科的基础。在宇观领域内，研究的探针已达到 10^{28} cm 的空间标度和 10^{17} s 的宇宙纪元；广义相对论的理论预言，在巨大的时空尺度上得到了证实，引起了人们时空观、宇宙观的深刻变革。在宏观领域内，关于物质存在状态和运动形式的多样性、复杂性的探索，也取得了突破性的进展。

在世纪之交的 1999 年 3 月，第 23 届国际纯粹物理与应用物理联合会（IUPAP）在美国亚特兰大举行，与会代表通过了题为"物理学对社会的重要性"的决议，认为：（1）物理学是一项激动人心的智力探险活动，它鼓舞着年轻人，并扩展着我们关于大自然知识的疆界；（2）物理学发展着未来技术进步所需的基本知识，而技术进步将持续驱动着世界经济发动机的运转；（3）物理学有助于技术的基本建设，它为科学进步和发明的利用，提供所需训练有素的人才；（4）物理学在培养化学家、工程师、计算机科学家，以及其他物理科学和生物医学科学工作者的教育中，是一个重要的组成部分；（5）物理学扩展和提高我们对其他学科的理解，诸如地球科学、农业科学、化学、生物学、环境科学，以及天文学和宇宙学——这些学科对世界上所有民族都是至关重要的；（6）物理学提供发展应用于医学的新设备和新技术所需的基本知识，如计算机层析术（CT）、磁共振成像、正电子发射层析术、超声波成像和激光手术等，改善了我们生活的质量。物理学探索视野的广阔性、研究层次的广谱性、理论适用的广泛性，决定了在今后很长时期内，它仍将发挥其中心科学和基础科学的作用。

可以说，物理学的基本原理已渗透到物质世界的方方面面，物理学"判天地之美，析万物之理"。物理学习的过程从某种意义上来说也是培养学生实用技能的过程，学好物理学就能为大学生更好地学好其他科学知识打下坚实的基础，有助于培养大学生严密的逻辑思维能力，并在这一过程中逐渐形成一种科学态度和科学精神。物理思想的强弱、物理基础的厚薄、物理兴趣的浓淡都直接影响着大学生的适应性、创造力和发展潜力。因此，大学物理是大学生应当学好的最重要的基础课之一，也是大学期间一门不可替代的素质教育课。

三、本套书的写作思想

本套书是为适应当前形势的发展和大学物理课程教学改革的需求，按照 2023 版《理工科类大学物理课程教学基本要求》而编写的，内容包含力学、热学、电磁学、光学、近代物理等五大板块，分为上、下两册。为了方便教师组织教学，课程章节的前后设置上则没有完全拘泥于上述板块形式，而是按照实际教学前后衔接的需求，把振动和波放在了波动光学之前。在具体的内容编排上，力求减少与中学重叠的经典物理学部分，增加课程思政专题和与新工科新专业相关的一些物理专题，落实新时代教育"立德树人"的根本任务和"三位一体"的人才培养目标，为在大学物理课程中开展课程思政教学提供借鉴和帮助。

本套书编写的具体指导思想是（1）对标卓越人才培养和"一流课程"建设目标，推动课程教学的内涵发展和教学质量的提高；（2）应对新科技革命挑战，加强了与专业相关的近代物理教学，例如量子物理的基本理论、基本方法和基本应用，筑牢新工科人才培养的物理基础；（3）落实立德树人根本任务，实施课程思政建设；（4）适应高中新课标修订和新高考改革，做好大中物理教育的衔接，体现以学生学习和发展为中心的教育理念；（5）兼顾不同学校类型培养目标的差异和不同专业的特点，设置一部分可供不同专业选修的教学模块。

科学技术的飞速发展，使人们对现代人才的素质需求有了新的认识，未来国家与国家之间的竞争，核心是科学技术的竞争，是人才的竞争，高校作为培养未来社会现代化建设需要的高素质人才的重要基地，起着重要的作用。大学生能否适应未来社会的发展，成为对社会有用的人才，取决于高校的教育教学质量。因此，转变教育思想、更新教育观念、深化教育改革、培养高素质人才是我国高校面临的重要任务。本书的编写，对标卓越人才培养和"一流课程"的建设目标，目的是推动课程教学的内涵发展和教学质量的提高、着重培养大学生的全面素质与综合创新能力。具体特点如下：

1. 注重课程内涵建设，落实立德树人根本任务

做好课程内涵建设，落实立德树人指导思想。（1）在物理学的能量守恒和转化定律、相对论、光的波粒二象性、电与磁的联系等众多知识中，处处闪耀着辩证唯物主义世界观的光芒；（2）北斗导航、嫦娥奔月、问天探火、中国天眼、东方超环，一次又一次举世瞩目的科学壮举、一个又一个令人振奋的大科学装置，以物理学等基础学科为根基，中国科技人正在为人类的发展进步贡献着中国力量；（3）钱学森、邓稼先、钱三强、杨振宁等一代代科学家，以他们的聪明才智、同时更以他们的科学精神和人格魅力，成为激励我们前行的精神动力；（4）科学思维训练与科学方法的养成，是物理学最重要的课程目标，也是贯穿于整个物理学学习过程中最根本的问题，物理学的学习可以让我们更好地认识、适应、保护和改造这个现实世界。

2. 注意科学与哲学的统一

本套书的编写旨在在讲科学的同时，让学生从根本上把握物理学原理的实质，提炼出其中的物理本原，包括其哲学意义。力图避免过去一些传统物理教材从头到尾陷入公式化的海洋，对学生缺乏必要的启发与引导，致使学生最终"不识庐山真面目，只缘身在此山中"。爱因斯坦说："物理书都充满了复杂的数学公式。可是思想及理念，而非公式，才是每一物理理论的开端。"（爱因斯坦《物理学的进化》）。苏东坡有诗云："横看成岭侧成峰，远近高低各不同。"相对论中关于"相对"二字的理解，解释狭义相对论中的相对性原理，总把相对性说成是两个参考系在描述物理规律时是等价的。相对论中相对性原理的本质，重点在于作为认识主体的人与客体之间的相对性。一切物理理论，包括相对论和量子力学，既是对自然规律的发现，也是人类的发明。爱因斯坦谆谆告诫我们：不要去讨论绝对空间、绝对时间和绝对运动，而应该讨论相对空间、相对时间和相对运动。爱因斯坦的相对论是试图寻找这世界最本源的理论，他把参考系从惯性系推广到非惯性系，把相对性原理从狭义讲到广义，提出了广义相对论。相对论成功的经验实际上向我们昭示，空间和时间的概念不是属于客体的，而是主体为了描述客体的运动而引入的。一个粒子的空间和时间坐标是主体赋予它的，因此，它们只能是相对的，而且只有当运动有所变化时才能真正（在严格意义下）被认识到。空间、时间坐标尚且如此，更不用说动量和能量了。简言之，没有变化就没有信息。信息并非客观存在，而是主体施变于客体时才共同创造出来的。物理作为"物"之"理"，只能是相对的道理，而不是绝对真理。有时我们觉得，有些物理理论比如量子力学的某种解释不很清楚，其实很大程度上是由于我们自己早已进入了理论，却还以为我们正在讨论着纯客观世界。本书试图在相关物理学原理的讲述中，做到科学与哲学的统一，让科学印证哲学，让哲学指导科学。

3. 妥善处理数学与物理的关系

物理与数学，的确有着千丝万缕的联系。但作为适用于工科学生的大学物理，数学公式

过多就会难教、难学，甚至淹没了本质上的物理思想及理念。本套书对数学的分量和难度是注意控制的，但绝不是回避。这是因为重视数字和数学，正是西方哲学之所以能促进科学发展的精髓所在。没有数学就没有物理学。反过来，正因为物理学比其他任何自然科学都更成功地运用了数学，所以学物理便成为学数学的捷径。我们在内容组织编排中注意做到循序渐进，把重点放在启发思考、引起同学兴趣上，对于繁杂的公式推导，不提出过高的要求，从而使部分数学基础稍差的同学能够克服讨厌或害怕数学的心理，并转变为愿意学、能学会，进而喜欢学，这对他们将来的职业生涯会有深远的影响。

4. 融入开放性思想，培养学生大胆质疑、深入思考的创新精神

经过多年的教学与思考，我们体会到：封闭式教学只能培养出书呆子。书当然不可不读，但"尽信书不如无书"。因此，本套书在写法上做了一个新的尝试，即以介绍自然现象和实验事实为主，而避免把已有的理论当作是天经地义，必要时要介绍理论曲折的发展过程，同时介绍不同的看法，力求反映科学的严谨性和科学发展中固有的大胆怀疑精神，提倡发散式思维。这一尝试集中地表现在第 5 章（相对论）和第 16 章（量子物理学基础）中。把现有理论讲得天衣无缝，推导得环环相扣、无懈可击，未必就是教学的最高境界，必要时，我们展现了理论的发展过程，甚至描述了这期间走过的弯路，这样对学生的启迪作用或许会更大。

5. 从形式编排上，注意前后衔接、前呼后应

在前面介绍了质点的角动量、角动能等概念后，我们才能在刚体力学中引入转动惯量等概念描述刚体的运动，进而到第 10 章讨论分子的自由度等概念，做到前呼后应。物理学认识是逐步深化的：从宏观到微观，再回到宏观（甚至发展到"宇观"）。在学习中应分辨什么是看得见的"可观察量"，什么是看不见的理论上讨论的量。我们始终强调实验是第一性的，但也重视理论，因为有时候只有靠理论才能告诉我们在实验中将看到什么。

四、本书的编写分工

本书是套书的下册，共 9 章，主要由南阳理工学院教师编写（以下未特殊指明处均为南阳理工学院教师），陈兰莉、石明吉担任主编，具体编写分工为：陈兰莉编写前言并对全书进行设计、统稿和审校；石明吉编写第 14、15 章和附录；王生钊编写第 10、11、16、17 章；张云云编写第 12、13、18 章；宋金璠编写第 10、11 章习题简答；海帮编写第 14、15 章习题简答；于家辉编写第 12 章习题简答；尹应鹏编写第 13 章习题简答；陈岩编写第 16 章习题简答；龚裴编写第 17 章习题简答；河南省南阳市体育运动学校王世娜编写第 11～17 章的拓展阅读部分。陈兰莉、宋金璠、海帮、张云云、龚裴等参与了本书微视频的录制工作。

编写适合教学改革需要的教材是一种探索，加之编者水平所限，难免有不妥和疏漏之处，恳请读者批评指正。

编者

目 录

前言
第 10 章　气体动理论基础 ·· 1
　10.1　平衡态　温度　理想气体物态方程 ·· 1
　10.2　理想气体的压强　温度的统计意义 ·· 4
　10.3　能量均分定理　理想气体的内能 ·· 7
　10.4　麦克斯韦分子速率分布律 ··· 10
　*10.5　玻耳兹曼分布律 ·· 14
　10.6　分子的平均碰撞次数和平均自由程 ·· 14
　本章逻辑主线 ·· 16
　拓展阅读
　　　分子运动论与统计物理学 ··· 17
　思考题 ··· 18
　习题 ··· 18

第 11 章　热力学 ·· 21
　11.1　热力学第一定律 ·· 21
　11.2　热容 ··· 24
　11.3　热力学第一定律在理想气体中的应用 ··· 26
　11.4　循环过程　卡诺循环 ·· 30
　11.5　热力学第二定律　卡诺定理 ·· 38
　本章逻辑主线 ·· 47
　拓展阅读
　　　热寂说 ··· 47
　　　能源与环境 ··· 48
　思考题 ··· 49
　习题 ··· 49

第 12 章　机械振动 ·· 54
　12.1　简谐振动的一些基本问题 ·· 54
　12.2　简谐振动的特征量及其旋转矢量描述法 ·· 58
　12.3　简谐振动的合成 ·· 62
　本章逻辑主线 ·· 67
　拓展阅读
　　　建筑桥梁工程的防风设计及调谐质量阻尼器的应用 ··· 68
　思考题 ··· 72

习题 ………………………………………………………………………………… 72

第 13 章　机械波 ……………………………………………………………………… 76

13.1　机械波的基本概念 …………………………………………………………… 76
13.2　平面简谐波 …………………………………………………………………… 79
13.3　波的能量与能流 ……………………………………………………………… 82
13.4　波的衍射、反射和折射 ……………………………………………………… 85
13.5　波的干涉和驻波 ……………………………………………………………… 88
13.6　多普勒效应 …………………………………………………………………… 91
　　本章逻辑主线 ………………………………………………………………… 94
　　拓展阅读
　　　　多普勒效应原理在天文学中的应用 ……………………………………… 95
　　思考题 ………………………………………………………………………… 98
　　习题 …………………………………………………………………………… 99

第 14 章　光的干涉 …………………………………………………………………… 102

14.1　光的相干性 …………………………………………………………………… 103
14.2　杨氏双缝干涉 ………………………………………………………………… 107
14.3　光程与光程差　透镜的等光程性 …………………………………………… 110
14.4　薄膜干涉 ……………………………………………………………………… 112
14.5　迈克耳孙干涉仪 ……………………………………………………………… 121
　　本章逻辑主线 ………………………………………………………………… 123
　　拓展阅读
　　　　红外技术及应用 …………………………………………………………… 123
　　思考题 ………………………………………………………………………… 129
　　习题 …………………………………………………………………………… 130

第 15 章　光的衍射与偏振 …………………………………………………………… 133

15.1　光的衍射　惠更斯-菲涅耳原理 …………………………………………… 133
15.2　单缝夫琅禾费衍射 …………………………………………………………… 134
15.3　光栅衍射 ……………………………………………………………………… 139
15.4　圆孔衍射　光学仪器的分辨率 ……………………………………………… 144
15.5　X 射线衍射 …………………………………………………………………… 146
15.6　自然光与偏振光　马吕斯定律 ……………………………………………… 147
15.7　光的偏振　布儒斯特定律 …………………………………………………… 151
*15.8　光的双折射 …………………………………………………………………… 154
　　本章逻辑主线 ………………………………………………………………… 158
　　拓展阅读
　　　　中国天眼 …………………………………………………………………… 158
　　　　天眼之父——南仁东 ……………………………………………………… 159
　　思考题 ………………………………………………………………………… 159
　　习题 …………………………………………………………………………… 160

目 录

第 16 章　量子物理学基础 ... 165
- 16.1　黑体辐射　普朗克量子论 ... 166
- 16.2　光电效应　爱因斯坦的光子学说 ... 172
- 16.3　康普顿效应 ... 178
- 16.4　氢原子光谱　玻尔氢原子理论 ... 182
- 16.5　实物粒子的波粒二象性 ... 188
- 16.6　不确定（度）关系 ... 193
- 16.7　物质波波函数的统计解释 ... 197
- 16.8　薛定谔方程　态叠加原理 ... 199
- 16.9　薛定谔方程的应用 ... 202
- 16.10　多电子原子中的电子分布 ... 210
- 本章逻辑主线 ... 213
- 拓展阅读
  - 白话量子通信 ... 213
- 习题 ... 219

第 17 章　核物理与粒子物理简介 ... 221
- 17.1　原子核的基本性质 ... 221
- 17.2　原子核的放射性衰变 ... 229
- 17.3　核反应、核裂变与核聚变 ... 233
- 17.4　粒子物理简介 ... 238
- 17.5　对称性与守恒定律 ... 245
- 本章逻辑主线 ... 249
- 拓展阅读
  - 两弹元勋邓稼先 ... 250
  - 中国核科学事业奠基人——钱三强 ... 252
  - 中国核物理"护航人"——何泽慧 ... 253
- 思考题 ... 255
- 习题 ... 255

*第 18 章　物理学的发展及其在高新技术中的应用 ... 256
- 18.1　物理学发展简史 ... 256
- 18.2　物理学在生物医学中的应用 ... 259
- 18.3　物理学在能源方面的应用——太阳电池 ... 260
- 18.4　物理学在信息电子技术中的应用 ... 264
- 18.5　物理学在航天航空中的应用 ... 266
- 18.6　我国现代物理农业工程技术的应用 ... 268
- 18.7　纳米材料与纳米技术 ... 269
- 拓展阅读
  - 梦幻神奇的纳米技术 ... 270

附录 ... 272

附录 A　国际单位制（SI） ……………………………………………………… 272
附录 B　常用基本物理常量 ……………………………………………………… 273
附录 C　物理量的名称、符号和单位（SI） …………………………………… 274
附录 D　地球和太阳系的一些常用数据 ………………………………………… 276

参考文献 ………………………………………………………………………… 277

第 10 章
气体动理论基础

物质的运动形式多种多样，在力学中已研究了物质最简单的运动形式——机械运动，并采用了牛顿力学的研究方法。在这一章和下一章中，将研究物质的热运动，而研究热运动的规律有宏观的热力学和微观的统计力学两种方法，统计力学方法是从宏观物体由大量微观粒子（原子、分子等）所构成、粒子又不停地作热运动的观点出发，运用概率论研究大量微观粒子的热运动规律。这一章气体动理论将讨论这方面的问题。而热力学方法是从能量观点出发，以大量实验观测为基础，来研究物质热现象的客观基本规律及其应用，这将在下一章讨论。气体动理论和热力学从不同角度研究物质的热运动规律，它们是相辅相成的。

本章主要内容有：平衡态、热力学第零定律、物质的微观模型、理想气体的压强和温度的微观本质、能量均分定理、分子的速率分布律、分子平均自由程和平均碰撞频率等。

10.1 平衡态 温度 理想气体物态方程

10.1.1 平衡态

热学研究的是物质的分子热运动。大量分子的无规则运动导致了物质热现象的产生。在热学中，通常将研究对象，即由大量微观粒子组成的宏观物体称为热力学系统，简称系统。在研究系统热现象规律的时候，我们不仅要注意系统内部变化对系统的影响，同时还要考虑外界对系统的作用。根据系统与外界相互作用（能量交换和物质交换）的特点，一般可将系统分为三类：

1) 与外界无相互作用的系统，即与外界无物质交换也无能量交换的系统，称之为孤立系统。
2) 与外界仅有能量交换而无物质交换的系统，称之为封闭系统。
3) 与外界既有能量又有物质交换的系统，称之为开放系统。

在本书中我们重点研究孤立系统。

一个孤立系统，如果经历足够长的时间，那么不论其初始状态如何，该系统必将达到一个宏观性质不再随时间变化的稳定状态，这样的状态被称为热（动）平衡态，简称**平衡态**。在此我们必须注意平衡态的条件是"一个不受外界影响的系统"，若系统受到外界的影响，如把一金属棒的一端置入沸水中，另一端放入冰水中，在这样的两个恒定热源之间，经过长时间后，金属棒也达到一个稳定的状态，称为定态，但不是平衡态，因为在外界影响下，不断地有热量从金属棒高温热源端传递到低温热源端。因此，当系统处于平衡态时，必须同时满足两个条件：一是系统与外界在宏观上无能量和物质的交换；二是系统的宏观性质不随时间变化。换言之，当系统处于热平衡态时，系统内部任一体元均处于力学平衡、热平衡（温度处处相同)、相平衡（无物态变化）和化学平衡（无单方向化学反应）之中。孤立系统的定态就是平衡态。

进一步说，系统是由大量微观粒子组成的，处于平衡态的系统虽然宏观性质不随时间变化，但是从微观层次来看，大量粒子始终在不停地、无规则地运动着，不过大量粒子集体运动的统计效果不变，也就是说宏观性质不变，所以热平衡态又可以称为热动平衡（其中的"动"自然是指微观粒子的运动）。

上面我们讨论了什么是热力学系统的平衡态，那么如何描述它呢？系统在平衡态下，拥有诸多不同的宏观性质，而用来表征系统宏观性质的物理量被称作宏观量。简单地说，宏观量是与其对应的微观量的统计平均。从各种不同的宏观量中选出一组相互独立的量来描述系统的平衡态，这些宏观量称为系统的状态参量。一般来说，我们常用几何参量、力学参量、化学参量和电磁参量等四类参量来描述系统的状态。最终采用哪几个参量才能完全地描述系统的状态，这是由系统本身的性质决定的。通常，对于给定的固体、液体和气体，采用体积（几何性质）、压强（力学性质）和温度（热学性质）等作为状态参量描述系统的平衡态。

概念问题 10.1：热力学中的平衡与力学中的平衡有何不同？

解答：热力学中的平衡与力学中的平衡有着截然的区别，是两个不同的概念。力学中的平衡是指力学系统所受合外力为零或不受力而处于静止或匀速直线运动状态。气体在不受外力场（如重力场）作用时，内部压强会处处相等，该气体就处于力学平衡状态。而热力学中的平衡是指系统在一定条件下，其宏观热力学性质不随时间变化，系统内外同时建立热和力的平衡，也即达到热力学平衡状态。虽然组成系统的微观上的分子在不断地作无规则运动，但与运动有关的统计量却是定常的，在宏观上就表现为压强、温度和密度处处相同。因此它是一种热动态平衡。

10.1.2 热力学第零定律 温度

温度的概念比较复杂，从微观角度看，它与物质分子的运动有着本质上的联系。在宏观上，简单地说，温度表示物体的冷热程度。规定相对热的物体温度要高，然而这仅能定性说明物体的冷热程度，却不能明确指出物体温度有多高、有多热，即不能定量表示物体的冷热。为了避免主观上感性认知带来的错误，我们必须定量描述出系统的温度，必须给温度一个严格的定义。这样才能更好地把握它以及和它密切相关的物理现象。

考虑甲、乙、丙三个系统，使甲、乙两个系统分别同时与丙系统热接触，经过一段时间以后，甲与丙一起达到平衡态，乙与丙也达到平衡态。然后将甲、乙两系统与丙系统分离，让甲和乙两系统热接触，则甲、乙两系统的平衡状态不会发生变化。实验结果表明：在不受外界影响的情况下，只要两个系统（甲和乙）同时与丙处于热平衡，即使甲和乙没有热接触，它们仍然处于热平衡状态，这种规律被称为**热平衡定律**，也称为**热力学第零定律**。

热力学第零定律说明，处在相互热平衡状态的系统必定拥有某一个共同的宏观物理性质。当两个系统的这一共同性质相同时，两系统热接触，系统之间不会有热传导，彼此处于热平衡状态；当两系统的这一共同性质不相同时，两系统热接触时就会有热传递，彼此的热平衡态将会发生变化。我们把决定系统热平衡的这一共同的宏观性质称为系统的**温度**。也就是说，温度是决定一个系统是否与其他系统处于热平衡的宏观性质。A、B 两系统热接触时，如果彼此处于平衡态，则说两系统温度相同；如果发生 A 到 B 的热传导，则说 A 的温度比 B 的温度高。一切互为热平衡的系统具有相同的温度。

温度的数值表示称为**温标**。常用的摄氏温标是用酒精或者水银做测量温度的物质，用液柱高度随温度变化做测温属性。并规定纯水的冰点为 0℃（摄氏度），沸点为 100℃，将 0 到 100 间的高度等分，一个小间隔代表 1℃。另外一种温标是开尔文建立在热力学第二定律的基础上的，称之为热力学温标。规定热力学温标的 273.15K 为摄氏温标的零度，则这两种温标的定量关系为

$$T = t + 273.15 \tag{10-1}$$

热力学温标的单位为开尔文，用符号 K 表示。

一般来说，无论是何种物质，无论哪种属性，只要该属性随冷热程度单调、显著变化，就可以被用来计量温度。因此，可以有各种各样的温度计，对应也可以有各种各样的温标。一些实际的温度值列于表 10.1 中。

表 10.1　一些实际的温度值

宇宙大爆炸后的 10^{-43} s	10^{32} K
氢弹爆炸中心	10^8 K
太阳中心	1.5×10^7 K
地球中心	4×10^3 K
地球上出现的最高温度	331K
水的三相点（1atm）	273.16K
氮的沸点（1atm）	77K
激光冷却法	2.4×10^{-11} K

表 10.1 中最后一行给出的温度已经非常接近 0K 了，实际上要想获得越低的温度就越困难，而热学理论已给出：热力学温度零开即绝对零度是不能达到的！这个结论叫**热力学第三定律**。

绝对零度是一个理想的、无法达到的最低温度。长期以来，科学家们向着这个目标发起了一次又一次挑战。作为中国低温实验技术和低温物理研究的发源地，中国科学院物理研究所早在 20 世纪 70 年代末就研制成功了我国第一台湿式稀释制冷机，实现了 34mK（零下 273.116℃，即绝对零度以上 0.034℃）的极低温。面对新一轮量子科技竞争的新形势，该所研究团队再一次组织力量联合攻关，完全自主研制国产无液氦稀释制冷机。2021 年 7 月，中国科学院物理研究所自主研发的无液氦稀释制冷机成功实现 10mK（绝对零度以上 0.01℃）以下极低温运行。这标志着我国在高端极低温仪器研制上取得了突破性进展。稀释制冷机是一种能够提供接近绝对零度环境的高端科研仪器，在凝聚态物理、材料科学、粒子物理乃至天文探测等科研领域应用广泛。

概念问题 10.2：如何度量冷热程度？

解答：最早人们靠触摸来感受物体的冷热程度，这种办法最大的问题就是不可靠。例如，我们在室外用手触摸一个温度一样的木棒和铁棒，感觉他们的温度是不同的，而实际上他们的温度是相同的。之所以感觉不同是因为他们的热传导速度不同。热力学第零定律的建立使准确描述冷热程度有了依据，就是制作温度计。制作温度计的前提是要确定标准，即温标。温标可以分为理想化温标和经验温标。理想化温标是从理论上规定与测温物质属性无关的温标。完全理想化的温标是热力学温标。此外，还有根据理想气体规律规定的理想气体温标，以及根据物质的不同属性而规定的国际温标。经验温标是依据测温物质的某些量随温度的变化

而单调显著地变化等而规定的。根据基点和分度的规定不同，经验温标可以分摄氏温标、华氏温标、兰氏温标等。依据温标所制作的测量温度数值的计量装置称为温度计。我们日常生活中常用的温度计基本是依据经验温标而制作的。根据不同的测量要求，常用的有气体温度计、水银温度计、电阻温度计、蒸气压温度计、电容温度计、热电偶温度计、光学高温计等。

10.1.3 理想气体物态方程

1. 单一理想气体的物态方程

经研究发现，在温度合适的条件下，压强趋近于零的时候，不同种类的气体在物态方程上的差异几乎消失，气体所遵循的规律也趋于简单。这种压强趋近于零的极限状态下的气体称之为**理想气体**。

理论研究表明，理想气体严格遵从三大实验定律，即玻意耳（Boyle）定律、查理（Charles）定律及盖吕萨克（Gay-Lussac）定律。也就是说，无条件服从三大实验定律的气体都可以称为理想气体。

结合上述的三个实验定律，可以得到一定质量的理想气体的物态方程为

$$pV = \frac{m}{M}RT \tag{10-2}$$

式中，p、V、T 为理想气体在某一平衡态下的三个状态参量；M 为气体的摩尔质量；m 为气体的质量；R 为普适气体常数，国际单位制中其值取为 $8.31\mathrm{J \cdot mol^{-1} \cdot K^{-1}}$。需要指出的是，常温常压下，实际气体都近似地符合理想气体物态方程。

2. 混合理想气体的物态方程

在许多实际问题中，如气象、化工中，往往遇到包含各种不同化学组分的混合气体。如果混合气体的各组分可看成理想气体，而各组分之间又无化学反应，就可以根据混合气体的实验定律得出混合理想气体的状态方程。

实验事实表明，稀薄混合气体的总压强等于各种组分的分压强之和，此即道尔顿（John Dalton，1766—1844）分压定律。

所谓某组分的分压强是指这个组分在与混合气体同体积、同温度的条件下单独存在时产生的压强。另外，需要指出的是，道尔顿分压定律只在混合气体的压强较低时才准确地成立，所以只适用于理想气体。

经简单推导可知，混合理想气体的物态方程为

$$(p_1 + p_2 + \cdots + p_n)V = \left(\sum_{i=1}^{n} \frac{m_i}{M_i}\right)RT \tag{10-3}$$

不难看出，混合理想气体的物态方程与单一成分的理想气体的物态方程相似，只是其物质之量等于各组分物质量之和，压强则是各组分分压强之和。

10.2 理想气体的压强　温度的统计意义

10.2.1 理想气体的压强

1. 理想气体的微观模型

要从微观上讨论理想气体的相关性质，前提是知道其微观结构。实验表明，对理想气体

可做如下假定：
1）分子本身的线度与分子之间的距离相比可以忽略。这个假设体现了气态的特性。
2）气体分子的运动服从经典力学规律。在碰撞中，每个分子都可以认为是作完全弹性碰撞的小球。这个假设实质要说明的是，在一般条件下，对所有气体分子来说，经典描述近似有效。
3）因为气体分子之间的平均距离非常大，除碰撞的瞬间外，分子间的相互作用力可忽略不计。除了某些特殊情况（如研究重力场中分子的分布），通常气体分子的动能平均说来要远比其在重力场中的势能大，这时分子的重力势能可以忽略。

总之，气体被看作自由地、无规则运动着的弹性分子的集合。这就是理想气体的微观模型。模型的提出是为了更加方便地分析和讨论气体的基本现象。

2. 理想气体分子的统计假设

由实验事实得知，当气体处于平衡态时，气体分子频繁碰撞，同时气体在容器中密度处处均匀，那么对于大量气体分子可以假定，分子沿着各个方向运动的机会是相等的。

具体运用这个统计假设时，应该注意以下几点性质（平均而言）：
1）分子数密度处处相同。
2）沿着各个方向运动的分子数是相同的。
3）分子可以有各种不同的速度。
4）各个方向上速率的各种平均值相等。

3. 理想气体的压强公式

1738 年伯努利在其出版的《流体动力学》一书中，结合前人的思想，设想气体压强来自粒子碰撞器壁所产生的冲量，在历史上首次建立了分子运动论的基本概念。通过导出玻意耳定律，说明了气体压强随温度升高而增加与分子的运动密切相关。因为任何宏观可测定量均是所对应的某微观量的统计平均值，所以器壁所受到的气体压强是单位时间内大量分子频繁碰撞器壁所施予单位面积器壁的平均总冲量。下面我们采用较为简单的方法来推导气体压强公式，如图 10-1 所示。

我们假定，有一个长方容器，它的单位体积中均各有 $n/6$ 个分子以平均速率 $\bar{v}$ 沿 x、y、z 轴的正向和负向运动，所以在 Δt 时间内垂直碰撞在 y-z 平面的 ΔA 面积器壁上的分子数为 $(1/6)n\bar{v}\Delta A\Delta t$（其中 n 为单位体积内的分子数）。假定每个分子与器壁碰撞是完全弹性的，那么每次碰撞都会向器壁施予 $-2m\bar{v}$ 的冲量，则在 Δt 时间内 ΔA 面积器壁所受到的平均总冲量为

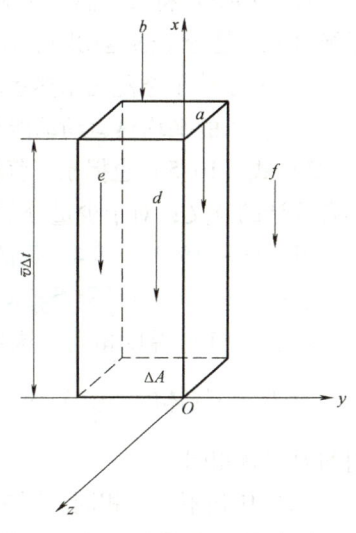

图 10-1　气体压强的推导

$$p = (1/3)nm\overline{v^2}$$

上式称为气体压强公式。在推导过程中我们利用了平均速率近似等于方均根速率的条件。假定每个分子的平均平动动能为 $\overline{\varepsilon_t} = (1/2)m\overline{v^2}$，将其代入上式，可得

$$p = (2/3)n\overline{\varepsilon_t} \tag{10-4}$$

此即为**理想气体的压强公式**。

上述两式表明了宏观量和微观量的关系，同时也说明了气体内部压强由气体性质决

定。对于理想气体而言，两式是完全等价的。最后要指出的是上述公式仅适用于平衡态的气体。

10.2.2 温度的统计意义

温度是热学中特有的一个物理量，它在宏观上表征了物质冷热状态的程度，那么温度的微观本质是什么呢？从微观上理解，温度是平衡态系统的微观粒子热运动程度强弱的量度。

由理想气体的物态方程表达式 $pV = \dfrac{m}{M}RT$ 及上小节结论 $p = (2/3)n\bar{\varepsilon}_t$，我们可以得到如下结论：

$$p = nkT = \frac{2}{3}n\bar{\varepsilon}_t$$

则

$$\bar{\varepsilon}_t = \frac{3}{2}kT \tag{10-5}$$

式中，$k = \dfrac{R}{N_A} = 1.38 \times 10^{-23}\,\text{J}\cdot\text{K}^{-1}$（其中 N_A 为阿伏伽德罗常量），称为玻耳兹曼常数。

式（10-5）将宏观温度 T 和微观的统计平均值 $\bar{\varepsilon}_t$ 联系了起来，预示了温度的微观本质，即绝对温度是分子热运动剧烈程度的量度。对于式（10-5）应当指出：

1) $\bar{\varepsilon}_t$ 是分子杂乱无章热运动平均平动动能，不包含整体定向运动的动能。
2) 粒子的平均热运动动能与粒子质量无关，而仅与温度有关。
3) 式（10-5）也揭示了气体温度的统计意义，温度是大量气体分子热运动的集体表现，具有统计的意义；对于少量分子或者单个分子谈它们的温度是没有意义的。

概念问题 10.3：两种不同的理想气体，分子平均平动能相等，气体密度不相等，则它们的温度是否相同？压强是否相同？

解答：（1）温度相同。这是因为理想气体的绝对温度是气体分子平均平动动能的量度：$\bar{\varepsilon}_t = \dfrac{3}{2}kT$，与气体的密度无关。因此，当两种不同的理想气体的分子平均平动动能相等时，它们的温度就相同。

（2）压强不一定相同。因为理想气体的压强 $p = nkT$。在温度相同的情况下，压强的大小决定于气体的分子数密度。两种不同的理想气体的密度不等，并不能说明两种气体的分子数密度一定不等。由于 $\rho = nm$（m 为单个气体分子质量），所以，密度 ρ 不等，分子数密度 n 可以相同，也可以不同。

所以，对于本题，正确的解答是：温度相同，压强不一定相等。

当 $\dfrac{\rho_1}{m_1} = \dfrac{\rho_2}{m_2}$ 时，压强相同；当 $\dfrac{\rho_1}{m_1} \neq \dfrac{\rho_2}{m_2}$ 时，压强不同。

例 10-1 容积为 $11.2 \times 10^{-3}\,\text{m}^3$ 的真空系统在室温（20℃）时已被抽到 $1.3158 \times 10^{-3}\,\text{Pa}$ 的真空，为了提高其真空度，将它放在 300℃ 的烘箱内烘烤，使器壁释放出所吸附的气体分子，若烘烤后压强增为 $1.3158\,\text{Pa}$，试问从器壁释放出多少个分子？

解 由理想气体物态方程可得烘烤前单位体积内分子数为

$$n_0 = \frac{p_0}{kT_1} = \frac{1.3158 \times 10^{-3}}{1.38 \times 10^{-23} \times 293}\text{m}^{-3} = 3.25 \times 10^{17}\text{m}^{-3}$$

同样，烘烤后单位体积内分子数为

$$n_1 = \frac{p_1}{kT_1} = \frac{1.3518}{1.38 \times 10^{-23} \times 573}\text{m}^{-3} = 1.66 \times 10^{20}\text{m}^{-3}$$

由两者对比可知，烘烤后分子数大大增加了，因此，烘烤前的分子数可忽略，则从器壁释放出的分子数为

$$N = n_1 V = 1.66 \times 10^{20} \times 11.2 \times 10^{-3} = 1.86 \times 10^{18}$$

例 10-2 质量为 50.0g，温度为 18.0℃ 的氦气装在容积为 10.0L 的封闭容器内，容器以 $v = 200\text{m}\cdot\text{s}^{-1}$ 的速率作匀速直线运动。若容器突然静止，定向运动的动能全部转化为分子热运动的动能，则平衡后氦气的温度和压强将各增大多少？

解 由于容器以速率 v 作定向运动时，每一个分子（质量为 m）都具有定向运动，其动能等于 $\frac{1}{2}mv^2$，当容器停止运动时，分子定向运动的动能将转化为分子热运动的能量，每个分子的平均热运动能量则为

$$\frac{3}{2}kT_2 = \frac{1}{2}mv^2 + \frac{3}{2}kT_1$$

式中，m 为单个氦气分子质量，则

$$\Delta T = T_2 - T_1 = \frac{mv^2}{3k} = \frac{Mv^2}{3R} = \frac{4 \times 10^{-3} \times 4 \times 10^4}{3 \times 8.31}\text{K} = 6.42\text{K}$$

式中，M 为氦气的摩尔质量。

因为容器内氦气的体积一定，所以

$$\frac{p_2}{T_2} = \frac{p_1}{T_1} = \frac{p_2 - p_1}{T_2 - T_1} = \frac{\Delta p}{\Delta T}$$

故 $\Delta p = \frac{p_1}{T_1}\Delta T$，又由

$$p_1 V = \frac{m_0}{M}RT_1 \quad (m_0 \text{ 为氦气质量})$$

得

$$p_1 = \frac{m_0}{M}RT_1/V$$

所以

$$\Delta p = \frac{m_0 R \Delta T}{MV} = \frac{0.05 \times 8.31 \times 6.42}{4 \times 10^{-3} \times 10 \times 10^{-3}}\text{Pa} \approx 0.658\text{atm}$$

10.3 能量均分定理　理想气体的内能

10.3.1 自由度

上节讲了在平衡态下气体分子的平均平动动能和温度的关系，那里只考虑了分子的平动。实际上，各种分子都有一定的内部结构。例如，有的气体分子为单原子分子，有的为双原子分子，有的为多原子分子。因此，气体分子除了平动之外，还可能有转动及分子内原子的振

动。为了用统计的方法计算分子的平均转动动能和平均振动动能，以及平均总动能，需要引入运动自由度的概念。所谓的自由度，即决定一个物体的位置所需要的独立坐标数。

对单原子分子，当作质点看待，只需计算其平动动能，它的自由度就是 3。这 3 个自由度叫平动自由度，以 t 表示平动自由度，就有 $t=3$。对双原子分子，除了计算其平动动能外，还有转动动能。以其两原子的连线为 x 轴，则它对此轴的转动惯量甚小，相应的那一项转动能量可略去。于是，双原子分子的转动自由度就是 $r=2$。对多原子分子，其转动自由度应为 $r=3$。

仔细来讲，考虑双原子分子或多原子分子的能量时，还应考虑分子中原子的振动。但是，由于关于分子振动的能量经典物理不能做出正确的说明，正确的说明需要量子力学；另外在常温下用经典方法认为分子是刚性的也能给出与实验大致相符的结果，所以作为统计概念的初步介绍，下面将不考虑分子内部的振动而认为分子都是刚性的。这样，各种分子的运动自由度就如表 10.2 所示。

表 10.2 气体分子的自由度

分子种类	平动自由度 t	转动自由度 r	总自由度 i ($i=t+r$)
单原子分子	3	0	3
刚性双原子分子	3	2	5
刚性多原子分子	3	3	6

10.3.2 能量均分定理

由上一节的学习我们知道，大量气体分子作杂乱无章的热运动时，各个方向上速率的各种平均值相等。结合理想气体分子平均平动动能的公式：

$$\frac{1}{2}m\overline{v^2} = \frac{3}{2}kT$$

我们知道，如果用 $\overline{v_x^2}$、$\overline{v_y^2}$、$\overline{v_z^2}$ 分别表示气体分子沿 x、y、z 三个方向上速度分量的平方的平均值，那么 $\frac{1}{2}m\overline{v_x^2} = \frac{1}{2}m\overline{v_y^2} = \frac{1}{2}m\overline{v_z^2}$，即气体分子沿 x、y、z 三个方向运动的平均平动动能完全相等；也就是说，可以认为分子的平均平动动能 $\frac{3}{2}kT$ 是均匀地分配在每一个平动自由度上的，每一个平动自由度分得的能量平均值是相同的，为 $\frac{1}{2}kT$。这种能量的分配，在分子有转动的情况下，应该还扩及转动自由度。这就是说，在分子的无规则碰撞过程中，平动和转动之间以及各转动自由度之间也可以交换能量，而且就能量来说这些自由度中也没有哪个是特殊的。因而就得出更为一般的结论：各自由度的平均动能都是相等的。

能量均分定理：处于温度为 T 的平衡态的气体中，分子热运动动能平均分配到每一个分子的每一个自由度上，每一个分子的每一个自由度的平均动能都是 $\frac{1}{2}kT$。

对于非刚性气体分子组成的系统，气体分子还存在着振动自由度，对应每一个振动自由度，每个分子除有 $\frac{1}{2}kT$ 的平均动能外，还具有 $\frac{1}{2}kT$ 的平均势能。

根据能均分定理，如果一个气体分子的总自由度数是 i，则它的平均总动能就是

$$\overline{\varepsilon}_k = \frac{i}{2}kT \qquad (10\text{-}6)$$

将表 10.2 的 i 值代入，可得几种气体分子的平均总动能如下：

单原子分子 $\qquad\qquad\qquad\overline{\varepsilon}_k = \frac{3}{2}kT$

刚性双原子分子 $\qquad\qquad\overline{\varepsilon}_k = \frac{5}{2}kT$

刚性多原子分子 $\qquad\qquad\overline{\varepsilon}_k = 3kT$

还需指出的是能量均分定理仅在平衡态下才能应用，它本质上是关于热运动的统计规律，是对大量分子统计平均所得结果，对液体和固体也适用。最后，我们还要知道的是，能量均分定理是经典的统计规律，并未考虑微观粒子运动的量子效应，所以其存在着相当的局限性。只有在考虑了量子效应后得到的量子统计规律才普遍与实验事实相符。

10.3.3 理想气体的内能

实验证明，气体分子组成的系统内部的总能量是由气体分子的能量以及分子与分子之间的势能构成的。而气体系统内部总能量又称为内能。

对于理想气体系统而言，由先前理想气体的微观模型我们知道，理想气体的内能不计分子与分子之间的势能，仅是系统分子各种运动能量的总和。下面我们仅仅考虑刚性分子组成的理想气体系统。

因为每一个气体分子总平均动能为 $\frac{i}{2}kT$，而 1mol 理想气体有 N_A 个分子，即 1mol 理想气体的内能是 $E = N_A \frac{i}{2}kT = \frac{i}{2}RT$，那么质量为 m_0（摩尔质量为 M）的理想气体系统的内能则为

$$E = \frac{m_0}{M}\frac{i}{2}RT \qquad (10\text{-}7)$$

由上述结论我们知道，理想气体的内能只是温度的单值函数，与理想气体系统的其他状态参数无关。我们将应用这一结果计算理想气体的内能。

例 10-3 体积为 $V = 1.20 \times 10^{-2} \text{m}^3$ 的容器中储有氧气，其压强 $p = 8.31 \times 10^5 \text{Pa}$，温度为 $T = 300\text{K}$，试求：

(1) 单位体积中的分子数 n；
(2) 分子的平均平动动能；
(3) 气体的内能。（假定氧气为刚性双原子分子）

解 (1) 由理想气体物态方程 $p = nkT$，得

$$n = \frac{p}{kT} = \frac{8.31 \times 10^5}{1.38 \times 10^{-23} \times 300}\text{m}^{-3} = 2.00 \times 10^{26}\text{m}^{-3}$$

(2) 分子的平均平动动能为

$$\overline{\varepsilon}_t = \frac{3}{2}kT = \left(\frac{3}{2} \times 1.38 \times 10^{-23} \times 300\right)\text{J} = 6.21 \times 10^{-21}\text{J}$$

(3) 由于理想气体的内能为 $E = \nu\frac{i}{2}RT$，理想气体物态方程为 $pV = \nu RT$，所以理想气体的

内能可表示为

$$E = \frac{i}{2}pV$$

氧气为双原子分子，室温下 $i=5$，则气体的内能为

$$E = \frac{5}{2}pV = \left(\frac{5}{2} \times 8.31 \times 10^5 \times 1.20 \times 10^{-2}\right)\text{J} = 2.49 \times 10^4 \text{J}$$

例 10-4 一容器内贮有氧气，其压强为 $1.01 \times 10^5\text{Pa}$，温度为 27.0℃，求：

(1) 气体分子的数密度；
(2) 氧气的密度；
(3) 分子的平均平动动能；
(4) 分子间的平均距离（设分子间均匀等距排列）。

解 (1) 气体分子的数密度

$$n = \frac{p}{kT} = 2.44 \times 10^{25} \text{m}^{-3}$$

(2) 氧气的密度

$$\rho = \frac{m_0}{V} = \frac{pM}{RT} = 1.30 \text{kg} \cdot \text{m}^{-3}$$

(3) 氧气分子的平均平动动能

$$\bar{\varepsilon}_t = \frac{3kT}{2} = 6.21 \times 10^{-21} \text{J}$$

(4) 氧气分子的平均距离

$$\bar{d} = \sqrt[3]{\frac{1}{n}} = 3.45 \times 10^{-9} \text{m}$$

10.4 麦克斯韦分子速率分布律

气体分子热运动的特点是大量分子无规则运动及分子之间的频繁的相互碰撞。在频繁的碰撞过程中，分子间不断交换动量和能量，促使分子的速度不断发生变化。而人们研究发现，就平衡态的气体而言，系统中分子速度的大小和方向时刻都在随机地发生变化，但是大数分子的运动速率分布却服从一定的统计规律。

10.4.1 气体分子的速率分布

在平衡态下，理想气体系统分子的速率遵循着一个确定的、必然的统计分布规律。对于这个规律的研究，有助于进一步理解分子运动的性质，而研究方法在某种程度上则具有普适性。

与研究一般的分布问题相似，在研究理想气体分子速率分布时，需要先把速率分成若干相等的区间。我们研究分子速率的分布情况，就是要明确在平衡态下，分布在各个速率区间之内的分子数 ΔN、各占气体分子总数 N 的百分比及占优势分布的速率区间等问题。我们把气体分子速率区间等分，不仅便于比较，还能突出分布的意义。

描写速率分布的方法有三种：
1）根据实验数据列速率分布表。
2）作出速率分布曲线。
3）找出气体分子速率分布的函数。

表 10.3 给出了实验上在 0℃时氧气分子速率的分布情况。

由表 10.3 可以看出，在大量分子的热运动中，多数分子以中等速率运动，在低速率或者高速率区域运动的分子较少。大量实验表明，对于任何温度下的其他种类气体也是如此。此即气体分子速率分布的特性。

表 10.3　在 0℃时氧气分子速率分布情况

速率分布区间/m·s^{-1}	分子数的百分率$\left(\dfrac{\Delta N}{N}\times 100\%\right)$	速率分布区间/m·s^{-1}	分子数的百分率$\left(\dfrac{\Delta N}{N}\times 100\%\right)$
100 以下	1.4	500 ~ 600	15.1
100 ~ 200	8.1	600 ~ 700	9.2
200 ~ 300	16.5	700 ~ 800	4.8
300 ~ 400	21.4	800 ~ 900	2.0
400 ~ 500	20.6	900 以上	0.9

如果想要准确描述气体分子按速率分布的情况，那么就需要将等速率间隔取得尽可能小，即由 Δv 取成 dv，相应的分子数为 dN，这样我们可以得到以 v 为横坐标、$\dfrac{dN}{Ndv}$ 为纵坐标的速率分布曲线，为一条平滑的曲线，如图 10-2 所示。

图 10-2 中速率分布曲线下面有斜线的小长条面积为 $\dfrac{dN}{Ndv}dv = \dfrac{dN}{N}$，它在物理上表述的是，速率在 v 附近 dv 区间内的分子数占总分子数的百分比。也就是说，曲线和 v 轴所围成的总面积表示分布在零到无穷大整个速率区间的分子数占总分子数的百分比，即等于 1。这是分布曲线必须满足的条件。我们把 $f(v) = \lim\limits_{\Delta v \to 0}\dfrac{\Delta N}{N\Delta v} = \dfrac{dN}{Ndv}$ 称为分子的速率分布函数，上述曲线也称为气体分子的速率分布曲线。

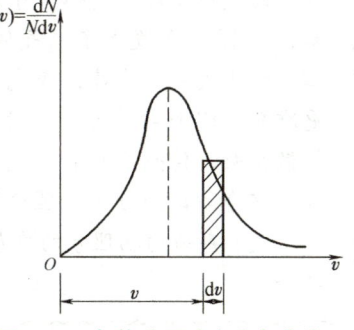

图 10-2　气体分子速率分布曲线

1859 年，麦克斯韦利用概率论导出平衡态下理想气体分子速率分布的规律，速率分布函数 $f(v)$ 的具体表达式为

$$f(v) = 4\pi\left(\dfrac{m}{2\pi kT}\right)^{\frac{3}{2}} e^{-\dfrac{mv^2}{2kT}} v^2 \tag{10-8}$$

式中，m 为气体分子的质量；k 为玻耳兹曼常数；T 为气体的热力学温度。由式（10-8）我们知道，一个气体分子分布在 v 到 $v+dv$ 内的概率为

$$\dfrac{dN}{N} = 4\pi\left(\dfrac{m}{2\pi kT}\right)^{\frac{3}{2}} e^{\dfrac{-mv^2}{2kT}} v^2 dv \tag{10-9}$$

这就是我们所说的麦克斯韦分子速率分布律。

式（10-9）是从理论上推导出来的，在实验上也能给出证明，本书就不再详细介绍了。

麦克斯韦（James Clerk Maxwell，1831—1879），英国物理学家，电磁场理论的创建者 1831 年麦克斯韦生于英国的爱丁堡。他的父亲是一个学识渊博、兴趣广泛的人，麦克斯韦从小受父亲影响，对自然科学兴趣浓厚。他也喜爱运动，像骑马、撑竿跳都很在行。10 岁时，麦克斯韦进入爱丁堡中学，他对数学、拉丁文、诗歌都很有兴趣，各门课程成绩优秀。

麦克斯韦 15 岁时就写了一篇关于绘制椭圆形新方法的论文。这篇论文经过与他父亲熟悉的一位科学家被推荐到皇家学会，受到了好评，并刊登在《爱丁堡皇家学会学报》上。16 岁时他进入爱丁堡大学学习数学、物理学和逻辑学，1850 年他进入剑桥大学。1854 年，他在剑桥大学的数学竞赛中第一个证明了斯托克斯定理，获得史密斯奖，同年获得了学位，并留在剑桥大学进行研究工作。1857 年麦克斯韦应邀到阿贝丁专科学校任物理学教授，1860 年应聘到皇家学院任教授。

麦克斯韦的研究领域极其广泛，他在颜色的生理学说、热力学统计物理、电磁场理论以及筹建卡文迪什实验室等方面都做出了重大贡献，这里主要叙述他在热力学统计物理方面的工作。

在 19 世纪，物理学家们大多倾向于把经典力学用于气体分子的运动，试图对系统中所有分子的位置、速度等状态做出完备的描述。

麦克斯韦通过考察指出，只有用统计的方法才能正确描述大量分子的行为，气体中大量分子的碰撞不是导致使分子速率平均，而是呈现一种速率的统计分布，所有速率都会以一定的概率出现。1857 年克劳修斯首先引入概率理论，推导出气体压强公式，并由此提出了理想气体分子运动模型。麦克斯韦读到克劳修斯的论文后，受到极大鼓舞，于 1859 年发表了《气体动力理论的说明》一文，用概率的方法推导出了速率分布律。利用这一分布律，麦克斯韦计算了分子的平均碰撞频率，所得结果比克劳修斯的更准确。1860 年麦克斯用分子速率分布律和平均自由程的理论推算气体输运过程中的扩散系数、传热系数和黏度等参量，并亲自做了实验，结果表明理论和实验惊人的一致。这个结论为分子动理论提供了重要的证据。

麦克斯韦为物理学的发展做出了卓越的贡献，是牛顿以后世上最伟大的物理学家之一。

10.4.2 分子速率的三个统计值

在理论讨论和理论计算中，有时有必要用到速率分布函数的表达式。譬如下面我们将利用速率分布函数求解理想气体分子速率的三个统计值。

1. 平均速率

$\bar{v}$ 为大量分子速率的统计平均值，根据求平均值的定义（速率连续分布）有

$$\bar{v} = \int_0^\infty v f(v) \mathrm{d}v$$

将麦克斯韦分布函数代入，可得理想气体分子的平均速率为

$$\bar{v} = \sqrt{\frac{8kT}{\pi m}} \approx 1.60 \sqrt{\frac{RT}{M}} \tag{10-10}$$

平均速率可以用于气体分子碰撞方面的研究。

2. 方均根速率

$\sqrt{\overline{v^2}}$ 为大量分子速率的平方平均值的平方根，类似上面求速率平均值的方法。由求平均值的定义有

$$\overline{v^2} = \int_0^\infty v^2 f(v) \, dv$$

将麦克斯韦分布函数代入，可得理想气体分子的方均根速率为

$$\sqrt{\overline{v^2}} = \sqrt{\frac{3kT}{m}} \approx 1.73 \sqrt{\frac{RT}{M}} \qquad (10\text{-}11)$$

方均根速率 $\sqrt{\overline{v^2}}$ 可用于分子平均平动动能的计算。

3. 最概然速率

气体分子速率分布曲线有个极大值，与这个极大值对应的速率叫作气体分子的最概然速率，常用 v_p 表示，如图 10-3 所示。

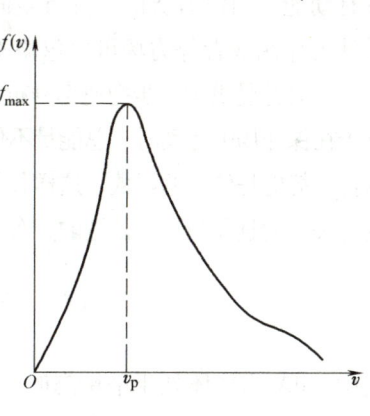

速率分布函数 $f(v)$ 对 v 求导，由极值条件 $\dfrac{df(v)}{dv}=0$ 可得平衡态下，气体分子的最概然速率为

$$v_p = \sqrt{\frac{2kT}{m}} \approx 1.41 \sqrt{\frac{RT}{M}} \qquad (10\text{-}12)$$

图 10-3 最概然速率

它的物理意义是：对所有相同速率区间而言，速率在含有 v_p 的那个区间内的分子数占总分子数的百分比最大。它表征了气体分子按照速率分布的特征。在讨论不同温度气体或者分子质量不同的气体的速率分布时，常用到最概然速率。

例 10-5 图 10-4 中 I、II 两条曲线是两种不同气体（氦气和氯化氢气体）在同一温度下的麦克斯韦分子速率分布曲线，试由图中数据求出：

（1）氦气和氯化氢气体分子的最概然速率；

（2）气体的温度。

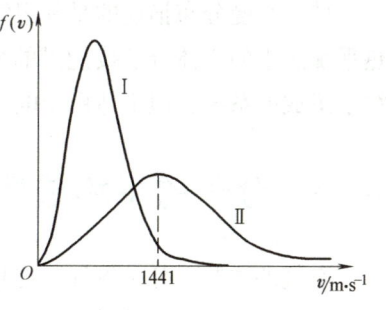

【分析】 由 $v_p = \sqrt{2RT/M}$ 可知，在相同温度下摩尔质量较大的气体，其最概然速率较小。由此可断定图 10-4 中曲线所标 $v_p = 1441 \text{m} \cdot \text{s}^{-1}$ 对应于氦气分子的最概然速率，根据氦气的摩尔质量可求出该曲线所对应的温度，氯化氢气体的最概然速率即可求得。考虑到 $M_{\text{HCl}} : M_{\text{He}} = 9 : 1$，求解更简单。

图 10-4 速率分布曲线

解 （1）氦气分子的最概然速率为

$$v_{p,\text{He}} = \sqrt{2RT/M_{\text{He}}} = 1441 \text{m} \cdot \text{s}^{-1}$$

氯化氢气体分子的最概然速率

$$v_{p,\text{HCl}} = \sqrt{2RT/M_{\text{HCl}}} = v_{p,\text{He}}/3 = 480.3 \text{m} \cdot \text{s}^{-1}$$

（2）由 $v_p = \sqrt{2RT/M}$ 可得气体温度

$$T = v_{p,\text{He}}^2 \times M_{\text{He}}/2R = 500\text{K}$$

概念问题 10.4：为什么要用三种速率来描述理想气体分子的运动？

解答：三种速率有各自的应用，讨论速率分布时要用最概然速率 v_p；计算分子的平均碰撞频率时要用平均速率 $\bar{v}$；计算分子平均平动动能时要用方均根速率。

* 10.5 玻耳兹曼分布律

由理想气体模型我们知道，对于理想气体系统而言，只考虑分子间的作用及分子与器壁间的碰撞，而不考虑分子力，也不考虑外场（如重力场）对分子的作用。所以理想气体分子只有动能，而没有势能，并且空间各处密度相同。而麦克斯韦速率分布律适用于气体分子不受外力作用或者外力场可以忽略不计时，处于热平衡态下的气体系统。

玻耳兹曼更进一步把速率分布律推广到气体分子在任意力场中运动的情形。玻耳兹曼认为，当分子在保守场中运动时，总能量不仅包含动能，还应该包含势能，即指数项中还应包含势能。一般而言，势能是位置的函数，这样分子在空间位置的分布将不再是均匀的。因此粒子的分布不仅与速度有关，而且还与粒子位置的分布有关。玻耳兹曼结合概率理论，导出下述公式：

$$dN' = n_0 \left(\frac{m}{2\pi kT}\right)^{3/2} e^{-\frac{(\varepsilon_p+\varepsilon_k)}{kT}} dv_x dv_y dv_z dxdydz \qquad (10\text{-}13)$$

式中，dN' 为气体处于平衡态时，在一定温度下，处在速度分量间隔（$v_x \sim v_x + dv_x$，$v_y \sim v_y + dv_y$，$v_z \sim v_z + dv_z$）和坐标间隔（$x \sim x + dx$，$y \sim y + dy$，$z \sim z + dz$）内的气体分子数；n_0 为 $\varepsilon_p = 0$ 处的分子数密度。这个公式被称为**玻耳兹曼分布律**。

玻耳兹曼分布律表明，在上述间隔内的这些分子，总能量基本上都是 $\varepsilon_k + \varepsilon_p$，其总数 dN' 正比于概率因子 $e^{-\varepsilon/kT}$，同时也正比于 $dv_x dv_y dv_z dxdydz$。概率因子是决定分布分子数 dN' 多少的重要因素。进一步研究发现，当热力学温度 T 一定时，因分子的平均平动动能是一定的，因此分子将优先占据能量较低的状态。

玻耳兹曼分布描述的是理想气体在保守外力作用或保守外力场的作用不可忽略时，处于热平衡态下的气体分子按能量的分布规律，它是一个重要的规律，适用于分子、原子、布朗粒子组成的系统，但不适用于电子、光子组成的系统。

10.6 分子的平均碰撞次数和平均自由程

空气的主要成分是氮气，这是大家都熟知的，由气体分子的平均速率公式可以计算出在 300K 时，空气中的氮气分子平均速率为 476m·s^{-1}，那么空气中的扩散运动应该进行得很快。举个例子，在 10m 远的地方打开一瓶酒精，我们应该在极短的时间内闻到"酒"的味道。但众多物理实验结果表明，空气中的扩散运动要远比理论上进行得慢。在早期，这让众多物理学家感到困惑，后来克劳修斯解决了这个矛盾。

常温下，空气中单位体积内气体分子数高达 10^{23} 到 10^{25} 个（这里只考虑数量级），如果一个气体分子高速在空气中运动，那么必然要与其他的气体分子进行频繁的碰撞，并且每碰撞一次，都要改变分子的运动方向（见图 10-5），使分子运动变得相当复杂。很显然，在任意两次连续碰撞中，该分子所经过的自由路程的长短不相同，所需要的时间也不相同。单位时间内，一个分子与其他分子碰撞的平均次数称为分子的**平均碰撞频率**或**平均碰撞次数**，用 $\bar{Z}$ 表示。而每两次连续碰撞间一个分子自由运动的平均路程称为分子的**平均自由程**，用 $\bar{\lambda}$ 表示。这两个量的大小反映了分子之间碰撞的频繁程度。

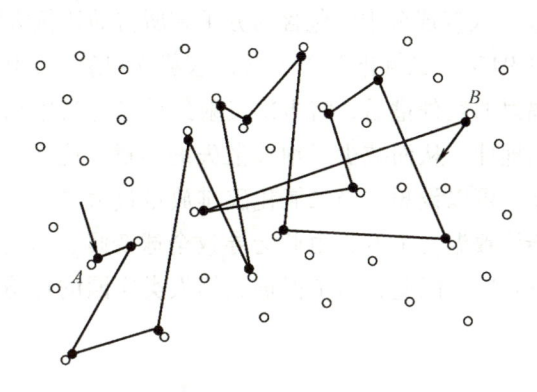

图 10-5 分子的无规则运动

下面我们给出计算平均碰撞频率和平均自由程的公式，相关推导过程省略。我们令 $\bar{v}$ 表示分子的平均速率 $\left(\bar{v} = \sqrt{\dfrac{8kT}{\pi m}}\right)$，$d$ 为分子的有效直径，n 为分子数密度，同时代入理想气体的状态方程 $p = nkT$，那么分子的平均碰撞次数为

$$\bar{Z} = \sqrt{2}\pi d^2 \bar{v} n = \frac{4\pi d^2 p}{\sqrt{\pi mkT}} \tag{10-14}$$

我们知道了分子的平均碰撞次数 $\bar{Z}$，单位时间内分子所走过平均路程为 $\bar{v}$，所以分子的平均自由程为

$$\bar{\lambda} = \frac{\bar{v}}{\bar{Z}} = \frac{1}{\sqrt{2}\pi d^2 n} = \frac{kT}{\sqrt{2}\pi d^2 p} \tag{10-15}$$

上述两式中的 πd^2 也称为碰撞截面。对上述两式讨论可知：
1) 温度 T 一定时，$\bar{Z}$ 正比于 p，压强 p 越大，分子间的碰撞越频繁，即 $\bar{Z}$ 越大。
2) 温度 T 一定时，$\bar{\lambda}$ 反比于 p，压强 p 越大，分子的平均自由程越小，即 $\bar{\lambda}$ 越小。
3) $\bar{\lambda}$ 反比于分子数密度 n，与 $\bar{v}$ 无关。

在气体动理论中，我们从统计学的角度研究分子是如何运动的，更有价值的是与分子运动相关的物理量的平均值。平均自由程是气体动理论中最有用的概念之一，借助于它，我们可以简单地解释许多热现象，从而可以减少对速率分布函数的依赖，降低对相关热现象定量解释的难度。

概念问题 10.5：分子热运动与分子间的碰撞，在输运现象中各起什么作用？哪些物理量体现了它们的作用？

解答：分子热运动在输运现象中由于分子的不断相互掺和，使得原来气体中物理性质（包括密度、流速、温度等）不均匀的各部分经过交换物质、动量和能量，气体内各部分物理性质趋向于均匀。分子间的碰撞是分子间相互交换能量和动量，使得气体各部分质量和能量趋向于均匀，气体状态趋向平衡。

概念问题 10.6：何为温室气体效应？

解答：地球最上层的大气层温度是 $-20℃$，地表平均温度是 $15℃$，是什么因素维持和稳定着这 $35℃$ 的大气层温差？大气成分中所包含的分子和所占的比例大约是：氮气占 78%，氧气占 21%，稀有气体占 0.94%，二氧化碳 0.03%，水蒸气和杂质 0.03%。大气中的二氧化碳和水蒸气分子吸收地球辐射的红外谱后，将再次发射红外谱，其中约一半的红外谱散离大气层，而另一半会再次返回地球，从而减少了地球散失的热量。这样一个过程循环往复，就维持和稳定了大气层的温差。可以设想，当二氧化碳排放量过大之后，返回地球表面的红外谱增加，热能积累过多就会导致温度上升，由此会导致全球变暖、冰川消融、海水上涨等一系列的后果，称为温室气体效应。因此，为了保护我们人类家园的环境，要减少二氧化碳气体的排放量。

本章逻辑主线

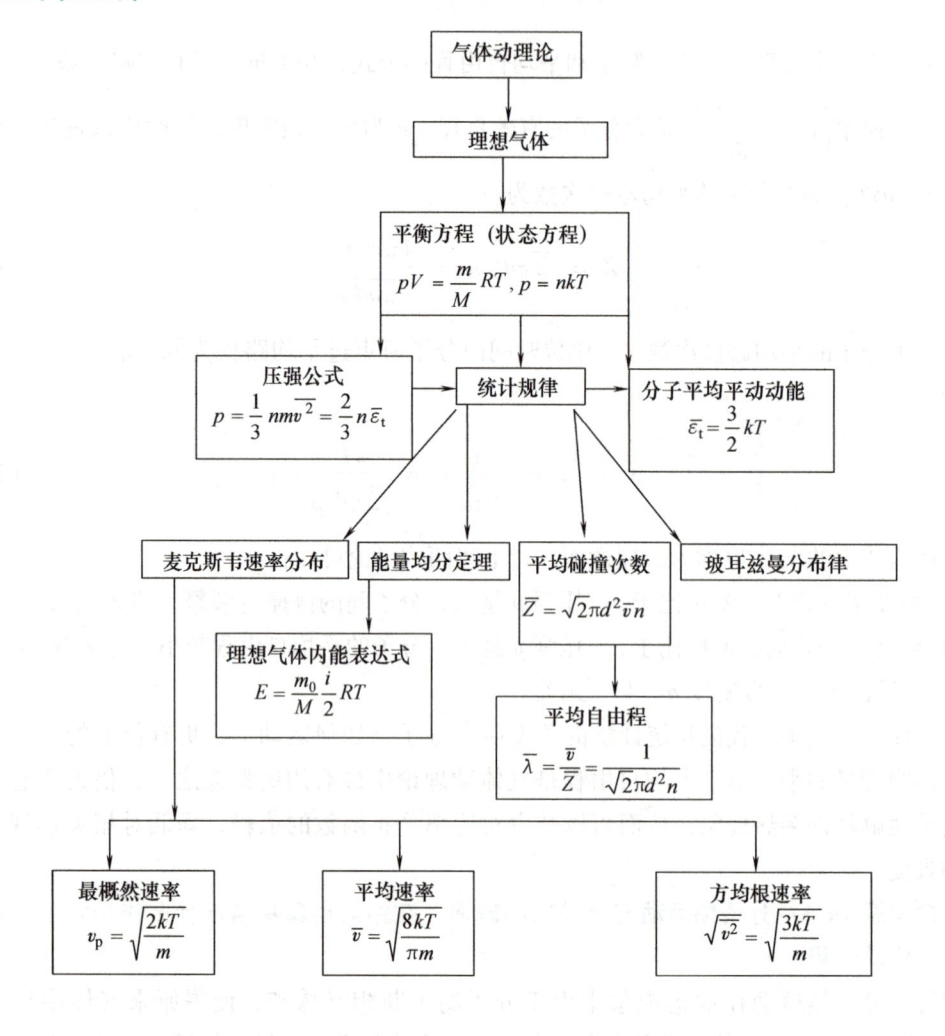

```
                    气体动理论
                        │
                     理想气体
                        │
              平衡方程（状态方程）
              pV = (m/M)RT,  p = nkT
                   │        │
        ┌──────────┤        ├──────────┐
     压强公式    统计规律   分子平均平动动能
  p = (1/3)nmv̄² = (2/3)nε̄_t        ε̄_t = (3/2)kT
                   │
      ┌────────┬───┴────┬──────────┐
 麦克斯韦  能量均分   平均碰撞次数   玻耳兹曼
 速率分布   定理     Z̄ = √2 πd²v̄n   分布律
              │              │
       理想气体内能表达式   平均自由程
       E = (m₀/M)(i/2)RT   λ̄ = v̄/Z̄ = 1/(√2 πd²n)

   最概然速率         平均速率          方均根速率
   v_p = √(2kT/m)   v̄ = √(8kT/πm)   √(v̄²) = √(3kT/m)
```

拓展阅读

分子运动论与统计物理学

热物理学的微观理论是在分子动（力学）理论（简称分子动理论）基础上发展起来的。

早在 1738 年伯努利曾设想气体压强由分子碰撞器壁而产生。1744 年，俄罗斯科学家罗蒙诺索夫提出热是分子运动的表现，他把机械运动的守恒定律推广到分子运动的热现象中去。到了 19 世纪中叶，原子和分子学说逐渐取得实验支持，将哲学观念具体化发展成为物理学理论，热质说也逐渐被分子运动的观点所取代，在这一过程中统计物理学开始萌芽。1857 年，克劳修斯首先导出气体压强公式。1859 年，英国物理学家麦克斯韦导出速度分布律，由此可得到能量均分定理，以上就是分子动理论的平衡态理论。后来，玻耳兹曼提出了熵的统计解释及 H 定理。1902 年，美国物理学家吉布斯（Gibbs，1839—1903）在其名著《统计力学的基本原理》中，建立了平衡态统计物理体系，称为吉布斯统计（后来知道，这个体系不仅适用于经典力学系统，甚至更自然地适用于服从量子力学的微观粒子，与此相适应建立起来的统计力学称为量子统计）；此外还有非平衡态统计物理学。上述三方面的内容，都是在分子动理论基础上发展起来的。

分子动理论方法的主要特点是：它考虑到分子与分子之间、分子与器壁间频繁的碰撞，考虑到分子间有相互作用力，利用力学定律和概率论来讨论分子的运动（即分子碰撞的详情）。它的最终及最高目标是描述气体由非平衡态转入平衡态的过程。而后者是热力学不可逆过程。热力学对不可逆过程所能叙述的仅是孤立体系熵的增加，而分子动理论则企图能进而叙述非平衡态气体的演变过程，诸如：①分子由容器上的小孔溢出所产生的泻流；②动量较高的分子越过某平面与动量较低的分子混合所产生的与黏性有关的分子运动过程；③动能较大的分子越过某平面与动能较小的分子混合所产生的与热传导有关的过程；④一种分子越过某平面与其他种分子混合的扩散过程；⑤液体中悬浮的微粒受到从各方向来的分子的不均等冲击力，使微粒作杂乱无章的布朗运动；⑥两种或两种以上的分子间以一定的时间变化率进行的化学结合，称为化学反应动力学。

从广义上来说，统计物理学是从对物质微观结构和相互作用的认识出发，采用概率统计的方法来说明或预言由大量粒子组成的宏观物体的物理性质。按照这种观点，分子动理论也应归属于统计物理学范畴。但统计物理学的狭义理解仅指玻耳兹曼统计与吉布斯统计，它们都是平衡态理论，至于分子动理论，则仍像历史发展中那样把它看作一个独立的分支理论。在这样的划分下，热物理学的微观理论应由分子动理论、统计物理学与非平衡统计三部分组成。统计物理学与分子动理论都可认为是一种基本理论，它们都做了一些假设（例如分子微观模型的假设），其结论都应接受实验的检验，故其普遍性不如热力学。气体分子动理论在处理复杂的非平衡态系统时，都要加上一些近似假设。由于微观模型的细致程度不同，理论近似程度也就不同，对于同一问题可给出不同理论深度的解释。微观模型考虑得越细致、越接近真实，数学处理也就越复杂。对于初学者来说，重点应掌握基本物理概念、处理问题的物理思想及基本物理方法，熟悉物理学理论的重要基础——基本实验事实。在某些问题（特别是一些非平衡态问题）中可暂不去追求理论的十分严密与结果的十分精确。因为相当简单的例子中常常包含基本物理方法中的精华，它常常能解决概念上的困难并能指出新的计算步骤及近似方法。这一忠告对初学分子动理论的学生很有指导意义。

思 考 题

10.1 气体在平衡状态时有何特征？平衡态与稳定态有什么不同？气体的平衡态与力学中所指的平衡有什么不同？

10.2 一金属杆一端置于沸水中，另一端和冰接触，当沸水和冰的温度维持不变时，则金属杆上各点的温度将不随时间而变化。试问金属杆这时是否处于平衡态？为什么？

10.3 温度概念的适用条件是什么？温度的微观本质是什么？

10.4 下列各式的物理意义是什么？

(1) $\frac{3}{2}kT$；(2) $\frac{3}{2}RT$；(3) $\frac{i}{2}RT$；(4) $\frac{i}{2}kT$；(5) $\int_0^\infty f(v)\mathrm{d}v$；(6) $\int_0^\infty vf(v)\mathrm{d}v$；(7) $\int_0^\infty v^2 f(v)\mathrm{d}v$。

10.5 橡皮艇浸入水中一定的深度，到夜晚大气压强不变，温度降低了，问艇浸入水中的深度将怎样变化？

10.6 一年四季大气压强一般差别不大，为什么在冬天空气的密度比较大？

10.7 对一定量的气体来说，当温度不变时，气体的压强随体积的减小而增大；当体积不变时，压强随温度的升高而增大。从宏观来看，这两种变化同样使压强增大；从微观来看，它们是否有区别？

10.8 容器内有质量为 m_0、摩尔质量为 M 的理想气体，设容器以速度 v 作定向运动，今使容器突然停止，问：

(1) 气体的定向运动机械能转化为什么形式的能量？

(2) 对于单原子分子和双原子分子气体，气体分子速度平方的平均值各增加多少？

(3) 如果容器再从静止加速到原来速度 v，那么容器内理想气体的温度是否还会改变？为什么？

10.9 一容器中装着一定量的某种气体，试分别讨论下面三种状态：

(1) 容器内各部分压强相等，这状态是否一定是平衡状态？

(2) 各部分的温度相等，这状态是否一定是平衡态？

(3) 各部分压强相等，并且各部分密度也相同，这状态是否一定是平衡态？

10.10 怎样理解一个分子的平均平动动能 $\bar{\varepsilon}_\mathrm{t} = \frac{3}{2}kT$？如果容器内仅有一个分子，能否根据此式计算它的动能？

10.11 氢气、氧气分子数均为 N，$T_{O_2} = 2T_{He}$，速率分布曲线如图 10-6 所示，试问：

(1) 哪条是氦气的速率分布曲线？

(2) $\dfrac{v_{\mathrm{p},O_2}}{v_{\mathrm{p},He}}$ 为多少。

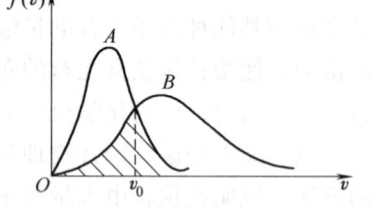

图 10-6 思考题 10.11 图

习 题

一、填空题

10.1 建立一种经验温标，需要_____、_____、_____，统称为温标的三要素。

10.2 在理想气体所经历的准静态过程中，若状态方程的微分形式是 $pdV = \nu R\mathrm{d}T$，则必然是_____过程。

10.3 有时候热水瓶的塞子会自动跳出来，其原因是_____。

10.4 两种理想气体的温度相同，物质的量也相同，则它们的内能_____。

10.5 氦气为刚性分子组成的理想气体，其分子的平动自由度数为_____；转动自由度数为_____；

分子内原子间的振动自由度数为_____。

10.6 图 10-7 所示为麦克斯韦速率分布曲线,其中斜线划出的曲边梯形面积的物理意义是_____。

二、选择题

10.7 如图 10-8 所示,把一个长方形容器用一隔板分开为容积相等的两部分,一边装二氧化碳,另一边装氢气,两边气体的质量相同,温度也相同,隔板与器壁之间无摩擦,那么隔板将会( )。
(A) 向右移动; (B) 向左移动;
(C) 保持不动; (D) 无法判断。

10.8 气体处于平衡态时,按统计规律可得( )。
(A) $\overline{v_x^2} = \overline{v_y^2} = \overline{v_z^2}$; (B) $\overline{v_x} = \overline{v_y} = \overline{v_z}$;
(C) $\overline{v} = 0$; (D) $\overline{v} = \sqrt{\dfrac{8kT}{m\pi}}$。

图 10-7 题 10.6 图

10.9 气体处于平衡态时,下列说法不正确的是( )。
(A) 气体分子的平均速度为零; (B) 气体分子的平均动量为零;
(C) 气体分子的平均动能不为零; (D) 气体分子的平均速度为 $\sqrt{\dfrac{8kT}{m\pi}}$。

图 10-8 题 10.7 图

10.10 若气体分子速率分布曲线如图 10-9 所示,图中 A、B 两部分面积相等,则 v_0 表示( )。
(A) 最概然速率; (B) 方均根速率;
(C) 平均速率; (D) 速率大于和小于 v_0 的分子数各占一半。

10.11 某理想气体状态变化时,内能随压强的变化关系如图 10-10 中的直线 AB 所示,则 A 到 B 的变化过程一定是( )。
(A) 等压过程; (B) 等容过程;
(C) 等温过程; (D) 绝热过程。

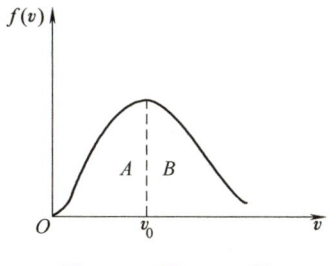

图 10-9 题 10.10 图

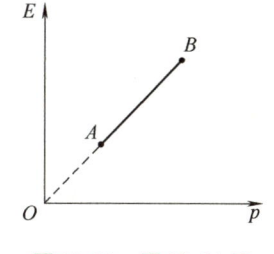

图 10-10 题 10.11 图

三、计算题

10.12 如图 10-11 所示,两容器的体积相同,装有相同质量的氮气和氧气。用一内壁光滑的水平细玻璃管相通,管的正中间有一小滴水银。要保持水银滴在管的正中间,并维持氧气温度比氮气温度高 30℃,则氮气的温度应是多少?

10.13 水蒸气分解为同温度的氢气和氧气,即 $H_2O \rightarrow H_2 + 0.5O_2$,内能增加了多少?

10.14 已知某种理想气体,其分子方均根速率为 400 m·s^{-1},当其压强为 1 atm 时,求气体的密度。

图 10-11 题 10.12 图

10.15 容器的体积为 $2V_0$,绝热板 C 将其隔为体积相等的 A、B 两个部分,A 内储有 1 mol 单原子分子理想气体,B 内储有 2 mol 双原子理想气体,A、B 两部分的压强均为 p_0。(1) 求 A、B 两部分气体各自的内能;(2) 现抽出绝热板 C,求两种气体混合后达到平衡时的压强和温度。

19

10.16 大量粒子（$N_0 = 7.2 \times 10^{10}$）的速率分布函数曲线如图 10-12 所示，试问：（1）速率小于 $30\text{m} \cdot \text{s}^{-1}$ 的分子数约为多少？（2）速率处在 $99\text{m} \cdot \text{s}^{-1}$ 到 $101\text{m} \cdot \text{s}^{-1}$ 之间的分子数约为多少？（3）所有 N_0 个粒子的平均速率为多少？（4）速率大于 $60\text{m} \cdot \text{s}^{-1}$ 的那些分子的平均速率为多少？

*10.17 试将质量为 m 的单原子分子理想气体的速率分布函数 $f(v) = 4\pi \left(\dfrac{m}{2\pi kT}\right)^{\frac{3}{2}} \text{e}^{-\frac{mv^2}{2kT}} v^2$ 改写成按动能 $\varepsilon = \dfrac{1}{2}mv^2$ 分布的函数形式 $f(\varepsilon)\text{d}\varepsilon$，然后求出平均动能。

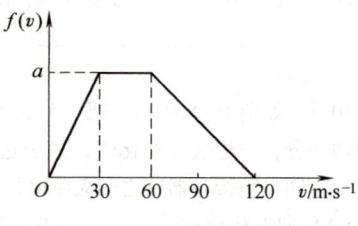

图 10-12　题 10.16 图

第 10 章习题简答

第 11 章
热 力 学

上一章从气体分子热运动观点出发,运用统计力学方法研究了热运动的规律及理想气体的一些热力学性质。本章则是从能量观点出发,以大量实验观测为基础,研究物质热现象的宏观基本规律及其应用。

本章主要内容有:准静态过程、热量、功、内能等基本概念,热力学第一定律及对理想气体各等值过程的应用,理想气体的摩尔热容,循环过程及其效率,卡诺循环,热力学第二定律,熵和熵增加原理以及热力学第二定律的统计意义等。

11.1 热力学第一定律

11.1.1 内能 功和热量

在气体动理论部分,我们得出了理想气体的内能仅是温度的单值函数这一结论,也就是说对于给定的理想气体系统,温度确定,那么内能也就是确定的。在压强不大的情况下,实际气体的内能也可近似看作温度的单值函数。在实际气体压强较大的时候,由于分子之间的相互作用不可忽视,所以此时气体的内能还应该包括分子间的势能,它与气体系统的体积密切相关。还要注意的是,确定的系统内能所对应的状态并不唯一。

无数事实证明,一个热力学系统状态的变化,要么是外界对系统做功,要么是外界向系统传递热量,或者是两者兼施并用完成。譬如说一杯水,可以通过加热,用热传递的方法,使它的温度发生变化;还可以通过搅拌的方法改变它的温度。两者虽然方法不同,但是效果却是相同的。所以可以说,做功和热传递是等效的,二者均可作为内能变化的量度。在国际单位制中,它们的单位都是 J(焦耳)。

重视二者在改变内能上等效性的同时,它们本质上的差异也不可忽视。"做功"是通过宏观的有规则运动(如机械运动)来完成能量交换的,而"热传递"则是通过分子的无规则运动来完成能量交换的。做功(宏观运动)的作用把物体的有规则运动转换为系统内分子的无规则运动。而热传递(微观运动)则是使系统外物体的分子无规则运动与系统内分子的无规则运动互相转换。二者只有在过程发生时才有意义,因此,它们都是过程量。

大量实验证明,系统状态发生变化时,只要初、末状态确定,外界对系统所做的功和向系统所传递的热量的和是恒定不变的。由于做功和热传递都可以使系统的状态发生变化,同时二者又是能量转化的量度,所以热力学系统在一定状态下,应该具有一定的能量,称之为热力学系统的**内能**。内能是系统状态的单值函数,它的改变仅决定于系统的始、末状态。

焦耳（James Prescott Joule，1818—1889），英国物理学家，奠定了热力学第一定律的实验基础。

焦耳于1818年生于苏格兰北部的曼彻斯特，他的父亲是一个富有的啤酒酿酒师。焦耳没有受过正规的学校教育，一直在自家的啤酒厂劳作。他年轻时就从事电磁学的研究，发现电流可以做机械功也能产生热和磁的效应，证明了电解作用时吸收的热等于化合物的成分在最初结合时所放出的热。他研究了电的、机械的和化学的作用之间的联系，并促成了热功当量的伟大发现。焦耳于1843年在英国学术协会上宣读的一篇论文中给出了热功当量值。1847年4月焦耳在一次通俗演讲中首次阐述了能量守恒的观点。同年6月他被允许在英国协会的牛津会议上做一个关于能量守恒观点的简要报告，受到威廉、汤姆孙的重视，结果引起了很大的轰动。1849年焦耳向英国皇家协会提交了《论热的机械当量》论文，报告了他关于热功当量的最新测定成果，焦耳的数据与现代公认值仅相差千分之七。1850年焦耳当选为英国皇家学会会员。

1852年，焦耳和威廉·汤姆孙合作进行了气体节流膨胀实验，这一工作不仅对热力学理论的发展起了重要作用，而且引导了新的制冷技术。

焦耳在从1843年算起的近40时间里，不断地进行热功当量的实验，所得结果相当精确，是十分令人惊叹和钦佩的。

11.1.2 准静态过程

在热力学中，通常将研究对象（即由大量微观粒子组成的宏观物体）称为热力学系统，简称为系统。如果系统在外界影响下，由某一平衡态开始进行变化，那么原来的平衡态被破坏，经过一段时间后新的平衡建立。系统从一个平衡态过渡到另一个平衡态所经过的变化历程就是一个热力学过程。状态变化过程中的任一时刻并非平衡态，但是为了能利用平衡态的性质研究热力学过程，需引入准静态过程的概念。

一个热力学过程，从某一平衡态开始，经过一系列变化到达另外一个平衡态，如果任一中间状态都可以近似看作平衡态，则这样的热力学过程叫作准静态过程。如果中间状态为非平衡态，这样的过程为非准静态过程。

严格说来，准静态过程是无限缓慢的状态变化过程，它是实际过程的近似，是一种理想的物理模型。虽然准静态过程是不可能达到的理想过程，但我们可以尽量向它趋近。对于研究的实际过程，只要过程中的状态变化足够缓慢即可，这样的过程就可看作准静态过程。而缓慢是否足够的标准是弛豫时间。

处于平衡态的系统受到外界的瞬时微小扰动后，若取消扰动，系统将恢复到原来的平衡态，系统所经历的这一段时间称为弛豫时间。相应的这类过程称之为弛豫过程。利用弛豫时间可以把准静态过程需要"进行得足够缓慢"这一条件解释得更清楚。例如，对于活塞压缩气缸中的气体这一过程，若活塞改变气体的任一微量体积所需的时间 Δt 与弛豫时间 τ 比较而满足 $\Delta t \geqslant \tau$ 的条件，就能保证（在宏观上认为）体积连续改变的过程中的任一中间状态，系统总能十分接近（或无限接近）热力学平衡，我们称之已经满足热力学平衡条件。

准静态过程在热力学理论研究和对实际应用的指导上有着非常重要的意义。在本章的学习中，如无特殊情况，所讨论的热力学过程都视为准静态过程。

11.1.3 准静态过程的功

在热力学中，准静态过程的功，尤其是当系统体积变化时压力所做的功具有非常重要的意义。

下面我们来研究封闭在带有活塞的气缸中的气体在准静态膨胀过程所做的功。如图 11-1 所示，设气体的压强为 p，当面积为 S 的活塞缓慢向前推进一微小距离 dl 时，系统经历了一个无限小状态变化的过程，在这个过程中系统的体积增加了一微小量 dV，我们可以认为系统经历一无限小的状态变化前后压强不变，那么系统对外界做的功可表示为

$$dA = pdV \tag{11-1}$$

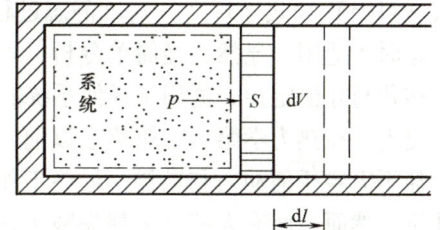

图 11-1 气体在准静态膨胀过程所做的功

它表示系统体积在发生无限小变化过程中所做的元功。由式（11-1）可以看出，它只与系统的状态参量 p 和 V 有关。

一般来说，在准静态的热力学过程中，如果体积发生变化，压强不是恒定不变的。在一个准静态的有限过程中，系统的体积从 V_1 变化到 V_2，要想计算系统对外做的功 A，必须知道系统的压强和体积的函数关系。物理上整个准静态的膨胀过程可以分成无数个微小的状态变化过程，每一个微小的状态变化过程中系统做的功都可以用式（11-1）表示，这样当系统的体积由 V_1 变化到 V_2 的有限过程中对外所做的总功为

$$A = \int_{V_1}^{V_2} pdV \tag{11-2}$$

对任一系统，只要做功是通过系统的体积变化实现的，而且整个热力学过程是准静态的，那么有限过程的总功就可以用式（11-2）表示。

需要注意的是，在 p-V 图上，功的几何意义就是过程曲线与 V 轴所围成的面积。而且对于给定的始末状态，不同过程对应不同的过程曲线，也就对应着不同的面积。因为系统对外做功有正、负，所以过程曲线与 V 轴所围成的面积也有正、负。

11.1.4 热力学第一定律的内容

内能是个态函数，这里的"态"指的是热平衡态。热平衡态由一些宏观的状态参量（如温度、压强、体积）来描述。所谓态函数，就是那些物理量的数值由系统的状态唯一地确定，而与系统如何达到这个状态的过程无关的函数。

一般情况下，当系统状态变化时，做功与热传递往往是同时存在的。假设有一个热力学系统，经过一个热力学过程，系统的内能从初始平衡态的 E_1 改变到内能为 E_2 的末平衡态，同时系统对外做功为 A，那么不论过程如何总有

$$Q = E_2 - E_1 + A \tag{11-3}$$

式（11-3）就是热力学第一定律的数学表达式。在国际单位制中，式（11-3）中各量的单位都是 J。对于一个热力学过程，系统可能放热也可能吸热，可能对外做正功也可能对外做负功（暂不考虑其他情况）。为了便于计算，我们做出如下的规定：系统从外界吸收热量时，Q 为

正值，反之为负值；系统对外界做正功时，A 为正值，反之为负值。这样式（11-3）的意义就可以进一步明确，即外界对系统传递的热量，一部分使系统的内能增加，另一部分用于系统对外做功。如果系统经历一微小的状态变化过程，热力学第一定律还可以写成如下形式：

$$dQ = dE + dA \tag{11-4}$$

式（11-3）和式（11-4）对准静态过程普遍成立；对非准静态过程，则仅当初态和末态为平衡态时才适用。显然，经简单分析，可以看出热力学第一定律本质上是包括热现象在内的能量转化与守恒定律，适用于任何系统的任何过程。

历史上，在热力学第一定律建立以前，人们曾企图制造这样一种机器，可以不停地对外做功，却不需要任何动力和燃料，最终工作物质的内能也不改变。这种机器被人们称为第一类永动机。然而，所有人的尝试都失败了，至少到目前为止是这样。因为他们违背了热力学第一定律，或者说他们违背了能量转化与守恒定律。因此，热力学第一定律又可表述为：制造第一类永动机是不可能的。

顺便指出，根据热力学第一定律，既然功是过程量，那么热量也是过程量。

概念问题 11.1：内能和热量有什么区别？

解答：内能是系统内部所有粒子动能和势能的总和，是由热力学系统状态所决定的量，也即内能是宏观状态参量的单值函数，而对于理想气体，系统内能仅是温度 T 的单值函数。因此，系统从同一初始状态无论经历怎样的中间过程到达同一末态，内能的增量是相同的。

热量是热传递过程中所传递的能量的量度，是一个过程量，离开了热传递的过程而谈热量是没有意义的，系统吸收或放出热量可以改变系统的内能。

11.2 热容

11.2.1 热容　摩尔热容

大量的事实表明，不同物体在不同过程中温度升高 1K 所吸收的热量一般并不相同。为了表明物体在一定过程中的这种特点，物理学中引入了热容这个概念。

热容的定义是：**当一热力学系统由于吸收一微小热量 dQ 而温度的增量为 dT 时，dQ/dT 这个量即为该系统在此过程中的热容**，通常用符号 C 表示。即

$$C = \frac{dQ}{dT} \tag{11-5}$$

一般来说，只有确定了变化过程，热容才是确定的。

显然，热容的定义与系统物质的量有关。在研究热力学系统时，为了表明一定量物质在一定过程中温度变化时吸热或放热的特点，通常还要引入摩尔热容。

摩尔热容定义：**1mol 物质的热容称为摩尔热容**，即

$$C_m = C/\nu \tag{11-6}$$

式中，ν 为物质的量。

因为热量是一个与过程有关的量，毫无疑问，热容也与过程有关。对于理想气体系统而言，等体过程中的摩尔热容和等压过程中的摩尔热容是最常用而又非常重要的两个量。对于固体和液体，这两种热容相差很小，可以认为二者数值相同。

11.2.2 理想气体的摩尔热容

1. 理想气体的摩尔定容热容

理想气体在等体过程中 $dV = 0$，所以 $dA = 0$，根据热力学第一定律，我们知道 $dQ = dE$，对于有限过程，$Q = \Delta E$。所以摩尔定容热容

$$C_{V,m} = \frac{1}{\nu}(dE/dT)$$

理想气体内能为 $E = \frac{i}{2}\nu RT$，代入上式，最后得到理想气体的摩尔定容热容

$$C_{V,m} = \frac{i}{2}R \tag{11-7}$$

由此可见，理想气体的摩尔定容热容只与分子的自由度有关。其中 R 为普适气体常数。

在这里需要特别指出的是，因为理想气体的内能只与状态参量 T 有关，所以对于确定的理想气体系统，无论其经历什么样的热力学过程，只要温度增量相同，那么系统内能的增量也一定相同。

2. 理想气体的摩尔定压热容

理想气体在等压过程中 $dp = 0$，在任一微小状态变化过程中，气体对外做功

$$dA = pdV$$

由热力学第一定律我们知道

$$dQ = dE + pdV$$

由热容的定义式（11-5），得到理想气体的摩尔定压热容

$$C_{p,m} = \frac{1}{\nu}\left(\frac{dE}{dT} + \frac{pdV}{dT}\right)$$

其中，$C_{V,m} = \frac{1}{\nu}\left(\frac{dE}{dT}\right)$，$\frac{pdV}{dT} = \nu R$，进一步化简得

$$C_{p,m} = C_{V,m} + R \tag{11-8}$$

式（11-8）被称为**迈耶公式**。它的物理意义是，1mol 的理想气体温度升高 1K 时，在等压过程中比在等体过程中要多吸收 $R(=8.31\text{J})$ 的热量，等压过程中多吸收的热量用来对外做功了。因为 $C_{V,m} = \frac{i}{2}R$，所以进一步计算，可发现 $C_{p,m} = \frac{i+2}{2}R$，也就是说摩尔热容比

$$\gamma = \frac{C_{p,m}}{C_{V,m}} = \frac{i+2}{i} \tag{11-9}$$

由式（11-9）可以得知，理想气体的摩尔热容比只与相应的气体分子的自由度有关，而与气体的温度无关。

大量的实验表明，经典的热容理论只能近似地反映客观事实。对于分子结构较为复杂的气体，即三原子以上的气体，经典热容理论给出的 $C_{V,m}$、$C_{p,m}$、γ 相关数据和实验值有明显的差别。同时，实验还表明，热容与温度也有关系。因此，上述理论只是近似的理论。只有用量子理论才能更好地解决热容的问题。

表 11.1 给出了几种气体摩尔热容的实验数据。

表 11.1　气体摩尔热容的实验数据

原子数	气体的种类	$C_{p,m}$/J·mol^{-1}·K^{-1}	$C_{V,m}$/J·mol^{-1}·K^{-1}	$C_{p,m}-C_{V,m}$/ J·mol^{-1}·K^{-1}	$\gamma=\dfrac{C_{p,m}}{C_{V,m}}$
单原子	氦	20.9	12.5	8.4	1.67
	氩	21.2	12.5	8.7	1.65
双原子	氢	28.8	20.4	8.4	1.41
	氮	28.6	20.4	8.2	1.41
多原子	水蒸气	36.2	27.8	8.4	1.31
	甲烷	35.6	27.2	8.4	1.30

概念问题 11.2：为什么气体摩尔热容的数值有无穷多个？

解答：气体的摩尔热容指 1mol 理想气体温度改变 1K 所吸收或放出的热量，而热量是过程量，虽然温度改变相同，但气体从一个平衡状态变化到另一个平衡状态，可能经历的过程理论上可以有无穷多个，即从一个状态点到另一个状态点可以连无穷多条曲线，每一条曲线都是一个中间过程，每条曲线上气体温度升高 1K 所吸收的热量都不同，所以气体摩尔热容的数值有无穷多个。

11.3　热力学第一定律在理想气体中的应用

热力学第一定律确定了系统在状态变化过程中被传递的热量、功和内能之间的相互关系，不论是气体、液体或固体的系统都适用。

理想气体是热力学里最简单的模型，因为它有状态方程 $pV=\nu RT$ 与内能和体积无关的简单性质。理想气体也是热力学中最重要的模型，因为它的所有热力学性质都可以具体推导出来。有了这样具体的一个例子，对于我们理解和思考热学的一般问题大有帮助。在本节中我们将把热力学第一定律运用到理想气体这个模型上，推导出各种热力学过程中状态参量、功、热量、内能之间的关系。

11.3.1　等体过程

理想气体的等体过程的特征是系统的体积保持不变，在整个热力学过程中 V 为恒量，$dV=0$。

设封闭气缸内有一定质量的理想气体，为确保气体的体积在热力学过程中不变，我们将活塞固定，让气缸与一系列有微小温差的恒温热源接触。这样气缸中的理想气体将经历一个升温过程，这样的过程是一个准静态的等体过程。

等体过程中 $dV=0$，所以 $dA=0$。根据热力学第一定律，我们知道理想气体系统吸收的热量完全用于内能的增加了，用数学语言描述就是 $dQ=dE$。

由于理想气体的内能

$$E=\dfrac{m_0}{M}\dfrac{i}{2}RT$$

摩尔定容热容

$$C_{V,m}=\dfrac{i}{2}R$$

则理想气体的内能表达式可以写为

$$E = \frac{m_0}{M} C_{V,\mathrm{m}} T \tag{11-10}$$

该式适用于所有的理想气体。因此，对于理想气体的各种过程

$$\Delta E = \frac{m_0}{M} C_{V,\mathrm{m}} \Delta T \tag{11-11}$$

11.3.2 等压过程

理想气体等压过程的特征是系统的压强保持不变，在整个热力学过程中 p 为恒量，$\mathrm{d}p = 0$。

设想气缸连续地与一系列有微小温度差的恒温热源相接触，同时活塞上所加的外力保持不变。这样不断地接触，将有微小的热量不断地传给气体系统，气体系统温度不断升高、压强增大，导致气体体积不断地膨胀并推动活塞对外界做功后，压强又开始降低，从而保证系统内外的压强相同。这一过程是一个准静态的等压过程。

我们分析等压过程发现，等压过程压强为常数，任取一微小的变化过程，气体所做的功为 $\mathrm{d}A = pS\mathrm{d}l = p\mathrm{d}V$，其中 $\mathrm{d}V$ 是气体体积的微小增量，S 为活塞的面积。当气体体积由 V_1 增大到 V_2 时，系统对外界做的总功

$$A = \int_{V_1}^{V_2} p\mathrm{d}V = p(V_2 - V_1) \tag{11-12}$$

由此可知图 11-2 中实线、虚线与 V 轴围的面积代表气体对外做的功。结合理想气体的状态方程，可将式 (11-12) 改写成

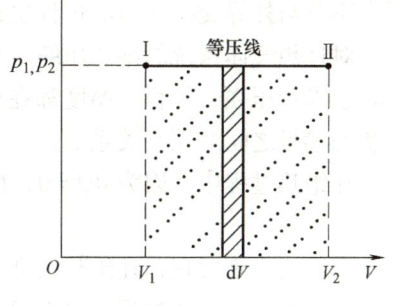

图 11-2 等压过程

$$A = \frac{m_0}{M} R(T_2 - T_1) \tag{11-13}$$

根据热力学第一定律我们知道，在整个等压过程中，系统吸收的热量

$$Q = \Delta E + \frac{m_0}{M} R(T_2 - T_1) \tag{11-14}$$

也就是说，等压过程中吸收的热量一部分用来增加系统的内能，另外一部分用来对外做功。

11.3.3 等温过程

理想气体等温过程的特征是系统的温度保持不变，即 $\mathrm{d}T = 0$。由于理想气体的内能仅取决于温度，所以等温过程中理想气体的内能保持不变，即 $\mathrm{d}E = 0$。

设想一气缸，其缸壁是绝对不导热的，而底部则是绝对导热的。气缸底部与一恒温热源接触。当作用于活塞上的外界压强无限缓慢地降低时，随着理想气体的膨胀，气体对外做功，系统温度相应地微微下降。然而，由于气体与恒温热源接触，就有微量的热量传给气体，使气体的温度维持原值不变。这一过程是一个准静态的等温过程。

如图 11-3 所示，分析等温过程，结合理想气体状态方程可知，$pV = $ 常数，那么 $p_1V_1 = p_2V_2$，系统对外做功

$$A = \int_{V_1}^{V_2} p\,dV = \int_{V_1}^{V_2} \frac{p_1 V_1}{V} dV = p_1 V_1 \ln \frac{p_1}{p_2} \quad (11\text{-}15)$$

结合理想气体的状态方程，式（11-15）可改写成

$$A = \frac{m}{M} RT \ln \frac{p_1}{p_2} \quad (11\text{-}16)$$

根据热力学第一定律，$Q = A$，同时结合式（11-16），我们知道，在等温过程中理想气体吸收的热量全部都用来对外界做功了，可以认为整个等温过程中，理想气体系统的内能不变。

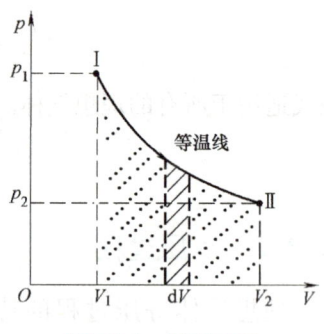

图 11-3　等温过程

11.3.4　绝热过程

在不与外界做热量交换的条件下，系统的状态变化过程叫作绝热过程。除了在良好绝热材料包围的系统内发生的过程是绝热过程外，通常把一些进行得较快（仍可以看作准静态的）而来不及与外界交换热量的过程也近似看作绝热过程。

对理想气体系统的绝热压缩（或绝热膨胀）过程进行简单分析，不难发现绝热过程的三个状态参量压强、体积、温度都在变化。下面，我们讨论在绝热的准静态过程中 p、V、T 三个状态参量之间的相互关系。

在绝热过程中，因为 $dQ = 0$，所以由热力学第一定律可以知道

$$dA = -dE = -\nu C_{V,m} dT \quad (11\text{-}17)$$

由上式不难发现，在绝热的准静态过程中，系统所做的功完全来自内能的变化。考虑系统无限小的状态变化过程，对理想气体的状态方程 $pV = \nu RT$ 微分，可以得到

$$pdV + Vdp = \nu R dT \quad (11\text{-}18)$$

将上述两个方程联立并消去 dT，并考虑 $dA = pdV$ 得

$$(C_{V,m} + R) pdV = -C_{V,m} Vdp$$

因 $C_{p,m} = C_{V,m} + R$，$\gamma = C_{p,m}/C_{V,m}$，所以有

$$\frac{dp}{p} + \gamma \frac{dV}{V} = 0 \quad (11\text{-}19)$$

将式（11-19）两边积分，则有

$$pV^{\gamma} = 常量 \quad (11\text{-}20)$$

利用理想气体的状态方程，可将式（11-20）变换到其他状态参量之间的关系，下面我们仅给出结论（希望同学们能够自己推导出来）：

$$TV^{\gamma-1} = 常量 \quad (11\text{-}21)$$

$$\frac{p^{\gamma-1}}{T^{\gamma}} = 常量 \quad (11\text{-}22)$$

式（11-20）~式（11-22）三式组成理想气体的全套的绝热过程方程。这样我们就可以计算准静态绝热过程的功了。

概念问题 11.3：对物体加热而其温度不变，有可能吗？没有热交换而系统的温度发生变化，有可能吗？

解答：这两种情况是有可能的。

这是因为一切系统的热力学过程都必须遵守热力学第一定律 $Q = \Delta E + A$，第一种情况的例

子很多，例如，晶体在熔化时虽吸热但温度保持不变；理想气体在等温膨胀过程中，系统温度不变，$\Delta T = 0$，因而 $\Delta E = 0$，系统吸收的热量全部用于对外界做功。第二种情况的实例也比较多，例如，摩擦使物体升温；还有理想气体的绝热过程也属于这种情况，绝热过程中系统与外界交换热量 $Q = 0$，于是 $\Delta E = -A$，外界对气体的做功量等于气体内能的增量，气体内能的变化引起温度的变化。

例 11-1 设有 8g 氧气，体积为 $0.41 \times 10^{-3} \mathrm{m}^3$，温度为 300K。如果氧气做绝热膨胀，膨胀后的体积为 $4.10 \times 10^{-3} \mathrm{m}^3$，问气体做功多少？如果氧气做等温膨胀，膨胀后的体积也是 $4.10 \times 10^{-3} \mathrm{m}^3$，问这时气体做功多少？

解 绝热膨胀内能减少，用于对外做功；等温膨胀内能不变，吸热完全用于对外做功。

氧气的质量 $m_0 = 0.008 \mathrm{kg}$，摩尔质量 $M = 0.032 \mathrm{kg \cdot mol^{-1}}$。初始温度 $T_1 = 300 \mathrm{K}$，令 T_2 为氧气绝热膨胀后的温度，则由热力学第一定律及绝热过程的特点 $\mathrm{d}Q = 0$，可以得到

$$A = -\frac{m_0}{M} C_{V,m}(T_2 - T_1)$$

由绝热方程中 T 与 V 的关系式可得

$$T_2 = T_1 \left(\frac{V_1}{V_2}\right)^{\gamma - 1}$$

将相关常量代入上式，可得

$$T_2 = 119 \mathrm{K}$$

又因为氧气是双原子分子，$i = 5$，$C_{V,m} = 20.8 \mathrm{J \cdot mol^{-1} \cdot K^{-1}}$，于是绝热膨胀过程中气体做功

$$A = -\frac{m_0}{M} C_{V,m}(T_2 - T_1) = 941 \mathrm{J}$$

如果氧气做等温膨胀，气体所做的功

$$A = \frac{m_0}{M} R T_1 \ln \frac{V_2}{V_1} = 1.44 \times 10^3 \mathrm{J}$$

例 11-2 标准状态下的 0.014kg 氮气，分别经过：（1）等温过程；（2）绝热过程；（3）等压过程，压缩为原体积的一半。试计算在这些过程中气体内能的改变、传递的热量和外界对气体所做的功。（该氮气可看作理想气体）

解 理想气体经历等温过程、绝热过程、等压过程的功、热、内能的变化可直接利用相应的公式计算，在末态状态参量没直接给定的情况下，应运用理想气体状态方程或过程方程确定系统的状态参量的值。摩尔热容可直接用本章的有关结论。

（1）等温过程

理想气体内能仅是温度的函数，等温过程中温度不变，故

$$\Delta E = 0$$

外界对系统做的功等于系统对外界做功的负值，则

$$A_{外} = -A = -\int_{V_1}^{V_2} p\mathrm{d}V = -\frac{m_0}{M} RT \int_{V_1}^{V_2} \frac{\mathrm{d}V}{V} = -\frac{m_0}{M} RT \ln \frac{V_2}{V_1}$$

将数据代入，得

$$A_{外} = \left(-\frac{14}{28} \times 8.31 \times 273 \times \ln \frac{1}{2}\right) \mathrm{J} = 786 \mathrm{J}$$

故
$$A = -786\text{J}$$
根据热力学第一定律 $Q = \Delta E + A$,有
$$Q = A = -786\text{J}$$
表明在该过程中,系统放热。

(2) 绝热过程
$$Q = 0$$
由绝热过程方程 $p_1 V_1^\gamma = p_2 V_2^\gamma$,得
$$p_2 = p_1 \left(\frac{V_1}{V_2}\right)^\gamma = p_1 \left(\frac{V_1}{\frac{1}{2}V_1}\right)^\gamma = 2^\gamma p_1$$

绝热过程外界做功
$$A_{\text{外}} = \frac{1}{\gamma - 1}(p_2 V_2 - p_1 V_1) = \frac{1}{\gamma - 1}\left(2^\gamma p_1 \times \frac{1}{2}V_1 - p_1 V_1\right)$$
$$= \frac{1}{\gamma - 1} p_1 V_1 (2^{\gamma-1} - 1) = \frac{1}{\gamma - 1}\frac{m}{M}RT_1(2^{\gamma-1} - 1)$$

所以
$$A_{\text{外}} = \left[\frac{1}{1.40 - 1} \times \frac{14}{28} \times 8.31 \times 273 \times (2^{1.40-1} - 1)\right]\text{J} = 906\text{J}$$

内能改变
$$\Delta E = A_{\text{外}} = 906\text{J}$$

(3) 等压过程

根据等压过程方程,有 $\dfrac{V_1}{T_1} = \dfrac{V_2}{T_2}$,则
$$T_2 = \frac{V_2}{V_1}T_1 = \frac{1}{2}T_1$$

而摩尔定压热容 $C_{p,m} = C_{V,m} + R = \dfrac{5}{2}R + R = \dfrac{7}{2}R$,则系统吸收的热量为
$$Q_p = \frac{m}{M}C_{p,m}(T_2 - T_1) = \frac{m}{M}C_{p,m}\left(-\frac{T_1}{2}\right) = -1985\text{J}$$

外界对系统做功
$$A_{\text{外}} = -A = -p_1(V_2 - V_1) = 567\text{J}$$

根据热力学第一定律,系统内能的变化为
$$\Delta E = Q_p - A = [-1985 - (-567)]\text{J} = -1418\text{J}$$

11.4 循环过程　卡诺循环

11.4.1 循环过程

一系统由某一平衡态出发,经过任意的一系列过程又回到原来的平衡态的整个变化过程,叫作循环过程,如图 11-4 所示。如果一个循环过程所经历的每个分过程都是准静态过程,那

么这个循环过程就叫作准静态的循环过程。参与循环的物质系统叫作工作物质。工作物质在经历了一个循环后，将回到初始的平衡状态，那么工作物质的内能也不会改变。在 p-V 图上，工作物质的循环过程用一条闭合的曲线来表示。

在生活实践中，往往要求利用工作物质连续不断地把热转换为功，对应的在 p-V 图上，循环是沿着顺时针方向进行，这样的装置我们称之为热机，相应的循环我们称之为正循环。理论上，工作物质（理想气体）的等温膨胀过程是最有利于热功转换的，但是只靠气体的膨胀过程来做功的机器是不可能实现的，因为现实中气缸的尺寸是有限的，这就制约着气体的膨胀过程，使之不可能无限制地进行下去。显然，要想把热转换为功并且持续下去，只有利用上述的循环过程：工作物质膨胀对外做正功，然后再被压缩对外做负功，整个循环过程对外做净功。从能量的角度，可以明显分析出，一个完整循环过程，也就是能量从一种形式向另外一种形式转化的过程。

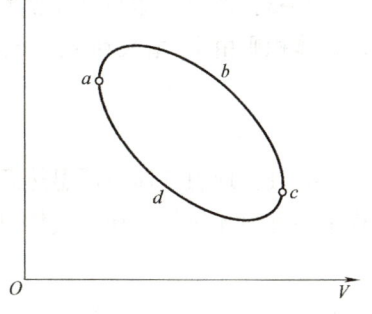

图 11-4 循环过程的 p-V 图

当然，如果想获得可以制造低温的装置——制冷机，同样可以利用工作物质的循环过程来实现。与热机不同的是，制冷机的循环过程恰好和热机相反。从理论上看，p-V 图上的循环过程是逆时针进行的，这个循环称为逆循环。

研究循环过程的意义就在于，它是制造热机和制冷机的理论基础之一。大家所熟知的冰箱、空调等电器的诞生与我们所要研究的循环理论密不可分。下面我们将以卡诺循环为例，简要地说明热机和制冷机工作的基本原理。

11.4.2 卡诺循环

卡诺循环是指在两个温度恒定的热源（一个为高温热源，一个为低温热源）之间工作的循环过程。在整个循环过程中，工作物质只和高温热源或低温热源交换能量，不考虑散热、漏气等因素的存在。卡诺循环是由准静态过程组成的，更确切地说，是由两个准静态的等温过程和两个准静态的绝热过程组成的。接下来，我们要研究的分别是完成卡诺正循环的卡诺热机和完成卡诺逆循环的卡诺制冷机。

1. 卡诺热机

我们要研究的是以理想气体为工作物质的、完成卡诺正循环的卡诺热机。在 p-V 图上，一个完整的卡诺循环是由两条等温线和两条绝热线组成的封闭曲线（见图 11-5）。在图 11-5 中，1、2、3、4 点对应的体积分别为 V_1、V_2、V_3、V_4，T_1 为高温热源，T_2 为低温热源。下面我们看一下循环过程的每个分过程。

1→2：理想气体和温度为 T_1 的高温热源接触作准静态的等温膨胀，体积由 V_1 增大到 V_2，对外界做正功，气体从温度为 T_1 的高温热源吸热

$$Q_1 = \frac{m_0}{M} R T_1 \ln \frac{V_2}{V_1} \quad (11\text{-}23)$$

3→4：理想气体和温度为 T_2 的低温热源接触作准静

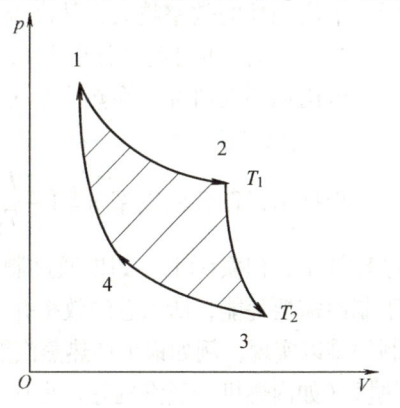

图 11-5 卡诺循环的 p-V 图

态的等温压缩，气体体积由 V_3 减小到 V_4，对外界做负功，气体向温度为 T_2 的低温热源放热

$$Q_2 = \frac{m_0}{M}RT_2\ln\frac{V_3}{V_4} \tag{11-24}$$

2→3：理想气体与高温热源分开，并且作准静态的绝热膨胀，气体的温度由 T_1 降低到 T_2，体积则由 V_2 增大到 V_3，该过程中无热量交换，但是气体对外做正功。该过程中有

$$\frac{V_2}{V_3} = \left(\frac{T_2}{T_1}\right)^{1/(\gamma-1)} \tag{11-25}$$

4→1：理想气体与低温热源分开，并且作准静态的绝热压缩，恢复到最初的状态 1，该过程中与外界无热量交换，气体对外界做负功，完成一次卡诺循环。该过程中有

$$\frac{V_1}{V_4} = \left(\frac{T_2}{T_1}\right)^{1/(\gamma-1)} \tag{11-26}$$

由式（11-25）、式（11-26），我们得到

$$\frac{V_2}{V_1} = \frac{V_3}{V_4} \tag{11-27}$$

至此，我们给出了卡诺热机循环过程的详尽分析。

2. 卡诺热机的效率

热机不可能把从高温热源吸收的热量全部转化为功，那么人们就必然关心燃料燃烧所产生的热中，或热机从高温热源吸收的热中，有多少能转化为功的问题。前者是总的热效率问题，后者是热机效率的问题。热机的效率 η 为

$$\eta = \frac{Q_1 - Q_2}{Q_1} \tag{11-28}$$

式中，Q_1 和 Q_2 分别是从高温热源吸收、向低温热源放出的热量，均取正值。

将式（11-23）、式（11-26）和式（11-27）代入式（11-28），那么卡诺热机的效率

$$\eta = \frac{Q_1 - Q_2}{Q_1} = 1 - \frac{T_2}{T_1} \tag{11-29}$$

综上所述，我们知道：

1）要完成一次卡诺循环必须要有高温和低温两个热源。

2）卡诺循环的效率只与两个热源的温度有关，高温热源的温度越高、低温热源的温度越低，卡诺循环的效率越大，从高温热源吸收的热量利用率就越高。

3）卡诺循环的效率总小于 1，不可能大于或等于 1。

卡诺循环的研究，在热力学史上是非常重要的，为热力学第二定律的确立打下了基础。

3. 提高热机效率的两种方法

根据卡诺循环的效率 $\eta = 1 - \frac{T_2}{T_1}$ 可知，提高高温热源温度或降低低温热源温度，可以提高循环效率，但实际上，如果通过制冷的方法降低低温热源温度，虽然热机效率提高了，但由于制冷需要耗能，所以总的效率并不高。若提高高温热源温度，有时又受到工作物质等因素的制约难以实现，例如锅炉加热蒸汽能够达到的最高温度具有一定的极限等。在工程技术中，各种热机（如内燃机、蒸汽机等）也均有其高温热源和低温热源，但一般不是理想的卡诺循环。

实际情况下提高热机效率的方法有哪些？其物理原理又是什么？下面做些简单介绍。

方法一：联合循环

提高热机效率的有效方法之一是让两台热机进行联合循环，如图 11-6 所示，热机 I 从热源 T_1 处吸热 Q_1，对外做功 A_1，并向 T_2 处放热 Q_2。热源 T_2 既是热机 I 的低温热源，同时也是热机 II 的高温热源。热机 II 从 T_2 处吸热 Q_2，对外做功 A_2，并向热源 T_3 放热 Q_3。

在此联合循环中，系统总的循环效率为

$$\eta = \frac{A_\text{总}}{Q_1} = \frac{A_1 + A_2}{Q_1}$$

这显然大于单机循环效率 $\eta = \dfrac{A_1}{Q_1}$。若将联合循环视为理想的卡诺循环，则可在 $p-V$ 图上画出如图 11-7 所示的循环曲线。由图可知

$$\eta_\text{总} = 1 - \frac{T_3}{T_1}$$

$$\eta_1 = 1 - \frac{T_2}{T_1}$$

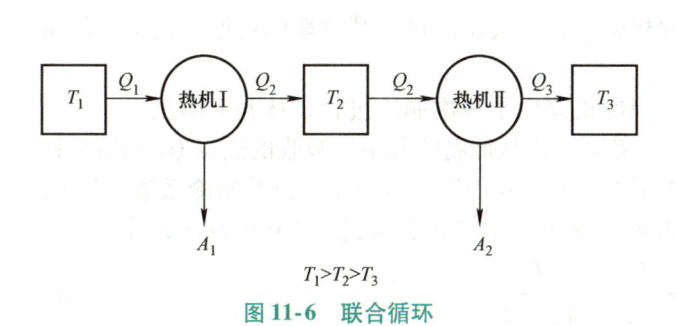

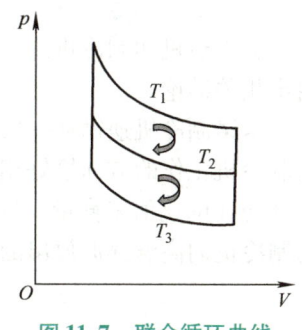

图 11-6　联合循环

图 11-7　联合循环曲线

比较可以看出，联合循环等价于将低温热源的温度从 T_2 降到了 T_3，但这一效率提高过程不需要对低温热源制冷，而只是增加了一台热机，具有实用价值。

通常，联合循环是将两台不同类型的热机联合或将使用两种不同工质的热机进行联合，例如蒸汽机与燃汽机的联合。由于燃汽机依靠燃烧化学燃料进行循环，最高温度达 500℃ 以上，循环排出的废气仍具有较高的温度。若用一台蒸汽机作为第二级热机与其联合，则燃汽机排出的热能可以为蒸汽机所利用，从而提高总的效率。

方法二：回热式循环

有一类热机，其结构比普通热机多一个回热装置。图 11-8 是一气缸内装有回热器的示意图。所谓回热器就是储存和传递热量的装置。下面说明回热式循环的过程及回热器的作用。

如图 11-9 所示，回热式循环可以等效于 $a \to b \to c \to d \to a$ 的曲线，在 $a \to b$ 段相当于卡诺循环中动力活塞向右运动，气体等温膨胀，从外界吸收热量；然后活塞停止运动，搅拌器来回搅动，回热器从气体中吸热，这就是 $b \to c$ 过程；接着在 $c \to d$ 段，活塞向左运动，气体等温压缩；最后搅拌器再次搅拌，由于这时回热器温度高于气体温度，$d \to a$ 中气体仅从回热器中吸热而不再从外界吸热。可以算得：$b \to c$、$d \to a$ 两过程中气体吸、放热的绝对值相等。所以整个循环中，气体只在 $a \to b$ 段从外界吸热，因此，循环效率应为

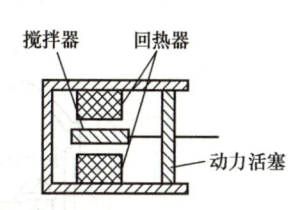

图 11-8　回热器示意图

$$\eta = \frac{A}{Q_{ab}} = \frac{\frac{m_0}{M}R(T_1-T_2)\ln\frac{V_2}{V_1}}{\frac{m_0}{M}RT_1\ln\frac{V_2}{V_1}} = 1 - \frac{T_2}{T_1}$$

这与卡诺循环的效率相当。而如果不用回热器，对于图 11-9 所示的循程过程，其循环效率为

$$\eta' = \frac{A}{Q_{ab}+Q_{da}}$$

比较以上两式，显然 $\eta' < \eta$。

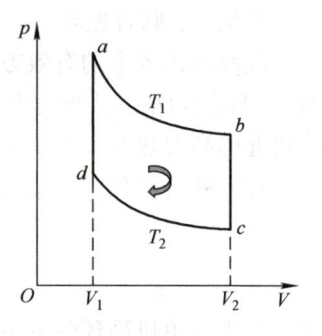

图 11-9　回热器循环图

由此可见，回热式循环具有较高的循环效率。当然，回热器与气体之间的传热需要有温度差，回热的利用总是不完全的，所以实际循环效率 $\eta_{实} < \eta$，$\eta' < \eta_{实} < \eta$。

此外，除了回热式热机外，在低温技术等领域还有"回冷式制冷机"，其原理与上述相似，相当于回热式热机进行逆向循环，它也具有较高的制冷系数。

4. 卡诺制冷机、卡诺制冷机的制冷系数

鉴于热机和制冷机两个工作原理上的相似性，有关制冷机及其效率的讨论，这里只简略给出相关结论。

卡诺制冷机逆循环一次，也就是卡诺制冷机完成了一次制冷过程，从 p-V 图上看，热机和制冷机工作的方向恰好相反。制冷机的功效通常用从低温热源中所吸收的热量 Q_2 和所消耗的外功 A 的比值来衡量，这一比值被叫作制冷系数。我们用 ε 表示制冷机的制冷系数。设 Q_1 为制冷机向高温热源放出的热量，$Q_1 = Q_2 + A$。经简单计算可得卡诺制冷机的制冷系数

$$\varepsilon = \frac{Q_2}{A} = \frac{T_2}{T_1 - T_2} \tag{11-30}$$

式（11-30）告诉我们，T_2 越小，制冷系数 ε 越小，即要从温度很低的低温热源中吸取热量，所消耗的外功也是很多的。

5. 根据热机的工作原理，联想水电、核电、风电、太阳能的工作原理

热机的发明和不断改进，形成了一个种类丰富的家族，有力促进了生产力的发展，极大便利了人类的生活。与此同时，由于热机是把燃料燃烧时释放的内能转变为机械能，不仅造成严重的环境污染，还会使人类面临能源枯竭的问题，因此寻找清洁和可再生能源作为热机新能源，是人们研究的重大课题。目前能源的获取方式一般有火电、水电、核电、风电、太阳能等，核电、水力、风力发电的工作原理图如图 11-10 ~ 图 11-12 所示。

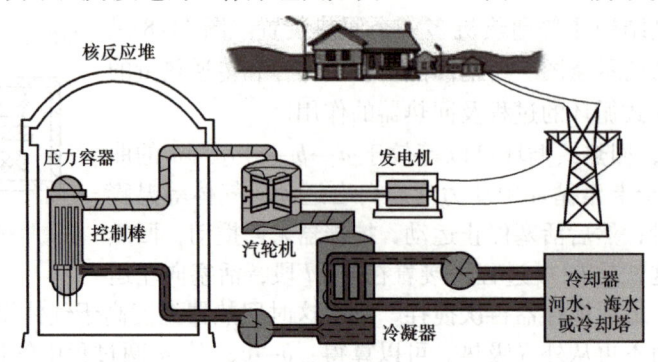

图 11-10　核电站工作原理示意图

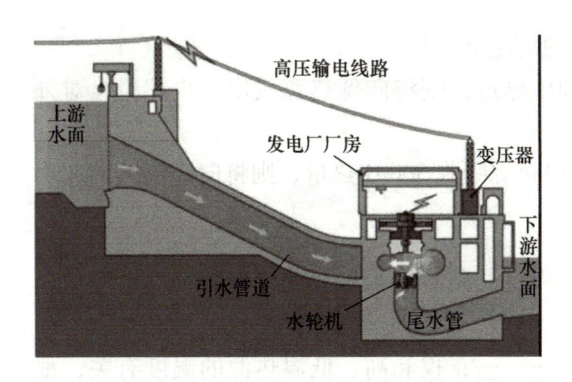

图 11-11　水力发电工作原理示意图

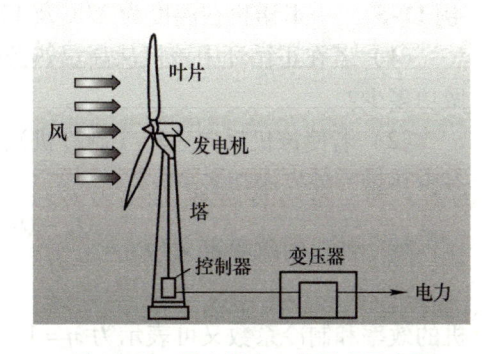

图 11-12　风力发电工作原理示意图

例 11-3　有一卡诺制冷机，从温度为 -10℃ 的冷藏室吸取热量，而向温度为 20℃ 的物体放出热量。设该制冷机所耗功率为 15kW，问每分钟从冷藏室吸取的热量为多少？

解　制冷机的制冷系数 $\varepsilon = \dfrac{Q_2}{A}$，而可逆卡诺制冷机的制冷系数为 $\varepsilon = \dfrac{T_2}{T_1 - T_2}$，功率为单位时间内做的功。

令 $T_1 = 293\text{K}$，$T_2 = 263\text{K}$，则

$$\varepsilon = \frac{Q_2}{A} = \frac{T_2}{T_1 - T_2} = \frac{263}{30} = 8.77$$

每分钟做功为

$$A = (15 \times 10^3 \times 60)\text{J} = 9 \times 10^5 \text{J}$$

所以每分钟从冷藏室吸取的热量为

$$Q_2 = \varepsilon A = (8.77 \times 9 \times 10^5)\text{J} = 7.89 \times 10^6 \text{J}$$

例 11-4　有两个可逆机分别使用不同的热源做卡诺循环，在 p-V 图上，它们的循环曲线所包围的面积相等，但形状不同，如图 11-13 所示。问：

（1）它们对外所做的净功是否相同？

（2）它们吸热和放热的差值是否相同？

（3）它们的效率是否相同？（图中 $T_{2a} = T_{2b}$，$T_{1a} < T_{1b}$）

解　在 p-V 图上，循环曲线所包围的面积等于一个循环中系统对外界做的功，根据循环过程能量转化的特点，它也等于一个循环中系统吸收与放出热量之差。而对于可逆卡诺循环，效率仅与高、低温热源的温度有关，这可以直接从循环曲线看出。

（1）系统对外做的净功等于循环曲线所包围的面积。既然两个循环曲线所包围的面积相等，那么它们对外所做的净功就相等。

（2）因为 $Q_1 - Q_2 = A$，A 相同，则它们吸热和放热的差值 $Q_1 - Q_2$ 也相同。

（3）卡诺循环的效率 $\eta = 1 - \dfrac{T_2}{T_1}$，因 $T_{2a} = T_{2b}$，$T_{1a} < T_{1b}$，所以 $\eta_b > \eta_a$。

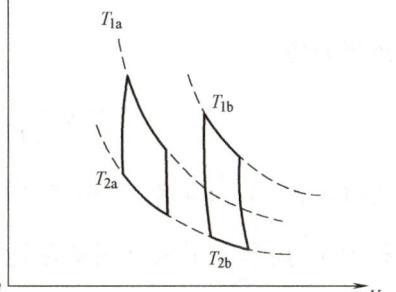

图 11-13　例 11-4 的 p-V 图

例 11-5 一卡诺机在温度为 27℃ 及 127℃ 两个热源之间工作。

（1）若在正循环中该机从高温热源吸收 5000J 热量，则将向低温热源放出多少热量？对外做功多少？

（2）若使该机反向运转（制冷机），当从低温热源吸收 5000J 热量，则将向高温热源放出多少热量？外界做功多少？

解 热机的效率定义为 $\eta = \dfrac{Q_1 - Q_2}{Q_1} = \dfrac{A}{Q_1}$，制冷机的制冷系数定义为 $\varepsilon = \dfrac{Q_2}{A}$，而可逆卡诺机的效率和制冷系数又可表示为 $\eta = 1 - \dfrac{T_2}{T_1}$ 和 $\varepsilon = \dfrac{T_2}{T_1 - T_2}$，仅和高、低温热源的温度有关，根据这些关系即可求解。

（1）对卡诺热机，热机效率为

$$\eta = \frac{Q_1 - Q_2}{Q_1} = \frac{A}{Q_1} = 1 - \frac{T_2}{T_1}$$

则向低温热源放出热量

$$Q_2 = \frac{T_2}{T_1} Q_1 = \left(5000 \times \frac{300}{400}\right) \text{J} = 3750\text{J}$$

对外做功为

$$A = Q_1\left(1 - \frac{T_2}{T_1}\right) = \left[5000 \times \left(1 - \frac{300}{400}\right)\right]\text{J} = 1250\text{J}$$

（2）对卡诺制冷机，制冷系数为

$$\varepsilon = \frac{Q_2}{A} = \frac{Q_2}{Q_1 - Q_2} = \frac{T_2}{T_1 - T_2}$$

整理得向高温热源放出热量

$$Q_1 = \frac{T_1}{T_2} Q_2 = \left(5000 \times \frac{400}{300}\right)\text{J} = 6667\text{J}$$

外界做功

$$A = Q_2\left(\frac{T_1}{T_2} - 1\right) = \left[5000 \times \left(\frac{400}{300} - 1\right)\right]\text{J} = 1667\text{J}$$

例 11-6 1mol 单原子分子理想气体，经历如图 11-14 所示的可逆循环。联结 ac 点的曲线方程为 $p = p_0 \dfrac{V^2}{V_0^2}$，设点 a 温度为 T_0。求：

（1）点 b 和点 c 的温度；

（2）在 Ⅰ、Ⅱ、Ⅲ 三个过程中气体吸收的热量；

（3）循环效率。

解 （1）a→b 为等体过程，有

$$\frac{9p_0}{p_0} = \frac{T_b}{T_0}, \text{ 所以 } T_b = 9T_0$$

又

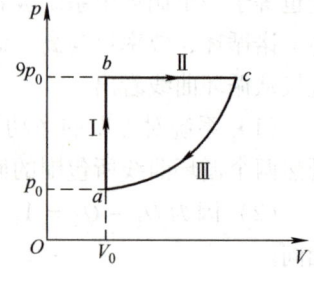

图 11-14　例 11-6 图

$$p_c = \frac{p_0 V_c^2}{V_0^2} = 9p_0, \text{ 所以 } V_c = 3V_0$$

$$\frac{p_0 V_0}{T_0} = \frac{p_c V_c}{T_c} = \frac{9p_0 \cdot 3V_0}{T_c}, \text{ 所以 } T_c = 27T_0$$

(2)

过程Ⅰ：

$$Q_{\mathrm{I}} = Q_V = \nu C_{V,m}(T_b - T_a) = \frac{3}{2}R(9T_0 - T_0) = 12RT_0$$

过程Ⅱ：

$$Q_{\mathrm{II}} = Q_p = \nu C_{p,m}(T_c - T_b) = \frac{5}{2}R(27T_0 - 9T_0) = 45RT_0$$

过程Ⅲ：这是一个一般过程，其热量求法必用热力学第一定律 $Q = \Delta E + A$ 得到。

$$Q_{\mathrm{III}} = \nu C_{V,m}(T_a - T_c) + \int_{V_c}^{V_a} p\,\mathrm{d}V$$

$$= \frac{3}{2}R(T_0 - 27T_0) + \int_{3V_0}^{V_0} \frac{p_0}{V_0^2}V^2\,\mathrm{d}V$$

$$\approx -47.7RT_0$$

(3)

解法一：按热机效率定义，有

$$\eta = 1 - \frac{|Q_{\text{放}}|}{Q_{\text{吸}}} = 1 - \frac{|Q_{\mathrm{III}}|}{Q_{\mathrm{I}} + Q_{\mathrm{II}}}$$

$$= 1 - \frac{47.7RT_0}{12RT_0 + 45RT_0}$$

$$= 16.3\%$$

解法二：按热机效率定义，有

$$\eta = \frac{A_{\text{净}}}{Q_{\text{吸}}} = \frac{A_{\text{净}}}{Q_{\mathrm{I}} + Q_{\mathrm{II}}}$$

注意到循环过程净功为系统对外做功和外界对系统做功的代数和，则有

$$A_{\text{净}} = p_b(V_c - V_b) + \int_{V_c}^{V_a} p\,\mathrm{d}V$$

$$= 9p_0(3V_0 - V_0) + \int_{3V_0}^{V_0} \frac{p_0}{V_0^2}V^2\,\mathrm{d}V$$

$$\approx 9.3RT_0$$

故热机效率为

$$\eta = \frac{A_{\text{净}}}{Q_{\mathrm{I}} + Q_{\mathrm{II}}} = \frac{9.3RT_0}{12RT_0 + 45RT_0} = 16.3\%$$

解法三：按热机效率定义，有

$$\eta = \frac{A_{\text{净}}}{Q_{\text{吸}}} = \frac{A_{\text{净}}}{Q_{\mathrm{I}} + Q_{\mathrm{II}}}$$

注意到循环过程中，内能变化为零，因而 $A_{\text{净}} = Q_{\text{净}}$，净热量为循环吸热和放热的代数和，故有

$$A_净 = Q_净$$
$$= Q_Ⅰ + Q_Ⅱ + Q_Ⅲ$$
$$= 12RT_0 + 45RT_0 - 47.7RT_0 = 9.3RT_0$$

故热机效率为

$$\eta = \frac{A_净}{Q_Ⅰ + Q_Ⅱ} = \frac{9.3RT_0}{27RT_0 + 45RT_0} = 16.3\%$$

本题采用一题多解计算热机效率，旨在培养学生的科学思维方法和发散思维能力，巩固热力学第一定律对理想气体的应用。

卡诺（Nicolas Carnot，1796—1832），法国青年工程师，建立了热力学第二定律。

卡诺于1796年生于法国的一个贵族家庭，父亲是法国有名的将军，在数学、物理方面也有很高的造诣。卡诺自幼受父亲熏陶，喜爱自然科学。他16岁考入法国著名的巴黎理工学校，18岁毕业后到梅斯兵工学校深造，学习军事工程，后到军队服役。离开军队后卡诺到巴黎继续攻读物理学、数学和政治经济学，这使他的理论基础更加雄厚。当时，在法国蒸汽机已普遍使用，但效率低下。卡诺决心研究蒸汽机，以便改进。他不像其他人着眼于机械细节的改良，而是从理论上对理想热机的工作原理进行研究，这就具有更大的普遍性。卡诺于1824年出版了《关于热动力以及热动力机的看法》一书，指出"最好的热机工作物质是在一定的温度变化范围内膨胀程度最大的工质"，即指出气体作为工作物质的优势，预示了今天普遍使用的内燃机发展。他还预见到可以通过压缩使内燃机点火。书中虽然应用了错误的"热质说"，但他给出的理想热机的循环模式和工作原理是正确的，现在为了纪念他的卓越贡献，分别称为"卡诺循环"和"卡诺原理"。

卡诺被公认是热力学的创始人之一，是第一个把热和动力联系在一起的人。他创造性地提出的最简单但有重要理论价值的卡诺循环，指明了热机效率提高的正确途径，揭示了热力学过程的不可逆性，被后人认为是热力学第二定律的先驱。他在1824年出版的唯一的著作《关于热动力以及热动力机的看法》也成为热力学发展史上一座重要的里程碑。卡诺的工作经克拉珀龙的介绍，和开尔文、克劳修斯等人的发展，最终促成了热力学第二定律的建立。

1832年，卡诺不幸患时疫去世，年仅36岁，为了防止疫病传染，他的物品连同书籍、手稿都被烧掉了。

11.5 热力学第二定律 卡诺定理

通过先前的学习，我们知道，自然界一切涉及热现象的过程都必须遵从热力学第一定律。那么换个角度看，遵从热力学第一定律的过程是否一定都能实现呢？答案是否定的，因为自然界一切自发过程进行的方向和限度都遵从一定的规律，也就是热力学第二定律。热力学第二定律指出了与热现象有关的变化过程可能进行的方向和限度。它和热力学第一定律一起构成了热力学的主要理论基础。

11.5.1 自然现象的不可逆性

对于孤立系统，从非平衡态向平衡态过渡是自发进行的，这样的过程叫作自然过程。与其相反的过程是非自发进行的，除非有外界的作用。更准确地说，自然过程具有确定的方向性。

一个小孩坐在秋千上来回摆动，在无外力影响的情况下，随着时间的推移，摆动幅度越来越小，这是为什么呢？因为空气的阻力及悬挂处摩擦力的作用使机械能全部转化为内能，功变热是自发进行的。可是这种能量形式的逆向转换却不会自发进行。此例表明功热转换的过程是有方向性的。两个温度不同的物体相互接触时，热量从高温物体向低温物体的传递总是自发进行的，而不需要借助外物的作用。这个事实也说明热传递过程具有明确的方向性。另外，两种不同的溶液，当将它们混合到一起时会发生扩散现象，混合后的两种液体却不可能自行分离。

关于自然过程具有明确的方向性的例子还有很多，在这里我们不再一一列举。只是通过上面的例子，大家应该清晰地认识到，自然过程是有明确的方向性的。严格地说，自然界发生的所有与热现象相关的过程都是不可逆的。为了概括自然界的这种规律，克劳修斯在热力学第一定律之外建立了热力学第二定律。

11.5.2 热力学第二定律

1. 克劳修斯表述

1850 年，德国物理学家克劳修斯在总结前人大量观察和实验的基础上，提出了热力学第二定律的一种表述：

热量不可能自发地从低温物体传向高温物体。

这就是热力学第二定律的克氏表述。克氏表述中"自发地"一词是理解热力学第二定律的关键，它指的是不需要外界的帮助（消耗外界的能量），热量可直接从低温物体传向高温物体。从上一节卡诺制冷机的分析中可以看出，要使热量从低温物体传到高温物体，靠自发地进行是不可能的，必须依靠外界做功。

克劳修斯（Butof Juiius Emanued Clausius，1822—1888），德国物理学家，热力学和分子动理论的创始人之一，与开尔文一起完善了热力学第二定律

克劳修斯 1822 年生于普鲁士，中学毕业后先考入哈雷大学，后转入柏林大学学习。1850 年受聘成为柏林大学副教授并兼任柏林帝国炮兵工程学校的讲师，1855 年被聘为苏黎世大学教授。之后克劳修斯还担任了维尔茨堡大学教授、波恩大学教授、法国科学院院士、英国皇家学会会长。

1850 年克劳修斯发表著名论文《论热的动力以及由此推出的关于热学本身的诸定律》，提出热力学第二定律的克劳修斯表述，即热量不可能自动地从较冷的物体传递给较热的物体。同时，他还推出了气体的温度、压强、体积和气体摩尔常数之间的关系，以修正范德瓦耳斯方程。

在分别发表于1854年和1865的两篇论文《力学的热理论的第二定律的另一形式》《力学的热理论的主要方程之便于应用的形式》中，克劳修斯提出熵的概念，并明确证明：一个孤立系统的熵永不减少，即熵增加原理。在1865年的论文中他还建立了热力学第二定律的基本微分方程。

克劳修斯和麦克斯韦、玻耳兹曼是气体分子动理论的奠基者。克劳修斯的工作直接影响和推动了后两人的工作。1857年克劳修斯发表《论我们称之为热的那种运动》一文，首先阐明了分子动理论的基本思想和方法，为阿伏伽德罗定律提供了第一个物理论据，然后推导了压强公式，证明了玻意耳定律和盖吕萨克定律，讨论了气体比热容，计算了气体分子的方均根速率，另外还涉及液态和固态，分析液体蒸发和沸腾的过程。这篇内容丰富的论文为分子动理论奠定了理论基础。在克劳修斯工作的直接影响下，1860年麦克斯韦计算出了分子速率分布率、平均速率和方均根速率。

此外，克劳修斯也研究电解质和固体电介质的性质，著有《机械热理论》《势函数和势》等。

克劳修斯晚年不恰当地把热力学第二定律应用到整个宇宙，认为整个宇宙的温度最后必将达到均衡而不再有热量的传递，即"热寂说"。

2. 开尔文表述

1851年，英国科学家开尔文从研究热机效率的极限问题出发，总结出热力学第二定律的另外一种表述：

不可能制成一种循环动作的热机，它只从一个单一温度的热源吸取热量，并使其全部变为有用功而不产生其他的影响。

这就是热力学第二定律的开氏表述。"循环动作""单一热源""不产生其他影响"是从开氏表述的角度理解热力学第二定律的关键。理想气体的等温膨胀可以将吸收的热完全变为有用功，但它不是循环动作的；同时又产生了其他的变化（如气体膨胀、活塞变动、气体的压强变小），而且还没有回到初始状态。"单一热源"指的是温度均匀的热源，如果热源系统内部温度不均匀，那这个热源系统就相当于多个热源了。

第一类永动机是违背热力学第一定律的，是不可能制成的。违背热力学第二定律的永动机（也就是第二类永动机），同样是不可能制成的。

3. 两种表述的等价性

从表面上看，热力学第二定律的两种表述似乎毫不相干，实际上，它们是等价的。关于这点我们可做如下证明：

如果开氏表述成立，克氏表述成立；反过来，如果克氏表述不成立，开氏表述也不成立。

我们采用反证法来证明两者的等价性。假设开氏表述不成立，则会有这样的一个循环 S，它只从高温热源 T_1 吸取热量 Q_1，并将这些热量全部转换为有用功 A。那么可以再利用一个逆卡诺循环 D 接受 S 所做的功 A，使它从低温热源吸收热量 Q_2，最终向高温热源 T_1 输出热量 Q_1+Q_2。然后，我们将这两个循环看成一部复合的制冷机，其总的效果是：外界没有对它做功而它却把热量 Q_2 从低温热源传递给了高温热源。上述证明过程说明，如果开氏表述不成立，那么克氏表述不成立。反之，克氏表述不成立，开氏表述也不成立。

严格地说，热力学第二定律可以有多种表述，之所以采用开氏和克氏这两种表述，原因有两个：一个原因是他们两人在历史上最先完整地提出了热力学第二定律；另一个原因则是热功转换与热量传递为热力学过程中最有代表性的典型事例，而且两种表述彼此等效。

概念问题 11.4：为什么不能实现第二类永动机？

解答：历史上经常有些人声称研制了不需要能量就可以持续对外做功的机械，如奥恩库尔永动机、滚珠永动机、阿基米德螺旋永动机等。事实证明，这些永动机是不能持续运动下去的。从理论上讲，他们都违背了热力学第一定律，称为不能实现的第一类永动机。

满足热力学第一定律的永动机是否就一定会实现呢？历史上有人声称制作了满足热力学第一定律的永动机。例如，最早的是美国人约翰·嘎姆吉为美国海军设计的零发动机，其原理主要是利用海水的热量，将液氨汽化，然后推动机械运转。但由热力学第二定律可以证明，因为没有低温热源，无法使液氨重新液化回到初始点，进而无法持续循环过程，因此也无法持续运转。此类永动机被称为不能实现的第二类永动机。日常生活中也有类似的现象，如冬天室外的水可以自动地结成冰，而反过来冰不能自动地化成水；夏天室外的冰可以自动地化成水，而水不能自动地凝结成冰，这些现象都可以用热力学第二定律解释。

11.5.3　可逆与不可逆过程

为了进一步研究热力学过程的方向性问题，非常有必要引入可逆与不可逆过程的概念。

考虑一下我们身边发生的自然过程的方向性，你会发现大自然真的很神奇。夏天冰棍吸热变成水，但从未见这些水自动降温变成冰；气球被扎破，气跑光了，从未见气球又自动地鼓起来；水从高处向低处流，从未见水自发地从低处向高处流。大量的事实说明，自然界的宏观过程具有明确的方向性，也就是说，这些过程能够自发地沿某一方向进行，但不能自发地反向进行，必须伴随其他过程才能实现。

设有一个过程，使系统从状态 1 变换为状态 2，那么，如果存在另外一个过程，它不仅能使系统反向进行，从状态 2 恢复到状态 1，而且当系统恢复到状态 1 时，从状态 1 变换到状态 2 的过程中所产生的一切影响全部消除，则从状态 1 进行到状态 2 的过程是个可逆过程。反之，则为不可逆过程。在热力学中，过程的可逆与否和系统所经历的中间状态是否平衡密切相关。只有过程进行得无限缓慢，没有由于摩擦等引起机械能的耗散，由一系列无限接近于平衡状态的中间状态所组成的平衡过程，才是可逆过程。当然，现实生活中是不可能存在可逆过程的。

研究可逆过程，也就是研究从实际情况中抽象出来的理想情况，可以基本上掌握实际过程的规律性，更好地指导生产实践。这样可逆过程的研究才有了更加现实的意义。

概念问题 11.5：判断下列说法是否正确。

（1）功可以全部转化为热，但热不能全部转化为功。

（2）热量能从高温物体传到低温物体，但不能从低温物体传到高温物体。

解答：（1）这种说法不全面。在非循环过程中可以实现功和热的全部转化，例如理想气体的等温膨胀和等温压缩过程，使热全部转化为功，功全部转化为热，但此过程中外界条件发生了变化，也即气体的体积发生了变化，然而要想通过一个循环使热全部转化为功，这将成为一个从单一热源吸热全部转化为功而不引起其他变化的热机，其效率为 100%，违背了热力学第二定律，是不可能的。

（2）这种说法也是不全面的。热量虽不能自发地从低温物体传到高温物体，但却可以通过外界对系统做功的方式来使得热量从低温物体传到高温物体。

11.5.4 卡诺定理

卡诺循环中每个过程都是准静态过程，所以卡诺循环是理想的可逆循环。由可逆循环组成的热机叫作可逆机。早在开尔文和克劳修斯建立热力学第二定律前20多年，卡诺在1824年出版的一本小册子《谈谈火的动力和能发动这种动力的机器》中不仅设想了卡诺循环，而且提出了卡诺定理，其表述如下：

1）在相同的高温热源和相同的低温热源之间工作的一切可逆热机，其效率都相等，并且等于 $1-\dfrac{T_2}{T_1}$，与工作物质无关。

2）在相同的高温热源和相同的低温热源之间工作的一切不可逆热机，其效率都小于可逆热机的效率，即小于 $1-\dfrac{T_2}{T_1}$。

在学习卡诺定理时，应当注意：这里的热源都是温度均匀的恒温热源；若一可逆热机仅从某一温度的热源吸热，也仅向另一温度的热源放热，从而对外做功，那么这部可逆热机必然是由两个等温绝热过程组成的可逆卡诺机。所以卡诺定理中的热机即是卡诺热机。

11.5.5 熵

1. 熵（克劳修斯熵）

根据热力学第二定律，我们论证了一切与热现象有关的实际宏观过程都是不可逆的。也就是说，一个宏观过程产生的效果，无论用什么曲折复杂的方法，都不能使系统恢复原来的状态而不引起其他的变化。例如，热传递、气体向真空自由膨胀，这些都是不可逆的。

从众多的热现象中可以发现：对一给定的平衡系统施加一瞬时微小扰动，平衡被破坏，那么系统必然由非平衡态向平衡态自发地过渡；而相反的过程，即系统从平衡态向非平衡态的过渡却不可能自发进行。能不能找到一个与系统平衡状态有关的状态函数，根据这个状态函数单向变化的性质来判定实际过程进行的方向呢？通过研究发现，这样的状态函数是存在的。

克劳修斯把卡诺定理推广，应用于一个任意的循环过程，得到一个能描述可逆循环和不可逆循环特征的表达式，叫作克劳修斯不等式。

依卡诺定理可知，工作于高、低温热源 T_1 和 T_2 之间的热机的效率

$$\eta \leq 1-\dfrac{T_2}{T_1}$$

而无论循环是否可逆，都有

$$\eta = \dfrac{Q_1-Q_2}{Q_1}$$

将上面两式结合，可得

$$\dfrac{Q_1}{T_1}-\dfrac{Q_2}{T_2} \leq 0$$

上式中 Q_1 和 Q_2 都是正的，是工作物质所吸收和放出热量的绝对值。如果采用热力学第一定律中对热量正负的规定，那么上式可改为

$$\frac{Q_1}{T_1} + \frac{Q_2}{T_2} \leq 0 \tag{11-31}$$

式（11-31）表述的是，在卡诺循环中，系统热温比的总和总是等于零。而在一个不可逆循环中，式（11-31）的值总是小于零。

通过大量的研究发现，对于任意可逆循环，一般都可以将其近似地看成由许多卡诺循环组成（见图 11-15），而且所取的卡诺循环的数目越多就越接近实际的循环过程，在极限情况下，循环的数目趋于无穷大，因而对 $\frac{Q}{T}$ 由求和变成了积分。对任意可逆循环，有克劳修斯不等式

$$\oint \frac{\mathrm{d}Q}{T} < 0 \tag{11-32}$$

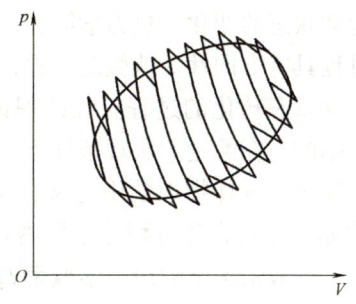

图 11-15　任意可逆循环的 p-V 图

式中，$\mathrm{d}Q$ 为系统从温度为 T 的热源吸收的微小热量（代数值），可逆过程取等号，不可逆过程取小于号。可以认为它是热力学第二定律的一种数学表述。

式（11-32）指出，对于任意一个可逆的循环过程，有

$$\oint \frac{\mathrm{d}Q}{T} = 0 \tag{11-33}$$

如图 11-16 所示，系统由平衡态 A 经可逆过程 Ⅰ 变到平衡态 B，再由平衡态 B 经可逆过程 Ⅱ 回到原来的状态 A，恰好构成一个完整的可逆循环。对这个可逆循环进行简单的分析，不难发现，从平衡态 A 分别经过 Ⅰ 过程和 Ⅱ 过程，热温比的积分 $\int_A^B \frac{\mathrm{d}Q}{T}$ 不变（可逆过程）。这说明热温比的积分只取决于始、末状态，与过程无关。这点类似于力学中势能函数的引入。这意味着在热力学中，还存在着一个与内能有着类似性质的态函数（即 $\oint \mathrm{d}E = 0$），我们称这个新的态函数为熵（克劳修斯熵），用符号 S 表示。

对任意的无限小的可逆过程有

$$\mathrm{d}S = \frac{\mathrm{d}Q}{T} \tag{11-34}$$

熵的量纲是能量除以温度，它的单位是 $\mathrm{J \cdot K^{-1}}$。

对于态函数熵，应明确以下几点：

1）熵是描述系统平衡态的状态参量。系统的平衡态确定，熵就确定（假定参考熵已经选定）。系统的熵增是一个完全确定的值，无论对于可逆过程还是不可逆过程。

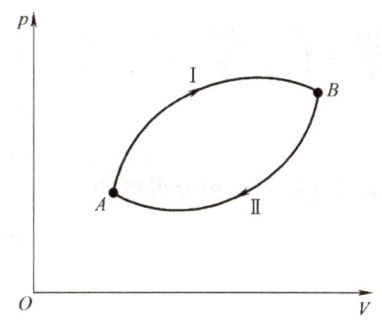

图 11-16　熵的引入

2）熵具有可加性，系统的熵等于系统内各个部分的熵的总和。

3）熵增 ΔS 和热温比积分 $\int \frac{\mathrm{d}Q}{T}$ 是两个不同的量，两者只有在可逆过程中才有数值相等的

关系。

最后，我们应该再次指出的是，对于不可逆过程，在计算熵增的时候，可以设想一个连接始、末平衡态的可逆过程，计算这个设想的可逆过程的热温比积分即可得出实际不可逆过程熵的增量。

*2. 玻耳兹曼熵（简述）

热力学研究的对象是包含大量原子、分子等微观粒子的系统，热力学过程就是大量分子无序运动状态的变化。热力学第二定律指出一切与热现象有关的实际宏观过程都是不可逆的，自然过程具有方向性。从微观上看，就是系统大量分子从无序程度小的运动状态向无序程度大的运动状态转化的过程。统计理论认为，孤立系统内，各微观状态出现的概率是相同的，即等概率的。在给定的宏观条件下，系统存在大量各种不同的微观态，每一宏观态可以包含许多微观态。统计物理学中定义：宏观态所对应的微观状态数叫作该宏观态的热力学概率，用 Ω 表示。宏观自然过程总是往热力学概率 Ω 增大的方向进行，当达到 Ω_{max} 时，该过程也就停止了。一般情况下的热力学概率 Ω 是非常大的，为了便于理论上的处理，1877 年玻耳兹曼引入一个态函数熵，用 S 表示，其与热力学概率 Ω 的关系为

$$S = k\ln\Omega \tag{11-35}$$

称为玻耳兹曼熵，k 为玻耳兹曼常数，单位是 $J \cdot K^{-1}$。

克劳修斯熵和玻耳兹曼熵两者是有区别的，前者只对平衡态有意义，后者不仅对平衡态，对非平衡态也有意义。从这个意义上说，玻耳兹曼熵更具普遍性。在统计物理学中可以普遍证明两个熵公式完全等价。在热力学中进行计算时，多用克劳修斯熵。下面举例进行熵变的计算。

3. 熵增加原理

当引入态函数熵后，热力学第二定律可以用熵增加原理来表述。

如图 11-17 所示，设 I 是不可逆过程，II 是可逆过程，这两个过程构成一不可逆循环。根据克劳修斯不等式

$$\oint \frac{dQ}{T} < 0$$

图 11-17

则

$$\oint \frac{dQ}{T} = \int_{A(I)}^{B} \frac{dQ}{T} + \int_{B(II)}^{A} \frac{dQ}{T} = \int_{A(I)}^{B} \frac{dQ}{T} - \int_{A(II)}^{B} \frac{dQ}{T} < 0$$

$$\int_{A(I)}^{B} \frac{dQ}{T} < \int_{A(II)}^{B} \frac{dQ}{T}$$

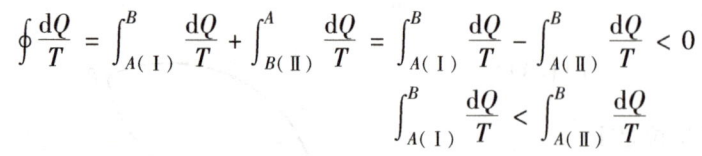

$AIIB$ 是可逆过程，积分得熵增

$$S_B - S_A = \int_{A(II)}^{B} \frac{dQ}{T}$$

因此

$$S_B - S_A > \int_{A(I)}^{B} \frac{dQ}{T}$$

对于孤立系统（绝热系统），系统与外界无热量交换，在任意微小过程中 $dQ = 0$，因此

$$\int_{A(I)}^{B} \frac{dQ}{T} = 0$$

则

$$S_B - S_A > 0 \tag{11-36}$$

上式表明，对孤立系统中的不可逆过程，其熵要增加。

对于孤立系统中的可逆过程，则取等式有

$$S_B - S_A = \int_{A(\text{I})}^{B} \frac{dQ}{T} = 0 \tag{11-37}$$

综上所述，对于孤立系统中的任一热力学过程，总是有

$$S_B - S_A \geq 0 \tag{11-38}$$

这就是热力学第二定律的数学表达式，表明**孤立系统中所发生的一切不可逆过程的熵总是增加，可逆过程熵不变，这就是熵增加原理**。

因为自然界实际发生的过程都是不可逆的，故根据熵增加原理可知：孤立系统内发生的一切实际过程都会使系统的熵增加。这就是说，在孤立系统中，一切实际过程只能朝熵增加的方向进行，直到熵达到最大值为止。

熵增加原理初看起来是对孤立系统来说的，实际上这是一个十分普遍的规律。因为任何一个热力学过程，只要把过程所涉及的物体都看作系统的一部分，那么这系统对于该过程来说就变成了孤立系统，过程中这系统的熵变就一定满足熵增加原理。例如，温度不同的 A、B 两物体，温度分别为 T_1 和 T_2（$T_1 > T_2$），相互接触后发生热量从 A 物体流向 B 物体的热传导过程，如果单把物体 A（或物体 B）看成所讨论的系统，则系统是非孤立系统。比如物体 B，因为吸收热量，它的熵增加；对物体 A，因为放热，它的熵减少。但是如果把物体 A、B 合起来作为所讨论的系统，这就成了孤立系统，对此孤立系统来说，热传导过程一定使该系统的熵增加。因此，熵增加原理中的熵增加是指组成孤立系统的所有物体的熵之和增加，而对于孤立系统内的个别物体来说，在热力学过程中它的熵增加或者减少都是可能的。

由于熵增加原理与热力学第二定律都是表述热力学过程自发进行的方向和条件，所以，熵增加原理是热力学第二定律的数学表达式，它为我们提供了判别一切过程进行方向的准则。

概念问题 11.6：一杯热水，最后冷却到与周围空气的温度相同，则水的熵是增加、减小，还是不变？

解答：在回答这道题时往往有人会根据熵增加认为水的熵是增加的。出现错误的原因主要是误认为热力学过程总是朝着熵增大的方向进行，犯了死记硬背、乱套结论的错误。实际上，任何一个物理规律，总是有一定的适用范围或条件的。熵增加原理也不例外，它只是对于绝热不可逆过程或孤立系统中所进行的过程（自发）才成立。在其他过程中，系统的熵可以增加，可以减小，也可以不变，具体情况要做具体分析。

本题正确的解答应该是：首先，根据题意明确研究对象和过程的特征。由于问题求的是水的熵如何变化，所以应当取水为研究对象。水进行的过程是散热过程（热传递），此过程是不可逆过程。但它既不是孤立系统所进行的过程，也不是绝热过程，过程中要放出热量，即 $Q < 0$。其次，考虑到熵是状态函数，其增量与过程是否可逆无关。因为 $dQ < 0$，所以根据 $dS = dQ/T$ 可以得出熵的增量小于零的结论，即水的熵减小。

例 11-7 1kg 温度为 0℃ 的水与温度为 100℃ 的热源接触。

（1）计算水的熵变和热源的熵变；

（2）判断此过程是否可逆。

解 把水作为单独的研究对象，再把热源单独作为研究对象。设想一可逆过程即可解决本问题。

(1) $\Delta S_{水} = \int_{T_1}^{T_2} \frac{dQ_1}{T} = mc\ln\frac{T_2}{T_1} = 1.3 \times 10^3 \text{J} \cdot \text{K}^{-1}$

$\Delta S_{热源} = \int \frac{dQ}{T} = \frac{Q}{T} = -\frac{mc(T_2 - T_1)}{T_2} = -1.12 \times 10^3 \text{J} \cdot \text{K}^{-1}$

(2) $\Delta S_{总} = \Delta S_{水} + \Delta S_{热源} = 180 \text{J} \cdot \text{K}^{-1}$

在该热力学过程中，水和热源组成的孤立系统的熵是增加的。由熵增加原理我们知道，该热力学过程是不可逆过程。

例 11-8 如图 11-18 所示，1mol 氢气（可视为理想气体）从状态 a 到状态 b，已知 $T_a = 300\text{K}$，$V_a = 2.0 \times 10^{-2} \text{m}^3$，$T_b = 300\text{K}$，$V_b = 4.0 \times 10^{-2} \text{m}^3$，试分别设计两条不同的路径计算氢气熵的增量 ΔS。

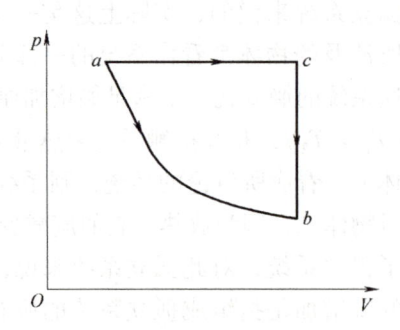

图 11-18 例 11-8 图的 p-V 图

解 系统熵的增量等于连接始、末两态任一可逆过程的热温比的积分。根据题意，始、末两态温度相等，可选择一个等温过程计算系统的熵变；也可选择等压、等体过程的组合作为第二条路径，计算系统的熵变。第一条路径取为由 a 至 b 的等温可逆过程：

$$\Delta S_1 = \int_a^b \frac{dQ}{T} = \int_a^b \frac{pdV}{T} = \int_{V_a}^{V_b} R\frac{dV}{V} = R\ln\frac{V_b}{V_a}$$

$$= \left(8.31 \times \ln\frac{40}{20}\right) \text{J} \cdot \text{K}^{-1} = 5.76 \text{J} \cdot \text{K}^{-1}$$

第二条路径取为由 a 至 c 的等压过程和由 c 至 b 的等体过程：

$a \to c$ 为等压过程，依题意，有 $dQ = C_{p,m}dT$

$c \to b$ 为等体过程，依题意，有 $dQ = C_{V,m}dT$

$$\Delta S_2 = \int_a^b \frac{dQ}{T} = \int_a^c \frac{dQ}{T} + \int_c^b \frac{dQ}{T} = \int_{T_a}^{T_c} \frac{C_{p,m}dT}{T} + \int_{T_c}^{T_b} \frac{C_{V,m}dT}{T} = C_{p,m}\ln\frac{T_c}{T_a} + C_{V,m}\ln\frac{T_b}{T_c}$$

对等压过程有 $\frac{V_1}{T_1} = \frac{V_2}{T_2}$，易得 $T_c = 2T_a$，则

$$\Delta S_2 = \frac{7}{2}R\ln 2 - \frac{5}{2}R\ln 2 = R\ln 2 = (8.31 \times \ln 2) \text{J} \cdot \text{K}^{-1} = 5.76 \text{J} \cdot \text{K}^{-1}$$

熵是状态的函数，在始、末状态确定的情况下，熵的增量是确定的，与系统经历的过程无关，以上计算验证了这一点。

第 11 章
热 力 学

本章逻辑主线

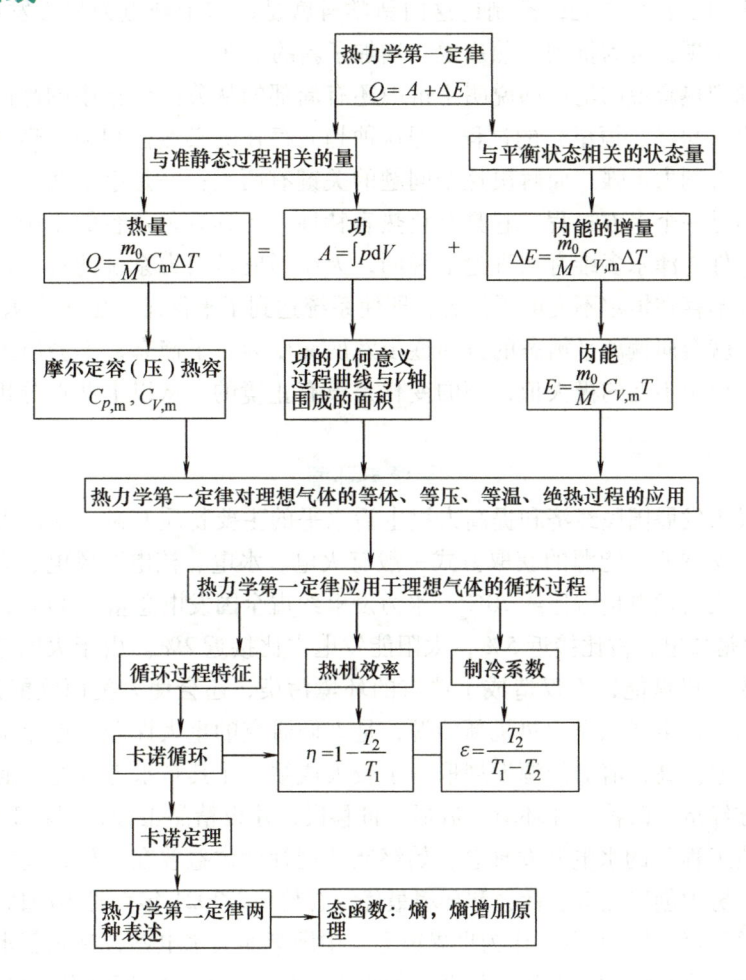

```
                    热力学第一定律
                      Q = A + ΔE
          ┌──────────────┴──────────────┐
   与准静态过程相关的量              与平衡状态相关的状态量
          │                              │
   ┌──────┴──────┐                       │
   热量            功                  内能的增量
Q=(m₀/M)Cₘ ΔT  = A=∫pdV  +        ΔE=(m₀/M)C_{V,m}ΔT
   │              │                      │
摩尔定容(压)热容  功的几何意义            内能
C_{P,m}, C_{V,m}  过程曲线与V轴      E=(m₀/M)C_{V,m}T
                  围成的面积
          └──────────────┬──────────────┘
        热力学第一定律对理想气体的等体、等压、等温、绝热过程的应用
                         │
             热力学第一定律应用于理想气体的循环过程
   ┌─────────────────────┼─────────────────┐
循环过程特征           热机效率             制冷系数
   │                η = 1 - T₂/T₁       ε = T₂/(T₁-T₂)
卡诺循环
   │
卡诺定理
   │
热力学第二定律两  →  态函数：熵，熵增加原
种表述                理
```

拓展阅读

热 寂 说

克劳修斯把熵增加原理应用到无限的宇宙中，他于 1865 年指出，宇宙的能量是常数，宇宙的熵趋于极大，并认为宇宙最终也将死亡，这就是所谓的"热寂说"。热寂说的荒谬，首先在于它把从有限的空间、时间范围内的现象进行观察而总结出的规律——热力学第二定律绝对化地推广到无限的宇宙去。其次，从能量角度来考虑，热寂说只考虑到物质和能量从集中到分散这一变化过程。恩格斯指出："放射到太空中去的热一定有可能通过某种途径（指明这种途径将是以后自然科学的课题）转变为另一种运动形式，在这种运动形式中，它能够重新集结和活动起来。"现代天文学观察已经发现不少新的恒星重新在集结形成之中。康德在《宇宙发展史概论》中指出："自然界既然能够从混沌变为秩序井然、系统整齐，那么在它由于各种运动衰减而重新陷入混沌之后，难道我们没有理由相信，自然界会从这个新的混沌……把从前的结合更新一番吗？"控制论创立者维纳认为"当宇宙一部分趋于寂灭时，却存在着同宇

宙的一般发展方向相反的局部小岛，这些小岛存在着组织增加的有限度的趋势。正是在这些小岛上，生命找到了安身之处，控制论这门新学科就是以这个观点为核心发展起来的"。另外，耗散结构的发现，也为批判"热寂说"增加了新的论据。

所有上述批判热寂说的论点都说明宇宙中还有局部的从分散到集中的趋向，即宇宙中均匀物质凝成团块（星系、恒星）的过程。但这种趋向存在的必然性却缺乏理论证明，因而多年来人们总感到批判力不强。而解决这个问题的关键有两点：一是宇宙在膨胀；二是宇宙引力系统所经历的是一个多方过程，它具有负热容特性。而具有负热容的系统是不稳定的，它不满足稳定性条件。泽尔多维奇从理论上说明，天体形成是引力系统的自发过程，不仅它的熵要增加，而且不存在恒定不变的平衡态，即使系统达到了平衡态，由于不满足稳定性条件，若稍有扰动，它就会向偏离平衡态的方向逐步发展又变为非平衡态，不会出现整个宇宙的平衡态，则熵没有恒定不变的极大值，熵的变化是没有止境的。从以上两点分析可知，宇宙绝不会"热死"。

能源与环境

能源已经成为发展国民经济和提高人民生活水平的主要物质基础，生产力发达的国家都是以能源工业为支柱的。能源的获取方式一般有火电、水电、核电、风电、太阳能等，目前我国电力发展中火力发电量占比约70%，水力发电约占全国发电总量的17%，风力发电量约为6%，之后即是核电，占比接近5%，太阳能发电占比接近2%。由于火电是把燃料燃烧时释放的内能转变为机械能，不仅造成了严重的环境污染，还会使人类面临能源枯竭的问题，因此寻找清洁和可再生能源作为热机新能源，是人们研究的重大课题。近年来随着我国的非火力发电投资增速提高，清洁能源发展取得了较大成绩，尤其是水力发电，围绕"建好一座电站、带动一方经济、改善一片环境、造福一批移民；建设精品工程、创新工程、绿色工程、民生工程、廉洁工程"的水电开发理念，始终坚持把社会效益放在首位，追求社会效益和经济效益相统一，努力创造经济、社会和环境最优综合价值。2021年6月16日，金沙江乌东德水电站12台机组全部投产发电。作为世界第七、中国第四大水电站，乌东德水电站是"西电东送"的骨干电源和促进国家能源结构调整的重大工程，电站在江河两岸一共安装了12台85万千瓦水轮发电机组，总装机容量1020万千瓦，工程建设过程中，注重科技创新，共创造了8项"世界第一"、15项"世界首次"，刷新了水电建设的新高度，每年能够为周边地区提供389.1亿千瓦时的电量，可满足广州近5个月的用电需求，节约标准煤约1220万吨，相当于种植8.5万公顷的阔叶林，有利于实现节能减排目标，为美丽中国再添动人绿色。

如图11-19所示为我国水力发电量占全球水力发电总量的比例统计图。

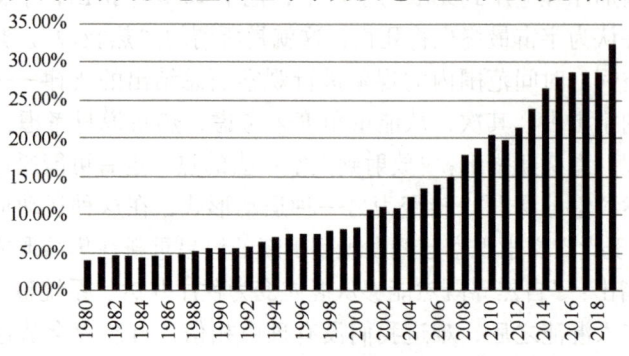

图 11-19 我国水力发电量占全球水力发电总量的比例

第 11 章 热 力 学

思 考 题

11.1 理想气体的内能是状态的单值函数，对理想气体内能的意义作下面的几种理解是否正确？
（1）气体处在一定的状态，就具有一定的内能。
（2）对应于某一状态的内能是可以直接测定的。
（3）对应于某一状态，内能只具有一个数值，不可能有两个或两个以上的值。
（4）当理想气体的状态改变时，内能一定跟着改变。

11.2 分析下列两种说法是否正确？
（1）物体的温度越高，则热量越多？
（2）物体的温度越高，则内能越大？

11.3 一定量理想气体，从同一状态开始把其体积由 V_0 压缩到 $V_0/2$，如图 11-20 所示，分别经历以下三种过程：（1）等压过程；（2）等温过程；（3）绝热过程。其中：什么过程外界对气体做功最多；什么过程气体内能减小最多；什么过程气体放热最多？

11.4 为什么气体比热容的数值可以有无穷多个？什么情况下气体的比热容为零？什么情况下气体的比热容为无穷大？什么情况下是正？什么情况下是负？

11.5 卡诺循环 1、2 如图 11-21 所示。若曲线包围面积相同，功、效率是否相同？

11.6 一条等温线和一条绝热线有可能相交两次吗？为什么？

11.7 两条绝热线和一条等温线是否可能构成一个循环？为什么？

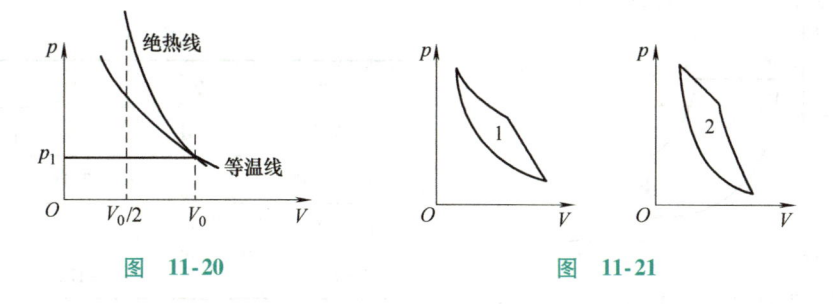

图 11-20

图 11-21

习 题

一、填空题

11.1 测得某种理想气体的热容比 $\gamma = 1.4$，则 $C_{V,m} = $ _____，$C_{p,m} = $ _____。

11.2 如图 11-22 所示，画不同斜线的两部分的面积分别为 S_1 和 S_2。如果气体进行 $a-2-b-1-a$ 的循环过程，则它对外做功的数值为 _____。

11.3 在等压下把一定量的理想气体温度升高 50℃，需要 160J 的热量；在体积不变的情况下，把此气体的温度降低 100℃，将放出 240J 的热量。则此气体分子的自由度数是 _____。

11.4 一理想气体系统，物质的量为 1mol，从初始温度为 T_1 的平衡状态变化到温度为 T_2 的末平衡状态（$T_2 > T_1$），摩尔定容热容为 $C_{V,m}$，那么系统的内能变化是 _____。

11.5 如图 11-23 所示，判断过程中各物理量的正、负符号，并填入表 11.2，规定系统对外做功 A 取正，系统吸热 Q 取正号，内能增加 ΔU 为正号，其 $a \rightarrow b$ 为

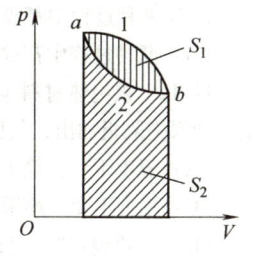

图 11-22 题 11.2 图

绝热过程。

图 11-23 题 11.5 图

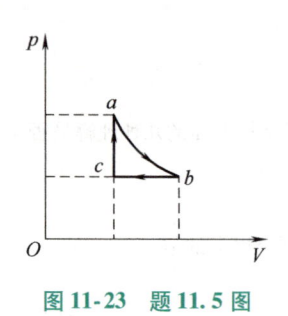

表 11.2

过程	A	ΔT	Q	ΔU
a→b				
b→c				
c→a				
循环 abca				

11.6 一卡诺热机的效率为 40%，其工作的低温热源的温度为 27℃，则其工作的高温热源的温度为_____K，要使该热机的效率提高到 50%，若低温热源温度不变，则高温热源的温度应增加_____K。

11.7 有这样一台卡诺机（可逆的），在常温下（27℃），每循环一次可以从 400K 的高温热源吸热 1800J，同时对外做功为 1000J，这样的设计是否可行_____（填"是"或"否"），原因是_____。

11.8 一定量的气体，初始压强为 p，体积为 V_1，今把它压缩到 $V_1/2$，一种方法是等温压缩，另一种方法是绝热压缩，最后压强较大的是____方法；气体的熵改变的是____方法。（热力学过程可逆）

11.9 理想气体系统由平衡态 1 经一绝热可逆过程到平衡态 2，气体的温度由 T_1 变化到 T_2，气体系统的熵变是_____，如果过程是不可逆的，则熵_____。

11.10 单原子分子的理想气体作如图 11-24 所示的 abcda 的循环，并已求得表 11.3 中所填的三个数据，试根据热力学定律和循环过程的特点完成该表。

表 11.3

过程	Q	A	ΔE
a—b 等压	250J		
b—c 绝热		75J	
c—d 等容			
d—a 等温		−125J	

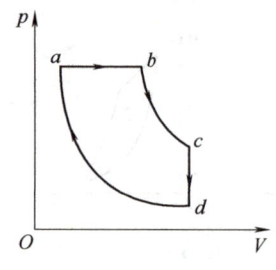

图 11-24 题 11.10 图

二、选择题

11.11 一定量的理想气体，从图 11-25 所示的 p-V 图上初态 a 经历（1）或（2）过程到达末态 b，已知 a、b 两态处于同一条绝热线上（图中虚线是绝热线），则气体在（　　）。

(A)（1）过程中吸热，（2）过程中放热；
(B)（1）过程中放热，（2）过程中吸热；
(C) 两种过程中都吸热；
(D) 两种过程中都放热。

11.12 被绝热材料包围的容器内现隔为两半，左边是理想气体，右边是真空，如果把隔板抽出，气体将自由膨胀，达到平衡后则（　　）。

(A) 温度不变，熵不变；　　(B) 温度降低，熵减少；
(C) 温度不变，熵增加；　　(D) 温度升高，熵增加。

图 11-25 题 11.11 图

11.13 甲说："功可以完全变为热，但热不能完全变为功。"乙说："热量不能从低温物体传到高温物体。"丙说："一个热力学系统的熵永不减少。"则（　　）。

(A) 三人说法都不正确；　　(B) 三人说法都正确；

(C) 甲说得对，其余都错；　　　　(D) 乙说得对，其余都错；
(E) 丙说得对，其余都错。

11.14　下列过程中，趋于可逆过程的有（　　）。
(A) 气缸中存有气体，活塞上没有外加压强，且活塞与气缸间没有摩擦的膨胀过程；
(B) 气缸中存有气体，活塞上没有外加压强，但活塞与气缸间摩擦很大，气体缓慢地膨胀过程；
(C) 气缸中存有气体，活塞与气缸之间无摩擦，调整活塞上的外加压强，使气体缓慢地膨胀过程；
(D) 在一绝热容器内两种不同温度的液体混合过程。

11.15　热力学系统准静态的绝热过程中，相关量的叙述正确的是（　　）。
(A) 系统吸收或放出的热量为零；
(B) 系统可能吸收热量，也可能放出热量；
(C) 系统吸收与放出的热量总和为零。

11.16　理想气体系统从同一初态开始，分别经过等容、等压、绝热三种不同过程发生相同的温度变化，对应的系统末状态各不相同。下面关于系统各量描述正确的是（　　）。
(A) 三种热力学过程各自对应的系统最终状态的内能相同；
(B) 各个过程对应的系统内能的变化相同；
(C) 三种热力学过程中，系统对外做功相同；
(D) 三种热力学过程中，系统的熵变相同。

11.17　如果只用绝热方法使系统初态变到终态，则（　　）。
(A) 对于连接这两态的不同绝热过程，所做的功不同；
(B) 对于连接这两态的所有绝热过程，所做的功都相同；
(C) 由于没有热量交换，所以不做功；
(D) 系统总内能不变。

11.18　若高温热源的温度为低温热源温度的 m 倍，以理想气体为工质的卡诺热机工作于上述高、低温热源之间，则从高温热源吸收的热量与向低温热源放出的热量之比为（　　）。
(A) $\dfrac{m+1}{m}$；　　(B) $\dfrac{m-1}{m}$；　　(C) m；　　(D) $m-1$。

11.19　"理想气体和单一热源接触作等温膨胀，吸收的热量全部用来对外做功"，对此说法，下述哪种评论正确（　　）。
(A) 不违反热力学第一定律，也不违反热力学第二定律；
(B) 违反热力学第一定律，也违反热力学第二定律；
(C) 不违反热力学第一定律，但违反热力学第二定律；
(D) 违反热力学第一定律，但不违反热力学第二定律。

11.20　图 11-26 所示的循环由等温、等压及等容组成，欲求循环效率，应该用下面哪个式子才对（　　）。
(A) $\eta = 1 - \dfrac{T_2}{T_1}$；　　(B) $\eta = \dfrac{A}{Q_1 + Q_3}$；
(C) $\eta = \dfrac{A}{Q_1 + Q_3 + Q_2}$；　　(D) $\eta = \dfrac{A}{Q_1}$。

11.21　两个卡诺热机分别以 1 mol 单原子分子理想气体和 1 mol 双原子分子理想气体为工作物质，设这两个循环过程在等温膨胀开始时温度都是 $4T_0$，体积都是 V_0，在等温压缩开始时温度都是 T_0，体积都是 $64V_0$，则在一个循环过程中以双原子分子为工作物质的热机对外输出的功 $A_双$ 和以单原子分子理想气体为工作物质的热机对外输出的功 $A_单$ 之间的关系是（　　）。

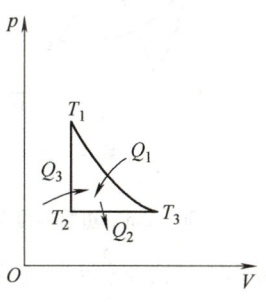

图 11-26　题 11.20 图

(A) $A_双 = 3A_单$； (B) $A_双 = \dfrac{1}{3}A_单$； (C) $A_双 = 2A_单$； (D) $A_双 = A_单$。

11.22 下面说法正确的是（   ）。
(A) 系统经历一个正循环后系统本身没有变化；
(B) 系统经历一个正循环后系统本身和外界都没有变化；
(C) 系统经历一个正循环后，再沿反方向进行一逆卡诺循环，则系统本身和外界都没有变化；
(D) 只有在正循环和逆循环的轨迹完全一致的情况下，先后经历这样的正循环和逆循环，系统和外界才没有变化。

11.23 下列物理量是微观量的是（   ）。
(A) 温度； (B) 熵； (C) 分子的平均动能； (D) 分子的动量。

11.24 下列结论正确的是（   ）。
(A) 不可逆过程一定是自发的，自发过程一定是不可逆的；
(B) 自发过程的熵总是增加的；
(C) 在绝热过程中熵不变；
(D) 以上说法都不正确。

三、计算题

11.25 如图 11-27 所示，AB、DC 是绝热过程，CEA 是等温过程，BED 是任意过程，组成一个循环。若图中 $EDCE$ 所包围的面积为 70J，$EABE$ 所包围的面积为 30J，CEA 过程中系统放热 100J，求 BED 过程中系统吸热为多少。

11.26 温度为 25℃、压强为 1atm 的 1mol 刚性双原子分子理想气体，经等温过程体积膨胀至原来的 3 倍。(1) 计算该过程中气体对外所做的功；(2) 假设气体经绝热过程体积膨胀至原来的 3 倍，那么气体对外所做的功又是多少？

11.27 一定量的刚性双原子分子气体，开始时处于压强为 $p_0 = 1.0 \times 10^5 \text{Pa}$，体积为 $V_0 = 4 \times 10^{-3} \text{m}^3$，温度为 $T_0 = 300\text{K}$ 的初态，后经等压膨胀过程温度上升到 $T_1 = 450\text{K}$，再经绝热过程温度回到 $T_2 = 300\text{K}$，求整个过程中对外做的功。

11.28 如图 11-28 所示，$abcda$ 为 1mol 单原子分子理想气体的循环过程，求：(1) 气体循环一次，在吸热过程中从外界共吸收的热量；(2) 气体循环一次做的净功；(3) 证明 $T_a T_c = T_b T_d$。

11.29 如图 11-29 所示，1mol 单原子理想气体经等压、绝热、等容和等温过程组成循环 $abcda$，图中 a、b、c、d 各状态的温度 T_a、T_b、T_c、T_d 均为已知，abo 包围的面积和 ocd 包围的面积大小均为 A。在等温过程中系统吸热还是放热？其数值为多少？

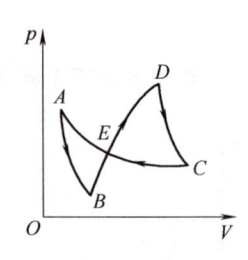

图 11-27 题 11.25 图

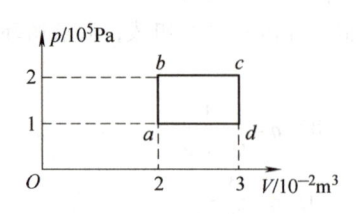

图 11-28 题 11.28 图

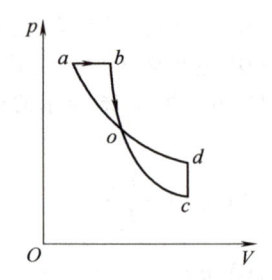

图 11-29 题 11.29 图

11.30 2mol 初始温度为 300K，初始体积为 20L 的氢气，先等压膨胀到体积加倍，然后绝热膨胀回到初始温度。$C_{V,\text{m}} = \dfrac{3}{2}R$，$C_{p,\text{m}} = \dfrac{5}{2}R$，$R = 8.31 \text{J} \cdot \text{mol}^{-1} \cdot \text{K}^{-1}$。(1) 在整个热力学过程中，系统共吸收多少热量？(2) 系统内能总的改变量是多少？(3) 氢气对外界做的总功是多少？其中绝热膨胀过程对外做功是多少？(4) 系统终态的体积是多少？

11.31 0.01m³ 氮气在温度为 300K 时，由 0.1MPa（即 1atm）压缩到 10MPa。试分别求氮气经等温及绝热压缩后的（1）体积；（2）温度；（3）各过程对外所做的功。

11.32 一块大石头质量为 80kg，从高 100m 的山坡上滑下，它与环境的熵增加了多少？设环境（山和大气）的温度为 270K。

11.33 已知 1mol 氧气经历如图 11-30 所示从 $A \to B$（延长线经过原点 O）的过程，已知 A、B 点的温度分别为 T_1、T_2。求在该过程中所吸收的热量。

11.34 1mol 单原子理想气体经历如图 11-31 所示的 $a \to b$（为一直线）的过程，试讨论从 a 变为 b 的过程中吸、放热的情况。

图 11-30 题 11.33 图

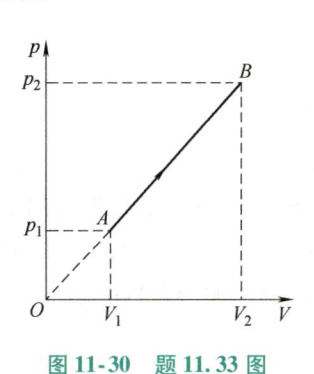

图 11-31 题 11.34 图

11.35 如图 11-32 所示，1mol 双原子分子理想气体，从初态 $V_1 = 20$L，$T_1 = 300$K 经历三种不同的过程到达末态 $V_2 = 40$L，$T_2 = 300$K。图中 $1 \to 2$ 为等温线，$1 \to 4$ 为绝热线，$4 \to 2$ 为等压线，$1 \to 3$ 为等压线，$3 \to 2$ 为等体线。试分别沿这三种过程计算气体的熵变。

11.36 一可逆卡诺机的高温热源温度为 127℃，低温热源温度为 27℃，其每次循环对外做的净功为 8000J。今维持低温热源温度不变，提高高温热源的温度，使其每次循环对外做的净功为 10000J，若两个卡诺循环都工作在相同的两条绝热线之间。求：（1）第二个热循环机的效率；（2）第二个循环高温热源的温度。

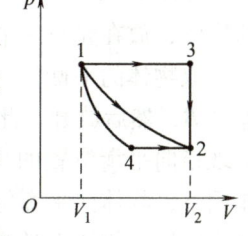

图 11-32 题 11.35 图

11.37 夏季室外温度为 37.0℃，启动空调使室内温度始终保持在 17.0℃，如果每天有 2.51×10^8J 的热量通过热传导等方式自室内传入室外，空调器的制冷系数为同温度下卡诺制冷机的 60%。（1）空调一天耗电多少？（2）若将室内温度设置为 27.0℃，与设置为 17℃相比，每天可节电多少？

11.38 两个相同体积的容器，分别装有 1mol 的水，初始温度分别为 T_1 和 T_2，$T_1 > T_2$，令其进行接触，最后达到相同温度 T。求熵的变化。（设水的摩尔热容为 C_{mol}）

11.39 一容器被一隔板分隔为体积相等的两部分，左半边充有 ν mol 理想气体，右半边是真空，试问将隔板抽除经自由膨胀后，系统的熵变是多少？

11.40 如图 11-33 所示的循环中 $a \to b$、$c \to d$、$e \to f$ 为等温过程，其温度分别为 $3T_0$、T_0、$2T_0$；$b \to c$、$d \to e$、$f \to a$ 为绝热过程。设 $c \to d$ 过程曲线下的面积为 A_1，$abcdefa$ 循环过程曲线所包围的面积为 A_2。求该循环的效率。

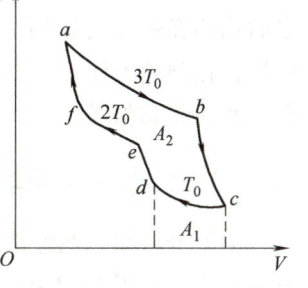

图 11-33 题 11.40 图

第 11 章习题简答

第 12 章
机 械 振 动

12.1 简谐振动的一些基本问题

作为周期性运动的典型例子——简谐振动，是我们研究一切复杂振动的基础，任何一个复杂振动都可以视为若干个简谐振动的合成。本节我们从简谐振动入手，以简谐振动的理想化模型弹簧振子为例，得出简谐振动的定义，并概括出简谐振动的特征。

12.1.1 弹簧振子

如图 12-1 所示，一质量可忽略、劲度系数为 k 的弹簧，一端固定，另一端系一质量为 m 的物体，放在光滑水平面上，这样的理想系统称为弹簧振子。

取物体的平衡位置为坐标原点 O，在弹簧的弹性限度内，若将物体向右移到 A 或向左压缩到 B，然后放开，此时，由于弹簧伸长或压缩而出现指向平衡位置的弹性力。在回复力（弹性力）作用下，物体向平衡位置运动，当通过坐标原点 O 时，作用在物体上的弹性力等于 0，但是由于惯性作用，物体将继续运动，使弹簧压缩或拉伸。此时，由于弹簧被压缩或拉伸，而再次出现了指向平衡位置的弹性力并将阻止物体向另一侧运动，使物体速率减小，直至物体静止于 B 或 A（瞬时静止），之后物体在弹性力作用下改变方向，向对侧运动。

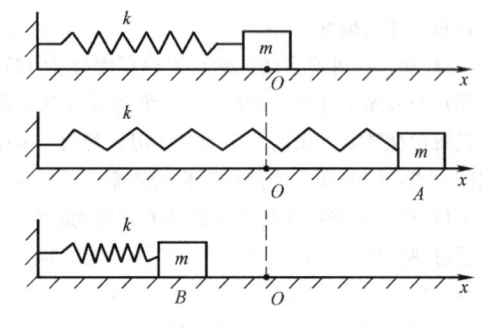

图 12-1 弹簧振子

这样，在弹性力作用下，物体振动得以持续。这种振动（即物体在其平衡位置附近的往复运动）称为机械振动。

12.1.2 简谐振动运动方程

由上分析知，在弹簧振子的振动过程中，物体受到弹簧给予的弹性力的大小和方向都在发生变化。在图 12-1 中，以物体的平衡位置为坐标原点 O，向右作为 x 轴的正方向，物体的位移为 x 时，它所受到弹性力为（胡克定律）

$$F = -kx \tag{12-1}$$

式中，当 $x>0$（即位移沿 $+x$）时，F 沿 $-x$，即 $F<0$；当 $x<0$（即位移沿 $-x$）时，F 沿 $+x$，即 $F>0$。"$-$"号表示力 F 与位移 x 反向。

物体受力与位移正比、反向时的振动称为**简谐振动**。由定义知，弹簧振子作简谐振动。

由牛顿第二定律知，物体的加速度为

$$a = \frac{F}{m} = -\frac{kx}{m} \quad (m \text{ 为物体质量})$$

而

$$a = \frac{d^2x}{dt^2}$$

故

$$\frac{d^2x}{dt^2} + \frac{k}{m}x = 0$$

由于 k、m 均大于 0，所以令

$$\frac{k}{m} = \omega^2$$

则得

$$\frac{d^2x}{dt^2} + \omega^2 x = 0 \tag{12-2}$$

式（12-2）是简谐振动物体的微分方程，它是一个常系数的齐次二阶的线性微分方程，其解为

$$x = A\sin(\omega t + \varphi') \tag{12-3}$$

或

$$x = A\cos(\omega t + \varphi) \tag{12-4}$$

$$\left(\varphi = \varphi' - \frac{\pi}{2}\right)$$

简谐振动的 $x\text{-}t$ 曲线如图 12-2 所示。

式（12-3）和式（12-4）是简谐振动的运动方程。因此，我们也可以说振动物体的位移是时间 t 的正弦或余弦函数的运动是简谐振动。本书中用余弦形式表示简谐振动方程。

图 12-2 简谐振动的 $x\text{-}t$ 曲线

在式（12-4）中，A 是物体的振幅；ω 称为角频率（圆频率）；φ 是 $t=0$ 时的相位，称为初相位，我们会进一步讨论其意义。

12.1.3 简谐振子的振动速度和振动加速度

根据质点运动学关系，将式（12-4）对时间 t 求一阶导数得简谐振子的速度

$$v = \frac{dx}{dt} = -\omega A \sin(\omega t + \varphi) \tag{12-5}$$

式（12-4）对 t 求二阶导数或式（12-5）对时间 t 求一阶导数得简谐振子的加速度

$$a = \frac{d^2x}{dt^2} = -\omega^2 A\cos(\omega t + \varphi) = -\omega^2 x \tag{12-6}$$

可见

$$v_{\max} = \omega A$$
$$a_{\max} = \omega^2 A$$

即谐振子速度的最大值为 ωA，加速度的最大值为 $\omega^2 A$。

简谐振动的 $v\text{-}t$、$a\text{-}t$ 曲线如图 12-3 所示。

由以上分析我们可以得到 $F = -kx$，反映了谐振动

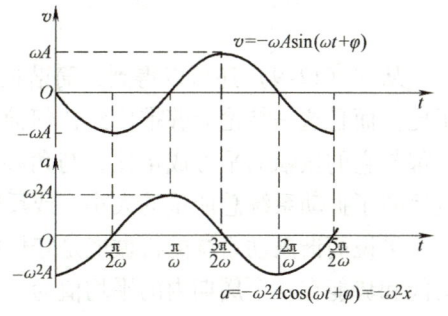

图 12-3 简谐振动的 $v\text{-}t$、$a\text{-}t$ 曲线

的动力学特征；$a = -\omega^2 x$ 反映了简谐振动的运动学特征。通常我们称简谐振动的物体为谐振子。

12.1.4 简谐振动的能量

由式（12-4）和式（12-5），取平衡位置为势能零点，则任意时刻 t 弹簧振子的动能和势能分别为

$$E_k = \frac{1}{2}mv^2 = \frac{1}{2}m\omega^2 A^2 \sin^2(\omega t + \varphi) \tag{12-7}$$

$$E_p = \frac{1}{2}kx^2 = \frac{1}{2}kA^2 \cos^2(\omega t + \varphi) \tag{12-8}$$

弹簧振子在振动过程中动能和势能都在作周期性的变化，变化的周期为振动周期的一半，频率是振动频率的 2 倍。图 12-4 和图 12-5 给出了谐振子振动过程中的动能 E_k 和势能 E_p 随时间的变化曲线。

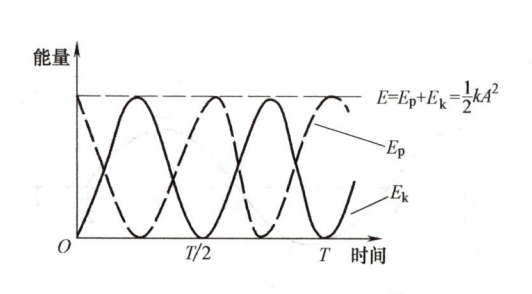

图 12-4　弹簧振子的能量和时间关系曲线

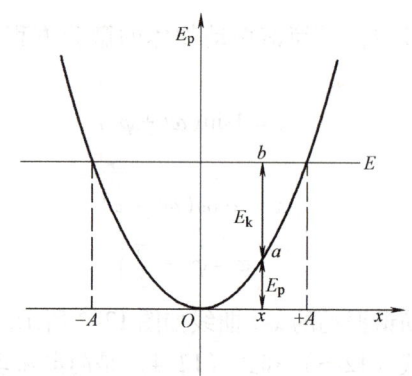

图 12-5　简谐振动的势能曲线

弹簧振子振动的总的机械能为

$$E = E_k + E_p = \frac{1}{2}mA^2\omega^2 \sin^2(\omega t + \varphi) + \frac{1}{2}kA^2 \cos^2(\omega t + \varphi) = \frac{1}{2}m\omega^2 A^2 = \frac{1}{2}kA^2 \tag{12-9}$$

可见，弹簧振子在简谐振动过程中的机械能是守恒的。这是由于弹簧振子除受到弹性回复力的作用外，其他力的总体作用不改变物体的运动状态，而弹性回复力又是保守力。

从式（12-9）可以根据初始时刻的能量求出简谐振动的振幅

$$A = \sqrt{\frac{2E_0}{k}} \tag{12-10}$$

从式（12-9）还可以得到，简谐振动的机械能与振幅的平方成正比，与角频率的平方成正比。而且这一结论能够推广到任何简谐振动系统，也就是说任何作简谐振动的系统的机械能都与它的振幅的平方成正比，与角频率的平方成正比。振幅给出了简谐振动的范围，同时也反映了振动系统总能量的大小，或反映了振动的强度。

虽说简谐振动系统的机械能是守恒的，但是系统的动能和势能都在随时间作周期性变化，动能和势能在一个周期内的平均值为

$$\overline{E}_k = \frac{1}{T}\int_0^T E_k(t)\,dt = \frac{1}{T}\int_0^T \frac{1}{2}kA^2 \sin^2(\omega t + \varphi)\,dt = \frac{1}{4}kA^2 \tag{12-11}$$

$$\overline{E}_p = \frac{1}{T}\int_0^T \frac{1}{2}kx^2 \mathrm{d}t = \frac{1}{4}kA^2 \qquad (12\text{-}12)$$

$$\overline{E}_k = \overline{E}_p = \frac{1}{4}kA^2 = \frac{1}{2}\overline{E} \qquad (12\text{-}13)$$

由此我们可以得到：虽然 E_k、E_p 均随时间变化，但总能量 $E = E_k + E_p$ 为常数。原因是系统只有保守力做功，机械能要守恒。E_k 与 E_p 互相转化：当 $x = 0$ 时，$E_p = 0$，$E_k = E_{k,\max} = E$；在 $|x| = A$ 处，$E_k = 0$，$E_p = E_{p,\max} = E$。而且动能和势能的平均值相等，都等于总机械能的一半。

例 12-1　一物体连在弹簧一端，在水平面上作简谐振动，振幅为 A。试求 $E_k = \frac{1}{2}E_p$ 时物体的位置。（以平衡位置为坐标原点）

解　设弹簧的劲度系数为 k，系统总能量为

$$E = E_k + E_p = \frac{1}{2}kA^2$$

在 $E_k = \frac{1}{2}E_p$ 时，有

$$E_k + E_p = \frac{3}{2}E_p = \frac{3}{2}\cdot\frac{1}{2}kx^2 = \frac{3}{4}kx^2$$

则

$$\frac{3}{4}kx^2 = \frac{1}{2}kA^2$$

解得

$$x = \pm\sqrt{\frac{2}{3}}A$$

例 12-2　如图 12-6 所示的系统，弹簧的劲度系数 $k = 25\mathrm{N}\cdot\mathrm{m}^{-1}$，物块 A 的质量 $m_1 = 0.6\mathrm{kg}$，物块 B 的质量 $m_2 = 0.4\mathrm{kg}$，A 与 B 间最大静摩擦因数为 $\mu = 0.5$，A 与地面间是光滑的。现将物块拉离平衡位置，然后任其自由振动，使 B 在振动中不致从 A 上滑落，问该系统所能具有的最大振动能量是多少？

解　系统的总能量为

$$E = \frac{1}{2}kA^2$$

则

$$E_{k,\max} = E = \frac{1}{2}kA^2$$

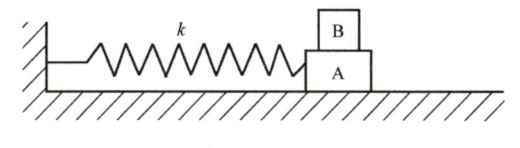

图 12-6　例 12-2 图

B 不致从 A 上滑落时，须有物块 B 运动中所需要的合外力小于等于 A 与 B 之间的最大静摩擦力，即

$$m_2 a \leqslant \mu m_2 g$$

极限情况

$$a_{\max} = \mu g = A\omega^2$$

即

$$A = \frac{\mu g}{\omega^2} = \mu g\,\frac{(m_1 + m_2)}{k}$$

则

$$\begin{aligned}E_{k,\max} &= \frac{1}{2}k\left(\mu g\,\frac{m_1 + m_2}{k}\right)^2 = \frac{1}{2}(m_1 + m_2)^2\frac{\mu^2 g^2}{k} \\ &= \left[\frac{1}{2}\times(0.6 + 0.4)^2\times\frac{0.5^2\times 9.8^2}{25}\right]\mathrm{J} = 0.48\mathrm{J}\end{aligned}$$

12.2 简谐振动的特征量及其旋转矢量描述法

上一节我们得出了简谐振动的运动方程 $x = A\cos(\omega t + \varphi)$，现在来说明式中各物理量的意义。

12.2.1 振幅

作简谐振动的物体离开平衡位置最大位移的绝对值称为振幅，记作 A。由式（12-10）可知 A 反映了振动的强弱。根据简谐振动的特征可知，振幅给出了物体的运动范围，并且由初始条件决定。

12.2.2 简谐振动的周期 T、频率 ν 和角频率（圆频率）ω

作简谐振动的物体，其振动状态发生周而复始的变化，为了从数学上描述这种状态的变化引入了角频率的定义。为此，我们首先定义周期和频率。

物体完成一次完全振动所需要的时间叫作振动的周期，用 T 表示。

在单位时间内物体所完成的完全振动的次数叫作频率，用 ν 表示。

由周期和频率的定义可知

$$\nu = \frac{1}{T} \quad \text{或} \quad T = \frac{1}{\nu} \tag{12-14}$$

根据周期 T 的定义和简谐振动的运动方程可得

$$x = A\cos(\omega t + \varphi) = A\cos[\omega(t + T) + \varphi] \tag{12-15}$$

根据余弦函数周期性知余弦函数周期为 2π，则

$$\omega T = 2\pi$$

得

$$\omega = \frac{2\pi}{T} = 2\pi\nu \tag{12-16}$$

可见，ω 表示在 2π s 内物体所作的完全振动次数，称为角频率（圆频率）。

由

$$\omega = \sqrt{\frac{k}{m}}$$

得

$$T = \frac{2\pi}{\omega} = 2\pi\sqrt{\frac{m}{k}} \tag{12-17}$$

则

$$\nu = \frac{\omega}{2\pi} = \frac{1}{2\pi}\sqrt{\frac{k}{m}} \tag{12-18}$$

对于给定的弹簧振子，m、k 都是一定的，所以 T、ν 和 ω 完全由弹簧振子本身的性质所决定，与其他因素无关。因此，这种周期和频率又称为固有周期、固有频率和固有角频率。在国际单位制中，T 的单位为 s（秒）、ν 的单位为 Hz（赫兹）、ω 的单位为 rad·s^{-1}（弧度每秒）。

简谐振动的运动方程也常写成下面的形式：

$$x = A\cos\left(\frac{2\pi}{T}t + \varphi\right) = A\cos(2\pi\nu t + \varphi) \tag{12-19}$$

12.2.3 简谐振动相位和相位差

在力学中，物体在某一时刻的运动状态由物体的位置坐标和速度来决定，而在简谐振动

中，当 A、ω 给定后，即物体的振动强度和振动快慢给定后，由式（12-4）和式（12-5）可知物体的位置和速度取决于 $(\omega t+\varphi)$，$(\omega t+\varphi)$ 称为相位（或周相、位相）。例如，当相位 $(\omega t+\varphi)=\dfrac{\pi}{2}$ 时，$x=0$，$v=-\omega A$，即振动物体在该时刻在平衡位置并以 ωA 的速度向左运动；当相位 $(\omega t+\varphi)=\dfrac{3\pi}{2}$ 时，$x=0$，$v=\omega A$，这时物体也在平衡位置，但以 ωA 的速度向右运动。可见，在不同的时刻，振动的相位不同，物体的运动状态不同。物体在一次完全振动过程中，每一时刻运动状态的不同，就反映在相位的不同上。由此可见，相位是决定振动物体运动状态的物理量。

当 $t=0$ 时，相位 $(\omega t+\varphi)=\varphi$，$\varphi$ 称为初相位，简称初相。初相的数值由初始条件决定。例如，若 $t=0$ 时，$\varphi=0$，由式（12-4）和式（12-5）可知，$x_0=A$，$v_0=0$，表示物体位于正最大位移处时作为计时的起点；若 $t=0$ 时，$\varphi=\pi$，则 $x_0=-A$，$v_0=0$，表示物体位于负最大位移处时作为计时的起点。

假设有两个同频率的简谐振动：
$$x_1=A_1\cos(\omega t+\varphi_1)$$
$$x_2=A_2\cos(\omega t+\varphi_2)$$
它们的相位的差称为相位差，用 $\Delta\varphi$ 表示，即
$$\Delta\varphi=[(\omega t+\varphi_2)-(\omega t+\varphi_1)]=\varphi_2-\varphi_1 \tag{12-20}$$

两个同频率简谐振动的相位差等于它们的初相差。比较两个简谐振动的相位差时要求两个简谐振动必须频率相同。如果两个简谐振动频率不相同，一般不讨论它们之间的相位关系。

相位差表示两个简谐振动的"步调"关系。当 $\Delta\varphi>0$ 时，表示 x_2 振动超前 x_1 振动 $\Delta\varphi$；当 $\Delta\varphi<0$ 时，表示 x_2 振动滞后 x_1 振动 $\Delta\varphi$；当 $\Delta\varphi=2k\pi$（k 为整数）时，称两个简谐振动是同相的，即两个振动的"步调"是完全相同的，两个振动同时到达各自的正最大位置，同时通过平衡位置，又同时到达各自的负最大位置，如图 12-7a 所示；当 $\Delta\varphi=(2k+1)\pi$（k 为整数）时，称两个振动是反相的，即两个振动的"步调"总是相反的，某时刻一个振动在正最大位置处，另一个则在负最大处，如图 12-7b 所示。根据相位差，由式（12-4）~式（12-6）可知，振动的速度比位移超前 $\pi/2$，加速度比速度超前 $\pi/2$，而加速度与位移是反相的。

相位和相位差是十分重要的概念，在波动、光学、近代物理、交流电路和电子技术等方面有非常广泛的应用。

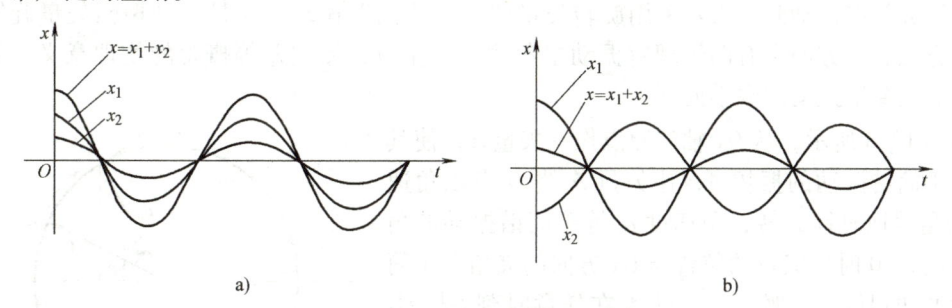

图 12-7 两个简谐振动的相位差

12.2.4 简谐振动振幅 A 和初相 φ 的确定

对于给定的简谐振动系统，角频率 ω 由简谐振动系统本身性质决定。简谐振动系统确定，

系统的角频率 ω 也是确定的。在振动的角频率确定的情况下，$t=0$ 时，根据式（12-4）和式（12-5）得

位移：$\qquad x_0 = A\cos\varphi$

速度：$\qquad v_0 = -\omega A\sin\varphi$

即

$$\begin{cases} x_0 = A\cos\varphi \\ \left(-\dfrac{v_0}{\omega}\right) = A\sin\varphi \end{cases}$$

由以上两式可得

$$\tan\varphi = -\dfrac{v_0}{\omega x_0}$$

则

$$A = \sqrt{x_0^2 + \dfrac{v_0^2}{\omega^2}} \qquad (12\text{-}21)$$

$$\varphi = \arctan\dfrac{-v_0}{\omega x_0} \qquad (12\text{-}22)$$

由式（12-22）给出的 φ 值一般有两个，如何从这两个值中选取一个正确值？可以根据 $x_0 = A\cos\varphi$ 和 $v_0 = -\omega A\sin\varphi$ 的正负关系来确定。例如，若 $x_0 > 0$，$v_0 < 0$，得 $\cos\varphi > 0$，$\sin\varphi > 0$，可以确定初相 φ 取第 I 象限内；若 $x_0 = 0$，而 $v_0 > 0$，即 $\cos\varphi = 0$，$\sin\varphi < 0$，可得 $\varphi = -\dfrac{\pi}{2}$。其他情况如下：

1）$x_0 > 0$，$v_0 < 0$，φ 在第 I 象限。
2）$x_0 < 0$，$v_0 < 0$，φ 在第 II 象限。
3）$x_0 < 0$，$v_0 > 0$，φ 在第 III 象限。
4）$x_0 > 0$，$v_0 > 0$，φ 在第 IV 象限。
5）$x_0 = A$，$v_0 = 0$，$\varphi = 0$；$x_0 = -A$，$v_0 = 0$，$\varphi = \pi$；

$x_0 = 0$，$v_0 < 0$，$\varphi = \dfrac{\pi}{2}$；$x_0 = 0$，$v_0 < 0$，$\varphi = \dfrac{\pi}{2}$。

12.2.5 简谐振动的旋转矢量表示法

在研究简谐振动时，常常采用旋转矢量法来描述简谐振动。这是一种振幅矢量旋转投影的几何方法，一方面它有助于理解振动中角频率、相位、相位差等概念的物理意义，另一方面可以简化简谐振动的数学处理。

如图 12-8 所示，从 Ox 轴的原点作一矢量 A，使其长度等于简谐振动的振幅 A，让矢量 A 绕 O 点以角速度 ω 匀角速逆时针旋转，角速度 ω 等于简谐振动的角频率。设 $t=0$ 时，矢量的位置与 Ox 方向的夹角等于简谐振动的初相位 φ，那么，矢量 A 在任意时刻 t 与 Ox 方向的夹角为 $(\omega t + \varphi)$，则矢量 A 在 Ox 方向的投影为

$$x = A\cos(\omega t + \varphi) \qquad (12\text{-}23)$$

这正是简谐振动的振动方程。我们将矢量 A 称为旋转矢量。旋转矢量每转动一周，简谐振动完成一次

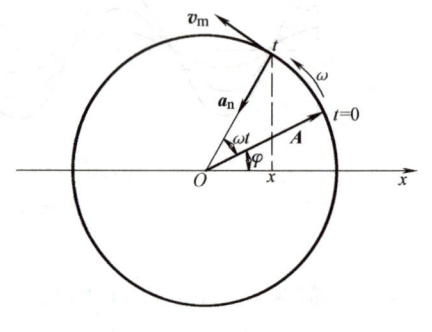

图 12-8 旋转矢量法

完全振动。

从旋转矢量可以看出，简谐振动的相位（$\omega t + \varphi$）的几何意义，就是旋转矢量 A 在 t 时刻与 Ox 方向的夹角；初相 φ 的几何意义就是 $t = 0$ 时刻，旋转矢量 A 与 Ox 方向的夹角。

旋转矢量不仅可以表示简谐振动物体位置的变化，而且还可以描述简谐振动物体的速度和加速度。

旋转矢量 A 的末端的线速度为 ωA，它在 Ox 方向的投影为
$$v = -\omega A \sin(\omega t + \varphi) \tag{12-24}$$
这与简谐振动的速度表达式是完全相同的。

旋转矢量 A 的末端的向心加速度为 $\omega^2 A$，它在 Ox 方向的投影为
$$a = -\omega^2 A \cos(\omega t + \varphi) \tag{12-25}$$
这正是简谐振动的加速度表达式。

用旋转矢量法来确定振动的初相位或两个同频率简谐振动的相位差是非常有效的方法。

例 12-3 一物体沿 x 轴作简谐振动，振幅为 0.12m，周期为 2s。$t = 0$ 时，位移为 0.06m，且向 x 轴正向运动。

（1）求物体振动方程；

（2）设 t_1 时刻为物体第一次运动到 $x = -0.06$m 处，试求物体从 t_1 时刻运动到平衡位置所用最短时间。

解 （1）设物体谐振动方程为
$$x = A\cos(\omega t + \varphi)$$
由题意知
$$A = 0.12\text{m}$$
$$\omega = \frac{2\pi}{T} = \frac{2\pi}{2}\text{rad}\cdot\text{s}^{-1} = \pi\text{ rad}\cdot\text{s}^{-1}$$
由于
$$x_0 = A\cos\varphi, \quad A = 0.12\text{m}, \quad x_0 = 0.06\text{m}$$
则
$$\cos\varphi = \frac{1}{2}$$
得
$$\varphi = \pm\frac{\pi}{3}$$
因为 $t = 0$，物体正向 x 轴正方向运动，速度大于零，即
$$v_0 = -\omega A\sin\varphi > 0$$
则
$$\sin\varphi < 0$$
故取
$$\varphi = -\frac{\pi}{3}$$
物体的振动方程为
$$x = 0.12\cos\left(\pi t - \frac{\pi}{3}\right)(\text{m})$$

（2）用旋转矢量法求时间间隔 Δt。由题意知，根据图 12-9 所示，M_1 为 t_1 时刻旋转矢量 A 末端位置，M_2 为 t_2 时刻旋转矢量 A 末端位置。从 t_1 到 t_2 时间内旋转矢量 A 转过的角度为
$$\Delta\varphi = \omega(t_2 - t_1) = \angle M_1OM_2 = \frac{\pi}{3} + \frac{\pi}{2} = \frac{5\pi}{6}$$

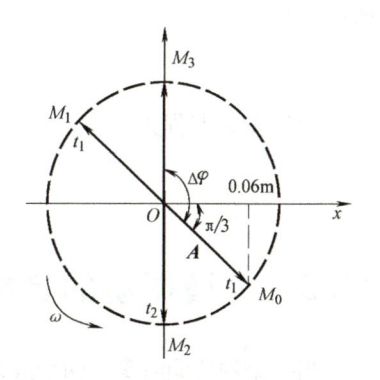

图 12-9　例 12-3 图

$$\Delta t = t_2 - t_1 = \frac{\frac{5}{6}\pi}{\omega} = \frac{5}{6}\text{s}$$

例 12-4 图 12-10 所示为物体的简谐振动曲线，试写出其振动方程。

解 设简谐振动方程为

$$x = A\cos(\omega t + \varphi)$$

从图 12-10 中可以看出，振幅 $A = 4\text{cm}$，$t = 0$ 时 $x_0 = -2\text{cm}$，即

$$-2 = 4\cos\varphi$$

$$\cos\varphi = -\frac{1}{2}$$

有

$$\varphi = \pm\frac{2\pi}{3}$$

从图 12-10 中可以看出 $t = 0$ 时，物体正向负方向运动，即

$$v_0 = -\omega A\sin\varphi < 0$$

则

$$\sin\varphi > 0$$

取

$$\varphi = \frac{2\pi}{3}$$

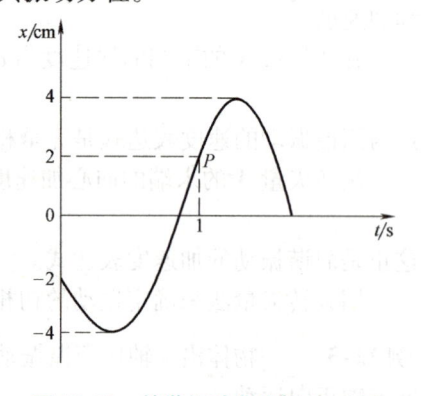

图 12-10 简谐振动曲线例 12-4 图

又由于 $t = 1\text{s}$ 时，位移 $x = 2\text{cm}$，即

$$2 = 4\cos\left(\omega \cdot 1 + \frac{2\pi}{3}\right)$$

或

$$\cos\left(\omega + \frac{2\pi}{3}\right) = \frac{1}{2}$$

则

$$\omega + \frac{2\pi}{3} = \frac{5\pi}{3} \text{ 或 } \frac{7\pi}{3}$$

因为该时刻速度 $v = -\omega A\sin\left(\omega + \frac{2\pi}{3}\right) > 0$，即

$$\sin\left(\omega + \frac{2\pi}{3}\right) < 0$$

所以，取

$$\omega + \frac{2\pi}{3} = \frac{5\pi}{3}$$

即

$$\omega = \pi \text{ rad} \cdot \text{s}^{-1}$$

简谐振动方程为

$$x = 4\cos\left(\pi t + \frac{2\pi}{3}\right)(\text{cm})$$

12.3 简谐振动的合成

当一个物体同时参与两个或多个简谐振动的情况会怎样呢？例如，在有弹簧支撑的车厢中，人坐在车厢的弹簧垫子上，当车厢振动时，人便参与两个振动，一个为人对车厢的振动，另一个

为车厢对地的振动；又如，两个声源发出的声波同时传播到空气中某点时，由于每一声波都在该点引起一个振动，所以该质点同时参与两个振动。在此，我们考虑一质点同时参与两个同频率的振动。根据运动叠加原理，物体在任意时刻的位置矢量等于物体单独参与每个分简谐振动的位置矢量和。下面利用振动的叠加原理，分别讨论几种典型简谐振动的合成。

12.3.1 两个同方向同频率的简谐振动的合成

设物体参与两个同频率同振动方向的简谐振动，在任意时刻两个简谐振动的位移分别为

$$x_1 = A_1\cos(\omega t + \varphi_1)$$
$$x_2 = A_2\cos(\omega t + \varphi_2)$$

所以任意时刻物体的位移为

$$x = x_1 + x_2$$

为了简便、直观地给出合振动的规律，现在用旋转矢量法来分析合振动的规律。如图 12-11 所示，作两个旋转矢量 $\boldsymbol{A}_1$ 和 $\boldsymbol{A}_2$，两矢量都以角速度 ω 绕 O 点逆时针旋转，$t=0$ 时，它们与 x 方向的夹角分别为 φ_1 和 φ_2。以矢量 $\boldsymbol{A}_1$ 和 $\boldsymbol{A}_2$ 为邻边作平行四边形，矢量 $\boldsymbol{A}$ 为其对角线，根据平行四边形法则，有 $\boldsymbol{A} = \boldsymbol{A}_1 + \boldsymbol{A}_2$，矢量 $\boldsymbol{A}$ 与 x 方向的夹角为 φ。在矢量旋转过程中，由于 $\boldsymbol{A}_1$ 和 $\boldsymbol{A}_2$ 的长度不变，它们都以相同的角速度 ω 逆时针旋转，它们之间的夹角 $\varphi_2 - \varphi_1$ 保持不变，合矢量 $\boldsymbol{A}$ 的大小也就保持不变，并且与 $\boldsymbol{A}_1$、$\boldsymbol{A}_2$ 一样以角速度 ω 绕 O 点转动。因此合矢量 $\boldsymbol{A}$ 在 x 轴上的投影 x 所代表的运动也是简谐振动。合矢量 $\boldsymbol{A}$ 在 x 轴上的投影 x 等于 $\boldsymbol{A}_1$、$\boldsymbol{A}_2$ 在 x 轴上的投影 x_1 和 x_2 的和，即

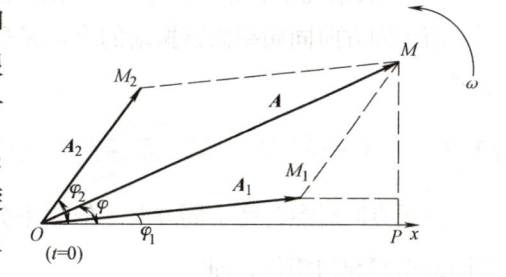

图 12-11 两个同方向同频率简谐振动的合成

$$x = x_1 + x_2 = A\cos(\omega t + \varphi)$$

显然，两个或几个简谐振动的合振动仍然为简谐振动。根据平行四边形法则，有

$$A = \sqrt{A_1^2 + A_2^2 + 2A_1A_2\cos(\varphi_2 - \varphi_1)} \tag{12-26}$$

合振动的初相位为

$$\tan\varphi = \frac{A_1\sin\varphi_1 + A_2\sin\varphi_2}{A_1\cos\varphi_1 + A_2\cos\varphi_2} = \frac{PM}{OP} \tag{12-27}$$

式（12-27）表明合振动的振幅不仅与两个分振动的振幅有关，而且与两个分振动的相位差也有关系。下面讨论两种特殊情况：

1）若 $\varphi_2 - \varphi_1 = 2k\pi(k = 0, \pm1, \pm2, \cdots)$，则

$$A = A_1 + A_2 \tag{12-28}$$

即当两个分振动的相位差为 π 的偶数倍时，合振幅为两分振幅的和，则振动相互加强，如图 12-12a 所示。这时合振动的初相位等于两个分振动的初相位（假设 $\varphi_2 - \varphi_1 = 0$）中的任一个。

2）若 $\varphi_2 - \varphi_1 = (2k+1)\pi(k = 0, \pm1, \pm2, \cdots)$，则

$$A = |A_1 - A_2| \tag{12-29}$$

即当两个分振动的相位差为 π 的奇数倍时，合振幅为两个分振动振幅差的绝对值，则振动相互减弱。这时合振动的初相位等于两个分振动中振幅大的初相位，如图 12-12b 所示。

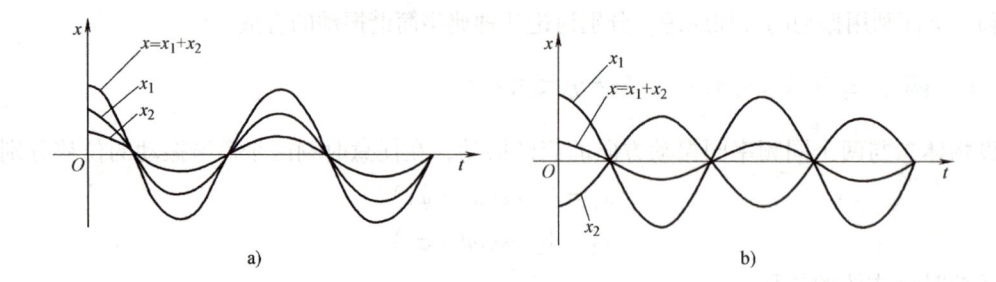

图 12-12　振动合成曲线
a) 两振动同相　b) 两振动反相

3) 通常情况下，相位差 $\varphi_2 - \varphi_1$ 是任意值，合振幅介于 $A_1 + A_2$ 和 $|A_1 - A_2|$ 之间。

两个同方向同频率简谐振动的合成是研究波的干涉现象的基础知识，我们要给予必要的重视。

12.3.2　两个同方向不同频率简谐振动的合成　拍

设质点同时参与两个同方向，但频率分别为 ω_1 和 ω_2 的简谐振动。假设两个分振动具有相同的振幅和初相位，即

$$x_1 = A\cos(\omega_1 t + \varphi)$$
$$x_2 = A\cos(\omega_2 t + \varphi)$$

则合振动为

$$x = x_1 + x_2 = A\cos(\omega_1 t + \varphi) + A\cos(\omega_2 t + \varphi)$$
$$= 2A\cos\left(\frac{\omega_2 - \omega_1}{2}t\right)\cos\left(\frac{\omega_2 + \omega_1}{2}t + \varphi\right) \tag{12-30}$$

显然，合振动不再是简谐振动。可以认为合振动的振幅为 $\left|2A\cos\left(\frac{\omega_2 - \omega_1}{2}t\right)\right|$，合振动的振幅不再是恒量，随时间在变化。

下面讨论一种简单情况，当 ω_1 和 ω_2 都比较大，且 ω_1 和 ω_2 相差很小，即 $(\omega_1 + \omega_2) \gg |\omega_2 - \omega_1|$。在这种情况下，合振幅从 $2A$ 到 0 周期性地缓慢变化，这种现象称为**拍**。从图 12-13 可以看出，一个高频率振动的振幅受一个低频率振动的调制。

合振幅每变化一周称为一拍，单位时间内拍的次数称为拍频。拍频为

$$\nu' = \frac{\omega'}{2\pi} = \left|\frac{\omega_2}{2\pi} - \frac{\omega_1}{2\pi}\right| = |\nu_2 - \nu_1| \tag{12-31}$$

拍频等于两个分振动频率之差。

拍现象有很广泛的应用，如利用拍频来测定振动频率，校正乐器；在无线电技术中，利用拍现象来测量无线波的频率等。

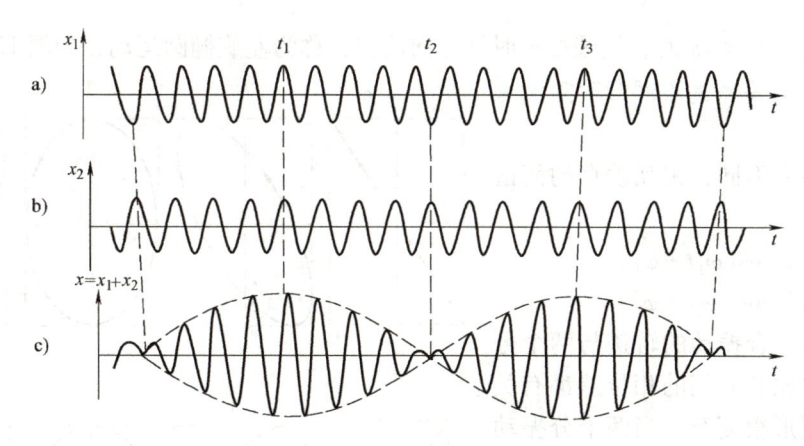

图 12-13　两个同方向不同频率简谐振动合成　拍

*12.3.3　两个相互垂直的简谐振动的合成　李萨如图

1. 两个相互垂直的同频率简谐振动的合成

设质点同时参与两个相互垂直的同频率简谐振动

$$x = A\cos(\omega t + \varphi_1)$$
$$y = B\cos(\omega t + \varphi_2)$$

从以上两式中消去时间 t，得到合振动的轨迹方程为

$$\frac{x^2}{A^2} + \frac{y^2}{B^2} - \frac{2xy}{AB}\cos(\varphi_2 - \varphi_1) = \sin^2(\varphi_2 - \varphi_1) \tag{12-32}$$

这是一个椭圆轨迹方程，它的轨迹的具体形状取决于两个分振动的相位差。下面选择几种特殊情况进行简单讨论。

1) 当 $\varphi_2 - \varphi_1 = 2k\pi (k = 0, \pm 1, \pm 2, \cdots)$ 时，合成振动的轨迹方程为

$$y = \frac{B}{A}x \tag{12-33}$$

合成振动的轨迹是一条通过坐标原点的直线。合振动沿此直线作简谐振动，振动的频率与分振动的频率相同。

2) 当 $\varphi_2 - \varphi_1 = \pm\dfrac{\pi}{2}$ 时，合成振动的轨迹方程为

$$\frac{x^2}{A^2} + \frac{y^2}{B^2} = 1 \tag{12-34}$$

合成振动的轨迹为一正椭圆。当 $\varphi_2 - \varphi_1 = \dfrac{\pi}{2}$ 时，质点沿着轨迹顺时针运动；当 $\varphi_2 - \varphi_1 = -\dfrac{\pi}{2}$ 时，质点沿着轨迹逆时针运动；当 $\varphi_2 - \varphi_1 = \pm\dfrac{\pi}{2}$，且 $A = B$ 时，质点的运动轨迹为圆。

3) $\varphi_2 - \varphi_1$ 为任意值，合振动的轨迹不再是正椭圆，而是斜椭圆。当 $\varphi_2 - \varphi_1$ 取值从 0 到 2π 变化时，运动轨迹从直线到顺时针旋转椭圆，再到直线，然后到逆时针旋转椭圆，最后到直线。

当 $0 < \varphi_2 - \varphi_1 < \pi$ 时，椭圆按顺时针方向旋转，称为右旋椭圆运动；

当 $\pi < \varphi_2 - \varphi_1 < 2\pi$ 时，椭圆按逆时针方向旋转，称为左旋椭圆运动，如图 12-14 所示。

2. 两个相互垂直的不同频率简谐振动的合成

设两个频率不同、相互垂直的简谐振动方程为

$$x = A_1 \cos(\omega_1 t + \varphi_1)$$
$$y = A_2 \cos(\omega_2 t + \varphi_2)$$

一般来说，合振动的轨迹与两个分振动的频率之比和它们的相位差都有关系，合成的图形很复杂。当两个分振动的频率为简单整数比时，合成振动的轨迹是闭合曲线，运动呈周期性，这种图形称为李萨如图，如图 12-15 所示。

由于闭合的李萨如图中两个振动的频率是严格成整数比的，在示波器上能够精确地比较或测量振动的频率。

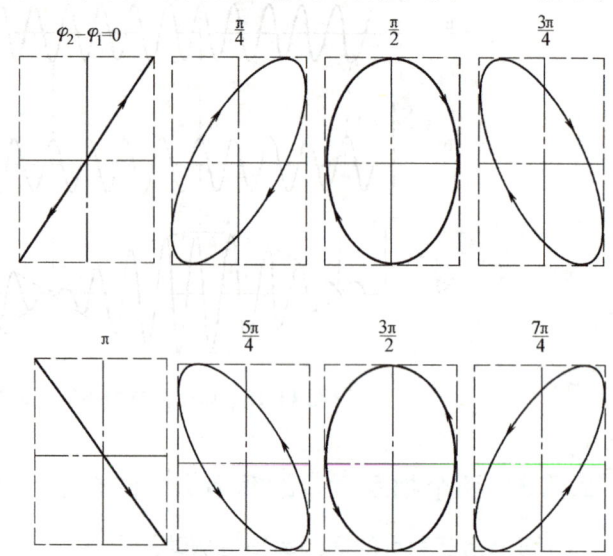

图 12-14 两个相互垂直的同频率简谐振动合成的几种情况

图 12-15 李萨如图

例 12-5 如图 12-16 所示，有两个同方向同频率的谐振动，其合成振动的振幅为 0.2 m，相位与第一振动的相位差为 $\dfrac{\pi}{6}$，若第一振动的振幅为 $\sqrt{3} \times 10^{-1}$ m，用振幅矢量法求第二振动的振

幅及第一、第二两振动相位差。

解 （1）

$$A_2 = \sqrt{A_1^2 + A^2 - 2A_1 A\cos\frac{\pi}{6}} = \sqrt{(\sqrt{3}\times 10^{-1})^2 + 0.2^2 - 2\times\sqrt{3}\times 10^{-1}\times 0.2\cos\frac{\pi}{6}}\ \text{m}$$
$$= 0.1\,\text{m}$$

（2）因为
$$A^2 = A_1^2 + A_2^2$$
所以
$$\varphi_2 - \varphi_1 = \frac{\pi}{2}$$

例 12-6 一质点同时参与三个同方向同频率的谐振动，它们的振动方程分别为 $x_1 = A\cos\omega t$，$x_2 = A\cos\left(\omega t + \frac{\pi}{3}\right)$，$x_3 = A\cos\left(\omega t + \frac{2}{3}\pi\right)$，试用振幅矢量方法求合振动方程。

解 如图 12-17 所示，$\varphi = \frac{\pi}{3}$（矢量 $\boldsymbol{A}_1$、$\boldsymbol{A}_2$、$\boldsymbol{A}_3$、$\boldsymbol{A}$ 构成一等腰梯形）

$$A_{\text{合}} = 2A_1\cos\varphi + A_2 = 2A\cos\frac{\pi}{3} + A = 2A$$

$$x = 2A\cos\left(\omega t + \frac{\pi}{3}\right)$$

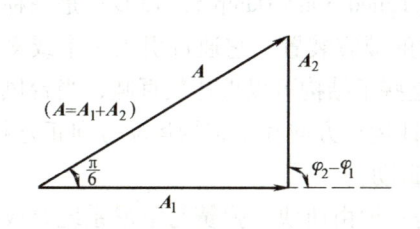

图 12-16　例 12-5 图　　　　　图 12-17　例 12-6 图

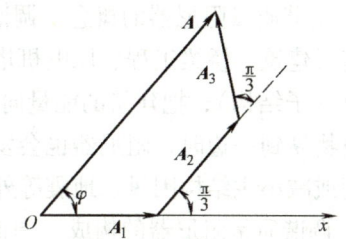

本章逻辑主线

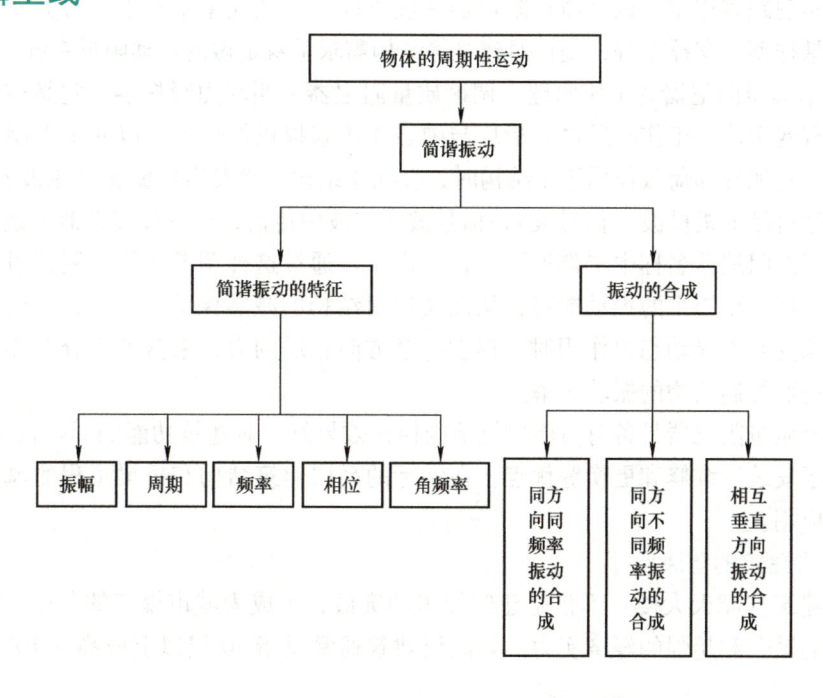

物体的周期性运动 → 简谐振动
- 简谐振动的特征：振幅、周期、频率、相位、角频率
- 振动的合成：同方向同频率振动的合成、同方向不同频率振动的合成、相互垂直方向振动的合成

拓展阅读

建筑桥梁工程的防风设计及调谐质量阻尼器的应用

在设计沿海强风地区的建筑结构时，风荷载是其重要的考虑因素。工程师们采用的抗风设计必须满足建筑结构的强度、刚度、舒适度、抗疲劳度等设计要求，确保结构在风荷载作用下不会发生倒塌、开裂，也不会发生过大的位移，以保证建筑的安全。这里结合上海中心大厦、港珠澳大桥工程建设等，了解高层建筑和跨海大桥的防风设计及调谐质量阻尼器在其中的重要作用。

2024 年 9 月 16 日，第 13 号台风"贝碧嘉"的中心在上海浦东临港新城登陆，登陆时中心附近最大风力达 14 级（$42\mathrm{m\cdot s^{-1}}$），是自 1949 年建国以来登陆上海的最强台风。安装在上海中心大厦 125 层的重达千吨的"上海慧眼"在台风来临时的晃动超过 1m，它的存在让上海中心大厦经受住了这次强台风考验。"上海慧眼"就是上海中心大厦的调谐质量阻尼器，在台风来临时起到了定海神针的作用。

1. 调谐质量阻尼器

（1）调谐质量阻尼器的概念　调谐质量阻尼器（Tuned Mass Damper，TMD）是一种广泛应用于高层建筑、桥梁工程、风电机塔等大型工程中的减震装置。它通过引入一个或多个附加质量块（子结构），把建筑的能量向子结构转移。这些子结构可以重达数百吨，当台风或地震将建筑物晃到一边时，阻尼器也会发生运动，其惯性运动方向和主结构运动方向正好相反，从而抵消或减小主结构因风、地震等外部激励引起的振动。

（2）调谐质量阻尼器的构成　调谐质量阻尼器是一种由质块、弹簧与阻尼系统组成的装置，其振动频率可调整至主结构频率附近，从而改变结构共振特性，减少外力作用下基本结构构件的消能要求值。通过将结构振动的部分能量传递给固定或连接在主要结构上的调谐质量阻尼器来实现减震作用。调谐质量阻尼器一般支撑或悬挂在主结构上，常见安装方式有水平放置型、悬挂型、支撑型等，是针对建筑等结构需求量身定做的被动阻尼系统。

（3）调谐质量阻尼器的工作原理　调谐质量阻尼器又叫动力吸振器，它是被动控制结构振动的一种有效手段，工作时通过质量块与弹簧作用来提供惯性力，以此来控制被控结构的振动。当风或其他外部荷载作用于主结构时，会在主结构中激发出机械波（主波），同时，阻尼器也会产生自己的机械波（信号波），信号波在主波中传播，这一过程类似电磁波的调谐过程，这就是调谐阻尼器名称中"调谐"一词的由来。通过这种调谐作用，调谐阻尼器能够有效地吸收和消耗主结构中的振动能量，从而实现对结构的减震保护。总之，调谐质量阻尼器可以在主结构受到外界动态力作用时，提供一个方向相反的力，来抵消部分外界激励引起的结构响应，进而控制结构的振动频率。

由于调谐质量阻尼器具备对高层建筑结构控振效果好、对建筑功能的影响较小、成本低、占地少且便于安装、维修和更换等优点，在实际的高层建筑结构和桥梁工程的风振控制中得到了广泛的应用。

2. 超高层建筑的防风问题

超高层建筑（摩天大楼）不仅是建筑技术的突破，也成为城市繁荣的象征，它们标志着国家或城市的繁荣和超强的经济实力。超高层建筑通常是指 40 层以上或高度 100m 以上的建筑物。不过根据世界超高层建筑学会的新标准，300m以上为超高层建筑。留心观察你会发现：超高层摩天大楼的外观往往不是方方正正的，而是一些奇特的造型。如图12-18所示，一些摩天大楼会被设计成螺旋结构。那么，这些大楼的标志性外观设计的第一要素是什么？答案是抗风防震。

（1）摩天大楼的风荷载　因为超高层建筑本身就对强风的作用非常敏感，如果不采取相应的措施，那么强风势必会威胁到超高层建筑的安全性。楼层越高，侧向风荷载越大。在超高层建筑上，风会引发一种叫作涡旋脱落（Vortex Shedding）的现象。所谓涡旋脱落，是流体力学中的一个名词，当流体绕过物体时，在物体后方形成漩涡，这些漩涡会周期性地从物体两侧脱落，从而对物体产生周期性的升力和阻力。这种现象被称为涡旋脱落。

涡旋脱落的主要原因是流体绕过物体时形成的漩涡。漩涡的频率与风速和物体的截面形状密切相关。风速越快，漩涡的频率越高；物体的截面形状越复杂，形成的漩涡也越复杂。此外，雷诺数对涡旋的形成和脱落也有影响。当雷诺数在50到300之间时，涡旋脱落具有周期性规律；当雷诺数大于300时，涡旋脱落开始出现随机性，随着雷诺数的增加，涡旋脱落的随机性增大，最终形成湍流。高层建筑并不是完全刚性的，它本身也有一个固定频率的振动。当风吹过建筑物后，会在楼体后方产生涡流并且脱落，同时产生压力差，涡流会交替产生低压区，将建筑吸过来，如此循环往复就让高楼来回摇晃起来。当建筑自身的固定频率和涡流脱落的频率相匹配时，就会产生一个剧烈的摇摆强度。研究表明：在正常的风压状态下，距离地面高度10m处，如果风速为$5\mathrm{m\cdot s^{-1}}$；那么在90m时，风速可以高达$15\mathrm{m\cdot s^{-1}}$；如果高度达到了300~400m，风力将会更加强大，会达到$30\mathrm{m\cdot s^{-1}}$以上，这个时候摩天大楼就会产生晃动。

（2）摩天大楼的外观设计　要想解决摩天大楼的防风抗震问题，除了过硬的内部结构、加装调谐质量阻尼器外，在其外在造型设计上也需要有巧妙构思。部分超高层建筑在顶端开个洞，让风直接从最强的地方过去，最典型的是中国上海环球金融中心、沙特阿拉伯的王国中心等；还有一些摩天大楼被设计成螺旋造型，比如中国的上海中心大厦、广州塔，瑞典的马尔默旋转大厦，它们靠螺旋造型改变了风的方向，让风向上吹走。

如图12-18a所示的上海中心大厦，其总高度达632m，共118层，是目前世界上第三高楼（世界第一高楼是迪拜的哈利法塔，高828m，共169层楼）。上海中心大厦是一个120°扭曲设计的复杂曲面形，随高度上升，每层扭曲角度接近1°。这样的设计能减缓甚至避免脱体涡流的发生，可以有效延缓风流，让它所受的风负载下降24%。上海中心大厦于2008年底开工，作为陆家嘴金融中心建筑群靓丽的收官之作，历时6年多的建设于2014年竣工，它创造了一系列建造工程历史上的奇迹。如图12-18b所示的巴拿马螺丝塔，总高度为243m共53层，它是一座造型360°扭转的摩天大楼。如图12-18c所示的瑞典马尔默旋转大厦，其高度190m，共54层，从楼底到楼顶旋转了90°，是瑞典第一高楼，也是世界上第一座螺旋形建筑。

（3）超高层建筑的舒适度及其防风问题　其实，影响人体舒适度的主要因素有振动频率、振动加速度和振动持续时间。振动持续时间主要取决于风力作用时间，结构的振动频率又很难调整，所以结构设计中一般采用限制结构振动加速度的方法来让人感觉更舒适。当一栋楼的振动加速度达到$0.15\mathrm{m\cdot s^{-2}}$时，身处其中的人们就会感受到建筑物的摇晃。

（4）上海慧眼——上海中心大厦的调谐质量阻尼器　如图12-19所示，这个颇具艺术性的装置，是被安装在上海中心大厦125层和126层（583m）的调谐质量阻尼器，被称为"上

图 12-18

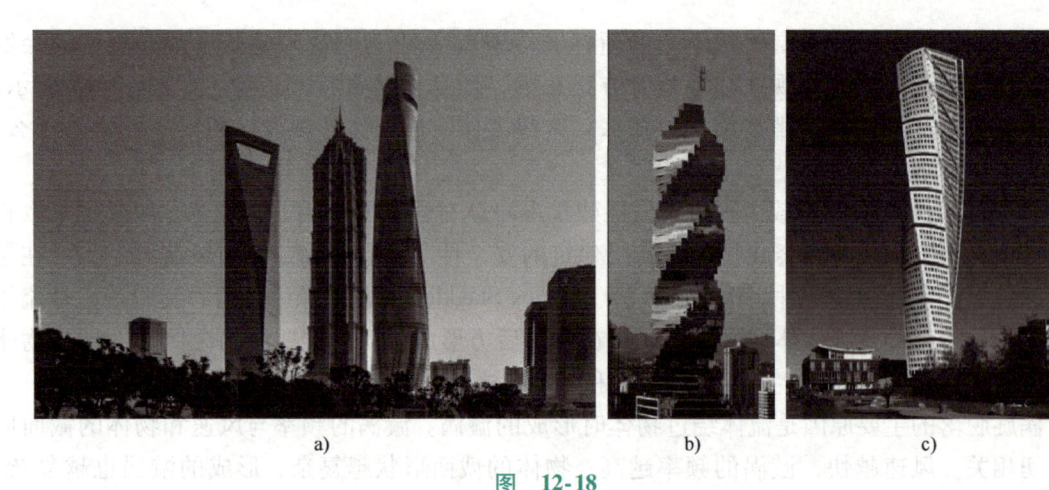

a) 上海中心大厦　b) 巴拿马螺丝塔　c) 瑞典马尔默旋转大厦

海慧眼"。该阻尼器由 12 根长达 25m 的钢索吊在大厦内部，总质量高达 1000t（约占大厦总重量的 0.118%），是目前世界上最重的阻尼器。当强风吹晃大厦时，质量巨大的风阻尼器会朝着反方向摆动，其振幅极限为 2m，通过摆动把能量传递给下方的阻尼杆，进而减轻大楼的摇晃程度，保证了上海中心大厦的安全。

和以往阻尼器利用机械原理不同，上海慧眼是一款引入电磁感应原理的电涡流质量阻尼器，它由上海材料研究所和上海市机械施工集团有限公司共同研发，填补了世界空白。因为有了"上海慧眼"，即使上海刮 13~14 级的大风，楼内高层区域的人员也不会有很明显的晃动眩晕感。

图 12-19　上海慧眼

3. 港珠澳大桥

（1）港珠澳大桥的建设情况　2018 年 10 月 24 日上午 9 时，世界最长跨海大桥——港珠澳大桥正式通车（见图 12-20）。港珠澳大桥的设计使用寿命为 120 年，可抗 16 级台风、八级地震，允许 30 万吨级油轮从桥下通过；大桥全线长为 55km，其建设集桥、岛、隧于一体，创造了沉管隧道"最长、最大跨径、最大埋深、最大体量"的世界纪录，是当今世界最具挑战性的工程之一。参与大桥建设的科技人员超过 500 人，组成了覆盖桥、岛、隧工程全产业链的"超强智囊团"。港珠澳大桥主体工程长 29.6km，主体工程的用钢量达上百万吨。作为国内首个大规模使用钢结构的外海桥梁工程，它拥有世界上最长的钢桥段，仅钢梁和钢塔的用钢量就达 40 余万吨，可用来修建近 60 座埃菲尔铁塔；港珠澳大桥沉管隧道是世界最长的海底公路沉管隧道，长达 6.7km，驾车海底穿行因此得以实现，隧道内设双向六车道，行车时速可达 90km，完成 6.7km 的海底穿梭最快仅需 7min。

1940 年 11 月 7 日，美国的一座海峡大桥——塔科马海峡大桥由于设计不合理，通车 4 个月后，在区区 8 级风力作用下被吹垮。而港珠澳大桥所处的伶仃洋海域是台风十分活跃的地方，每年风速超过 6 级以上的时间将近 200 天。强风吹来，会在桥面附近形成漩涡，形成周

第 12 章
机械振动

图 12-20 港珠澳大桥

期性的上下拉力波动。当波动的频率与桥梁本身的频率重合时，就会发生共振，桥梁就会像秋千一样摇动起来。风激起的桥梁结构的振动，最后平衡、维持在一个振幅，风输入的能量和桥消耗的能量也在这一刻达到平衡。如何避免强台风可能对桥梁造成的损害？

港珠澳大桥抗风振装置的设计者——我国著名振动控制专家尹学军提出了自己的方案，设计出了适用于港珠澳大桥的悬挂式调谐质量阻尼器，它是港珠澳大桥抵御超强台风的核心装置。使用这种技术，台风来的时候共振会大大降低。经研判：要抗击 16 级强风，桥梁的阻尼必须达到 1.0% 以上，港珠澳大桥上悬挂的调谐质量阻尼器，虽然每个阻尼器体积不大，高约 3m、重 4t 多，但它非常灵敏，参数精确可调，完全免维护。当 92 个调谐质量减振器最大质量在 4 吨时，桥梁阻尼比刚好满足抗击 16 级强风的 1.0%。但尹学军认为，这样的设计缺乏足够的安全性。于是他决定将最大的减振器的质量，由 4t 提高到 4.8t，阻尼也从 1.0% 增加到了平均 1.4%。

抗风振调谐质量阻尼器减振系统如何运行？港珠澳大桥的调谐质量阻尼器高 3m 左右，只需要把它的弹簧挂在钢箱梁里面的框架上，悬挂质量块时弹簧就吊起质量块，调谐质量阻尼器的频率与钢箱梁频率非常接近。当风吹来时，引发桥体振动，这时候挂着的质量块会自动反相位振动，也就是桥往上它往下，桥往下它往上，弹簧进而不断拉长、压缩。和弹簧并连的阻尼器是耗能器，在这个过程中消耗掉能量并转化成热量，实际上风能也随之转化成为热量。阻尼器更像平衡摆，像悠悠球，通过反相位振动，能量能相互消化掉，阻尼器取自于风的能量又可以消掉风的能量。桥梁虽然有天然的抗风能力，但不能保证不发生共振，振幅可能偏大，风大了甚至需要关桥，影响运行。尹学军表示，有了减振器，桥的振幅可以满足全天候通行。台风来的时候港珠澳大桥的振幅不会造成桥梁的疲劳损坏，大桥的抗疲劳、寿命问题正是靠抗风振调谐质量阻尼器减振系统来保证的。

(2) 港珠澳大桥经受住了 16 级 "山竹" 台风考验　2018 年 9 月 16 日下午 5 时，大桥建成之初，强台风 "山竹" 在广东台山登陆，处于台风风圈范围内的港珠澳大桥现场情况一切正常，成功经受住了考验。监控数据显示，在本次台风中，港珠澳大桥现场检测到了瞬时最大风速为 $55\mathrm{m\cdot s^{-1}}$，风力接近 16 级。监测显示，索力、位移、振动皆在设计允许范围内，初步评估大桥主体结构、岛上房建及收费站结构、交通工程附属设施均未受到损坏，人工岛未有窗户玻璃破裂，全线供配电系统高低压运行正常，各泵状态正常。当晚，风雨中的港珠澳大桥照常亮灯，有网友拍下照片并在网上留言 "港珠澳大桥的灯照常亮了，虽然我们小区停水停电,但是看到它亮灯那一刻,觉得我们都挺住了!"

港珠澳大桥是"一国两制"框架下粤港澳三地首次合作共建的超大型跨海交通工程,这一"世界级跨海通道、地标式建筑",被业界誉为桥梁界的"珠穆朗玛峰",被外媒称为"现代世界七大奇迹"之一。

材料出处

[1] 张丽芳,陈娟,吴瑾,等. 土木工程结构抗风设计[M].4版.北京:科学出版社,2017.
[2] 李国强,李杰,陈素文,等. 建筑结构抗震设计[M].4版.北京:中国建筑工业出版社,2014.
[3] 今年第13号台风"贝碧嘉"已在上海沿海登陆_新闻频道_中国青年网 https://news.youth.cn/gn/202409/t20240916_15522213.htm
[4] 港珠澳大桥设计使用寿命120年 抗16级台风8级地震|港珠澳大桥|使用寿命|台风_新浪新闻:https://news.sina.com.cn/o/2018-10-21/doc-ifxeuwws6649689.shtml
[5] 港珠澳大桥抗风等级是多少:抗16级台风、八级地震 - 闽南网 http://www.mnw.cn/news/shehui/2075324.html
[6] 揭秘港珠澳大桥 像搭积木一样拼装 却抗过强台风山竹_新浪山东_新浪网 http://sd.sina.com.cn/news/b/2018-10-24/detail-ihmuuiyw7461304.shtml

思 考 题

12.1 什么是简谐振动?下列运动哪些是简谐振动?
(1)拍皮球时的运动;
(2)单摆小角度时的摆动;
(3)旋转矢量在横轴投影的运动;
(4)人在荡秋千时的运动;
(5)竖直悬挂的弹簧系一重物,将物体从静止位置向下拉一段距离(在弹性范围内),然后放手让其自由运动。

12.2 分析作简谐振动物体的位移、速度和加速度之间的相位关系。

12.3 对同一个弹簧振子,一是让其在光滑水平面上作一维简谐振动,另一是在竖直悬挂情况下作简谐振动,问两者的振动的频率是否相同?

12.4 两个简谐振动的频率相同,振动方向相同,若两个振动的相位关系为反相,则合振动的振幅为多少?合振动的初相位又为多少?若两者为同相关系又怎么样?

12.5 两个简谐振动的合振动是圆周运动,那么这两个简谐振动必须具备什么条件?

12.6 何为拍?形成拍的条件是什么?拍的振幅最大值是多少?拍的频率怎么确定?

习 题

一、填空题

12.1 已知一简谐振动曲线如图12-21所示,由图12-21确定:
(1)在_____s时速度为零;
(2)在_____s时动能最大;
(3)在_____s时加速度取正的最大值。

12.2 一简谐振动用余弦函数表示,其振动曲线如图12-22所示,则此简谐振动的3个特征量为 $A = $ _____;$\omega = $ _____;$\varphi = $ _____。

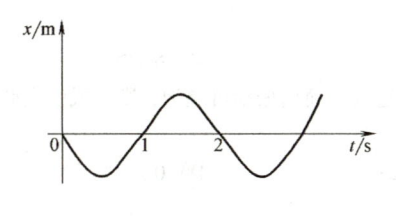

图 12-21 题 12.1 图

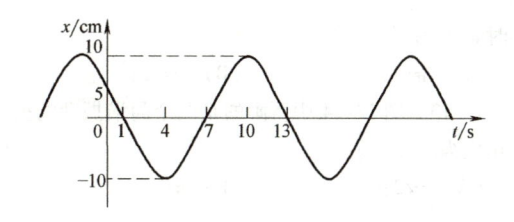

图 12-22 题 12.2 图

12.3 质量为 $m = 1.27 \times 10^{-3}$ kg 的水平弹簧振子，运动方程为 $x = 0.2\cos\left(2\pi t + \dfrac{\pi}{4}\right)$ (m)，则 $t = 0.25$ s 时的位移为_____，速度为_____，加速度为_____，回复力为_____，振动动能为_____，振动势能为_____。

12.4 两个同方向同频率的简谐振动，其振动表达式分别为 $x_1 = 6 \times 10^{-2}\cos\left(5t + \dfrac{\pi}{2}\right)$ (SI)，$x_2 = 2 \times 10^{-2}\sin(\pi - 5t)$ (SI)，它们的合振动的振幅为_____，初相位为_____。

12.5 一质点在 O 点附近作简谐振动，某时刻它离开 O 点向 M 点运动，2s 后第一次到达 M 点，再经过 2s 第二次到达 M 点，则还要经过_____s，它才能第三次经过 M 点。如果质点从最大位移处开始运动，经过 3s，第一次到达 M 点，再经过 2s 第二次到达 M 点，则振动频率为_____Hz。

二、选择题

12.6 下列说法正确的是（　　）。
(A) 简谐振动的运动周期与初始条件无关；
(B) 一个质点在返回平衡位置的力作用下，一定作简谐振动；
(C) 已知一个谐振子在 $t = 0$ 时刻处在平衡位置，则其振动周期为 $\pi/2$；
(D) 因为简谐振动机械能守恒，所以机械能守恒的运动一定是简谐振动。

12.7 弹簧振子沿直线作简谐振动，当振子连续两次经过平衡位置时振子的（　　）。
(A) 加速度相同，动能相同；　　　　　(B) 动量相同，动能相同；
(C) 加速度相同，速度相同；　　　　　(D) 动量相同，速度相同。

12.8 两个完全相同的弹簧，挂着质量不同的两个物体，当它们以相同的振幅作简谐振动时，它们的总能量关系为（　　）。

(A) $E_1 = E_2$；　　(B) $E_1 = 2E_2$；　　(C) $E_1 = \dfrac{1}{2}E_2$；　　(D) $E_1 = 4E_2$。

12.9 一质点作简谐振动，振动方程为 $x = A\cos(\omega t + \varphi)$，当时间 $t = \dfrac{1}{2}T$（T 为周期）时，质点的速度为（　　）。

(A) $-A\omega\sin\varphi$；　(B) $A\omega\sin\varphi$；　(C) $-A\omega\cos\varphi$；　(D) $A\omega\cos\varphi$。

12.10 一谐振子作振幅为 A 的谐振动，当它的动能与势能相等时，它的相位和坐标分别为（　　）。

(A) $\pm\dfrac{\pi}{3}$ 和 $\pm\dfrac{2\pi}{3}$，$\pm\dfrac{1}{2}A$；　　　　　(B) $\pm\dfrac{\pi}{6}$ 和 $\pm\dfrac{5\pi}{6}$，$\pm\dfrac{\sqrt{3}}{2}A$；

(C) $\pm\dfrac{\pi}{4}$ 和 $\pm\dfrac{3\pi}{4}$，$\pm\dfrac{\sqrt{2}}{2}A$；　　　　　(D) $\pm\dfrac{\pi}{3}$ 和 $\pm\dfrac{2\pi}{3}$，$\pm\dfrac{\sqrt{3}}{2}A$。

12.11 一质点作简谐振动，其运动速度与时间的曲线如图 12-23 所示，若质点的振动规律用余弦函数作描述，则其初相位应为（　　）。
(A) $\pi/6$；　　(B) $5\pi/6$；　　(C) $-5\pi/6$；　　(D) $-\pi/6$。

12.12 已知一简谐振动 $x_1 = 4\cos\left(10t + \dfrac{3\pi}{5}\right)$，另有一同方向的简谐振动 $x_2 = 6\cos(10t + \varphi)$，则合振幅最

小时 φ 值为（　　）。

(A) $\pi/3$；　　　　　(B) $7\pi/5$；　　　　　(C) π；　　　　　(D) $8\pi/5$。

12.13 图 12-24 中所画的是两个简谐振动的振动曲线。若这两个简谐振动可叠加，则合成的余弦振动的初相位为（　　）。

(A) $\pi/2$；　　　　　(B) π；　　　　　(C) $3\pi/2$；　　　　　(D) 0。

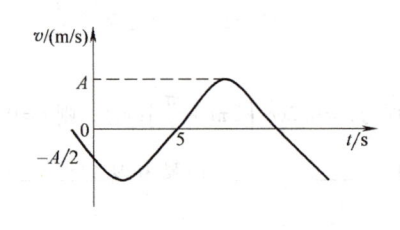

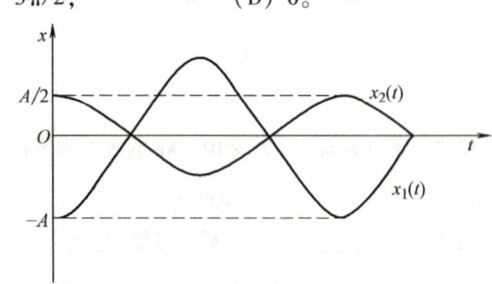

图 12-23　题 12.11 图

图 12-24　题 12.13 图

12.14 一劲度系数为 k 的轻弹簧，下端挂一质量为 m 的物体，系统的振动周期为 T_1。若将弹簧截去一半的长度，下端挂一质量为 $m/2$ 的物体，则系统的振动周期 T_2 等于（　　）。

(A) $2T_1$；　　　　　(B) T_1；　　　　　(C) $T_1/2$；　　　　　(D) $T_1/4$。

三、计算题

12.15 设简谐振动方程为 $x = 0.02\cos\left(100\pi t + \dfrac{\pi}{3}\right)$（SI），求：(1) 振幅、频率、角频率、周期和初相位；(2) $t = 1\mathrm{s}$ 时的位移、速度和加速度。

12.16 有一弹簧振子，振幅为 4cm，周期为 5s，将振子经过平衡位置且向正方向运动为时间起点，求：(1) 简谐振动方程；(2) 从初始位置开始到二分之一最大位移处所需最短时间。

12.17 图 12-25 所示为两个简谐振动的 x-t 曲线，试分别写出其简谐振动方程。

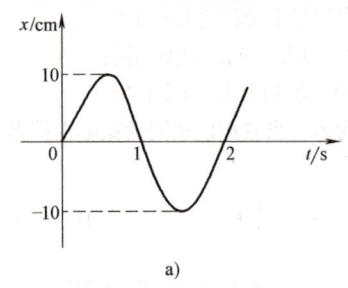

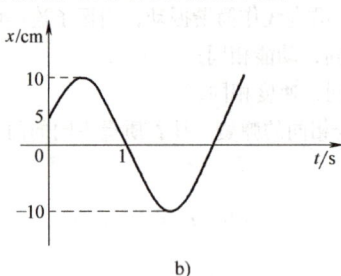

图 12-25　题 12.17 图

12.18 有一轻弹簧，下面悬挂质量为 1.0g 的物体时，伸长为 4.9cm。用这个弹簧和一个质量为 8.0g 的小球构成弹簧振子，将小球由平衡位置向下拉开 1.0cm 后，给予向上的初速度 $v_0 = 5.0\mathrm{cm \cdot s^{-1}}$，求振动周期和振动表达式。

12.19 质量为 10×10^{-3}kg 的小球与轻弹簧组成的系统，按 $x = 0.1\cos\left(8\pi t + \dfrac{2\pi}{3}\right)$（SI）的规律作简谐振动，求：(1) 振动的周期、振幅和初相位及速度与加速度的最大值；(2) 最大的回复力、振动能量、平均动能和平均势能，在哪些位置上动能与势能相等？(3) $t_2 = 5\mathrm{s}$ 与 $t_1 = 1\mathrm{s}$ 两个时刻的相位差。

12.20 一弹簧振子沿水平方向运动，振幅为 10cm，当弹簧振子离开平衡位置的距离为 6cm 时，速度为 $24\mathrm{cm \cdot s^{-1}}$。求：(1) 振动的周期；(2) 速度为 $\pm 12\mathrm{cm \cdot s^{-1}}$ 时的位移。

12.21 一水平振动的弹簧振子，振幅 $A = 3.0 \times 10^{-2}\mathrm{m}$，周期 $T = 0.5\mathrm{s}$，当 $t = 0$ 时，(1) 物体经过 $x =$

74

1×10^{-2}m 处，且向负方向运动；（2）物体经过 $x = -1 \times 10^{-2}$m 处，且向正方向运动。

分别写出两种情况下的振动方程。

12.22　一个沿 x 轴作简谐振动的弹簧振子，振幅为 A，周期为 T，其振动方程用余弦函数表示。如果 $t = 0$ 时质点的状态分别是：（1）$x_0 = -A$；（2）过平衡位置向正向运动；（3）过 $x = \dfrac{A}{2}$ 处向负向运动；（4）过 $x = -\dfrac{A}{\sqrt{2}}$ 处向正向运动。试求出相应的初相位，并写出振动方程。

12.23　物体的质量为 0.25kg，在弹性力作用下作简谐振动，弹簧的劲度系数 $k = 25 \mathrm{N \cdot m^{-1}}$。如果物体开始振动时的动能为 0.02J，势能为 0.06J，求：（1）物体的振幅；（2）动能与势能相等时的位移；（3）经过平衡位置时的速度。

12.24　试用最简单的方法求出下列两组谐振动合成后所得合振动的振幅和合振动方程：

(1) $\begin{cases} x_1 = 5\cos\left(3t + \dfrac{\pi}{3}\right) (\mathrm{cm}) \\ x_2 = 5\cos\left(3t + \dfrac{7\pi}{3}\right) (\mathrm{cm}) \end{cases}$
(2) $\begin{cases} x_1 = 5\cos\left(3t + \dfrac{\pi}{3}\right) (\mathrm{cm}) \\ x_2 = 5\cos\left(3t + \dfrac{4\pi}{3}\right) (\mathrm{cm}) \end{cases}$

12.25　两质点沿 x 轴作同方向、同频率、同振幅 A 的简谐振动，其振动的周期均为 5s。当 $t = 0$ 时，质点 1 在 $\dfrac{\sqrt{2}}{2}A$ 处，且向 x 轴负向运动。而质点 2 在 $-A$ 处，求：（1）两个简谐振动的初相位差；（2）两个质点第一次经过平衡位置的时刻。

12.26　一给定的弹簧在 60N 的拉力下伸长了 30cm，质量为 4kg 的物体悬挂在弹簧的下端并使之静止，再将物体向下拉 10cm，然后释放。问：（1）物体振动的周期是多少？（2）当物体在平衡位置上方 5cm 处，并向上运动时，物体的加速度多大？方向如何？这时弹簧的拉力是多少？（3）物体从平衡位置到上方 5cm 处所需要的最短时间是多少？（4）如果在振动物体上再放一小物体，此小物体是停在上面，还是离开它？（5）如果是振动物体的振幅增大一倍，放在振动物体上的小物体在什么地方与振动物体开始分离？

第 12 章习题简答

第 13 章
机 械 波

13.1 机械波的基本概念

在第 12 章讨论机械振动的基础上，本章将进一步研究振动的空间传播过程，即波动。波动是一种常见的物质运动形式，如空气中的声波、绳子上的波、水面的涟漪等，它们都是机械振动在媒质中的传播，这类波称为机械波。波动并不限于机械波，太阳的热辐射、各种波段的无线电波、光波等都是波动，这类波是交变的电场和磁场在空间的传播，称为电磁波。近代物理学的理论揭示，微观粒子乃至任何物质都具有波动性，这种波称为物质波。以上各种波动过程，它们产生的机制、物理本质不尽相同，但是它们却有着相同的波动规律，即都具有一定的传播速度，且都伴随着能量的传播，都能产生反射、折射、干涉和衍射等现象，并且抽象出了共同的数学表达式。本节我们从波动的基本概念入手来讨论波动的特征。

13.1.1 机械波的形成

音叉的振动引起周围空气的振动，此振动在空气中的传播即形成声波。将一块石子投入平静的水中，投石块处水的质元就会发生振动，这种振动以投石处为中心向水面四周传播即形成水面的涟漪。由此可见，要形成机械波必须具备两个条件：第一要有作机械振动的物体，即波源；第二要有连续的介质，作为振动传播的媒质。

13.1.2 机械波传播过程的特征

从质元的振动方向和波的传播方向的关系来划分机械波可分为横波与纵波两大类。质元的振动方向和波的传播方向相互垂直的波称为**横波**，如绳中传播的波，其外形特征是具有凸起的波峰和凹下的波谷。而质元的振动方向和波的传播方向一致的波称为**纵波**，如空气中传播的声波，纵波的外形特征是具有"稀疏"和"稠密"的区域。尽管这两种波具有不同的特点，但其波动传播过程的本质却是一致的。因此我们以横波为例，分析机械波传播过程的特征。

如图 13-1 所示，绳的一端固定，另一端握在手中并不停地上下抖动，使手拉的一端作垂直于绳索的振动，我们可以看到一个接一个的波形沿着绳索向固定端传播形成绳索上的横波。

我们以 1,2,3,4,… 对质元进行编号。以质元 1 的平衡位置为坐标原点 O，向上为 y 轴的正方向，质元依次排列的方向为 x 轴的正向。设在某一时刻 $t=0$，质元 1 受扰动得到一向上的速度 v_m 而开始作振幅为 A 的简谐振动。由于质元间弹性力的作用，在 $t=0$ 以后相继的几个特定时刻，绳中各质元的位置将有如图 13-1 所示的排列。

$t_1=0$ 时刻，质元 1 的振动状态为：位置 $y_1=0$，速度 $v_1=v_m$，相应的相位为 $(\omega t_1+\varphi)=\dfrac{3}{2}\pi$。

$t_2=\dfrac{T}{4}$ 时刻，质元 1 的振动状态为：位置 $y_2=A$，速度 $v_2=0$，相应的相位为 $(\omega t_2+\varphi)=2\pi$。质元 1 在 $t_1=0$ 时刻的振动状态已传至质元 4，质元 4 的振动相位为 $\dfrac{3}{2}\pi$。

$t_3=\dfrac{T}{2}$ 时刻，质元 1 的振动状态为：$y_3=0$，$v_3=-v_m$，相应的相位为 $(\omega t_3+\varphi)=2\pi+\dfrac{\pi}{2}$。质元 1 在 $t_1=0$ 时刻的振动状态已传至质元 7，质元 7 的振动相位为 $\dfrac{3}{2}\pi$，质元 1 在 $t_2=\dfrac{T}{4}$ 时刻的振动状态已传至质元 4，质元 4 的振动相位为 2π。

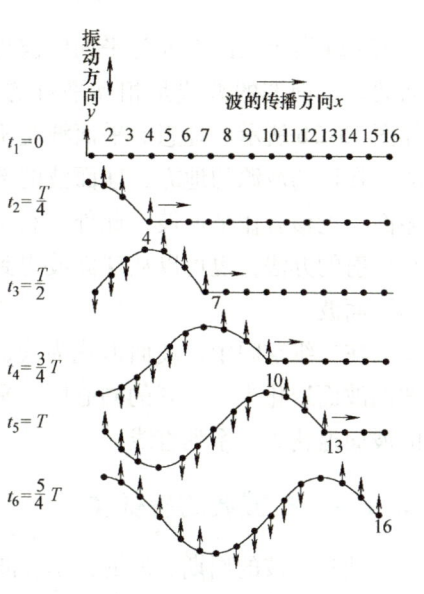

图 13-1 波传播过程分析

$t_4=\dfrac{3T}{4}$ 时刻，质元 1 的振动状态为：$y_4=-A$，$v_4=0$，相应的相位为 $(\omega t_4+\varphi)=2\pi+\pi$。质元 1 在 $t_1=0$ 时刻的振动状态已传至质元 10，质元 10 的振动相位为 $\dfrac{3}{2}\pi$，质元 1 在 $t_2=\dfrac{T}{4}$ 时刻的振动状态已传至质元 7，质元 7 的振动相位为 2π，质元 1 在 $t_3=\dfrac{T}{2}$ 时刻的振动状态已传至质元 4，质元 4 的振动相位为 $2\pi+\dfrac{\pi}{2}$。

当 $t_5=T$ 时，质元 1 完成一次全振动回到起始的振动状态，而它所经历过的各个振动状态均传至相应的质元。如果振源持续振动，振动过程便不断地在绳索上向前传播。

从以上绳波产生的分析我们可以看出：①在波沿绳子传播的过程中，虽然波形由近及远地传播着，而参与波动的质元并没有随之远离，只是在自己的平衡位置附近上下振动，传播出去的只是振动状态，包括波形、振动相位、振幅、振动速度和能量等；②波的传播过程中各质元的振动频率都相同，等于波源的频率；③波的传播过程中各质元的振动状态不相同，即振动的相位不同，与质元距波源的距离有关。

13.1.3 机械波的几何描述

波线、波面、波振面都是为了形象地描述波在空间的传播而引入的概念。从波源沿各传播方向所画的带箭头的线称为**波线**，它表示了波的传播路径和方向。波在传播过程中，所有振动相位相同的点连成的曲面称为**波面**。显然波在传播过程中有许多波面，其中最前面的面称为**波振面**或**波前**。在各向同性的均匀介质中，波线与波面相垂直。

我们可以按照波振面的形状对波进行另一种分类。波振面为球面的波称为**球面波**。点波源在各向同性的均匀介质中所形成的波是球面波，球面波的波线是相交于点波源的直线，如

图 13-2a 所示。波振面为平面的波称为平面波。平面波的波线是相互平行的直线，如图 13-2b 所示。理想的平面波是不存在的，在远离波源的地方，球面波的部分波振面可近似看作平面波。此外，利用反射和折射的办法，也可以从球面波得到近似的平面波。

在二维空间中，波面退化为线，球面波的波面退化为一系列的同心圆，平面波的波面退化为一系列直线。

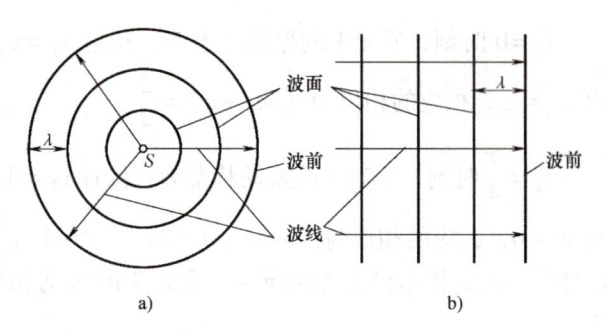

图 13-2 机械波的波线、波面和波前
a) 球面波　b) 平面波

13.1.4 机械波的特征量

波长、波的周期、波的频率和波速是描述波动的四个重要物理量。在同一波线上两个相邻的、相位差为 2π 的振动质元之间的距离（即一个"波"的长度），叫作**波长**，用 λ 表示。显然，横波上相邻两个波峰之间的距离，或相邻两个波谷之间的距离，都是一个波长；纵波上相邻两个密部或相邻两个疏部对应点之间的距离，也是一个波长。

波的**周期**是波前进一个波长的距离所需要的时间，用 T 表示。周期的倒数叫作波的**频率**，用 ν 表示，即 $\nu = 1/T$，频率等于单位时间内波动传播距离中完整波的数目。由于波源作一次完全振动波就前进一个波长的距离，所以波的周期（或频率）等于波源的振动周期（或频率）。

在波动过程中，某一振动状态（即振动相位）在单位时间内所传播的距离叫作**波速**，用 u 表示，故波速也称为相速。波速的大小取决于介质的性质，在不同的介质中，波速是不同的，例如，在标准状态下，声波在空气中传播的速度为 $331 \mathrm{m \cdot s^{-1}}$，而在氢气中传播的速度是 $1263 \mathrm{m \cdot s^{-1}}$。

在一个周期内，波前进一个波长的距离，故有

$$\lambda = uT \tag{13-1}$$

周期的倒数称为波的频率，用 ν 表示，则有

$$\nu = \frac{1}{T} \tag{13-2}$$

波的频率是在单位时间内波动推进的距离中所包含完整波长的数目，或在单位时间内通过波线上某点的完整波的数目。波速 u、波长 λ 和频率 ν 之间的关系为

$$u = \nu \lambda \tag{13-3}$$

以上各式具有普遍的意义，对各类波都适用。还要指出，波速与介质有关，而波的频率是波源振动的频率，与介质无关。同一频率的波，其波长将随介质的不同而不同。而且由于在一定的介质中波速是恒定的，所以一定介质中的波长完全由波的频率决定，频率越高，波长越短；频率越低，波长越长。

例 13-1　波线上相距 $2.5\mathrm{cm}$ 的两点间的相位差为 $\pi/6$，若波的周期为 $2\mathrm{s}$，求波速和波长。

解　由波长的定义知，在波线上相距 λ 的两点的相位差为 2π，所以波长

$$\lambda = \left(\frac{2\pi}{\pi/6} \times 2.5 \times 10^{-2}\right)\mathrm{m} = 0.3\mathrm{m}$$

因为 $T=2\text{s}$，所以由 $\lambda = uT$ 得

$$u = \frac{\lambda}{T} = \frac{0.3}{2}\text{m}\cdot\text{s}^{-1} = 0.15\text{m}\cdot\text{s}^{-1}$$

13.2 平面简谐波

13.2.1 平面简谐波的表达式

通常而言，媒质中各个质元的振动情况是非常复杂的，由此所产生的波动也很复杂，本节只讨论一种最简单最基本的波，即在均匀、无吸收的媒质中，当波源作简谐振动时，波所经过的所有质元都按余弦（或正弦）规律振动，则在此媒质中所形成的波称为媒波。简谐波波振面为平面的波称为平面简谐波。而且可以证明，任何复杂的波都可以视为由若干频率不同的简谐波叠加而成。因此，讨论简谐波具有十分重要的意义。

下面我们来定量描述前进中的波动，即要用数学函数式描述媒质中各质元的位移是怎样随着时间而变化的，这样的函数式称为波动方程。

对于平面媒波而言，在所有的波线上，振动传播的情况都是相同的，因此可将平面简谐波简化为一维简谐波来进行研究。

设有一平面简谐波沿某一方向向前传播，传播速度为 u，任取一条波线，在这条波线上，任取一质元的平衡位置作为坐标原点 O，波线的方向为 x 轴正方向，即波沿 x 轴正向传播，质元向上振动的方向为 y 轴的正方向，如图 13-3 所示。选择某一时刻作为起始时刻，O 点处（即 $x=0$ 处）质元的振动方程可表示为

$$y_0 = A\cos(\omega t + \varphi) \tag{13-4}$$

假定介质是均匀无限大、无吸收的，那么各点振动的振幅将保持不变。为了描述在 Ox 轴上任一质元在任一时刻的位移，我们在 Ox 轴正向上任取一平衡位置在 x 处的质元，显然，当简谐振动从 O 点传至该处时，该质元将以相同的振幅和频率重复 O 点的振动。因为振动从 O 点传播到该点需要的时间为 $t'=x/u$，这说明如果 O 点振动了 t 时间，x 处的点只振动了 $t-t'=(t-x/u)$ 的时间，即 x 处的点的振动相位落后 O 点 $\omega(x/u)$，则 x 处的点在时刻 t 的位移为

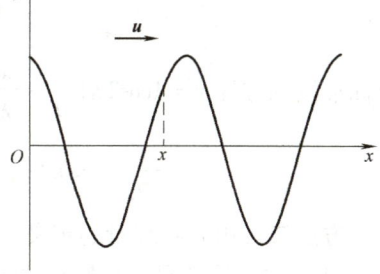

图 13-3 平面简谐波示意图

$$y = A\cos\left[\omega\left(t - \frac{x}{u}\right) + \varphi\right] \tag{13-5}$$

这就是沿 x 轴正方向传播的平面简谐波的波动方程。

如果平面简谐波是沿 x 轴负向传播的，与原点 O 处质元的振动方程 $y_0 = A\cos(\omega t + \varphi)$ 相比，则 x 轴上任一点 x 处质元的振动方程为

$$y = A\cos\left[\omega\left(t + \frac{x}{u}\right) + \varphi\right] \tag{13-6}$$

利用关系式 $\omega = \dfrac{2\pi}{T} = 2\pi\nu$ 和 $uT = \lambda$，可以将平面简谐波的波动方程改写成以下形式：

$$y = A\cos\left[2\pi\left(\frac{t}{T} - \frac{x}{\lambda}\right) + \varphi\right] \tag{13-7a}$$

$$y = A\cos\left[2\pi\left(\nu t - \frac{x}{\lambda}\right) + \varphi\right] \tag{13-7b}$$

$$y = A\cos\left(\omega t - 2\pi\frac{x}{\lambda} + \varphi\right) \tag{13-7c}$$

如果改变计时起点，使原点 O 处质元振动的初相位为零（$\varphi = 0$），则 x 处的振动规律为

$$y = A\cos\omega\left(t - \frac{x}{u}\right)$$

$$y = A\cos 2\pi\left(\frac{t}{T} - \frac{x}{\lambda}\right)$$

$$y = A\cos 2\pi\left(\nu t - \frac{x}{\lambda}\right)$$

$$y = A\cos\left(\omega t - 2\pi\frac{x}{\lambda}\right)$$

式（13-5）~式（13-7c）为平面简谐波波动方程的几种不同表示形式，都是标准式。纵波的平面简谐波波动方程具有相同的形式，这时质元的振动方向和波动的传播方向一致。需要注意的是，y 仍然表示质元的位移，x 依旧表示波动传播方向上某质元在平衡位置时的坐标。

例 13-2 已知波动方程 $y = 5\cos\pi(2.50t - 0.01x)\,\mathrm{cm}$，求波长、周期和波速。

解　方法一（比较系数法）

波动方程 $y = 5\cos\pi(2.50t - 0.01x)$ 可写成

$$y = 5\cos 2\pi\left(\frac{2.50}{2}t - \frac{0.01}{2}x\right)$$

与标准波动方程 $y = A\cos 2\pi\left(\frac{t}{T} - \frac{x}{\lambda}\right)$ 相比较，有

$$T = \frac{2}{2.5}\,\mathrm{s} = 0.8\,\mathrm{s},\ \lambda = \frac{2}{0.01}\,\mathrm{cm} = 200\,\mathrm{cm},\ u = \frac{\lambda}{T} = 250\,\mathrm{cm\cdot s^{-1}}$$

方法二（由各物理量的定义解）

（1）波长是指同一时刻 t，波线上相位差为 2π 的两点间的距离，即

$$\pi(2.50t - 0.01x_1) - \pi(2.50t - 0.01x_2) = 2\pi$$

得

$$\lambda = x_2 - x_1 = 200\,\mathrm{cm}$$

（2）周期为相位传播一个波长所需的时间（$T = t_2 - t_1$），即时刻 t_1 点 x_1 的相位在时刻 $t_2 = t_1 + T$ 传至点 x_2 处，则有

$$\pi(2.50t_1 - 0.01x_1) = \pi(2.50t_2 - 0.01x_2)$$

得

$$T = t_2 - t_1 = 0.8\,\mathrm{s}$$

（3）波速为振动状态（相位）传播的速度，时刻 t_1 点 x_1 的相位在时刻 t_2 传至点 x_2 处，则

$$u = \frac{x_2 - x_1}{t_2 - t_1} = 250\,\mathrm{cm\cdot s^{-1}}$$

例 13-3 已知平面简谐波沿 x 轴的正方向传播，其波速为 $u = 340\,\mathrm{m\cdot s^{-1}}$，$t = 0$ 时刻的波形如图 13-4 所示。

（1）求 a、b、c 各质点在该时刻的运动方向；
（2）写出平衡位置在原点 O 的质点的振动方程；
（3）写出波动方程。

解 （1）由波的性质知，相位落后的质点总是重复相位超前的相邻质点的运动状态，在 $t=0$ 时刻，b 点处在最大正位移处，所以速度为零，下一时刻将向平衡位置运动。$t=0$ 时刻，a 点沿 y 轴正方向运动，c 点沿 y 轴负方向运动。

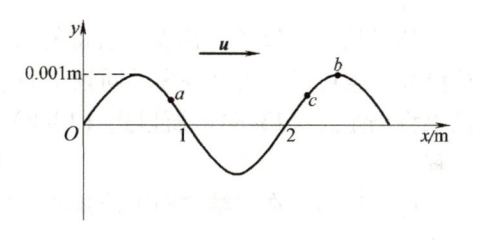

图 13-4 例 13-3 图

（2）由图 13-4 可知，在 $t=0$ 时刻，O 点过平衡位置向下运动，设 O 点的振动表达式为 $y=A\cos(\omega t+\varphi)$，于是有

$$A\cos\varphi = 0$$
$$-A\sin\varphi < 0$$

故

$$\varphi = \frac{\pi}{2}$$

又由图 13-4 可知 $A=0.001\text{m}$，$\lambda=2\text{m}$

$$T = \frac{\lambda}{u} = \frac{2}{340}\text{s} = \frac{1}{170}\text{s}$$

$$\omega = \frac{2\pi}{T} = 340\pi \text{ rad}\cdot\text{s}^{-1}$$

将以上各量代入振动表达式，得

$$y = 0.001\cos\left(340\pi t + \frac{\pi}{2}\right)(\text{m})$$

（3）以 O 点为参考点，得沿 x 轴正方向传播的波动方程为

$$y = A\cos\left[\omega\left(t - \frac{x}{u}\right) + \varphi\right]$$
$$= 0.001\cos\left[340\pi\left(t - \frac{x}{340}\right) + \frac{\pi}{2}\right]$$

*13.2.2 波动的微分方程

把式（13-5）分别对 t 和 x 求二阶偏导数，得

$$\frac{\partial^2 y}{\partial t^2} = -A\omega^2\cos\left[\omega\left(t - \frac{x}{u}\right) + \varphi\right]$$

$$\frac{\partial^2 y}{\partial x^2} = -A\frac{\omega^2}{u^2}\cos\left[\omega\left(t - \frac{x}{u}\right) + \varphi\right]$$

比较上列两式，即得

$$\frac{\partial^2 y}{\partial x^2} = \frac{1}{u^2}\frac{\partial^2 y}{\partial t^2} \tag{13-8}$$

如果从式（13-6）出发，所得的结果完全相同，仍是式（13-8）。任一平面波，如果不是简谐波，也可以认为是许多不同频率的平面余弦波的合成，在对 t 和 x 偏微分两次后，所得的结果将仍是式（13-8）。所以式（13-8）反映一切平面波的共同特征，称为平面波的波动微分方程。

可以证明，在三维空间中传播的一切波动过程，只要介质是无吸收的各向同性均匀介质，都适合下式：

$$\frac{\partial^2 \xi}{\partial x^2} + \frac{\partial^2 \xi}{\partial y^2} + \frac{\partial^2 \xi}{\partial z^2} = \frac{1}{u^2} \frac{\partial^2 \xi}{\partial t^2}$$

这里为了避免混淆，这里改用 ξ 代表振动位移。任何物质运动，只要它的运动规律符合上式，就可肯定它是以 u 为传播速度的波动过程。

研究球面波时，可将上式化为球坐标的形式，而且各个径向上的波的传播完全相同，即可得到球面波的波动方程为

$$\frac{\partial^2 (r\xi)}{\partial r^2} = \frac{1}{u^2} \frac{\partial^2 (r\xi)}{\partial t^2}$$

式中，仍以 ξ 代表振动位移，而 r 代表沿一半径方向上离点波源的距离。与式（13-8）相比，即可得到与式（13-5）相对应的球面余弦波波动表式为

$$\xi = \frac{a}{r} \cos\left[\omega\left(t - \frac{r}{u}\right) + \varphi\right]$$

上式告诉我们，球面波的振幅与距离 r 成反比，随着 r 的增加，振幅逐渐减小。式中常量 a 的数值等于 r 为单位长度处的振幅，a 不代表振幅，$\dfrac{a}{r}$ 才代表振幅。

13.3 波的能量与能流

13.3.1 波的能量

在波动过程中，波源的振动通过弹性介质由近到远地传播出去，凡是扰动传到的地方就有原来不动的质元振动起来，振动的各质元由于运动而具有动能，同时因介质产生形变还具有势能。所以，波动过程是一种能量传播过程，这是波动过程的一个重要特征。

波源能量随波动的传播，可以用平面简谐纵波的能量在弹性细长棒中的传播为例来说明。在弹性细长棒中任取一段微元，如图 13-5 所示，其体元 $dV = Sdx$（S 为弹性细长棒的截面积），质元 $dm = \rho dV = \rho S dx$（ρ 为棒的体密度）。当波传到该质元时，其振动动能为

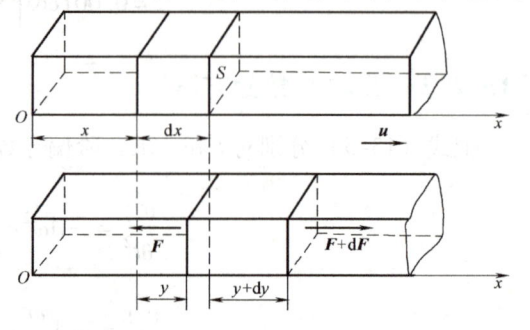

图 13-5 平面简谐纵波在弹性细长棒中的传播

$$dW_k = \frac{1}{2}(dm)v^2$$

其中，v 为该质元的振动速度。设棒中传播的平面简谐波沿 x 轴正向传播，波速为 u，则

$$y = A\cos\omega\left(t - \frac{x}{u}\right)$$

则质元的振动速度为

$$v = \frac{\partial y}{\partial t} = -A\omega\sin\omega\left(t - \frac{x}{u}\right)$$

所以，质元的振动动能为

$$dW_k = \frac{1}{2}\rho dV A^2\omega^2\sin^2\omega\left(t - \frac{x}{u}\right) \tag{13-9}$$

当波传到该质元时，该质元产生的应变为 $\frac{\partial y}{\partial x}$。根据胡克定律，该质元所产生的弹性力的大小为

$$F = ES\frac{\partial y}{\partial x} = k(dy)$$

式中，E 为棒的弹性模量；$k = \frac{ES}{dx}$ 是把棒看作弹簧时的劲度系数。该质元因形变而具有的弹性势能为

$$dW_p = \frac{1}{2}k(dy)^2 = \frac{1}{2}ESdx\left(\frac{\partial y}{\partial x}\right)^2 = \frac{1}{2}EdV\left(\frac{\partial y}{\partial x}\right)^2 \tag{13-10}$$

因为 $u = \sqrt{\frac{E}{\rho}}$，所以有 $E = \rho u^2$。故式（13-10）可表示为

$$dW_p = \frac{1}{2}\rho dV u^2\left(\frac{\partial y}{\partial x}\right)^2 \tag{13-11}$$

又

$$\frac{\partial y}{\partial x} = A\frac{\omega}{u}\sin\omega\left(t - \frac{x}{u}\right)$$

所以式（13-11）可写为

$$dW_p = \frac{1}{2}\rho dV A^2\omega^2\sin^2\omega\left(t - \frac{x}{u}\right) \tag{13-12}$$

比较式（13-9）和式（13-12）可以看出，在平面简谐波中，每一质元的动能和弹性势能同步地随时间变化。而在简谐振动中，动能和势能有 $\pi/2$ 的相位差，这是振动动能和弹性势能的这种关系在波动中质元不同于孤立的振动系统的一个重要特点。

将式（13-9）和式（13-12）相加，可得质元的总机械能为

$$dW = \rho dV A^2\omega^2\sin^2\omega\left(t - \frac{x}{u}\right) \tag{13-13}$$

由式（13-13）可见，在平面简谐波传播过程中，介质中质元的总能量不是常量，而是随时间作周期性变化的变量。这说明，介质中所有参与波动的质元都在不断地从波源获得能量，又不断地把能量传播出去。

波传播过程中，介质中单位体积的波动能量称为**能量密度**，用 w 表示。由式（13-13）可得出在介质中 x 处在 t 时刻的能量密度为

$$w = \frac{dW}{dV} = \rho A^2 \omega^2 \sin^2 \omega \left(t - \frac{x}{u}\right) \qquad (13\text{-}14)$$

显然，介质中任一处的能量密度也是随时间作周期性变化的。其在一个周期内的平均值称为**平均能量密度**，用 $\bar{w}$ 表示。因为 $\sin^2 \omega \left(t - \frac{x}{u}\right)$ 在一个周期内的平均值为 $\frac{1}{2}$，所以

$$\bar{w} = \frac{1}{2} \rho A^2 \omega^2 \qquad (13\text{-}15)$$

此式（13-15）说明，平均能量密度与介质的密度、振幅的平方以及频率的平方成正比。式（13-15）虽然是从平面简谐纵波在弹性细棒中传播的特例导出的，但对于所有简谐波均适用。

13.3.2 能流和能流密度

如前面所述，波动过程是一种能量传播的过程。能量在空间的传播，形成了能流场。为了描述波动过程能量在空间传播的强弱和方向，引入能流和能流密度的概念。

单位时间内通过与波传播方向垂直的介质中某一截面的能量称为该截面的**能流**，用 P 表示。如图 13-6 所示，设在介质中取垂直于波速 u 的截面，其面积为 S，则在 dt 时间内通过该截面的能量应等于体积 $dV = Sudt$ 中的能量，于是有

$$P = \frac{wdV}{dt} = \frac{wSudt}{dt} = wuS$$

显然 P 和 w 一样，是随时间呈周期性变化的，通常取其在一个周期内的平均值，称为平均能流，用 $\bar{P}$ 表示。于是有

$$\bar{P} = \bar{w}uS \qquad (13\text{-}16)$$

式中，$\bar{w}$ 是平均能量密度。能流的单位为 W（瓦）。波的能流也称为波的功率。

能流表示单位时间内垂直通过介质中某一截面的能量，它取决于截面面积的大小。因此，能流还不能确切反映出波动过程能量在空间传播的强弱，同时也不能反映波动过程能量在空间传播的方向。为此，引入能流密度的概念。**能流密度**为一矢量，其大小等于单位时间内通过与波传播方向垂直的单位面积的能量，其方向沿波传播方向，用 I 表示。于是有

$$\boldsymbol{I} = w\boldsymbol{u}$$

通常取其在一个周期内的平均值，称为**平均能流密度**，又称为**波的强度**，用 I 表示。于是有

$$\boldsymbol{I} = \bar{w}\boldsymbol{u} = \frac{1}{2}\rho A^2 \omega^2 \boldsymbol{u} \qquad (13\text{-}17)$$

由此可知，平均能流密度与频率的平方及振幅的平方成正比，单位为 $W \cdot m^{-2}$（瓦每二次方米）。

平均能流密度公式对球面波也适用。设球面波为以波源 O 为球心画半径分别为 r_1 和 r_2 的两个球面，其面积分别为 $S_1 = 4\pi r_1^2$ 和 $S_2 = 4\pi r_2^2$，设单位时间内通过这两个球面单位面积的平均能量分别为 $|I_1|$ 和 $|I_2|$，如果不考虑介质吸收的能量，则在单位时间内通过这两个球面的平均能量相同，即

$$|I_1| = 4\pi r_1^2 = |I_2| = 4\pi r_2^2$$

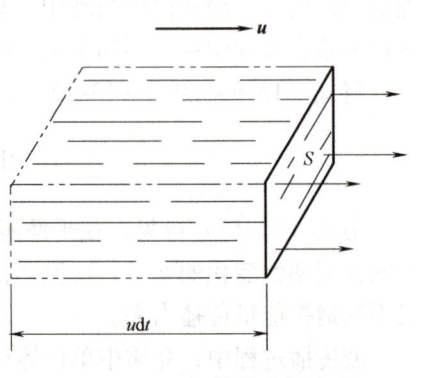

图 13-6 平面简谐波的能流

将式（13-17）代入上式后，可得

$$\frac{A_1}{A_2} = \frac{r_2}{r_1}$$

即球面波的振幅与波源的距离成反比，故球面简谐波波函数可表示为

$$y = \frac{A'}{r}\cos\omega\left(t - \frac{r}{u}\right)$$

式中，A' 为一常量，可根据某一波面上的振幅和该球面的半径来确定。

例 13-4 钢轨中声速为 $5.1 \times 10^3 \mathrm{m \cdot s^{-1}}$。今有一声波沿钢轨传播，在某处振幅为 $1 \times 10^{-9}\mathrm{m}$、频率为 $1 \times 10^3 \mathrm{Hz}$。钢的密度为 $7.9 \times 10^3 \mathrm{kg \cdot m^{-3}}$，钢轨的截面积为 $15\mathrm{cm}^2$。试求：

（1）该声波在该处的强度；
（2）该声波在该处通过钢轨输送的功率。

解（1）根据波的强度公式，可求出声波在该处的强度为

$$|I| = \frac{1}{2}\rho A^2 \omega^2 u = \left[\frac{1}{2} \times 7.9 \times 10^3 \times (1 \times 10^{-9})^2 \times (2\pi \times 1 \times 10^3)^2 \times 5.1 \times 10^3\right] \mathrm{W \cdot m^{-2}}$$
$$= 8 \times 10^{-4} \mathrm{W \cdot m^{-2}}$$

（2）该声波在该处通过钢轨输送的功率为

$$\overline{P} = \overline{w}uS = \frac{1}{2}\rho A^2 \omega^2 uS = |I|S = (8 \times 10^{-4} \times 15 \times 10^{-4})\mathrm{W} = 1.2 \times 10^{-6}\mathrm{W}$$

13.4 波的衍射、反射和折射

13.4.1 惠更斯原理

前面讲过，波动的起源是波源的振动，波的传播是由于介质中质元之间的相互作用。介质中任一点的振动将引起邻近质元的振动，因而在波的传播过程中，介质中任何一点都可以看作新的波源。例如，水面上有一波传播（见图 13-7），在前进中遇到障碍物 AB，AB 上有一小孔，小孔的孔径 a 比波长 λ 小。这样，我们就可看到，穿过小孔的波是圆形的，与原来波的形状无关，这说明小孔可看作新波源。

惠更斯（C. Hygens）总结了这类现象，提出了关于波的传播规律：在波的传播过程中，波阵面（波前）上的每一点都可以看作是发射子波的波源，在其后的任一时刻，这些子波的包迹就成为新的波阵面，这就是**惠更斯原理**。设 S_1 为某一时刻 t 的波阵面，根据惠更斯原理，S_1 上的每一点发出的球面子波，经 Δt 时间后形成半径为 $u\Delta t$ 的球面，在波的前进方向上，这些子波的包迹 S_2 就成为 $t + \Delta t$ 时刻的新波阵面。惠更斯原理对任何波动过程都是适用的，不论是机械波还是电磁波，只要知道某一时刻的波阵面，就可根据这一原理用几何方法来决定任一时刻的波阵面，因而在很广泛的范围内解决了波的传播问题。图 13-8 所示为用惠更斯原理描绘出球面波和平面波的传播。根据惠更斯原理，还可以简

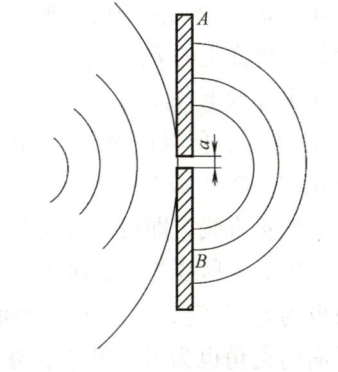

图 13-7 水波通过小孔的传播

捷地用作图的方法说明波在传播中发生的衍射、散射、反射和折射等现象。

应该指出，惠更斯原理并没有说明各个子波在传播中对某一点的振动究竟有多少贡献。我们将在波动光学中介绍菲涅耳对惠更斯原理所做的补充。

波在传播过程中遇到障碍物时，能够绕过障碍物的边缘继续传播的现象称为**波的衍射**。

用惠更斯原理能够定性说明衍射现象。如图 13-9 所示，当一平面波到达一宽度与波长接近的缝时，缝上的各点都可看作是发射子波的波源，作出这些子波的包络面，就得出新的波阵面。很显然，此时波振面已不再是平面，在靠近边缘处，波阵面弯曲，这说明了波能绕过缝而继续传播。

衍射现象是否显著，取决于缝的宽度与波长之比。若缝的宽度远大于波长，则波动经过缝后，衍射现象不明显；若缝的宽度小于波长，则波动经过缝后，衍射现象就非常明显。

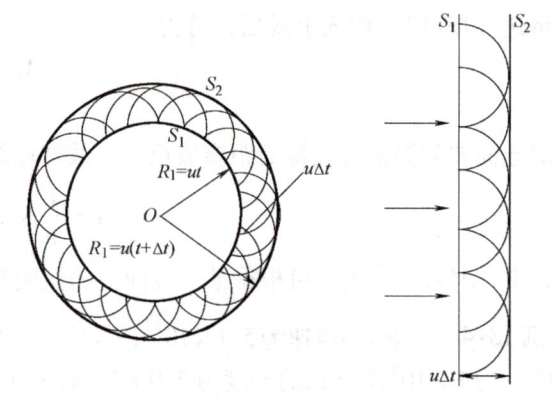

图 13-8 用惠更斯原理作的新的波阵面

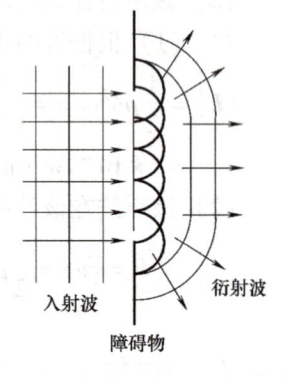

图 13-9 波的衍射

13.4.2 波的反射和折射

波动从一种介质传播到另一种介质时，在两种介质的分界面上，传播方向要发生变化，产生反射和折射现象。利用惠更斯原理可以导出反射定律和折射定律。

如图 13-10a 所示，在时刻 t，有一平面波 I 从介质 1 入射到介质 2 的分界面上，设两种介质都是均匀且各向同性的，界面垂直于图面。设平面波在介质 1、2 中的波速分别为 u_1 和 u_2，且 $u_2 < u_1$，令入射波的波振面为 AA_3（垂直于图面），此后 AA_3 上的 A_1、A_2 各点，将依次先后到达界面上的 B_1、B_2 各点。在时刻 $t + \Delta t$，点 A_3 到达 B_3 点，于是，在图 13-10b 中，我们可作出界面上各点的子波在此时刻的包络面。为了清楚起见，取 $AB_1 = B_1B_2 = B_2B_3$。由于波速 u_1 未变，所以在时刻 $t + \Delta t$，从 A、B_1、B_2 各点所发射的子波与图面的交线，分别是半径为 d、$2d/3$ 和 $d/3$ 的圆弧（$d = u_1 \Delta t$）。显然，这些圆弧的包络面是通过 B_3 点的直线 B_3B。作波前的垂直线，即得反射线 L。

定义入射线与界面法线的夹角为入射角，用 i 表示，则由几何关系可知，AA_3 与界面的夹角也为 i。若定义反射线与界面法线的夹角为反射角，用 i' 表示，则由几何关系可知，B_3B 与界面的夹角也为 i'。现考察两个直角 $\triangle AA_3B_3$ 和 $\triangle ABB_3$，因为 $A_3B_3 = u_1 \Delta t$，所以 $A_3B_3 = AB$，又因为两个三角形有公共边 AB_3，所以这两个三角形全等，故 B_3B 与界面的夹角 $i' = i$。若定义入射线与界面法线所确定的平面为入射面，则可得如下结论：反射线在入射平面内，反射角等于入射角。这一结论称为**波的反射定律**。

利用惠更斯原理同样可以证明波的折射定律。与刚才讨论波的反射情况相类似，仍用作图法先求出折射波的波前，从而定出折射线的方向（见图 13-11）。需要注意的是波在不同介质中传播的速度是不同的，在同一时间 Δt 内，波在两种介质中通过的距离分别为 $A_3B_3 = u_1 \Delta t$

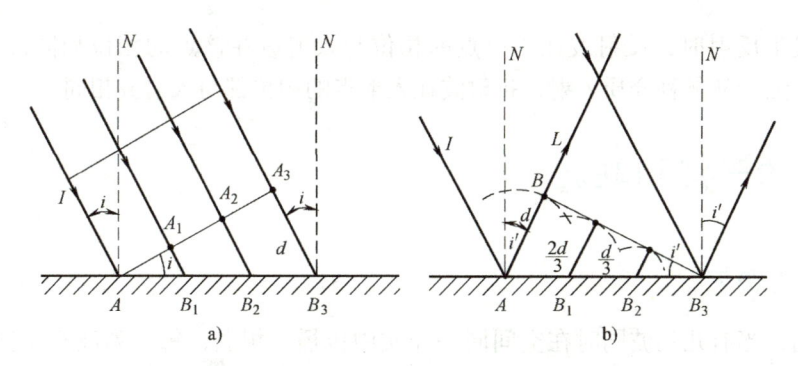

图 13-10 用惠更斯原理证明波的反射定律
a) 时刻 t b) 时间 $t+\Delta t$

和 $AB = u_2\Delta t$，因此 $A_3B_3/AB = u_1/u_2$。

定义折射线与界面法线的夹角为折射角，用 r 表示，则由几何关系可知，BB_3 与界面的夹角也为 r。从图 13-11 中可以看出，折射线、入射线和界面的法线在同一平面内（图面）。考察 $\triangle AA_3B_3$ 和 $\triangle ABB_3$，可得

$$A_3B_3 = u_1\Delta t = AB_3\sin i$$
$$AB = u_2\Delta t = AB_3\sin r$$

图 13-11 用惠更斯原理证明波的折射定律
a) 时刻 t b) 时刻 $t+\Delta t$

因此有

$$\frac{\sin i}{\sin r} = \frac{u_1}{u_2} = n_{21} \tag{13-18}$$

比值 $n_{21} = u_1/u_2$ 称为第二种媒质对第一种媒质的相对折射率，它对于给定的两种媒质来说是常数。因此，可以得出结论：折射线与入射线在同一平面内，入射角的正弦与折射角的正弦之比为常数。这一结论称为**波的折射定律**。

波的折射定律和反射定律给出了波在不同介质界面上传播方向之间的关系，反映了波传播的普遍性质。实际上，波在界面上反射和折射时，入射波与反射波在反射点还会有不同的相位。对机械波而言，介质的密度 ρ 和波速 u 的乘积称为**波阻**，波阻较大的介质称为波密介质，波阻较小的介质称为波疏介质。实验和理论都证明，当机械波从波疏介质垂直入射到两种介质的界面而发生反射时，反射波在入射点的相位与入射波在该点的相位有一个相位差 π 的变化，相当于半个波长的波程差，通常称为**半波损失**。当机械波从波密介质入射到两种介

质的界面而发生反射时，反射波在入射点的相位与入射波在该点的相位相同，无半波损失。对于折射波，无论从哪种介质入射，折射波在入射点的相位都与入射波相同。

13.5 波的干涉和驻波

13.5.1 波的叠加

实验表明，当有几列波同时在空间同一介质中传播、相遇，每一列波都将独立地保持自己原有的特性（频率、波长、振动方向等），互不相干地独立向前传播，就像在各自的路程中，并没有遇到其他波一样，这称为波传播的独立性。在管弦乐队合奏或几个人同时讲话时，我们能够辨别出各种乐器或各个人的声音，这就是波的独立性的例子。通常天空中同时有许多无线电波在传播，我们能随意接收到某一电台的广播，这是电磁波传播的独立性的例子。由于这种独立传播，在相遇的区域内，任一点处质元的振动为各列波单独在该点引起的振动的合振动，即在任一时刻，该点处质元的振动位移是各个波在该点所引起的位移的矢量和。这一规律称为**波的叠加原理**。

波的叠加原理是大量实验事实的总结，它是波动所遵循的基本规律。弹性机械波、电磁波，乃至物质波皆服从这一规律。当两列波满足一定条件时，在两波交叠地区，由于波的叠加而出现一种特殊现象，此现象称为波的干涉。

13.5.2 波的干涉

一般来说，振幅、频率、相位等都不相同的几列波在某一点叠加时，情形是很复杂的。下面只讨论一种最简单而又最重要的情形，即两列频率相同、振动方向相同、相位相同或相位差恒定的简谐波的叠加。满足这些条件的两列波在空间任何一点相遇时，该点的两个分振动也有恒定相位差。但是对于空间不同的点，有着不同的恒定相位差。因而在空间某些点处，振动始终加强，而在另一些点处，振动始终减弱或完全抵消。这种现象称为**干涉现象**。能产生干涉现象的波称为相干波，相应的波源称为相干波源。

设有两个相干波源 S_1 和 S_2，它们在同一均匀介质中所发出的相干波在空间某点 P 相遇，两波在该点引起振动的表达式即振动方程分别为

$$y_1 = A_1 \cos\left(\omega t + \varphi_1 - \frac{2\pi r_1}{\lambda}\right)$$

$$y_2 = A_2 \cos\left(\omega t + \varphi_2 - \frac{2\pi r_2}{\lambda}\right)$$

式中，A_1 和 A_2 为两列波在 P 点引起振动的振幅；φ_1 和 φ_2 为两个波源的初相位，并且（$\varphi_2 - \varphi_1$）是恒定的；r_1 和 r_2 为 P 点到两个波源的距离。P 点的振动为两个同方向、同频率振动的合成，由式（12-26）知，其合振幅为

$$A = \sqrt{A_1^2 + A_2^2 + 2A_1 A_2 \cos\Delta\varphi}$$

式中，$\Delta\varphi$ 为两个分振动在 P 点的相位差，其值为

$$\Delta\varphi = \left(\omega t + \varphi_2 - \frac{2\pi r_2}{\lambda}\right) - \left(\omega t + \varphi_1 - \frac{2\pi r_1}{\lambda}\right)$$

即
$$\Delta\varphi = (\varphi_2 - \varphi_1) - 2\pi\frac{r_2 - r_1}{\lambda} \tag{13-19}$$

式中，$(\varphi_2 - \varphi_1)$ 为两振源之间的相位差；$r_2 - r_1$ 为两波源至 P 点的波程差，波程差记作 δ，$\delta = r_2 - r_1$，$\dfrac{2\pi\delta}{\lambda}$ 为波程差引起的相位差。

引用 12.3.1 节中的结论可得：若 $\Delta\varphi = \pm 2k\pi\ (k = 0,1,2,\cdots)$，则 P 点的合振幅 $A = A_1 + A_2$，振动得到加强；若 $\Delta\varphi = \pm(2k+1)\pi\ \ (k = 0,1,2,\cdots)$，则 P 点的合振幅 $A = |A_1 - A_2|$，振动减弱。

若两波源具有相同的初相位，即 $\varphi_2 = \varphi_1$，则式（13-19）演变为
$$\Delta\varphi = \frac{2\pi(r_2 - r_1)}{\lambda} \tag{13-20}$$

式（13-20）是一个十分重要的公式，它把波程差与相位差直接联系起来，由此我们得到当两个相干波源具有相同的初相位时的振幅变化与波程差的关系：

若 $\delta = r_2 - r_1 = \pm k\lambda\ \ (k=0,1,2,\cdots)$，则 $A = A_1 + A_2$ （13-21a）

若 $\delta = r_2 - r_1 = \pm(2k+1)\lambda/2\ \ (k=0,1,2,\cdots)$，则 $A = |A_1 - A_2|$ （13-21b）

由上面分析可知，两列相干波源为同相位时，在两列波的叠加的区域内，在波程差等于零或等于波长的整数倍的各点，振幅最大；在波程差等于半波长的奇数倍的各点，振幅最小。

由此可见，在两波交叠地区，两相干波所分别激发的分振动的相位差仅与各点的位置有关，因此各点的合振幅随位置而异，但确定点的合振幅不随时间变化。有些点的振幅始终最大，即 $A = A_1 + A_2$，有些点的振幅始终最小，即 $A = |A_1 - A_2|$，形成一种特殊的不随时间变化的稳定分布，这一现象就是波的干涉。干涉现象是波动遵从叠加原理的表现，是波动形式所独具的重要特征之一，因为只有波动的合成，才能产生干涉现象。干涉现象对于光学、声学等都非常重要，对于近代物理学的发展也有重大的作用。某种物质运动若能产生干涉现象便可证明其具有波动的本质。

13.5.3 驻波

当两列振幅相同的相干波，在同一直线上沿相反方向传播时，叠加后的波是一种波形不随时间变化的波，这种波称为**驻波**。驻波是干涉的一种特殊情况。

设有两列简谐波，分别沿 x 轴正方向和负方向传播，它们的表达式为

$$y_1 = A\cos\left(\omega t - \frac{2\pi x}{\lambda}\right)$$

$$y_2 = A\cos\left(\omega t + \frac{2\pi x}{\lambda}\right)$$

两列波相遇后合位移为

$$y = y_1 + y_2 = A\cos\left(\omega t - \frac{2\pi x}{\lambda}\right) + A\cos\left(\omega t + \frac{2\pi x}{\lambda}\right)$$

$$= 2A\cos\left(\frac{2\pi}{\lambda}x\right)\cos\omega t \tag{13-22}$$

式（13-22）即为驻波的表达式。式中，$\cos\omega t$ 表明各点在作简谐振动，$\left|2A\cos\left(\dfrac{2\pi}{\lambda}x\right)\right|$ 就是 x 处质元作简谐振动的振幅。它表明各点的振幅只与 x 有关，且随 x 作周期性变化，对于

$$x = \pm k\dfrac{\lambda}{2} \quad (k=0,1,2,\cdots) \tag{13-23}$$

各点的振幅 $\left|2A\cos\dfrac{2\pi}{\lambda}x\right|=2A$，即振幅最大，称为驻波的**波腹**；对于

$$x = \pm(2k+1)\dfrac{\lambda}{4} \quad (k=0,1,2,\cdots) \tag{13-24}$$

的各点的振幅为零，即振幅最小，称为驻波的**波节**。由式（13-23）和式（13-24）可知，相邻的两波腹之间或两波节之间的距离均为半个波长。这一点为我们提供了一种测定波长的方法，只要测出两相邻波腹或波节之间的距离就可以确定原来两列**波形**的波长。

图 13-12 画出了驻波形成的物理过程，其中实线表示向右传播的波，虚线表示向左传播的波。图 13-12a 中各行依次表示 $t=0$、$T/8$、$T/4$、$3T/8$、$T/2$ 各时刻两波的波形曲线，图 13-12b 中画出了各点的合位移，其中箭头表示合振动的振动速度方向。

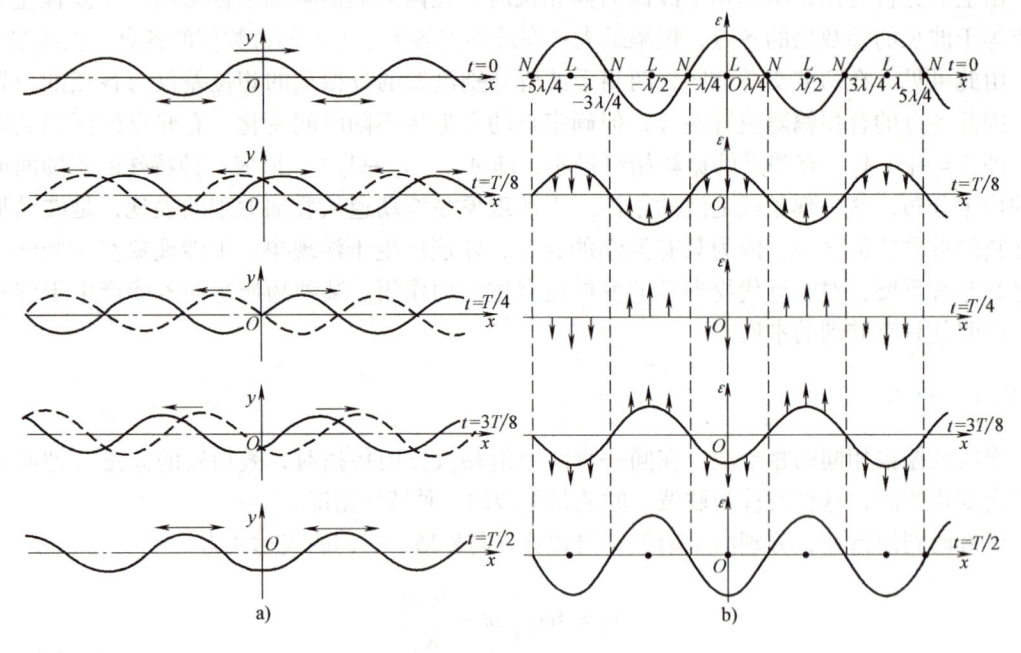

图 13-12 驻波的形成
a) 不同时刻两列波的波形曲线　b) 各点的合位移和振动速度的方向

驻波也可以用实验来演示。如图 13-13 所示，水平细绳 AP 一端挂一砝码，使绳中有一定的张力，调节刀口 B 的位置，当音叉振动时就会在细绳上出现驻波。这一驻波是由音叉在绳中激发的自左向右传播的波和在 B 点反射后出现的自右向左传播的反射波形成的。但由于视觉暂留的作用，我们只能看到驻波的轮廓。

由驻波的表达式（13-22）可以看出，驻波中各点的相位与 $\cos\dfrac{2\pi}{\lambda}x$ 的正负有关，凡是使

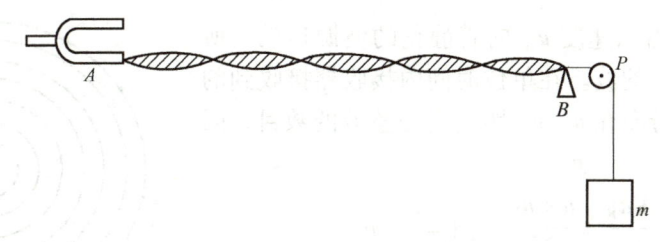

图 13-13 驻波实验

$\cos\frac{2\pi}{\lambda}x$ 为正的各点的相位都是 ωt；凡是使 $\cos\frac{2\pi}{\lambda}x$ 为负的各点的相位都是 $\omega t + \pi$。在讨论驻波时，通常把相邻两个波节之间的各点称为一段，则由余弦函数的取值规律可以知道，$\cos\frac{2\pi}{\lambda}x$ 的值对于同一段内的各点有相同的符号，对于分别在相邻两段内的各点则符号相反。这表明，在驻波中，同一段上各点的振动同相，而相邻两段中的各点的振动反相。因此，驻波实际上就是分段振动现象。在驻波中，没有振动状态或相位的传播，也没有能量的传播，所以称这种特殊的干涉叠加而形成的振动状态为驻波。

例 13-5 在图 13-13 的实验中，细绳上波节间距为 $s = 5\text{cm}$，若已知细绳上波速为 $u = 5\text{m} \cdot \text{s}^{-1}$，求音叉振动的频率 ν。

解 由驻波性质知 $s = \frac{\lambda}{2}$，故细绳上的波长为 $\lambda = 2s$。再由 $u = \lambda\nu$ 得

$$\nu = \frac{u}{\lambda} = \frac{u}{2s} = \frac{5}{2 \times 5 \times 10^{-2}}\text{Hz} = 50\text{Hz}$$

13.6 多普勒效应

1842 年的一天，奥地利物理学家多普勒带着自己的女儿在铁道边散步，一列火车鸣着汽笛迎面驶来，这时，他注意到汽笛音调很高，但当火车离他而去时汽笛的音调突然降低了，这对他当时思考的光的频率变化的问题很有启发，经过认真的研究，他得出了适用于一般波动的一条规律，称之为"多普勒效应"。1845 年，巴洛特在荷兰用机车拖了一节敞开的车厢，车上装了几只喇叭，对多普勒效应进行了实验验证。

从广义上说，多普勒效应指的是：波源或接收器或者两者都相对于介质运动时，接收器接收到的频率和波源的振动频率不同的现象，即接收器接收到的频率有赖于波源或接收器运动的现象。下面我们分三种情况来讨论声波的多普勒效应。为简单起见，假定波源和接收器在一直线上运动，波源相对于介质的运动速率用 u_S 表示，接收器相对于介质的运动速率用 u_R 表示，波速用 u 表示；波源的频率、接收器接收到的频率和波的频率分别用 ν_S、ν_R 和 ν 表示。这里波源的频率 ν_S 是波源在单位时间内振动的次数或发出的完整波的个数；接收器接收到的频率 ν_R 是指接收器在单位时间内接收到的振动次数或完整波的个数；波的频率 ν 是指介质质元在单位时间内振动的次数或在单位时间内通过介质中某点的完整波的个数。

1. 波源相对于介质不动，接收器以速度 u_R 运动

如图 13-14 所示，若接收器向着静止的波源运动，则因波源发出的波以速度 u 向着接收

器传播，同时接收器以速度 u_R 向着静止的波源运动，所以多接收到一些完整的波。在单位时间内接收器接收到的完整波的数目等于分布在 $u + u_R$ 距离内完整波的数目，因此有

$$\nu_R = \frac{u + u_R}{\lambda} = \frac{u + u_R}{\frac{u}{\nu}} = \left(1 + \frac{u_R}{u}\right)\nu$$

式中，ν 是波的频率。由于波源在介质中静止，所以波的频率就等于波源的频率，因此有

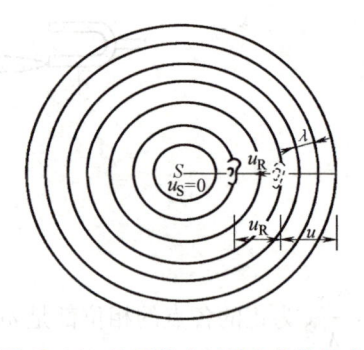

图 13-14　波源静止时的多普勒效应

$$\nu_R = \left(1 + \frac{u_R}{u}\right)\nu_S \tag{13-25}$$

这表明，当接收器向着静止波源运动时，接收到的频率为波源频率的 $\left(1 + \frac{u_R}{u}\right)$ 倍，即 ν_R 高于 ν_S。

当接收器离开波源运动时，通过类似的分析，不难求得接收器接收到的频率为

$$\nu_R = \left(1 - \frac{u_R}{u}\right)\nu_S \tag{13-26}$$

即此时接收到的频率低于波源的频率。

2. 相对于介质接收器不动，波源以速度 u_S 运动

如图 13-15 所示，当波源运动时，它所发出的相邻两个同相振动状态是在不同地点发出的，这两个地点相隔的距离为 $u_S T_S$，T_S 为波源的周期。如果是向着接收器运动的，这后一地点到前方最近的同相点之间的距离是现在介质中的波长，若波源静止时介质中的波长为 $\lambda_0 (\lambda_0 = u T_S)$，则现在介质中的波长为

$$\lambda = \lambda_0 - u_S T_S = (u - u_S) T_S = \frac{u - u_S}{\nu_S}$$

此时的频率为

$$\nu = \frac{u}{\lambda} = \frac{u}{u - u_S}\nu_S$$

由于接收器静止，所以它接收到的频率就是此时波的频率，即

$$\nu_R = \frac{u}{u - u_S}\nu_S \tag{13-27}$$

这表明，当波源向着静止的接收器运动时，接收器接收到的频率高于波源的频率，因此听起来音调变"尖"。

当波源远离接收器运动时，通过类似的分析可求得接收器接收到的频率为

$$\nu_R = \frac{u}{u + u_S}\nu_S \tag{13-28}$$

此时接收器接收到的频率低于波源的频率，因此听起来音调变"钝"。

需要说明的是，当 $u_S > u$ 时，式（13-27）将失去意义。因为此时波源本身将超过此前它发出的波的波前，所以在波源前方不可能有任何波动产生。这种情况如图 13-16 所示。

当波源经过 S_1 位置时发出的波在其后 τ 时刻的波阵面为半径等于 $u\tau$ 的球面，但此时刻波

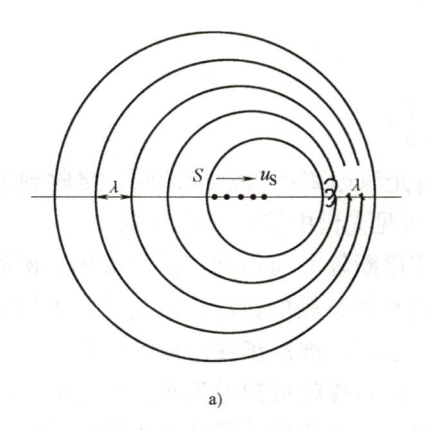

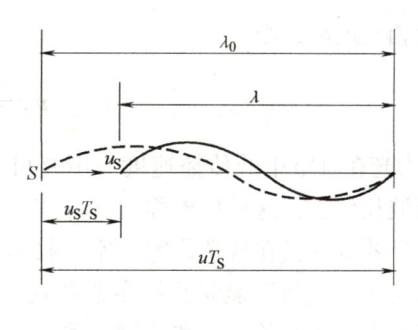

图 13-15 波源运动时的多普勒效应

源已经前进了 $u_S\tau$ 的距离到达 S 位置。在整个 τ 时间内,波源发出的波到达的前沿形成了一个锥面,这个锥面称为马赫锥,其半顶角 α 由下式决定:

$$\sin\alpha = \frac{u}{u_S} \tag{13-29}$$

当飞机、炮弹在空气中超音速飞行时,都会激起这种圆锥形的波,称为冲击波。这种波没有周期性,而是一个以声速扩大着的压缩区域。冲击波面到达的地方,空气压强突然增大。过强的冲击

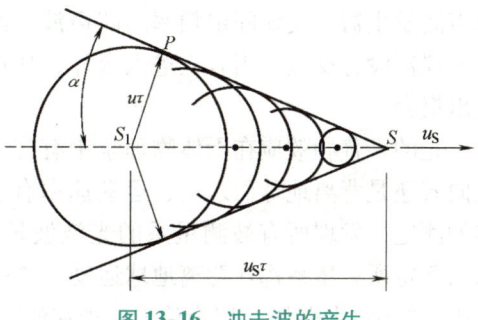

图 13-16 冲击波的产生

波掠过物体时甚至会造成损害(如使窗玻璃碎裂等),这种现象称为声爆。

类似的现象在水波中也可看到。当船速超过水面上的水波波速时,在船后就激起了以船为顶端的 V 波,这种波称为舷波。

3. 波源和接收器均相对于介质运动

综合以上两种分析,可得当波源和接收器同时相对介质运动时,接收器接收到的频率为

$$\nu_R = \frac{u \pm u_R}{u - u_S}\nu_S \tag{13-30}$$

式(13-30)中,接收器向着波源运动时,u_R 前取正号,远离波源时取负号;波源向着接收器运动时,u_S 前取正号,远离接收器时取负号。

综上可知,不论是波源运动,还是接收器运动,或者是两者同时运动,只要两者相互接近,接收器接收到的频率就高于原来波源的频率;两者互相远离,接收器接收到的频率就低于原来波源的频率。

以上关于机械波多普勒效应的公式,都是在波源和接收器的运动发生在两者连线方向(即纵向)上推得的。如果运动方向不沿两者的连线,则因为机械波不存在横向多普勒效应,所以在上述公式中的波源和接收器的速度应为沿两者连线方向的速度分量。

光波也存在多普勒效应。与声波不同的是,光波的传播不需要介质,因此只是光源和接收器的相对速度 u 决定接收的频率。根据相对论的基本原理可以证明,当光源和接收器在同一直线上运动时,如果两者相互接近,则

$$\nu_R = \sqrt{\frac{c+u}{c-u}}\nu \tag{13-31}$$

如果两者相互远离，则

$$\nu_R = \sqrt{\frac{c-u}{c+u}}\nu \quad (13\text{-}32)$$

式中，c 为光在真空中的传播速度。由此可知，当光源远离接收器运动时，接收到的频率变小，因而波长变长，这种现象称为"红移"，即在可见光谱中移向红色一端。

多普勒效应现已在科学研究、空间技术、医疗诊断等方面得到广泛的应用。例如，公路上的"雷达测速装置"就是根据多普勒效应来测定车辆行驶的速度；声呐装置则根据多普勒效应来探测潜艇运行的方向和速度。测速仪发出一超声波被汽车或潜艇反射回来，产生一个多普勒频移，此频移与车或潜艇的速度有关，测出此频移就可知道汽车或潜艇的速度。在医学上利用多普勒效应可以测量血液的流速和心脏壁运动的速度，帮助医生诊断病情。更有趣的是一种粗看起来毫不相关的金库防盗装置也应用了多普勒效应的原理。在金库某处安置一超声波发生器，发射固定频率的超声波，经固定的墙壁反射到接收器，接收到相同频率的超声波仪器没有反应。当有人进入金库，从他身上反射的超声波发生多普勒频移，接收器立刻发出报警。

光的多普勒效应在天体物理学中有许多重要应用。例如，用这种效应可以判断发光天体是向着还是背离地球而运动，运动速率有多大。通过对多普勒效应所引起的天体光波波长偏移的测定，发现所有被测星系的光波波长都向长波方向偏移，这就是光谱线的多普勒红移，从而确定所有星系都在背离地球运动。这一结果成为宇宙演变的所谓"宇宙大爆炸"理论的基础。"宇宙大爆炸"理论认为，现在的宇宙是从大约 150 亿年以前发生的一次剧烈的爆发活动演变而来的，此爆发活动就称为"宇宙大爆炸"。"大爆炸"以其巨大的力量使宇宙中的物质彼此远离，它们之间的空间在不断增大，因而原来占据的空间在膨胀，也就是整个宇宙在膨胀，并且现在还在继续膨胀着。

本章逻辑主线

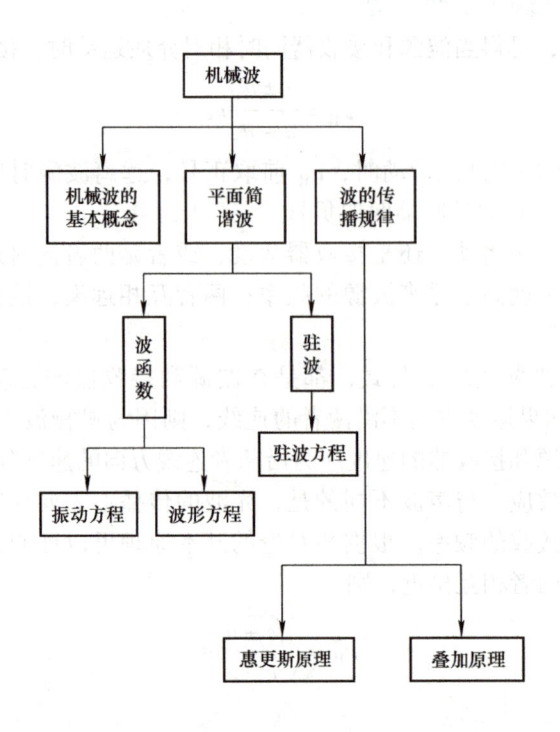

拓展阅读

多普勒效应原理在天文学中的应用

当声音、光和无线电波等波源相对观测者以速度 v 运动时,观测者所收到的振动频率与波源所发出的频率有所不同,这一现象称为多普勒效应。该现象是奥地利科学家多普勒最早发现的,所以称为多普勒效应。由多普勒效应所形成的频率变化叫作多普勒频移,它与相对速度 v 成正比,与波源振动的频率成反比。

1. 多普勒效应的应用

生活中多普勒效应应用的例子很多,交警利用多普勒效应来测量车辆是否超速;医生根据多普勒效应通过彩超测出血管里血液流动的方向,再用不同颜色显示出来,以分辨动脉静脉及诊断血管病变等;气象雷达可以根据多普勒效应测出云层的运动速度;天文学家根据多普勒效应可以得到远处天体相对于地球的运动速度,包括太阳系以外遥远的天体。

2. 红移和蓝移

由于星体和地球的相对运动,遥远星体上某种元素发出的光谱谱线,其位置与地球实验室测得的同一元素相比,会有整体的移动。根据多普勒效应,如果星体朝着地球运动,光谱线就会整体向高频端移动,俗称蓝移;相反,如果星体背离地球运动,光谱线就会整体向低频端移动,俗称红移。根据光谱移动的方向和大小可以推算出被测星体相对地球运动的方向和速度。

3. 宇宙大爆炸模型

20 世纪 20 年代,美国天文学家哈勃(Hubble)观测到一个令人震惊的现象——遥远星体的光谱都是红移的,而且离地球越远红移量越大。利用多普勒效应换算成相对速度后,他发现遥远的星体离我们而去的速度与它们离我们的距离成正比,这表明宇宙正在膨胀。如果用观测到的速度距离关系反推,可以算出宇宙的年龄,并暗示宇宙是从一个点开始不断膨胀达到今天的大小的。这是为宇宙大爆炸模型给出的第一个证据。后来,人们又观测到宇宙微波背景辐射等其他强有力的证据,促使这一模型成为当今科学界唯一公认的宇宙模型。

4. 双星系统

由于彼此的引力作用,星体绕着它们共同的质量中心运行而形成一个双星系统,因为二者有相对运动,会产生多普勒效应。利用望远镜观测时,人眼直接能看出是两颗星的双星称为"目视双星"。但有些目视双星,其较暗的子星无法看见,只有精确测量较亮子星的频率变化,根据多普勒效应可以判断它还有一颗看不见的伴星存在,这种叫"天体测量双星",天狼星就是最典型的例子。初冬时节,天黑后过的几个小时,你会发现一颗散发出蓝白色光芒的星星从东南方向升起。用肉眼看它时能观察到明显的闪烁效果,这就是夜空中最亮的恒星——天狼星。

5. 分光双星

还有些双星,由于其子星间距离很近,绕转周期很短(甚至小于 10 天),人眼不能通过望远镜将其分开,但可以用分光的方法才能分开,这样的双星系统称为"分光双星"。根据多普勒效应,分光双星的两个子星相互绕转时,它们光谱的谱线便会发生有规律的位移,对天体谱线位置变化做观测分析,能判断出其是双星。拍下它们在绕转不同时段的光谱,你会发现,它们的光谱线呈周期性的变化,时而成双线,时而成单线,我们称这样的分光双星为

"双线分光双星"。但如果两子星一颗亮，一颗暗，当主星光度超过伴星光度的 3 倍，我们只能看到一颗亮星的光谱线（单线）作周期性的移位，暗星的光谱线则看不到，此为"单线分光双星"。

6. 行星系统的观测

多普勒效应原理还被用于观测太阳系以外的行星系统的观测。尽管行星自身不发光，但它们的引力也会引起它们所环绕的恒星运行速度发生周期性变化，进而导致其光谱发生周期性的频移，从而可以推知这颗行星的存在和恒星的质量、轨道周期等参数。寻找地球以外的生命一直是人类太空探索的重要任务。在目前已发现的行星系统中，类似地球大小的行星有上百颗，其中数颗与其恒星的距离适中，上面可能有液体水存在并栖息生命，这是目前天文观测中的一项热门研究。地球以外人类已知的大星体中，已证实在木卫二和土卫二上存在液态水，发现土卫二上液态水的存在归功于多普勒效应。卡西尼号（Cassini）是卡西尼－惠更斯号的一个组成部分。卡西尼－惠更斯号是美国国家航空航天局、欧洲航天局和意大利航天局的一个国际合作项目，主要任务是对土星系进行空间探测。其中卡西尼号探测器的主要任务是环绕土星飞行，对土星及其大气、光环、卫星和磁场进行深入考察。1997 年 10 月"卡西尼号"土星探测器发射升空，到 2017 年 9 月 15 日，在卡西尼号燃料燃尽前，主动进入土星大气层燃烧成为土星的一部分。卡西尼号曾多次飞越土卫二并取样分析了从它南极附近喷发出的物质，发现其中含有水，并暗示其表面冰盖下有液态水存在。

判定土卫二上存在液态水的物理学依据是什么？当卡西尼号飞过土卫二时，它的飞行速度会受到土卫二引力场的影响，通过观测这种影响大小，我们便能反过来推算土卫二的引力场状况。我们通过测控无线电波频率的变化，根据多普勒效应得到飞船速度变化的信息。具体来说，如果土卫二是均匀的球体，则卡西尼号可以在环绕土卫二的圆形轨道上匀速飞行。如果土卫二内部不均匀，比如南极下有液态的水存在，那么由于水和组成土卫二的其他物质密度的差异，土卫二周围的引力分布将是不均匀的，这将导致卡西尼号的速度发生变化而不再是匀速；根据多普勒效应，卡西尼号发回地球的无线电波频率也会随着它飞行速度的起伏而变化。目前通过多普勒效应对速度起伏的测量精度为 $0.02 \sim 0.09 \text{mm} \cdot \text{s}^{-1}$，实际测得的卡西尼号的速度起伏超过 $0.2 \text{mm} \cdot \text{s}^{-1}$，排除太阳光的影响等非引力因素并结合一些合理的假设，就可推知在土卫二南极冰盖 30~40km 以下有一层约 10km 厚的液态水存在。

7. 小行星研究

除行星外，太阳系中还存在为数众多的小行星，它们大部分位于火星和木星轨道之间的小行星带。由于受一些大行星尤其是木星的引力作用，有些小行星会离开小行星带运行到与地球轨道相交叉的轨道上，给地球带来威胁。科学界普遍认为，在地球上盛极一时的恐龙的灭绝，就是因为 6500 万年前一个颗直径为十多千米的小行星撞击在墨西哥湾，引起了地球剧烈的气候变化导致的。目前，科学家估计在地球附近存在着数百万颗几十米大小的近地天体。这类天地大冲撞一旦发生，无疑会给人类文明带来毁灭性的灾难。2013 年 2 月 15 日，俄罗斯车里雅宾斯克陨石事件，就致使 1200 人受伤，近 3000 座建筑受损。这使得世界各国政府、民间团体越来越重视它们对地球和人类生存的威胁，因此联合国于近期成立了基于国际合作的近地天体预警网络。那么，如何探测这些个头较小、自身不发光、光学望远镜无法分辨的小行星呢？多普勒效应就是其中重要的方法之一。借助雷达天文学，在多普勒效应的帮助下我们来了解这些小行星的个头、形状及其运动状态。

利用地面的射电望远镜向目标发射射电信号，然后测量回波的时延和多普勒频移从而实现对目标的测距和测速，雷达的工作原理与此类似。一方面，以恒定的光速传播的微波，被小行星上距离地球不同的各点反射，回波到达望远镜的时间将有不同的延迟；另一方面，通常小行星在绕自身的某个轴自转，小行星上的各点相对地球有不同的运动速度，于是这些回波的频率在小行星不同部位的反射下，会产生不同的频移。根据小行星的回波的时延和多普勒频移，就可以描画出小行星的个头、形状以及运动状态。

4179号小行星，又称"战神图塔蒂斯"号，就是一颗对地球构成潜在威胁的近地小行星。它在2004年曾飞临地球，距离地球最近的时候仅150万千米，约为地球到月球距离的4倍；它周期性地每4年一次飞临地球，对人类的威胁相当大。面对近地天体的威胁，一方面，地面上需要有专门的望远镜组成监测预警网络对它们进行发现、跟踪与长期监测；另一方面，在空间中，对一些威胁极大的小行星还可以发射探测器去近距离了解其物理特性、内部结构与组成成分等，以便将来采取合理的应对措施去减缓其威胁。我国嫦娥二号探测器在成功完成既定的探月任务后，曾于2012年12月13日飞临"战神图塔蒂斯"号小行星，探测器实拍照片与雷达天文学给出的三维模型吻合得相当好。

嫦娥二号原是嫦娥一号的备用飞船，在嫦娥一号任务完成后，嫦娥二号由"替补"变身"先锋"。2010年10月1日，嫦娥二号肩负着全新历史使命划破苍穹，奔向月球。2011年4月1日，嫦娥二号设计寿命期满，既定的六大工程目标和四大科学探测任务也已圆满完成，但星上剩余燃料尚且充足，嫦娥二号的拓展试验随即展开。2011年6月9日，嫦娥二号正式飞离月球，奔向150万千米远的日地拉格朗日L2点，开启了中国深空探测的新征程。2011年8月25日，嫦娥二号精确捕获L2点环绕轨道，标志着拓展试验圆满成功。2012年6月1日，嫦娥二号再次受控变轨，进入飞往"战神"小行星的转移轨道。2012年12月13日，嫦娥二号卫星成功受控飞抵距地球约700万千米远的深空。北京时间16时30分09秒，嫦娥二号与"战神"由远及近擦身而过，交会时其星载监视相机对小行星进行了光学成像。嫦娥二号的发射成功，使我国在国际上开辟了奔月时间短、卫星燃料消耗少的直接奔月轨道，首次获得7m分辨率的全月球立体影像，首次实现从月球轨道出发飞赴日地拉格朗日L2点进行科学探测，首次实现对图塔蒂斯小行星近距离探测。

嫦娥二号成为人类历史上首次近距离造访图塔蒂斯小行星的探测器，第一次获得了其高分辨率的光学图像。在任务前期，限于嫦娥二号能力约束，研究团队精心选取了探测目标，对目标小行星运行轨道进行了长期跟踪和研究，并实施了地基光学望远镜观测和目标精密定轨。最终采用自主发明的逼近飞越、远离成像方案，用工程监视小相机获取了著名的图塔蒂斯小行星系列照片（见图13-17）。这是我国首次实现对月球以远的太空进行探测，首次拥有了飞入行星际的探测器，首次突破并掌握了1000万千米远的轨道设计与控制技术。

在CCTV特别节目中，项目科学家展示了一张摄于47km外的5m分辨率的局部影像，从图像位置来推断，这应该是整个飞掠行动中分辨率最高的一张影像。原本预计能达到4m分辨率的阿雷西博雷达由于仪器故障无法观测，但这一分辨率已经超越了美国科学家利用图塔蒂斯（Goldstone）雷达获得的7.5m分辨率的影像，成为人类获得的"战神"小行星分辨率最高的影像。通过这个图像可以清晰看到一些陨石坑以及地形地貌，对研究"战神"小行星的

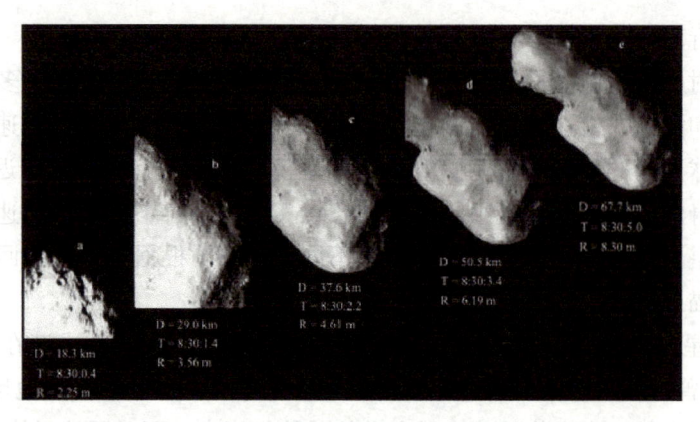

图 13-17　嫦娥二号拍摄的图塔蒂斯小行星系列照片

起源和演化意义相当大。

以月球探测为起步的深空探测工程，集成了我国国防科技工业的高精尖技术成果。在迈向深空的征途上，科研人员实现了中国航天研发、制造、应用能力和水平的跃升。

思 考 题

13.1　什么是波动？波动和振动有什么区别和联系？机械波产生的条件是什么？简谐振动方程与平面简谐波方程有什么不同和联系？振动曲线和波动曲线又有什么不同？

13.2　波动方程 $y = A\cos\left[\omega\left(t - \dfrac{x}{u}\right) + \varphi_0\right]$ 中的 $\dfrac{x}{u}$ 表示什么？φ_0 表示什么？式中 $x = 0$ 的点是否一定是波源？$t = 0$ 表示什么时刻？该波向什么方向传播？如果改写为 $y = A\cos\left(\omega t - \dfrac{\omega x}{u} + \varphi_0\right)$，$\dfrac{\omega x}{u}$ 又是什么意思？如果 t 和 x 均增加，但相应的 $\left[\omega\left(t - \dfrac{x}{u}\right) + \varphi_0\right]$ 的值不变，由此能从波动方程说明什么？

13.3　当波从一种介质透入另一介质时，波长、频率、波速、振幅各量中，哪些量会改变？哪些量不会改变？

13.4　波在介质中传播时，为什么介质元的动能和势能具有相同的相位，而弹簧振子的动能和势能却没有这样的特点？

13.5　波源的振动周期与波的周期是否相同？波源的振动速度与波速是否相同？

13.6　两列简谐波叠加时，讨论下列各种情况：

（1）若两列波的振动方向相同，初相位也相同，但频率不同，能不能发生干涉？

（2）若两列波的频率相同，初相位也相同，但振动方向不同，能不能发生干涉？

（3）若两列波的频率相同，振动方向也相同，但振动方向不同，能不能发生干涉？

（4）若两列波的频率相同，振动方向相同，初相位也相同，但振幅不同，能不能发生干涉？

13.7　两个振幅相同的相干波在某处相长干涉，其能量是原来的几倍？是否能量守恒？合振幅为原来的几倍？

13.8　我国古代有一种称为"鱼洗"的铜盆，如图 13-18 所示，盆底雕刻着两条鱼。在盆中盛水，用手轻轻摩擦盆两边两环，就能在两条鱼的嘴上方激起很高的水柱。试从物理上解释这一现象。

13.9　驻波的波形随时间是如何变化的？它和行波有什么区别？若某一时刻波线上各点的位移都为零，此时波的能量是否为零？

图 13-18　思考题 13.8 图鱼洗

第13章
机 械 波

习 题

一、填空题

13.1 一列横波沿水面传播，波速为 u，相邻两个波峰的间距为 a，水面上漂浮着一块很小的木块，它随此波而动，则木块沿此波的传播方向的速度为_____，木块运动的周期为_____。

13.2 两列波在一根很长的弦线上传播，其方程为 $y_1 = 6.0 \times 10^{-2} \cos\pi \dfrac{x-40t}{2}$ (m)、$y_2 = 6.0 \times 10^{-2} \cos\pi \dfrac{x+40t}{2}$ (m)，则合成波方程为_____，在 $x=0$ 至 $x=10$m 内波节的位置是_____，波腹的位置是_____。

13.3 如果在固定端 $x=0$ 处反射波方程是 $y_2 = A\cos 2\pi(\nu t - x/\lambda)$，设波在反射时无半波损失，那么入射波的方程是 $y_1=$_____，形成的驻波的表达式是 $y=$_____。

二、选择题

13.4 如图13-19所示，有一平面简谐波沿 x 轴负方向传播，坐标原点 O 的振动方程为 $y = A\cos(\omega t + \varphi_0)$，则 B 点的振动方程为（　　）。

(A) $y = A\cos[\omega t - (x/u) + \varphi_0]$；
(B) $y = A\cos\omega[t + (x/u)]$；
(C) $y = A\cos\{\omega[t - (x/u)] + \varphi_0\}$；
(D) $y = A\cos\{\omega[t + (x/u)] + \varphi_0\}$。

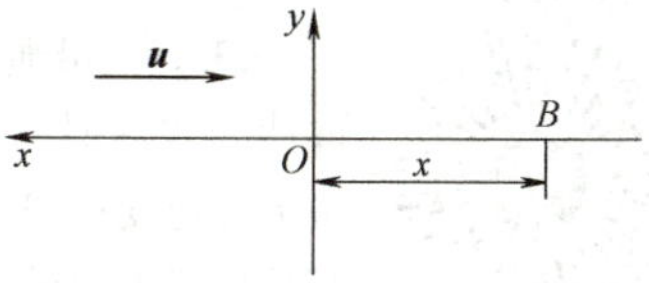

图 13-19　题 13.4 图

13.5 下列说法正确的是（　　）。

(A) 两列相干波在 P 点相遇，若在某一时刻观察到 P 点的振动位移为零，则 P 点一定不是干涉加强点；
(B) 两列相干波在 P 点相遇，若某时刻观察到 P 点的振动位移既不等于两个分振动的振幅之和，也不等于两个分振幅之差，则 P 点一定不是干涉加强点，也不是干涉减弱点；
(C) 驻波是两列反向传播的波合成的结果；
(D) 以上均不正确。

13.6 关于机械波的概念，下列说法中正确的是（　　）。

(A) 质点振动的方向总是垂直于波传播的方向；
(B) 简谐波沿长绳传播，绳上相距半个波长的两质点振动位移的大小相等；
(C) 任一振动质点每经过一个周期沿波的传播方向移动一个波长；
(D) 相隔一个周期的两时刻，简谐波的图像相同。

13.7 一列波在第一种均匀介质中的波长为 λ_1，在第二种均匀介质中的波长为 λ_2，且 $\lambda_1 = 3\lambda_2$，那么波在这两种介质中的频率之比和波速之比分别为（　　）。

(A) 3:1, 1:1；　　(B) 1:3, 1:4；　　(C) 1:1, 3:1；　　(D) 1:1, 1:3。

13.8 在简谐波传播过程中，沿波传播方向相距 $\lambda/2$（λ 为波长）的两点的振动速度必定（　　）。

(A) 大小相同，方向相反；　　(B) 大小和方向均相同；
(C) 大小不同，方向相同；　　(D) 大小不同而方向相反。

13.9 a、b 是水平的绳上的两点，相距 42cm，一列正弦横波沿此绳传播，传播方向从 a 到 b，每当 a 经过平衡位置向上运动时，b 点正好到达上方向最大位移处，此波的波长可能是（　　）。

(A) 168cm；　　(B) 84cm；　　(C) 56cm；　　(D) 24cm。

13.10 一横波沿绳子传播时，波的表达式为 $y = 0.05\cos(4\pi x - 10\pi t)$（SI），则（　　）。

(A) 其波长为 0.5m；　　(B) 波速为 5m·s^{-1}；
(C) 波速为 25m·s^{-1}；　　(D) 频率为 2Hz。

13.11 惠更斯原理指出，媒质中波传到的各点都（　　）。

(A) 可看作开始发射平面波的点波源；

(B) 可看作开始发射子波的点波源；

(C) 一定作简谐振动；

(D) 可看作是向同一点发射子波的点波源。

13.12 平面简谐波的波动方程为 $y = A\cos(\omega t + 2\pi x/\lambda)$（SI），已知 $x = 2.5\lambda$，则坐标原点 O 的振动相位较该点的振动相位（   ）。

(A) 超前 5π；　　　(B) 落后 5π；　　　(C) 超前 2.5π；　　　(D) 落后 2.5π。

三、计算题

13.13 设某一时刻的横波波形曲线如图 13-20 所示，水平箭头表示该波的传播方向，试分别用矢量标明图中 A、B、C、D、E、F、G、H、I 等质点在该时刻的运动方向，并画出经过 $T/4$ 后的波形曲线。

13.14 太平洋上有一次形成的洋波波速为 $740\,\text{km}\cdot\text{h}^{-1}$，波长为 $300\,\text{km}$。这种洋波的频率是多少？横渡太平洋 $800\,\text{km}$ 的距离需要多长时间？

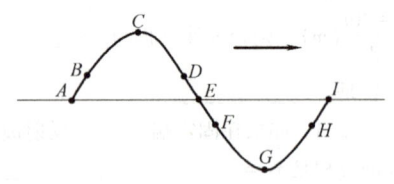

图 13-20　题 13.13 图

13.15 沿绳子传播的平面简谐波的波动方程为 $y = 0.05\cos(10\pi t - 4\pi x)$，式中 x、y 以 m 计，t 以 s 计。求：（1）波的波速、频率和波长；（2）绳子上各质点振动时的最大速度和最大加速度；（3）求 $x = 0.2\,\text{m}$ 处质点在 $t = 1\,\text{s}$ 时的相位，它是原点在哪一时刻的相位？这一相位所代表的运动状态在 $t = 1.25\,\text{s}$ 时刻到达哪一点？

13.16 一波源作简谐振动，周期为 $\dfrac{1}{100}\text{s}$，以其经平衡位置向 y 轴正方向运动时作为计时起点。设此振动以 $400\,\text{m}\cdot\text{s}^{-1}$ 的速度沿直线传播，求：（1）该波动沿某波线的方程；（2）距波源为 $16\,\text{m}$ 处和 $20\,\text{m}$ 处质点的振动方程和初相位；（3）距波源为 $15\,\text{m}$ 处和 $16\,\text{m}$ 处的两质点的相位差。

13.17 已知平面简谐波的波动方程为 $y = A\cos\pi(4t + 2x)$（SI）。（1）写出 $t = 4.2\,\text{s}$ 时各波峰位置的坐标式，并求此时离原点最近一个波峰的位置，该波峰何时通过原点？（2）画出 $t = 4.2\,\text{s}$ 时的波形曲线。

13.18 一列机械波沿 x 轴正向传播，$t = 0$ 时的波形如图 13-21 所示，已知波速为 $10\,\text{m}\cdot\text{s}^{-1}$，波长为 $2\,\text{m}$，求：（1）波动方程；（2）P 点的振动方程及振动曲线；（3）P 点的坐标；（4）P 点回到平衡位置所需的最短时间。

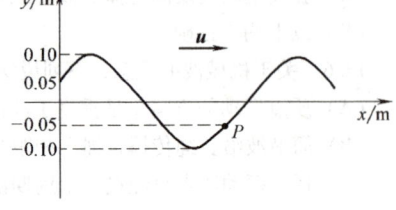

图 13-21　题 13.18 图

13.19 有一波在介质中传播，其波速 $u = 10^3\,\text{m}\cdot\text{s}^{-1}$，振幅 $A = 1.0\times10^{-4}\,\text{m}$，频率 $\nu = 10^3\,\text{Hz}$。若介质的密度为 $800\,\text{kg}\cdot\text{m}^{-3}$，求：（1）该波的能流密度；（2）$1\,\text{min}$ 内垂直通过一面积 $S = 4.0\times10^{-4}\,\text{m}^2$ 的总能量。

13.20 频率为 $300\,\text{Hz}$，波速为 $330\,\text{m}\cdot\text{s}^{-1}$ 的平面简谐波在直径为 $16.0\,\text{cm}$ 的管道中传播，能流密度为 $10.0\times10^{-3}\,\text{J}\cdot\text{s}^{-1}\cdot\text{m}^{-2}$。求：（1）平均能量密度；（2）最大能量密度；（3）两相邻同相位波面之间的总能量。

13.21 如图 13-22 所示，两振动方向相同的平面简谐波分别位于 A、B 点。设它们的相位相同，频率均为 $\nu = 30\,\text{Hz}$，波速 $u = 0.50\,\text{m}\cdot\text{s}^{-1}$。求点 P 处两列波的相位差。

13.22 如图 13-23 所示，B、C 为两个振动方向相同的平面简谐波的波源，其振动表达式分别为 $y_1 = 0.02\cos 2\pi t$ 和 $y_2 = 0.02\cos(2\pi t + \pi)$（SI）。若两列波在 P 点相遇，$BP = 0.40\,\text{m}$，$CP = 0.50\,\text{m}$，波速为 $0.20\,\text{m}\cdot\text{s}^{-1}$，求：（1）两列波在 P 点的相位差；（2）P 点合振动的振幅。

13.23 两列波在一根很长的细绳上传播，它们的方程分别为 $y_1 = 0.06\cos\pi(x - 4t)$ 和 $y_2 = 0.06\cos\pi(x + 4t)$（SI）。（1）证明这细绳是作驻波式振动，并求波节点和波腹点的位置；（2）波腹处的振幅多大？在 $x = 1.2\,\text{m}$ 处，振幅多大？

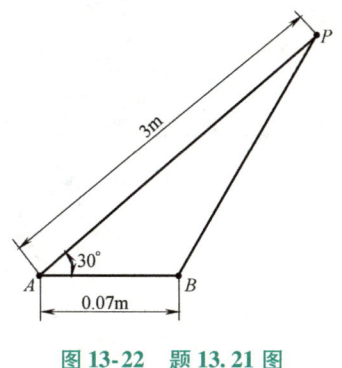

图 13-22 题 13.21 图

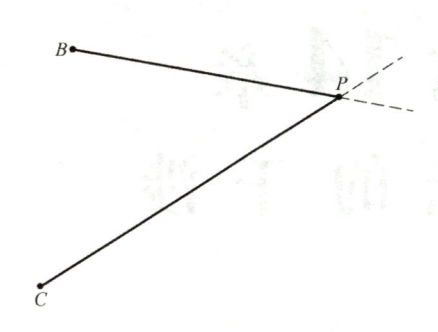

图 13-23 题 13.22 图

13.24 一弦上的驻波方程为 $y=0.03\cos1.6\pi x\cos550\pi t$（SI）。（1）若将此驻波看成是由传播方向相反、振幅及波速均相同的两列相干波叠加而成的，求它们的振幅及波速；（2）求相邻波节之间的距离；（3）求 $t=3.0\times10^{-3}$ s 时位于 $x=0.625$ m 处质点的振动速度。

13.25 在实验室中做驻波实验时，将一根长 3m 的弦线一端系于电动音叉的一臂上，该音叉在垂直弦线长度的方向上以 60Hz 的频率作振动，弦线的质量为 60×10^{-3} kg。如果要使该弦线产生有 4 个波腹的振动，必须对这根弦线施加多大的张力？

第 13 章习题简答

第 14 章
光 的 干 涉

　　光学是研究光的本性，光的发射、传播和吸收的规律，以及光与物质相互作用及其应用的学科。光学是物理学中最古老的基础学科之一，它历史悠久、内容丰富。20 世纪 60 年代，随着激光光源的出现，它又成为当今科学领域中非常活跃的前沿阵地，具有广阔的发展前景。

　　17、18 世纪，关于光的本性的问题，就存在着以牛顿为代表的微粒说和以惠更斯为代表的波动说。微粒说认为光是从发光体发出的、沿着直线传播的微粒流；波动说认为光是在一种特殊介质（以太）中传播的机械波。两种学说都能解释光的直线传播、反射和折射等现象，但在光通过光疏和光密介质时，哪种情况下速度更大的问题上却得出两种截然不同的结果：微粒说认为光在水中速度要大于在空气中的速度，波动说的结论则恰恰相反。由于当时人们还不能准确地测定光速，因而不能判断两种学说的优劣，加之牛顿崇高的个人威望，使得微粒说在长达一个世纪之久占据着主导地位，而波动说处于被压抑的地位，几乎被冷落达百年之久。

　　19 世纪初，人们相继发现了光的干涉、衍射和偏振等现象，偏振性说明了光波是一种横波，而干涉、衍射和偏振等现象都是波动的特性，这与微粒说不相容。1862 年，傅科又用实验方法测出光在水中的传播速度小于在空气中的传播速度，这为光的波动说提供了重要的实验证据，光的波动说被人们普遍接受。到了 19 世纪 60 年代，麦克斯韦建立了电磁场理论，指出光是一种电磁波，赫兹用实验证实了该理论，使得人们进一步认识到光不是机械波，而是一定频段的电磁波，从而形成了以电磁波理论为基础的波动光学，光的波动理论产生了一个新的飞跃。至此，支持光的微粒说的人就很少了，光的波动说几乎取得了决定性的胜利。

　　然而，对光的本性认识并未就此结束。从 19 世纪末到 20 世纪初期，人们又开始深入研究光与物质相互作用，发现了诸如光电效应、康普顿效应等一系列光的波动理论无法解释的现象。为了解释光电效应，爱因斯坦提出了光子说，认为光是具有一定能量和动量的光子流，从而认识到光既具有波动性，又具有粒子性，也就是光具有波粒二象性，这就是今天我们对光的本性的认识。

　　光学通常分为物理光学和几何光学，物理光学又分为波动光学和量子光学两个分支。第 14、15 章主要介绍光的干涉、衍射和偏振现象，这是波动光学的主要内容。关于光的量子性将在第 16 章讨论。光学在现代科学技术中，尤其在精密测量、晶体结构研究、光谱分析等方面有着广泛的应用。

　　本章主要是讲述关于光的干涉的知识，介绍相干光的概念，着重研究杨氏双缝干涉、薄膜的等倾干涉、等厚干涉（劈尖干涉和牛顿环干涉）、迈克耳孙干涉仪等。

第14章 光的干涉

14.1 光的相干性

14.1.1 光的电磁理论　光矢量　光强

1865 年，麦克斯韦（Maxwell）成功地总结出了电磁现象普遍遵从的规律——麦克斯韦方程组，从理论上预言了电磁波的存在。根据麦克斯韦电磁理论：光波是一种电磁波，可见光的波长范围在 400～760nm 之间。电磁波是横波，由两个互相垂直的振动矢量即电场强度 E 和磁场强度 H 来表征。对于诸如光电池、光电倍增管、感光片等许多检测光的元件来说，它们对光的响应主要由电磁波中的电场引起。此外，光化学作用、光合作用以及眼睛的视觉效应也主要是由电场所致。正是由于在光波中，能够产生感光作用与生理作用的主要是电场强度 E，所以在光学中，我们用电矢量 E 表示光场，并把电矢量叫作光矢量。

麦克斯韦推导出电磁波在真空中传播的速度为

$$c = \frac{1}{\sqrt{\varepsilon_0 \mu_0}} \tag{14-1}$$

式中，ε_0 和 μ_0 是真空的介电常数和磁导率。据此算出的 c 值与当时测得的光速十分接近。1888 年赫兹（Hertz）又用实验证实了电磁波的存在，并证明了电磁波的速度等于光速。光波是一种具有极高频率的电磁波，而其传播过程中的各种现象，如干涉、衍射、偏振等，都可按照光的电磁理论获得正确的解释。

光是电磁波，它在真空中的传播速率为

$$c = 2.99792458 \times 10^8 \text{m} \cdot \text{s}^{-1}$$

在介质中，光波的速度 v 为真空中的 $1/\sqrt{\varepsilon_r \mu_r}$ 倍，即

$$v = \frac{c}{\sqrt{\varepsilon_r \mu_r}} \tag{14-2}$$

式中，ε_r 和 μ_r 分别为介质的相对介电常数和相对磁导率。所以介质的折射率为

$$n = \frac{c}{v} = \sqrt{\varepsilon_r \mu_r} \tag{14-3}$$

我们知道：波的能量传递一般用能流密度来描述，它的大小代表单位时间内通过垂直于波的传播方向的单位面积的能量。由于光波中的电场强度 E 和能流密度以极快的频率（10^{14}s^{-1} 量级）振荡，现有的接收器的反应速度远远跟不上光波的变化速度，无法直接测量能流密度的瞬时值。例如，人眼需要大于 0.1s 的时间才能反应，快速光电接收器约为 10^{-9}s。所以接收器接收到的是观察仪器在响应时间内的平均能流密度。在光学中，常称它为光强，符号为 I，有

$$I \propto A^2 \tag{14-4}$$

通常我们所关心的是同一种介质中不同位置光强的相对大小，所以，可将式（14-4）写成

$$I = A^2 \tag{14-5}$$

14.1.2 光源的发光机理

1. 光源的发光机理

一提到光波，有些人可能会误认为它是如图 14-1a 所示的一列无限连续的单色平面余弦

波；其实，光源的发光是由大量的分子或原子进行的一种微观过程所决定的，因而，实际的光波如图 14-1b 所示，它是由一个个波列构成的。

光源就是能发射光的物体。常用的光源有两类：普通光源和激光光源。普通光源有热光源（由热能激发，如白炽灯、太阳），冷光源（由化学能、电能或光能激发，如日光灯、气体放电管）等。由于各种光源的激发方式不同，辐射机理也不相同。近代物理学理论和实验已完全肯定了分子或原子的能量只能具有某些离散的值，即能量是量子化的。这些不连续的能量值称为能级，如图 14-2 所示。高能级 M（激发态）的能量为 E_M，低能级 N 的能量为 E_N。当处于高能级的原子跃迁到低能级时，原子的能量要减少，并向外辐射电磁波。这些电磁波携带的能量就是原子所减少的那一部分能量。通常以 $h\nu$ 表示电磁波的能量，其中 $h = 6.63 \times 10^{-34}$ J·s，称为普朗克常量，它与真空光速 c 一样，是近代物理学中的两个重要恒量；ν 为电磁波的频率，如果 ν 恰好在可见光范围内，那么，这种跃迁就发射可见光。这就是原子因能级跃迁而发光的机理。在热光源中，大量分子和原子在热能的激发下从高能量的激发态返回较低能量状态时，就把多余的能量以光波的形式辐射出来，导致这些分子或原子间歇地向外发光，一个原子经过一次发光后，只有重新获得能量后才能再次发光。因而它们发光的光波是在时间上很短、约为 10^{-8} s，在空间中为有限长的一串串波列（见图 14-1b）。由于各个分子或原子的发光参差不齐，彼此独立，互不相关，因而在同一时刻，各个分子或原子发出波列的频率、振动方向和相位都不相同。即使是同一个分子或原子，在不同时刻所发出的波列的频率、振动方向和相位也不尽相同。

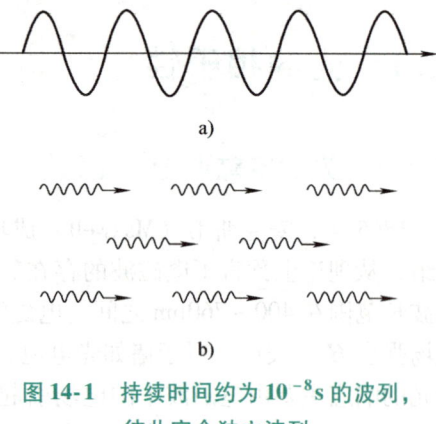

图 14-1 持续时间约为 10^{-8} s 的波列，彼此完全独立波列

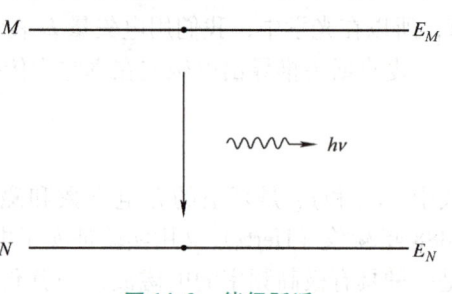

图 14-2 能级跃迁

2. 光的颜色和光谱

光源发出电磁波的频率如果在 $7.5 \times 10^{14} \sim 3.9 \times 10^{14}$ Hz 之间，是可以引起视觉的，这一频率范围是可见光的频率范围，它在真空中与其对应的波长范围是 400～760nm。表 14.1 是可见光范围内各光色与频率（或真空中波长）的对照表。由表中可以看出，波长从小到大呈现出从紫到红等各种颜色。广义而言，光波还包括不能引起视觉的红外线和紫外线，它们可以用一定的方法探测到。

只含单一波长的光，称为单色光。然而，严格的单色光在实际中是不存在的。平时讲的"单色光"，实际上都有一个波长（或频率）范围 $\Delta\lambda$，如图 14-3 所示，λ_0 为中心波长，其光强 I_0 最大，$\Delta\lambda$ 为波长范围，指光强度为 $I_0/2$ 处所扩展的波长范围。可见光的中心波长与波长范围见表 14.1。[○]

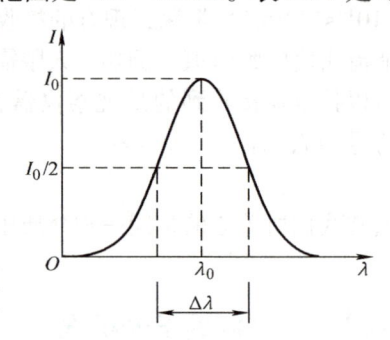

图 14-3 中心波长与波长范围

○ 该表数据参考了《中国大百科全书》物理卷 P676 的资料。

通常我们称 Δλ 越小的光为单色性越好，或者说频率越纯。一般光源的发光是由大量分子或原子在同一时刻发出的，它包含了各种不同的波长成分，称为复色光。如果光波中包含波长范围很窄的成分，则这种光称为准单色光，也就是通常所说的单色光。波长范围越窄，其单色性越好。例如，用滤光片从白光中得到的色光，其波长范围约为 10nm；在气体原子发出的光中，每一种成分的光的波长范围在 $10^{-2} \sim 10$nm；即使是单色性很好的激光，也有一定的波长范围，例如 10^{-9}nm。利用光谱仪可以把光源所发出的光中波长不同的成分彼此分开，所有的波长成分就组成了所谓光谱。光谱中每一波长成分所对应的亮线或暗线，称为光谱线，它们都有一定的宽度，每种光源都有自己特定的光谱结构，利用它可以对化学元素进行分析，或对原子和分子的内部结构进行研究。

表 14.1 可见光的波长与频率范围

颜色	中心波长/nm	波长范围/nm	中心频率/Hz	频率范围/Hz
红	660	760~647	4.5×10^{14}	$(3.9 \sim 4.8) \times 10^{14}$
橙	610	647~585	4.9×10^{14}	$(4.8 \sim 5.0) \times 10^{14}$
黄	580	585~575	5.3×10^{14}	$(5.0 \sim 5.4) \times 10^{14}$
绿	540	575~492	5.5×10^{14}	$(5.4 \sim 6.1) \times 10^{14}$
青	480	492~470	6.3×10^{14}	$(6.1 \sim 6.4) \times 10^{14}$
蓝	430	470~424	6.5×10^{14}	$(6.4 \sim 6.6) \times 10^{14}$
紫	410	424~400	7.0×10^{14}	$(6.6 \sim 7.5) \times 10^{14}$

14.1.3 光的相干性

1. 相干光的获得

光波既然是一种波动过程，应能产生干涉现象，但教室里两盏同时开着的灯，为什么在桌面上没有产生干涉条纹？

对于机械波或无线电波来说，相干条件较易满足，而对于光波，只能在一些特定的条件下才能观察到干涉条纹。

对于光波来说，两束光或多束光的相干条件是：

1）光矢量存在相互平行的分量；
2）频率相同；
3）在观察时间内各光波间的相位差保持恒定。

结合前述的光源的发光机制：可见原子发射的光波是一段频率一定、振动方向一定、有限长的波列。各原子的每次发光是完全独立的，如图 14-4 中的 a 与 b 波列，是同一原子先后发的光波列，b 与 d 是不同原子所发的光波列，这些波列的频率和振动方向可能不同，而且它们每次何时发光也是不确定的。在实验中我们所观察到的光是由光源中的许多原子所发出的、许许多多相互独立的波列组成的。

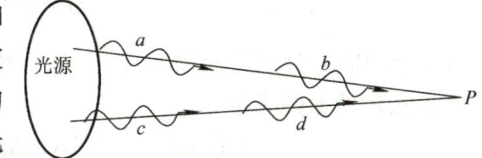

图 14-4 普通光源

尽管用单色光源可以使这些波列的频率基本相同，但是两个相同的单色光源或同一光源的两部分发的光叠加时，波列的振动方向不可能相同，特别是相位差不可能保持恒定，因而合振幅不可能稳定，也就不可能产生空间上稳定光强分布的干涉现象了。

虽然普通光源发出的光是不相干的，但是我们可以采用某些方法把光源上同一点所发出的光分成两部分，然后再使这两部分经过不同的路径相叠加。由于这两部分光中的各相应波列都来自于同一发光原子的同一波列，满足相干条件，即频率相同、振动方向相同、相位差恒定，这两个波列是相干光，在相遇区域中能产生干涉现象。简而言之：同出一点、一分为二、各行其路、合二为一，这是实现光干涉的基本原则。

具体而言，实现光波干涉的装置基本上分成两大类：分波面干涉和分振幅干涉，都符合这一基本原则。例如，本章14.2节所讲杨氏双缝干涉实验的相干光是从同一个波面分出的，属于典型的分波面干涉法，如图14-5所示；我们在日常生活中看到油膜、肥皂膜上呈现五颜六色的花纹、色彩绚丽的图样，这是光在薄膜上干涉的结果，是同一束入射光经不同表面反射或折射分成的两个不同部分干涉形成，属于典型的分振幅干涉法。如图14-6所示，利用光的反射和折射可以将同一列光波分成两束相干光，当一列光波 a 射到透明薄膜上时分成两部分，一部分在薄膜上表面被反射形成光束 a'，另一部分折入膜内在下表面反射经上表面折出形成光束 a''，光束 a' 与 a'' 都是从光束 a 中分出来的。由于反射光和透射光的能量来自于入射光的能量，而光波的能量（光强）和振幅有关，所以这种产生相干光的方法称为分振幅法。详见本章14.4节。

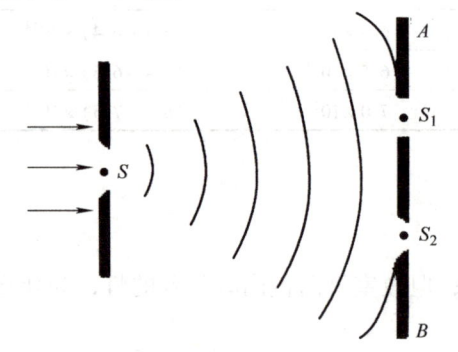

图 14-5　分波面法杨氏干涉图

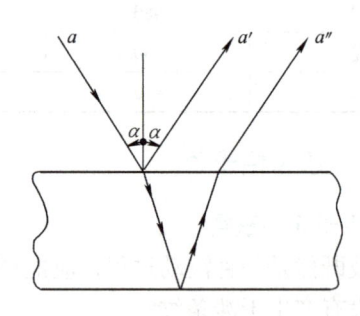

图 14-6　分振幅法薄膜干涉图

2. 相干叠加

如图14-7所示，考虑两束频率相同、振动方向相同的光波传播到 P 点处的叠加：

$$E_{1P} = A_1\cos\left(\omega t - \frac{2\pi}{\lambda}r_1 + \varphi_1\right)$$

$$E_{2P} = A_2\cos\left(\omega t - \frac{2\pi}{\lambda}r_2 + \varphi_2\right)$$

式中，φ_1 和 φ_2 分别为光源 S_1 和 S_2 的初相位。根据同方向同频率简谐振动的合成公式，可得 P 点合振动的振幅满足

$$A^2 = A_1^2 + A_2^2 + 2A_1A_2\cos\Delta\varphi \qquad (14\text{-}6)$$

式中，$\Delta\varphi$ 为两分振动的相位差，且

$$\Delta\varphi = \frac{2\pi}{\lambda}(r_2 - r_1) + \varphi_1 - \varphi_2 \qquad (14\text{-}7)$$

图 14-7　光波的叠加

由于光强与振幅平方成正比，根据式（14-6），在观察时间间隔 τ 内，P 点的光强为

$$I = I_1 + I_2 + 2\sqrt{I_1 I_2}\frac{1}{\tau}\int_0^\tau \cos\Delta\varphi \mathrm{d}t \tag{14-8}$$

式中，I_1 和 I_2 分别为两束光单独在 P 点处的光强。由于两光波的相位差瞬息万变，并以相同的概率取 0 到 2π 间的一切数值，所以

$$\int_0^\tau \cos\Delta\varphi \mathrm{d}t = 0$$

即

$$I = I_1 + I_2 \tag{14-9}$$

由此可看出，两非相干光在相遇处的总光强等于两束光单独存在时在该点的光强之和。

然而对两相干光的叠加，它在不同位置的相位差是不随时间变化的，由式（14-8）知

$$I = I_1 + I_2 + 2\sqrt{I_1 I_2}\cos\Delta\varphi \tag{14-10}$$

随相遇点的不同，$\Delta\varphi$ 不同，光强有不同值，显示出光的干涉现象。但若相遇处 A_1 和 A_2 相差过大，这种随空间而改变的光强起伏将不明显。所以，要观察到明显的干涉现象，相遇处的两光矢量的振幅要近似相等。若 $I_1 = I_2$，则式（14-10）写为

$$I = 4I_1 \cos^2\frac{\Delta\varphi}{2} \tag{14-11}$$

由式（14-11）知，当相位差

$$\Delta\varphi = \pm 2k\pi,\ k = 0,1,2,\cdots \tag{14-12}$$

$I = 4I_1$，光强达到极大，称干涉相长，k 为干涉级次。而当相位差

$$\Delta\varphi = \pm(2k+1)\pi,\ k = 0,1,2,\cdots \tag{14-13}$$

$I = 0$，光强达到极小，称干涉相消。

3. 相干长度

两束相干光波相遇，就一定能产生干涉现象吗？实际上，要产生干涉，对发光光源还是有一定要求的。前面我们讲述过，由于原子发光是断续的，每次跃迁所经历的时间 Δt 极短（约为 10^{-8}s）。也就是说，一个原子每一次发光，只能发出一段长度（Δl）有限，频率（ν）一定和振动方向一定的光波（横波），这一段光波就是图 14-1b 中所示的一个波列。可见，波列的长度 Δl 为

$$\Delta l = c\Delta t \tag{14-14}$$

式中，c 为真空中的光速。从干涉的角度来说，我们通常把 Δl 称为相干长度，Δt 称为相干时间。正因为光波是由一个个断续的波列所构成的，而且，每一波列又有自己的振动方向和初相位。因此，相干时间 Δt 越长，相干长度 Δl 就越大，这样的光波在空间相遇产生干涉的可能性就越大，即相干性好。

通常情况下，光的单色性可以用谱线宽度 $\Delta\lambda$ 来衡量。用傅里叶积分公式可以证明相干长度与谱线宽度 $\Delta\lambda$ 成反比，因此，单色性越好，其相干长度就大，相干性就好。如 He-Ne 激光 Δl 有几十千米之长，是相干性非常好的新型光源。

14.2 杨氏双缝干涉

14.2.1 杨氏双缝干涉实验

托马斯·杨（T. Young）在 1801 年做了杨氏干涉实验，并在历史上第一次测定了光的波

长，为光的波动说奠定了基础。

如图 14-8a 所示，在实际的单色光源前面放一个小孔 S，S 即为一个很好的发射球面波的点光源。AB 是挡板，S_1 和 S_2 为对称放置的两个相距为 d 的小孔。当光波传到 S_1 和 S_2 处时，根据惠更斯原理，S_1 和 S_2 可以看作发射子波的两个新的波源，由于两者处于同一波阵面上，所以 S_1 和 S_2 是两个相干波源，从它们发出的光满足相干条件。这种从一点光源发出的同一波阵面上取出两部分作为相干光源的方法，称为分波阵面法。

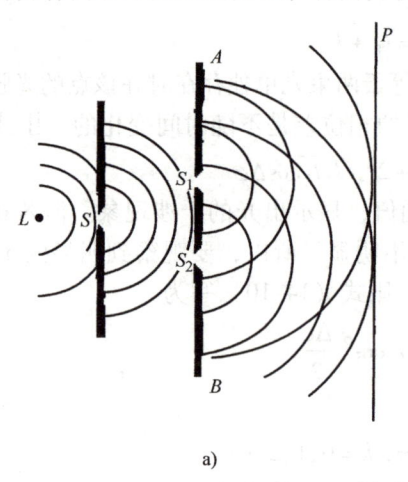

图 14-8 杨氏干涉实验
a) 干涉实验示意图　b) 干涉图样

为了提高干涉条纹的亮度，常用几条相互平行的狭缝代替杨氏实验中的小孔 S、S_1 和 S_2，并称为杨氏双缝干涉实验。在激光出现以后，利用它的相干性和高亮度，人们直接用激光照明双缝，在屏幕上可获得一组相当明显的干涉条纹，如图 14-8b 所示。

为了具体分析杨氏双缝干涉实验干涉图像特点，我们画出其具体光路，如图 14-9 所示。由式（14-11）知，屏幕上任一点 P 的光强取决于 S_1、S_2 发出的光波传播到 P 点引起振动的相位差 $\Delta\varphi$。由式（14-7）可知

$$\Delta\varphi = \frac{2\pi}{\lambda}(r_2 - r_1) + \varphi_1 - \varphi_2$$

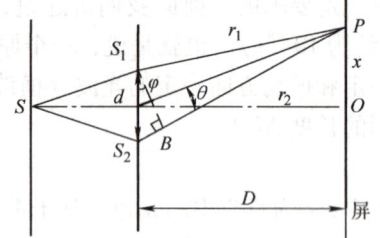

图 14-9 杨氏干涉实验光路图

而 S_1 和 S_2 是同一波面上的两部分，所以它们的振动相位相同，$\varphi_1 = \varphi_2$，因而在 P 点两振动的相位差为

$$\Delta\varphi = \frac{2\pi}{\lambda}(r_2 - r_1)$$

当 $\Delta\varphi = \pm 2k\pi$ 时，即

$$r_2 - r_1 = \pm k\lambda, \ k = 0, 1, 2, \cdots \tag{14-15}$$

屏幕上该处为干涉加强处，由式（14-11）知，$I = 4I_1$，为亮纹。

当 $\Delta\varphi = \pm(2k+1)\pi$ 时，即

$$r_2 - r_1 = \pm(2k+1)\frac{\lambda}{2}, \ k = 0, 1, 2, \cdots \tag{14-16}$$

屏幕上该处为干涉减弱处，$I=0$，为暗纹。

为具体计算亮纹和暗纹的位置，需要计算波程差 r_2-r_1，由图 14-9 可知，在 $D \gg d$ 情况下，有

$$r_2 - r_1 \approx d\sin\theta \approx d\tan\theta = d\frac{x}{D}$$

再利用式（14-15）和式（14-16），可得

明纹中心的位置为

$$x = \pm k\frac{D}{d}\lambda, \ k=0,1,2,\cdots \tag{14-17}$$

暗纹中心的位置为

$$x = \pm(2k-1)\frac{D\lambda}{2d}, \ k=1,2,3,\cdots \tag{14-18}$$

相邻两明纹或相邻两暗纹间的距离

$$\Delta x = x_{k+1} - x_k = \Delta x = \frac{D}{d}\lambda$$

由此可见，杨氏双缝干涉实验干涉图像具有如下特点：Δx 与级次无关，干涉条纹是等间隔排列的；Δx 与 D 成正比，与 d 成反比，与波长成正比；若用白光进行实验，除零级明纹仍是白色外，其他各明纹将分解为彩色光带。

实验上常根据测得的 Δx 值和 D、d 的值求出所用光源的波长，不过这种测量精度不高，因为上述公式是在满足 $D \gg d$ 时近似推出的。在实际可测量的干涉图像中，当 d 很小而 D 较大，通常 D 达到 10m 以上这种近似才不影响计算结果的精确性。

例 14-1 用单色光照射相距 0.2mm 的双缝，双缝与屏幕的垂直距离为 10m，试：

（1）从第 1 条明纹到同侧第 4 条明纹的间距为 90mm，求此单色光的波长；

（2）若入射光波长为 500nm，求相邻明纹的间距。

解 （1）由干涉明纹条件 $x = \frac{D}{d}k\lambda$，得

$$\Delta x_{41} = x_4 - x_1 = \frac{D}{d}(k_4 - k_1)\lambda$$

所以

$$\lambda = \frac{d\Delta x_{41}}{D(k_4 - k_1)} = \frac{0.2\times 10^{-3} \times 90\times 10^{-3}}{10\times(4-1)}\text{m} = 6.0\times 10^{-7}\text{m} = 600\text{nm}$$

也可这样求解：

$$\Delta x = \frac{90}{3}\text{mm} = 30\text{mm}$$

由 $\Delta x = \frac{D}{d}\lambda$ 得

$$\lambda = \frac{d\Delta x}{D} = \frac{0.2\times 10^{-3} \times 30\times 10^{-3}}{10}\text{m} = 6.0\times 10^{-7}\text{m} = 600\text{nm}$$

（2）相邻两明纹的间距为

$$\Delta x = \frac{D}{d}\lambda = \frac{10}{0.2\times 10^{-3}}\times 500\times 10^{-9}\text{m} = 25\times 10^{-3}\text{m} = 25\text{mm}$$

14.2.2 洛埃镜实验

洛埃（H. Lloyd）镜实验也是一个利用分波面产生相干光的实验。如图 14-10 所示，洛埃镜是一个平面镜，S 为狭缝光源，它与平面镜平行且与纸面垂直，由它发出的一部分光直接照射到观察屏 P 上，另一部分光以掠射角（即入射角接近 90°）照射在平面镜上，经平面镜反射后再射到屏 P 上。这两部分光也是相干光，在屏上的重叠区域也能产生干涉条纹。如果把反射光看作由虚光源 S' 发出的，则 S 和 S' 构成一对相干光源，相当于杨氏双缝干涉实验中的双缝。在图中的阴影区域，两部分光相干叠加，仿照杨氏双缝干涉实验的条纹计算公式可以确定条纹宽度。

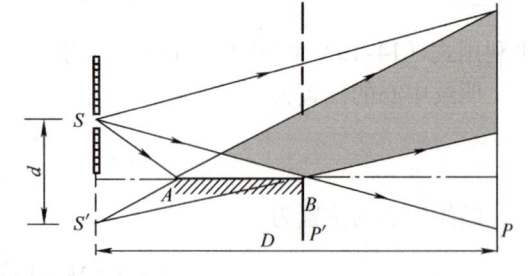

图 14-10 洛埃镜实验示意图

关于洛埃镜实验，更有意思的是其明暗条纹位置的确定。当我们把屏向平面镜移动到和镜面右端 B 相接触的 P' 时，按照杨氏双缝干涉实验，在与镜面接触处的 B 点，应该出现零级明纹，但实验中发现该处出现的不是明纹而是暗纹。洛埃镜实验明暗条纹位置与杨氏双缝干涉实验正好相反。只有两相干光在 B 点的光振动反相才能在 B 点形成暗纹，S 和 S' 相当于两个反相的相干光源。这说明光在掠入射到镜面上反射时，反射光振动与入射光相比相位发生了变化，称为"π 相突变"。这一变化导致反射光的波程在反射过程中附加了半个波长，故又叫作"半波损失"。反过来，洛埃镜实验中观察到 B 点的干涉暗纹，是光从光疏介质掠入射到光密介质时，反射光产生半波损失的明证。

14.3 光程与光程差 透镜的等光程性

14.3.1 光程与光程差

研究光的干涉规律，重要的是分析两相干光在相遇处的相位差，从而确定该处是干涉相长还是干涉相消。当两相干光在同一均匀介质（例如空气）中相遇时的干涉情况，仅取决于两束光的几何路程差（波程差）Δr。实际上在研究光的干涉问题时，两相遇光波往往要通过不同的介质，例如从空气透射入薄膜，这时两相干光的相位差就不单纯由其几何路程差决定了。为了方便地比较和计算光经过不同介质时引起的相位差，我们引入光程的概念。

光在介质中传播时，以 λ_n 表示光在介质中的波长，则通过路程 r 时，相位的变化量为

$$\Delta\varphi = \frac{2\pi}{\lambda_n} r$$

以 λ 表示光在真空中的波长，以 n 表示介质的折射率，有

$$\lambda_n = \frac{\lambda}{n}$$

得

$$\Delta\varphi = \frac{2\pi}{\lambda} nr$$

可见，在介质中传播的光波其相位变化量不但与几何路程 r 及真空中的波长 λ 有关，而且还与介质的折射率 n 有关。显然，在折射率为 n 的介质中，光传播距离为 r 的相位变化量和在真空中传播 nr 距离引起的相位变化量相等，这时 nr 就叫作与路程 r 相应的光程。当光的传播过程中经历几种介质时，

$$光程 = \sum n_i r_i$$

借助于光程概念可将光在不同介质中所走的路程折算为光在真空中的路程，从而方便地用真空中波长来研究干涉现象。为更进一步理解光程概念，下面举一个简单例子。

如图 14-11 所示，设 S_1 和 S_2 分别为在不同介质中的两个相干光源，它们的初相位相同，介质的折射率分别为 n_1 和 n_2，两束光分别经不同路程 r_1 和 r_2 在 P 点相遇。则两束光在 P 点的振动为

$$E_{1P} = A_1 \cos\left(\omega t - \frac{2\pi}{\lambda_1} r_1 + \varphi\right)$$

$$E_{2P} = A_2 \cos\left(\omega t - \frac{2\pi}{\lambda_2} r_2 + \varphi\right)$$

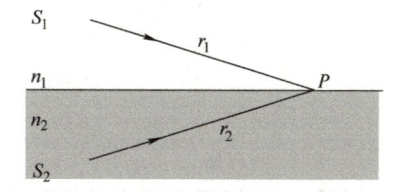

在 P 点的相位差为

$$\Delta \varphi = \frac{2\pi}{\lambda_2} r_2 - \frac{2\pi}{\lambda_1} r_1 = \frac{2\pi}{\lambda}(n_2 r_2 - n_1 r_1)$$

图 14-11 光程差

由此可见，两相干光波在相遇点的相位差不是决定于它们的波程差，而是决定于它们的光程差，常用 Δ 表示光程差。相位差与光程差的关系是

$$\Delta \varphi = \frac{2\pi}{\lambda} \Delta \tag{14-19}$$

在考虑光相遇时的干涉问题时，通常要考虑上式，但需注意的是：引进光程之后，不论光在什么介质中传播，式（14-19）中的 λ 均指光在真空中的波长。另外，式（14-19）仅考虑了光经历不同介质引起的相位差，如果发出光线的两相干光源不是同相位的，则式中还应加上两相干光源的初相位差才代表两束光在 P 点相遇的相位差。这样，以同相点算起的两束相干光相遇产生干涉时，对相位差的分析就可转换为对光程差的分析，由式（14-12）和式（14-13）知，决定明暗的条件为

$$\Delta = \pm k\lambda, \qquad k = 0, 1, 2, \cdots, \qquad 干涉加强 \tag{14-20}$$

$$\Delta = \pm (2k+1)\frac{\lambda}{2}, \quad k = 0, 1, 2, \cdots, \qquad 干涉减弱 \tag{14-21}$$

前面在杨氏双缝干涉实验中，由于光波在真空中传播，所以它的波程差恰恰就是它的光程差。可以说光程和光程差是波动光学中的特征物理量。

14.3.2 透镜的等光程性

在干涉和衍射实验中，经常需要用到薄透镜。光线通过透镜可以改变传播方向，会不会引起附加的光程差呢？

在图 14-12a、b 中，平行光通过透镜后，会聚于焦平面上，形成一亮点。这是由于平行光束的波面与光线垂直，其上各点（见图中 A、B、C 各点）的相位相同，到达焦平面上相位仍然相同，因而相互加强，说明 AF、BF、CF 三条光线等光程，AP、BP、CP 三条光线等光程。图 14-12c 中，物点 S 发出的光经透镜成像于 S' 点，说明物点和像点之间各光线也是等光

程的。所以，可以认为，透镜可以改变各光线的传播方向，但不引起附加的光程差。对薄透镜的等光程性可以做如下解释：图 14-12a 中虽然光线 AF（或 CF）比 BF 经历的几何路程长，但 BF 在透镜中经过的路程比 AF（或 CF）要长，由于透镜的折射率大于空气的折射率，所以折算成光程后，AF（或 CF）与 BF 的光程相等。

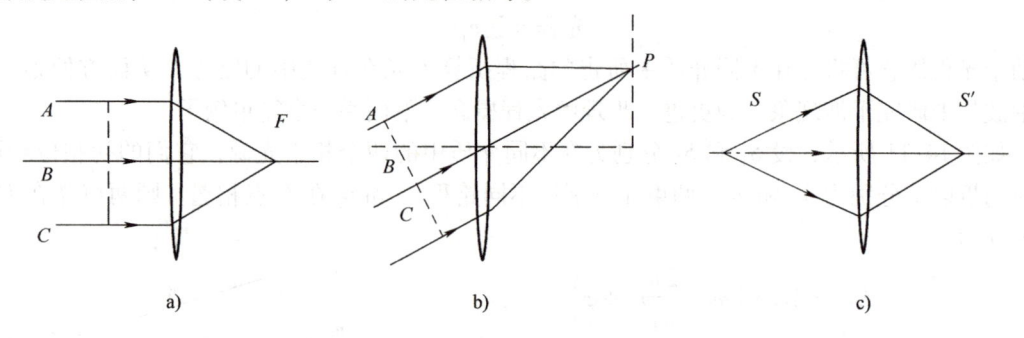

图 14-12 透镜等光程性

例 14-2 在杨氏双缝干涉实验中，入射光波长为 λ，现在 S_1 缝后放置一片厚度为 e 透明介质薄膜（$r_1 \gg e$），如图 14-13 所示。试问原来的零级明纹将如何移动？如果观测到零级明纹移到了原来的第 k 级明纹处，求该透明介质的折射率。

解 零级明纹处的光程差 $\Delta = 0$。由于在 r_1 光路中其介质膜部分可以折算成大于其几何路程的光程，所以图 14-13 的装置中，原来的零级明纹将往上方移动。

设在 S_1 缝后放置透明介质的情况下，P 为此时的零级明纹处（两束相干光的光程差为零），则有

$$r_2 - (r_1 - e + ne) = 0$$

然而在未加透明介质时，P 处为其第 k 级明纹处，两束光的光程差满足

$$r_2 - r_1 = k\lambda$$

由以上两式得

$$n = \frac{k\lambda}{e} + 1$$

图 14-13 例 14-2 图

讨论：若把透明介质薄膜放置在 S_2 缝后，则上述结论会发生怎样的变化？此题为我们提供了一种测量透明介质折射率的方法。

14.4 薄膜干涉

薄膜干涉现象在日常生活和工业技术中经常遇到，如雨天马路表面上的油膜、我们小时候吹过的肥皂泡、照相机镜面上呈现的彩色花纹都属于薄膜干涉，它是光波在薄油膜或薄肥皂膜两表面的反射光相互叠加所形成的干涉现象。与前面讨论的杨氏双缝干涉实验为代表的分波面干涉不同，从光的产生方法上来说，它属于分振幅干涉现象。

对薄膜干涉现象的详细分析比较复杂，但实际应用较多而且较简单的为平行平面薄膜产生的等倾干涉条纹和厚度不均匀薄膜产生的等厚干涉条纹。

14.4.1 薄膜干涉概述

如图 14-14 所示，一束入射光在透明薄膜的上、下两表面反射或折射，反射光 1，2，3，… 或透射光 $1',2',3',\cdots$ 都是相干光束。这是一种分振幅法产生的光的干涉现象。对于一般的透明介质，反射光束中只有前两束的振幅相近，其余各束反射光的振幅都小到可以忽略不计，这时的干涉可按双光束干涉处理。当用白光照射介质膜时，其表面呈现彩色条纹，这说明某些波长光线在反射光中干涉加强。下面用光程差概念来分析薄膜干涉加强和减弱的条件。

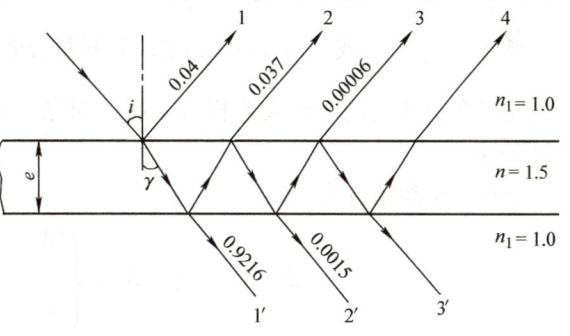

图 14-14 薄膜的反射和折射

如图 14-15 所示，有厚度为 e、折射率为 n_2 的均匀薄膜，与其表面相接触的上、下方介质的折射率分别为 n_1 和 n_3。入射光线 a 以入射角 i 射到薄膜上，在薄膜的上表面 A 处产生反射光 1，而另一部分折射入膜内，折射角为 γ，在薄膜的下表面 C 处反射至 B 后，折回到薄膜上方成为光线 2。光线 1、光线 2 汇聚于透镜焦平面上 P 点，这一点究竟是亮是暗，要由两相干光束的光程差来决定。

为了计算经薄膜上下表面产生的两束反射光 1 和 2 的光程差，我们作辅助线 DB 垂直于反射光线 1、2，由于透镜不引起附加的光程差，光线 1 从 D 点射到 P 与光线 2 从 B 点射到 P 经过的光程相同，所以由于传播距离不同而引起的这两光线之间的光程差可以表示为

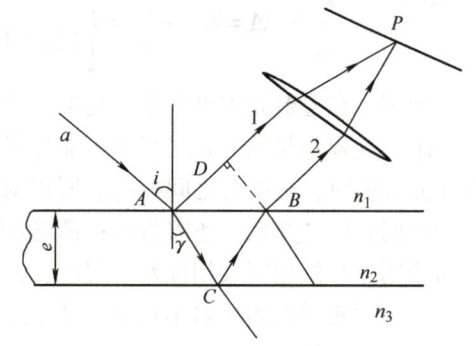

图 14-15 薄膜干涉

$$\Delta = n_2(AC+CB) - n_1 AD$$

由图 14-15 可知 $AC = BC = \dfrac{e}{\cos\gamma}$，$AD = AB \cdot \sin i = 2e \cdot \tan\gamma \cdot \sin i$，代入上式，得到

$$\Delta = \frac{2n_2 e}{\cos\gamma} - 2e \cdot \tan\gamma \cdot n_1 \sin i$$

由折射定律 $n_1 \sin i = n_2 \sin\gamma$，得

$$\Delta = 2e\sqrt{n_2^2 - n_1^2 \sin^2 i}$$

或

$$\Delta = 2n_2 e \cos\gamma$$

除了由于传播距离不同而引起的光程差外，光在薄膜上、下表面反射时还会产生附加光程差。例如，在上表面是由光疏介质到光密介质反射，而在下表面是由光密介质到光疏介质反射；或在上表面是由光密介质到光疏介质反射，在下表面是由光疏介质到光密介质反射，两反射光线 1、2 之间存在 π 的附加相位差，即存在额外的光程差 $\lambda/2$。若光在薄膜上下表面反射情况相同，两反射光之间不存在附加的光程差。所以

$$\Delta = 2n_2 e \cos\gamma + \Delta' \tag{14-22}$$

Δ' 为附加的光程差。例如，当 $n_1 < n_2 < n_3$ 时，上下两表面反射的光束 1 和 2 与入射光相比都有半波损失，光束 1 和 2 之间不会因反射而有附加光程差 Δ'。因此可以总结出如下结论：

当 $n_1 > n_2 > n_3$ 或 $n_1 < n_2 < n_3$ 时，上下两表面反射情况相同，$\Delta' = 0$；

当 $n_1 < n_2 > n_3$ 或 $n_1 > n_2 < n_3$ 时，上下两表面反射情况不相同，$\Delta' = \pm \dfrac{\lambda}{2}$，$\Delta'$ 取正取负的差别仅仅在于条纹的干涉级数相差 1 级，对条纹的其他特征（形状、间距等）并无影响，本书取正号。

于是，干涉条件为

$$\Delta = 2ne\cos\gamma + \Delta' = \begin{cases} k\lambda & \text{干涉加强} \\ (2k+1)\dfrac{\lambda}{2} & \text{干涉减弱} \end{cases} \quad (14\text{-}23)$$

干涉级数 $k = 1, 2, 3, \cdots$ 能否取零，取决于光程差是否能等于零。

例如，当光线垂直照射到空气中厚度为 e 的介质膜时，此时，$i = \gamma = 0$，$n_1 < n_2$，$n_2 > n_3$，则干涉条件为

$$\Delta = 2ne + \dfrac{\lambda}{2} = \begin{cases} k\lambda & k = 1, 2, 3, \cdots \text{干涉加强} \\ (2k+1)\dfrac{\lambda}{2} & k = 0, 1, 2, \cdots \text{干涉减弱} \end{cases} \quad (14\text{-}24)$$

同理，在透射光中也有干涉现象，式（14-23）对透射光仍然适用。但应注意，透射光之间的附加光程差与反射光之间的附加光程差 Δ' 产生的条件恰恰相反。当反射光之间有 $\lambda/2$ 的附加光程差时，透射光之间没有。所以对同样的入射光来说，当反射光相干加强时，透射光相干减弱；反之亦然。还需指出：两光相干除满足上述干涉的必要条件，即频率相同、振动方向相同、相位相同或相位差恒定之外，还必须满足两个附加条件：

一是两相干光的振幅不可相差太大，否则会使加强 $A_1 + A_2$ 与减弱 $A_1 - A_2$ 效果不悬殊，显示不出明显的明暗区别。

二是两相干光的光程差不能太大，否则由于光的波列长度有限，在考察点，一束光的波列已经通过，另一束光的波列尚未到达，两者不能相遇，当然不可能产生叠加干涉。

例 14-3 如图 14-16 所示，白光垂直射到空气中一厚度为 3800Å[⊖] 的肥皂水膜上。试问：

（1）水正面呈何颜色？

（2）背面呈何颜色？（肥皂水的折射率为 1.33）

解 光线垂直入射，入射角 $i = 0$，折射角 $\gamma = 0$，由题意知，油膜上下表面的反射情况不同，即上表面是由光疏介质到光密介质反射，而下表面是由光密介质向光疏介质反射，所以 $\Delta' = \dfrac{\lambda}{2}$。

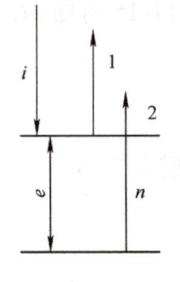

图 14-16 例 14-3 图

（1）对正面，反射光干涉加强时，有

$$\Delta = 2ne + \dfrac{\lambda}{2} = k\lambda \quad (k = 1, 2, \cdots)$$

⊖ 埃，$1\text{Å} = 10^{-10}\text{m}$。

$$\lambda = \frac{2ne}{k-\frac{1}{2}} = \frac{2\times 1.33 \times 3800}{k-\frac{1}{2}} = \frac{10108}{k-\frac{1}{2}} = \begin{cases} 20216\text{Å}(k=1) \\ 6739\text{Å}(k=2) \\ 4043\text{Å}(k=3) \\ 2888\text{Å}(k=4) \end{cases}$$

因为可见光范围为 4000~7600Å，所以，反射光中 $\lambda_2 = 6739$Å 和 $\lambda_3 = 4043$Å 的光得到加强，前者为红光，后者为紫光，即膜正面呈红色和紫色。

（2）对背面，当透射最强时，其反射必定最弱，因此透射光干涉加强的条件与反射光减弱的条件一样，应为

$$2ne + \frac{\lambda}{2} = (2k+1)\frac{\lambda}{2}(k=1,2,\cdots) \Rightarrow 2ne = k\lambda$$

有

$$\lambda = \frac{2ne}{k} = \frac{10108}{k} = \begin{cases} 10108\text{Å}(k=1) \\ 5054\text{Å}(k=2) \\ 3369\text{Å}(k=3) \end{cases}$$

可知，透射光中 $\lambda_2 = 5054$Å 的光得到加强，此光为绿光，即膜背面呈绿色。

14.4.2 等厚干涉——劈尖、牛顿环

1. 劈尖干涉

如图 14-17 所示，将两块光学平面玻璃叠放在一起，一端彼此接触，另一端垫入一薄纸片或一细丝，则在两玻璃片间就形成一个劈尖状的空气薄膜，叫作空气劈尖。两玻璃板相接触的一端称劈尖的棱边。当平行的单色光垂直照射玻璃片时，就可在劈尖表面附近观察到与棱边平行的明暗相间的干涉条纹，这是由于空气膜的上下表面的

图 14-17 劈尖

反射光相干叠加形成的。由式（14-23）知，当以相同的入射角照射薄膜时，光程差仅随薄膜的厚度而变化，同一厚度处上下表面的反射光的光程差相同，对应于同一级干涉条纹，所以叫作等厚干涉。在劈尖上，平行于棱边的直线上的各点，其空气膜的厚度相同，因此劈尖表面观察到的干涉条纹与棱边平行。常见的等厚干涉装置除劈尖外还有牛顿环。

在实验室观察劈尖干涉的装置如图 14-18 所示，L 为透镜，M 为半反半透玻璃片，T 为显微镜。由于空气膜的 θ 角极小，式（14-23）可近似成立。空气的折射率为 1，在膜内的折射角 $\gamma \approx 0$，可得劈尖上下表面反射的两相干光的光程差为

$$\Delta = 2e + \frac{\lambda}{2}$$

式中，$\lambda/2$ 附加光程差是由于空气膜的上表面是由玻璃到空气反射，而下表面是由空气到玻璃反射所产生的附加光程差。

由于各处膜的厚度 e 不同，所以光程差也不同，因而会产生明暗条纹，明纹满足

$$2e + \frac{\lambda}{2} = k\lambda, \quad k=1,2,3,\cdots$$

暗纹满足

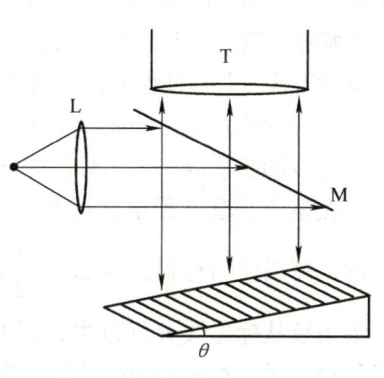

图 14-18 劈尖干涉

$$2e+\frac{\lambda}{2}=(2k+1)\frac{\lambda}{2},\ k=0,1,2,\cdots$$

以上两式表明，空气膜厚度相同地方，对应于同一级明或暗条纹，所以等厚条纹是一些与棱边平行的明暗相间的直条纹。在棱边处 $e=0$，其光程差满足暗纹条件，所以形成暗纹。

用 l 表示相邻明纹或暗纹间的距离，相邻明纹或暗纹的厚度差为 Δe，由图 14-19 可知

$$l=\frac{\Delta e}{\sin\theta} \tag{14-25}$$

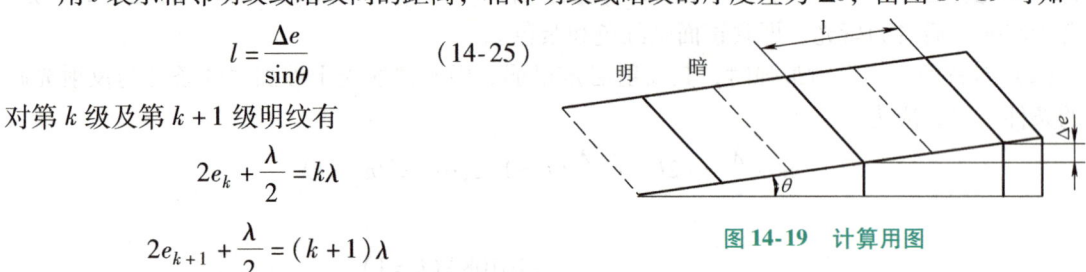

对第 k 级及第 $k+1$ 级明纹有

$$2e_k+\frac{\lambda}{2}=k\lambda$$

$$2e_{k+1}+\frac{\lambda}{2}=(k+1)\lambda$$

两式相减得

$$\Delta e=\frac{\lambda}{2} \tag{14-26}$$

图 14-19　计算用图

即相邻明纹的空气膜厚度差为 $\frac{\lambda}{2}$。

代入式（14-25）得

$$l=\frac{\lambda}{2\sin\theta}$$

由于 θ 很小，所以

$$l=\frac{\lambda}{2\theta} \tag{14-27}$$

式（14-27）表明，空气膜上的等厚条纹是等间距的，θ 越大，条纹越密，当 θ 大到一定程度时，条纹就密不可分了。所以干涉条纹只能在劈尖角度很小时才能观察到。

在生产中，劈尖干涉有很多具体应用，下面举几个典型例子。例如，利用等厚干涉原理制成干涉膨胀仪测量样品材料的线膨胀系数，测定薄膜的厚度，检验光学元件表面的平整度（能检查出不超过 $\lambda/4$ 的凹凸缺陷），等等。

（1）用干涉膨胀仪测量固体线胀系数　图 14-20 所示是干涉膨胀仪的结构图，一个线膨胀系数极小以至可以忽略不计（或已精确测定过）的石英圆柱环 B 放在平台上，环上放一平玻璃板 P。在环内空间放置一柱形待测样品 R，样品的上表面已被精确地磨成稍微倾斜的劈型平面，于是 R 的上表面和 P 的下表面之间形成楔形空气膜。当用波长为 λ 的单色光垂直照射干涉膨胀仪时，可以在垂直方向看到彼此平行等间距的等厚干涉条纹。若将干涉膨胀仪加热，在温度升高 ΔT 的过程中，在视场中某标志线处看到 N 级条纹从该位置移过去。据此可以根据劈尖等厚干涉原理求出样品的线膨胀系数。具体分析如下：

在整个升温过程中，石英圆柱环 B 的膨胀量可以忽略不计，每当样品材料升高 $\Delta e=\frac{\lambda}{2}$ 时，就可以在视场中看到一级条纹从标志线处移过去，因此当看到 N 级条纹从该位置移过去时，意味着样品长度变化了

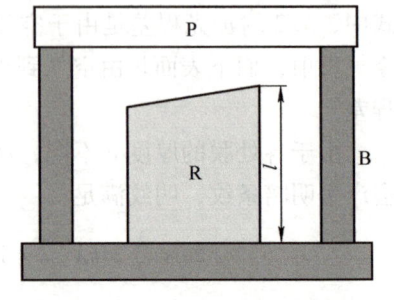

图 14-20　干涉膨胀仪的结构图

$$\Delta l = N\frac{\lambda}{2}$$

根据线膨胀系数定义

$$\Delta l = \alpha l \Delta T$$

可得到样品的线膨胀系数为

$$\alpha = \frac{\Delta l}{l\Delta T} = \frac{N\lambda}{2l\Delta T}$$

（2）薄膜厚度的测定 在生产半导体元件时，为测定硅（Si）片上的二氧化硅（SiO_2）薄膜的厚度，可将该膜的一端削成劈尖状，如图 14-21 所示。SiO_2 的折射率约为 $n=1.46$，Si 的折射率为 3.42，用已知波长的单色光照射，观测 SiO_2 劈尖薄膜上出现的干涉条纹的情况，就可以求出 SiO_2 薄膜的厚度。

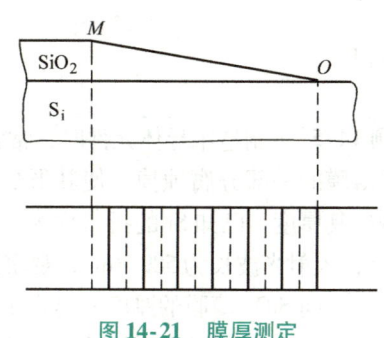

图 14-21 膜厚测定

（3）光学元件表面平整度的检查 劈尖干涉的每一明纹或暗纹，都代表着一条等厚线，因此可以用来检查光学元件表面的平整度。这种光学测量方法的精度远远高于机械方法的测量精度，可以达到波长的 1/10，即 10^{-8} m 的量级。

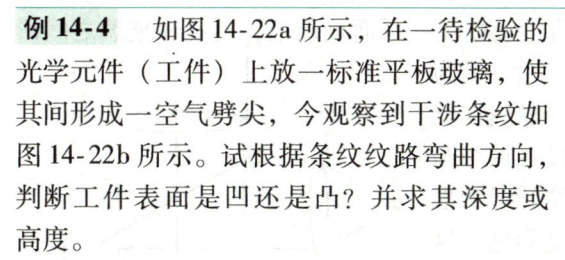

例 14-4 如图 14-22a 所示，在一待检验的光学元件（工件）上放一标准平板玻璃，使其间形成一空气劈尖，今观察到干涉条纹如图 14-22b 所示。试根据条纹纹路弯曲方向，判断工件表面是凹还是凸？并求其深度或高度。

解 如果工件是平的，干涉条纹则是平行于棱边的直条纹。观察到如图 14-22b 所示的弯曲条纹，是由于工件表面不平造成的。我们知道同一条等厚条纹对应相同的空气厚度，所以在同一条纹上，弯向棱边的部分和直的部分对应的空气膜的厚度应相等，而越靠棱边，空气膜厚度应越小，所以工件上有凹陷。

图 14-22 例 14-4 图

如图 14-23 所示，由几何关系得

$$\Delta e = l\sin\theta$$
$$h = a\sin\theta$$

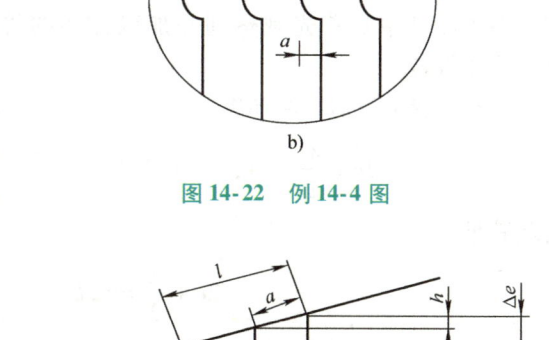

图 14-23 例 14-4 计算用图

得

$$h = \frac{a\Delta e}{l}$$

由式（14-26）知空气膜相邻明纹的厚度差为

$$\Delta e = \frac{\lambda}{2}$$

所以
$$h = \frac{a\lambda}{2l}$$

例 14-5 制造半导体元件时，常常要精确测定硅片上二氧化硅薄膜的厚度，这时可把二氧化硅薄膜的一部分腐蚀掉，使其形成劈尖，利用等厚条纹测出其厚度。已知 Si 的折射率为 3.42，SiO_2 的折射率为 1.5，入射光波长为 589.3nm，观察到 7 条暗纹如图 14-24 所示。问 SiO_2 薄膜的厚度 h 是多少？

解 由于上下表面的反射光都有半波损失，暗纹处需满足

$$2nh = \frac{(2k+1)\lambda}{2}$$

$$h = \frac{(2k+1)\lambda}{4n} = \frac{(2\times 6+1)\times 589.3\times 10^{-9}}{4\times 1.5}\,m = 1.28\times 10^{-6}\,m = 1.28\,\mu m$$

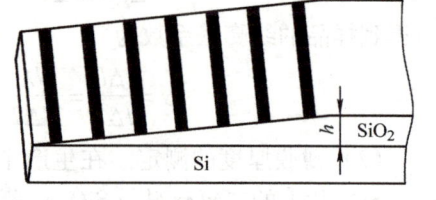

图 14-24　例 14-5 图

注意，$k=0$ 时对应第一条暗纹，第 7 条暗纹处 $k=6$。

2. 牛顿环

如图 14-25 所示，将一曲率半径很大的平凸透镜放在一平面玻璃上，透镜和玻璃之间形成一厚度不均匀的空气层，M 为半反半透的玻璃片，T 为显微镜。设接触点为 O，平行单色光垂直入射，显然在反射方向观察，由于这里空气膜的等厚轨迹是以接触点为圆心的一系列同心圆，因此牛顿环的等厚干涉条纹的形状也是明暗相间的同心圆。若用白光照射，则条纹呈彩色。这些圆环状的干涉条纹叫作牛顿环。它是等厚条纹的又一特例。牛顿环是牛顿首先观察到并加以描述的等厚干涉现象，故此得名。

与空气劈尖类似，明环满足

$$2e + \frac{\lambda}{2} = k\lambda, \quad k = 1, 2, 3, \cdots \quad (14\text{-}28)$$

暗环满足

$$2e + \frac{\lambda}{2} = (2k+1)\frac{\lambda}{2}, \quad k = 0, 1, 2, \cdots \quad (14\text{-}29)$$

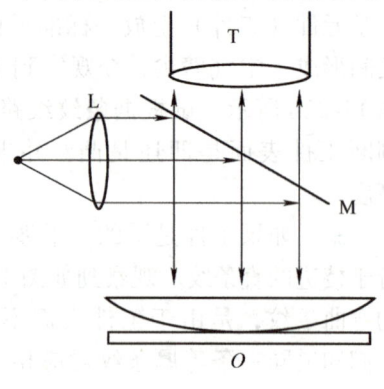

图 14-25　牛顿环

为了求牛顿环的半径 r，参照图 14-26，R 为平凸透镜的曲率半径，在 R 和 r 为两边的直角三角形中，

$$r^2 = R^2 - (R-e)^2 = 2Re - e^2$$

由于 $R \gg e$，所以可略去 e^2，得

$$r^2 = 2Re$$

代入式（14-28）和式（14-29），可得明环半径为

$$r = \sqrt{\frac{(2k+1)R\lambda}{2}}, \quad k = 0, 1, 2, \cdots \quad (14\text{-}30)$$

暗环半径为

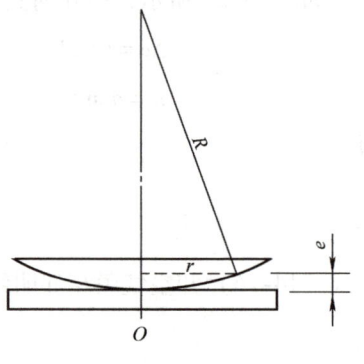

图 14-26　计算用图

$$r = \sqrt{kR\lambda}, \quad k = 0, 1, 2, \cdots \tag{14-31}$$

由上式可看出，在透镜与平板玻璃的中心 O 点，$r=0$，膜厚 $e=0$，光程差 $\Delta = \dfrac{\lambda}{2}$（由于光在空气与平板玻璃相交的表面反射时产生的相位突变造成的），反射式牛顿环接触点 O 为一暗点。

由式（14-30）可知，明环半径 $r = \sqrt{R\lambda/2}, \sqrt{3R\lambda/2}, \sqrt{5R\lambda/2}, \cdots$，由式（14-31）可知，暗环半径 $r = \sqrt{R\lambda}, \sqrt{2R\lambda}, \sqrt{3R\lambda}, \cdots$，说明 k 越大，相邻条纹间距越小，条纹的分布是不均匀的。其干涉级次即 k 值内小外大，条纹间距内疏外密。

例 14-6 在牛顿环实验中，所用波长为 589.3nm 的单色光，测得从中心向外数第 k 个暗环的直径为 8.45mm，第 $k+10$ 个暗环直径为 12.20mm，求平凸透镜的曲率半径。

解 由式（14-31）知
$$D_k^2 = 4kR\lambda$$
$$D_{k+10}^2 = 4(k+10)R\lambda$$
可得
$$R = \frac{D_{k+10}^2 - D_k^2}{40\lambda} = \frac{(12.20^2 - 8.45^2) \times 10^{-6}}{40 \times 589.3 \times 10^{-9}} \text{m} = 3.29 \text{m}$$

14.4.3 增透膜与增反膜

在生产实践中薄膜干涉有很多具体的应用，如可以利用它来测定薄膜的厚度和波长，还能利用干涉原理制成增透膜、高反射膜和干涉滤光片。近代光学仪器中，透镜等元件的表面上镀有透明的薄膜，虽然反射光的能量只占入射光能量的极小部分，但一台光学仪器常常有许多透镜和其他透光元件，反射损失使参与成像的透射光大大减弱。例如，对于一个具有四个玻璃-空气界面的透镜组来说，由于反射损失的光能，约为入射光的 20%，随着界面数目的增多，因反射而损失的光能更多。更为不利的是这些反射光还会被反射到像附近，严重减低像的清晰度。所以，通过在其表面镀一定厚度的介质薄膜，使某一波长的反射光干涉相消，而使透射光增强，这样的薄膜常称为增透膜。对于照相机或助视光学仪器，常选人眼最敏感的 $\lambda = 550$nm 的反射光干涉减弱，透射光增强，相比之下，远离此波长的红光和蓝光反射较强，因此，透镜表面略显紫红色，这就是我们平常所看到的照相机镜头的颜色。

另外，在某些情况下，我们又要求某些光学系统具有较高的反射本领。这时也可以镀适当厚度的高反射率的透明介质膜，使某些波长的光线在薄膜上下表面反射光的光程差满足干涉相长的条件，从而使其反射增强，透射减弱，这种薄膜叫作增反膜。例如，紫外防护镜上涂的就是增反膜。由于反射光一般较弱，只占入射光能量的 5%，所以常在玻璃表面交替镀上折射率高低不同的多层介质膜。例如，He-Ne 激光器中的谐振腔的反射镜就是采用镀多层反射膜（15~17 层）的办法，使它对 6328Å 的激光的反射率达到 99% 以上（一般最多镀 15~17 层，因为顾虑到吸收问题）；再如，宇航员头盔和面罩上也涂有多层膜以避免宇宙空间中极强的红外线照射。薄膜干涉的实际应用很多，可以说，没有光学薄膜，大部分近代光学系统就不能正常工作。

例 14-7 在一光学元件的玻璃表面上镀一层厚度为 e、折射率为 $n_2 = 1.38$ 的氟化镁薄膜，已知玻璃折射率为 1.60。为了使正入射白光中对人眼最敏感的黄绿光（$\lambda = 550$nm）反射最小，试求薄膜的最小厚度。

解 如图 14-27 所示，由于氟化镁薄膜的上下表面反射情况相同，所以附加光程差 $\Delta' = 0$。要使黄绿光反射最小，满足

$$2n_2 e = (2k+1)\frac{\lambda}{2}, \quad k = 0, 1, 2, \cdots$$

控制镀膜厚度，使

$$e = \frac{(2k+1)\lambda}{4n_2}$$

其中，取最小厚度，使 $k = 0$

$$e_{\min} = \frac{\lambda}{4n_2} = \frac{550 \times 10^{-9}}{4 \times 1.38}\mathrm{m} = 9.96 \times 10^{-8}\mathrm{m} = 99.6\mathrm{nm}$$

根据能量守恒定律，反射光减少，透射的黄绿光就增强了。

图 14-27 例 14-7 图

14.4.4 等倾干涉

在薄膜干涉中，由式（14-23）知，当薄膜为平行膜时，对给定的波长，上下两表面反射光的光程差仅随薄膜内折射角 γ 而变化，也就是说，光程差是由入射角 i 决定的，则同一干涉条纹对应同一入射角的一切光线，从而对应于干涉图样中的同一级条纹（k 值），所以叫作等倾干涉。

观察等倾干涉条纹的实验装置如图 14-28a、b 所示，其中 S_1 是面光源上一点，L 为透镜，其光轴与薄膜表面垂直，屏幕放在透镜的焦平面上。如图 14-28a 所示，考虑从面光源（如钠光灯或由它照射的毛玻璃）上 S_1 点发出的光线。图中 M 是半透半反射玻璃体，它让 S_1 所发出的光线反射后，照射到薄膜上，对于薄膜上任一点来说，具有同一入射角 i 的光线，就分布在以该点为顶点的圆锥面上，这些光线在薄膜上下表面反射后，又由 M 再反射经透镜 L 会聚后分别相交于屏幕上的同一圆周上，形成等倾干涉条纹。等倾干涉条纹的同一干涉级次对应于同样的入射角 i。通常情况下，形成的等倾干涉条纹是一组明暗相间的同心圆环，如图 14-28c 所示。把式（14-23）中的折射角用入射角表示，可得等倾干涉条纹应满足下式：

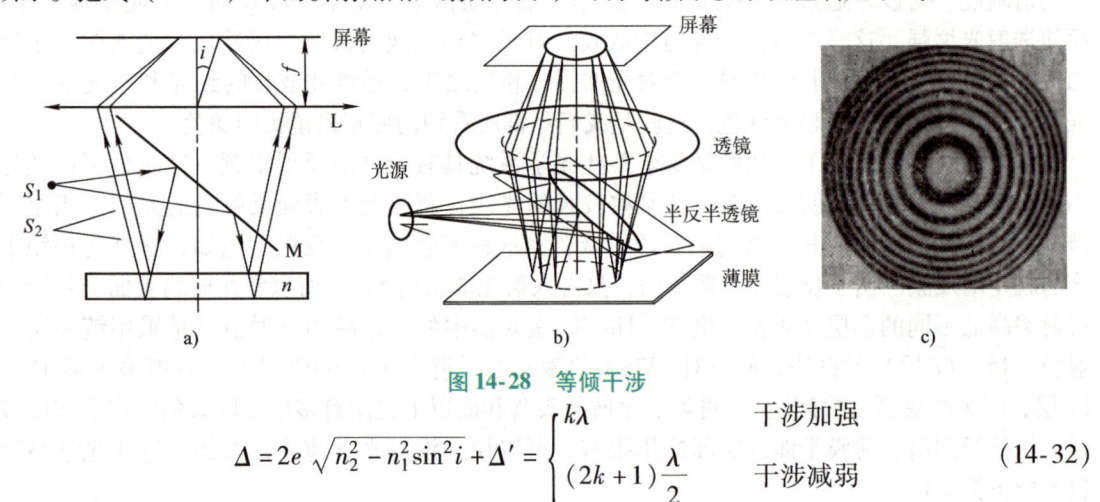

图 14-28 等倾干涉

$$\Delta = 2e\sqrt{n_2^2 - n_1^2 \sin^2 i} + \Delta' = \begin{cases} k\lambda & \text{干涉加强} \\ (2k+1)\dfrac{\lambda}{2} & \text{干涉减弱} \end{cases} \tag{14-32}$$

光源上每一点发出的光束都产生一组相应的同心干涉圆环。由于方向相同的平行光线将被透镜会聚到屏幕上同一点，而与光线来自于何处无关，所以，由光源上不同点发出的光线，

凡是相同倾角的，它们形成的干涉圆环都将重叠在一起，总光强为各个干涉环光强的非相干叠加，因面明暗对比更为强烈，这也是观察等倾干涉条纹使用面光源的道理。

由式（14-32）可以看出，k 值大即级次高的亮环，其对应膜内的折射角 γ 和入射角 i 都小，所以，上述等倾干涉圆环的干涉级次里高外低，这点与牛顿环的等厚干涉图像相反。将式（14-23）对折射角 γ 求微分，可以证明：同心的等倾干涉条纹分布里疏外密。

对一定干涉级数的条纹，其光程差是一定的。因此薄膜厚度改变时，干涉条纹的移动可依据光程差保持一定的点如何移动来判断。由式（14-23）知，若薄膜厚度 e 增加，要维持光程差一定，只有减小 $\cos\gamma$，即 γ 增加，也就是说，当薄膜厚度增加时，干涉条纹一个一个从中心冒出来；反之，当薄膜厚度减小时，干涉条纹一个一个缩向中心消失。

空气中的薄膜，等倾干涉圆环中心处的折射角 γ 等于零，若出现明斑，有

$$2ne_1 + \frac{\lambda}{2} = k\lambda$$

厚度慢慢增加时，第 k 级明斑扩大成明环，中心逐渐变暗，但渐渐又一次变亮，当中心出现第 $k+1$ 级明斑时，有

$$2ne_2 + \frac{\lambda}{2} = (k+1)\lambda$$

得

$$2n(e_2 - e_1) = 2n\Delta e = \lambda$$

意味着冒出一个亮斑，薄膜厚度增加了

$$\Delta e = \frac{\lambda}{2n} \tag{14-33}$$

14.5　迈克耳孙干涉仪

迈克耳孙（A. A. Michelson，1852—1931），美国物理学家，主要从事光学和光谱学方面的研究。1881 年，利用分振幅法产生双光束干涉，他设计了一种高精度的干涉仪。1887 年，迈克耳孙和他的合作者莫雷应用此干涉仪进行了测量"以太风"的著名实验，被称之为"迈克耳孙-莫雷实验"，这个实验否定了"以太"的存在，为狭义相对论的建立奠定了实验基础；此外，他还用迈克耳孙干涉仪研究了光谱的精细结构，并第一次以光的波长为基准对标准米尺进行了测定。由于他创制了这种精密的光学仪器并利用这些仪器完成了一些重要的光谱学和基本度量学研究，迈克耳孙于 1907 年获得了诺贝尔物理学奖。后人又根据这种干涉仪的基本原理研制出各种具有实用价值的干涉仪。因此，迈克耳孙干涉仪在近代物理和近代计量技术发展中起着重要的作用。

迈克耳孙干涉仪的光路如图 14-29 所示。M_1 和 M_2 是两块精密磨光的平面反射镜，分别安装在相互垂直的两臂上。M_2 固定不动，M_1 通过精密丝杠的带动，可以沿臂轴方向移动，M_1 的位置可以精确定位，其位置的读数方法与螺旋测微器相似，但侧面比螺旋测微器多一微调手轮，其上的最小分度值为 10^{-5} mm，和可见光的波长在同一量级。G_1 和 G_2 是两块厚度相同、折射率相同、相互平行，并与 M_1 和 M_2 成 45°角的平面玻璃板。其中 G_1 板靠近反射镜那

面镀有半透明、半反射的薄银膜，它可使入射光分成强度相等的反射光 1 和透射光 2，故 G_1 称为分光板；由图 14-29 看出，经 G_1 反射后光束 1 来回两次穿过玻璃板 G_1，设置玻璃板 G_2 的目的是使光束 2 穿过玻璃板同样的次数，以避免两束光有较大的光程差而不能产生干涉，因此 G_2 称为补偿板。在使用复色光（尤其是白光）作光源时，因为玻璃和空气的色散不同，补偿板更不可缺少。

自光源 S 发出的单色光，经 G_1 板分成光束 1 和光束 2 后分别入射到 M_1 和 M_2 上，经 M_1 反射的光束回到分光板后，一部分透过分光板成为光束 1′；而透过 G_2 板并由 M_2 镜反射的光束回到分光板后，其中一部分被反射成为光束 2′。显然，光束 1′ 和 2′ 是相干光。因此，当它们在 E 处相遇时，便发生干涉现象。

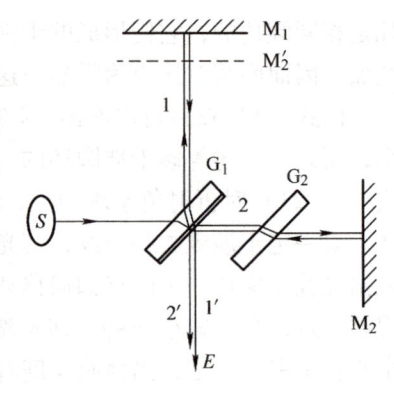

图 14-29　光路图

由于 G_1 的反射，在 E 处看来，使 M_2 在 M_1 附近形成一个虚像 M_2'，因此光波 1′ 和光波 2′ 的干涉等效于由 M_1、M_2' 之间空气薄膜产生的干涉。M_1、M_2 镜的背面有螺钉，用来调节它们的方位。

调节 M_1 和 M_2 相互精确垂直，则两反射面 M_1 和 M_2' 就严格平行。若光源为面光源，就能观察到如图 14-28c 所示的等倾干涉条纹。假设这时中心为亮点，由式（14-23）可知中心处满足

$$\Delta = 2ne\cos\gamma + \Delta' = 2e = k\lambda$$

式中，中心处折射角 γ 等于零。由于 M_1、M_2 两表面反射情况相同，所以 $\Delta'=0$。

移动 M_1，即改变空气膜的厚度 e，当中心"冒出"或"吞入"一个条纹时，原中心处的干涉级次就增加或减少 1，此时 e 增加或减少 $\lambda/2$。若在实验中移动 M_1 镜时，有 N 个条纹"冒出"或"吞入"，则 M_1 移动的距离为

$$\Delta e = N\frac{\lambda}{2} \tag{14-34}$$

式（14-34）表明，在波长 λ 一定的情况下，若记录条纹的变化数 N，便可计算出 M_1 移动的微小距离，这就是激光干涉测长仪的原理。反之，也可以借助标准长度来测量光波的波长，这就是迈克耳孙干涉仪测量波长的原理。

如果 M_1 和 M_2 不严格垂直，则 M_1 和 M_2' 有一定的夹角，此时用垂直于 M_2 的平行光照明，则反射系统等价于一个"空气劈尖"，在视场中可看到等厚干涉条纹。

1893 年，迈克耳孙利用干涉仪测定了镉（Cd）红线的波长。在 $t=15℃$ 的干燥空气中，在一标准大气压下，所测镉（Cd）红线的波长为 $\lambda_{Cd}=643.84696$nm。他还用该谱线为光源，测量了标准米尺的长度，其结果是 1m 等于镉红线波长的 1553164.13 倍，其精度差小于 10^{-9}m。

由于迈克耳孙干涉仪设计精巧，特别是它光路的两臂分得很开，便于在光路中安置被测量的样品，而且两束相干光的光程差可由移动一个反射镜来改变，调节十分容易，测量结果可以精确到光波波长数量级，所以应用广泛。例如，在某一光路上加入待测物质后，相干光的光程差就发生了变化，观测相应的条纹变化，即可测量待测物质的性质（如厚度、折射率、光学元件的质量等），它还可用于光谱的精细结构分析等。迈克耳孙干涉仪至今仍是许多光学仪器的核心。

第 14 章 光 的 干 涉

本章逻辑主线

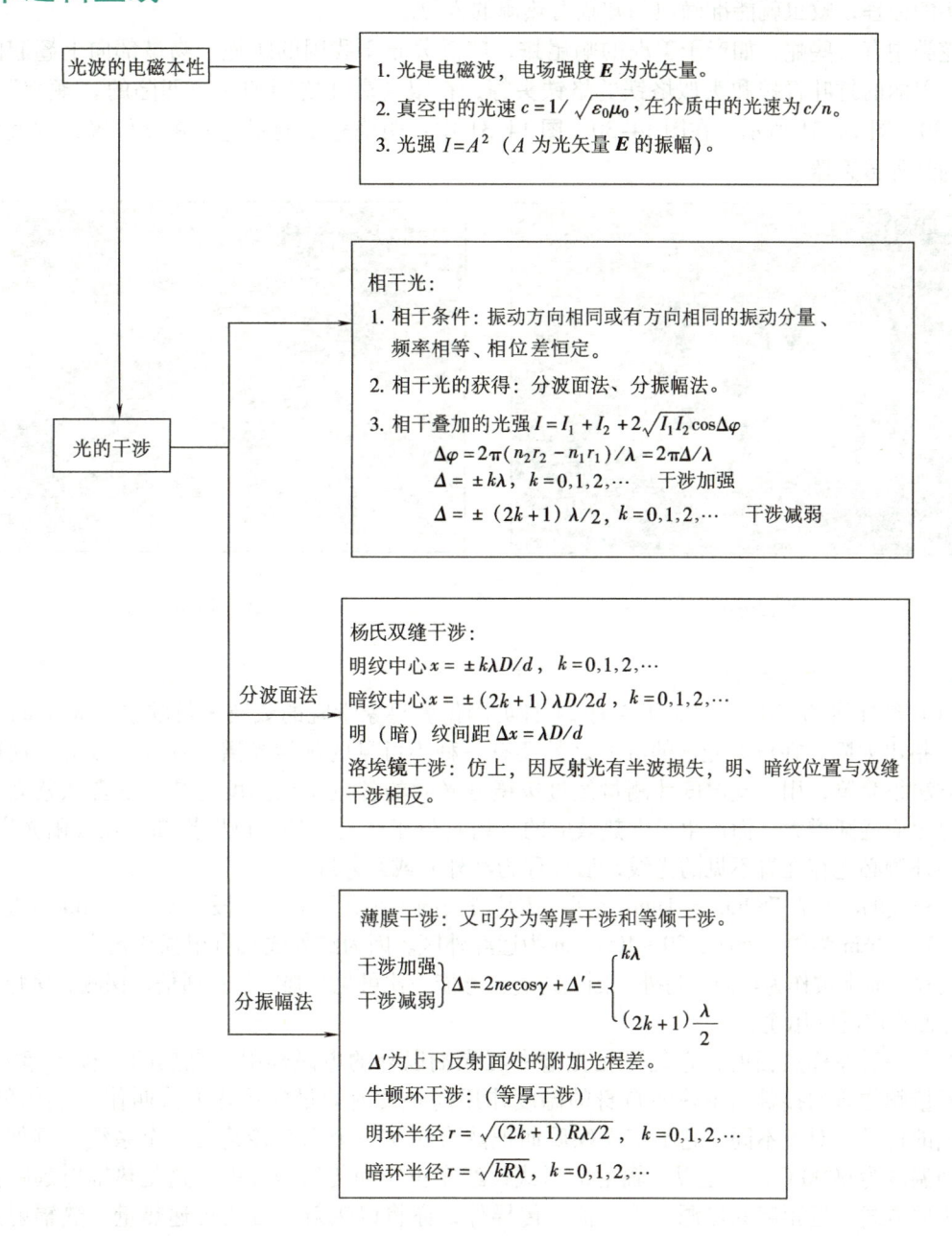

光波的电磁本性
1. 光是电磁波，电场强度 E 为光矢量。
2. 真空中的光速 $c = 1/\sqrt{\varepsilon_0 \mu_0}$，在介质中的光速为 c/n。
3. 光强 $I = A^2$（A 为光矢量 E 的振幅）。

光的干涉

相干光：
1. 相干条件：振动方向相同或有方向相同的振动分量、频率相等、相位差恒定。
2. 相干光的获得：分波面法、分振幅法。
3. 相干叠加的光强 $I = I_1 + I_2 + 2\sqrt{I_1 I_2}\cos\Delta\varphi$
$\Delta\varphi = 2\pi(n_2 r_2 - n_1 r_1)/\lambda = 2\pi\Delta/\lambda$
$\Delta = \pm k\lambda$, $k = 0, 1, 2, \cdots$ 干涉加强
$\Delta = \pm(2k+1)\lambda/2$, $k = 0, 1, 2, \cdots$ 干涉减弱

分波面法

杨氏双缝干涉：
明纹中心 $x = \pm k\lambda D/d$, $k = 0, 1, 2, \cdots$
暗纹中心 $x = \pm(2k+1)\lambda D/2d$, $k = 0, 1, 2, \cdots$
明（暗）纹间距 $\Delta x = \lambda D/d$
洛埃镜干涉：仿上，因反射光有半波损失，明、暗纹位置与双缝干涉相反。

分振幅法

薄膜干涉：又可分为等厚干涉和等倾干涉。
干涉加强
干涉减弱 $\Delta = 2ne\cos\gamma + \Delta' = \begin{cases} k\lambda \\ (2k+1)\dfrac{\lambda}{2} \end{cases}$
Δ' 为上下反射面处的附加光程差。
牛顿环干涉：（等厚干涉）
明环半径 $r = \sqrt{(2k+1)R\lambda/2}$, $k = 0, 1, 2, \cdots$
暗环半径 $r = \sqrt{kR\lambda}$, $k = 0, 1, 2, \cdots$

拓展阅读

红外技术及应用

1. 引言

在自然界，有不少动物具有能接收红外线信息的结构，如雌蚊虫的红外线探测器是它的触角，呈环毛状。雌蚊虫觅食时，不断地转动一对触角，当两条触角接收到的辐射热相同时，

就知道可被吮血的温血动物就在正前方,蚊虫就朝目标飞去。根据离热源越近所接收到辐射热越多的原理,蚊虫就能准确地测知辐射热源的方位。

蛇类中有一些蛇,如产于美洲的响尾蛇,广泛分布于我国的蝮蛇、吻鼻部向上翘起的五步蛇、美丽的竹叶青蛇和头似烙铁的烙铁头等,在眼与鼻孔之间的一个凹陷的"颊窝",如图 14-30、图 14-31 所示。在图 14-30、图 14-31 中:明确标了响尾蛇的颊窝位置,它就是响尾蛇的红外传感器。

图 14-30

图 14-31

2. 红外线的产生与吸收

(1) 红外线的产生 1800 年 4 月 24 日英国伦敦皇家学院的威廉·赫歇尔(William Herschel)指出太阳光在可见光谱的红光之外还有一种不可见的延伸光谱,具有热效应。他所使用的方法很简单,用一支温度计测量经过棱镜分光后的各色光线温度,结果发现从紫光到红光其热效应逐渐增大,而产生最大热效应的辐射竟位于红光之外。可以推知:在太阳光谱中,红光的外侧必定存在看不见的光线,后被称为红外光或红外线。

红外线的波长在 780nm 至 1mm 之间。按其波长的大小,可分为三段:$0.78 \sim 3\mu m$ 为近红外的光;$3 \sim 30\mu m$ 为中红外区;$30 \sim 1000\mu m$ 为远红外区。因为红外线具有很强热效应,并易于被物体吸收,通常被作为热源。另外,因其透过云雾能力比可见光强,故在通信、探测、医疗、军事等方面有广泛的用途。

红外辐射亦称热辐射,它是可见光谱中红光端以外的电磁辐射,是热的一种传递方式。这种不依赖物质的接触而由热源自身的温度作用向外发射能量的传热方式叫作"热辐射"。它和热的传导、对流不同。它不依靠媒质而把热直接从一个系统传给另一个系统。例如,太阳表面温度为 6000℃,它是以热辐射的形式,经宇宙空间传给地球的。这是热辐射远距离传热的主要方式。近距离的热源,除对流、传导外,亦将以辐射的方式传递热量。热辐射是以电磁波辐射的形式发射出能量,温度的高低决定辐射的强弱。温度较低时,主要以不可见的红外光进行辐射,当温度为 300℃(573K)时,热辐射中最强的波长在 $5\mu m$ 左右,即在红外区。当物体的温度在 500℃(773K)至 800℃(1073K)时,热辐射中最强的波长成分在可见光区。

因此,在全部电磁波频谱中,产生红外线是最容易的,只需加热物体就行。人体就是温度为 310K 的热源,不断地辐射波长在 $9\mu m$ 附近的红外线。红外线光子的能量大体上对应于许多分子的振动或转动能级的间隔,振动能级间隔较转动的大,所以振动谱对应近红外,转动谱对应远红外。所以,不论用什么办法,如用热激发的办法,把分子激发到高的振动或转动能级上,它便会很快地往低能级跃迁,并放出相应的红外光子来。

温血动物的辐射热其实是一种红外线，它是一种肉眼看不见的光，但是有显著的热效应。

(2) **光子吸收与激发态寿命** 然而，吸收光子却不一定很容易或很简单。作为一个量子过程，它既有能量上的匹配问题，又有概率大小的问题。例如，物质中存在两个定态能级：一个是基态，一个激发态，其间隔为 E。当光子能量 $h\nu$ 比 E 大得多或小得多时，当然不能引起能级间的跃迁并吸收这个光子；但即使能量差不多够了，$h\nu \approx E$，光子可能被吸收，还有概率大小的问题；再者，当分子（原子）跃迁到上能级后，在它还没有放出光子之前，必须存在某种机制使它"退激"，即把能量以热能形式转移出去，否则如分子（原子）又跃迁迁回到下一能级并放出与原来同样能量的光子的话，结果便只是散射而不是吸收了。

按振子模型，辐射功率与波长 λ 的四次方成反比，辐射越强，振子的振幅 $A(t)$ 随时间 t 衰减得越快，用指数函数描写这一衰减过程，便有

$$A(t) = A_0 \exp(-\gamma_0/2) \tag{a}$$

可证明这个阻尼常数

$$\gamma_0 = \frac{2\pi e^2}{3\varepsilon_0 mc}\left(\frac{1}{\lambda^2}\right) \tag{b}$$

m 是振子的质量，当讨论原子放射紫外或可见光时，m 应以电子质量 $m_e = 9.1 \times 10^{-31}$ kg 去代替；对 $\lambda = 0.5\mu m$ 的可见光，$\gamma_0 \sim 10s^{-1}$，这是原子处于激发态的典型时间，对红外线辐射来说，m 是原子质量，比 m_e 大几千倍，又大于 $1\mu m$，这样 γ_0 估计要减小到 $10^4 s^{-1}$ 左右；或者说，单有辐射一种过程时，停留在激发态的时间将变得很长（$\geq 10^{-4}$s 左右），假如在这时存在另一种退激的机制，如与离子晶体振动的强烈耦合，以 γ' 表示它的概率，而 $\gamma' > \gamma_0$ 的话，激发态的总衰变概率应等于两者之和：

$$\gamma = \gamma_0 + \gamma' \gg \gamma_0 \tag{c}$$

于是，激发态寿命 $\tau = 1/\gamma$ 也将比 l/γ_0 大大地缩短。

(3) **大气的红外吸收** 上面只是一般讨论，具体分析起来，气体中的分子如 N_2 和 O_2 等对红外线几乎没有吸收，原因是它们没有极性，与电磁波的耦合太弱，而极性分子如 HF、HCl、CO、CO_2 和 H_2O 等，却有各自的红外吸收带，不过在物质中当红外吸收发生时，实验上测到的并不是一条狭窄的谱线，而往往是展布为一相当宽阔的吸收带。水汽的红外吸收带位于 $1.1\mu m$、$1.38\mu m$、$1.87\mu m$、$2.7\mu m$ 和 $6.3\mu m$ 处，在大于 $18\mu m$ 的中、远红外区还有些吸收带。CO_2 则在 $2.7\mu m$、$4.3\mu m$ 和 $15\mu m$ 处各有一较强的吸收带。这同 20 世纪以来地球日益严重的"温室效应"有密切关系。

让具有连续谱的红外辐射穿过一定距离的大气，测量其不同波长的强度与原始强度之比，即透射率作为波长的函数，如图 14-32 所示。

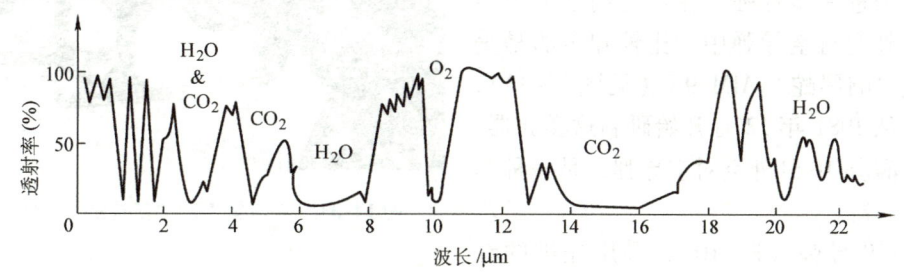

图 14-32 大气的红外光谱透射特性

从这个谱可见，在许多波长附近，透射率下降为零，表明红外吸收带的存在。在它们之间，又有许多透射率达80%左右的"高地"或"山峰"，表示这些波长的红外线被大气分子和尘埃等吸收很弱，能够透过大气，它们大致被分割为三个波段范围，即 1~2.5μm、3.5~5.5μm 和 8~13μm，常被称为三个"红外的大气窗口"。

3. 红外线的探测及其应用

（1）红外探测的应用　红外线用作加热、干燥等用途历史悠久，但在高新技术上应用却是第二次世界大战以后的事。它在军事上的潜力是显而易见的，例如制成"响尾蛇"红外空对空导弹，或做成红外"夜视镜"或"夜视仪"后使敌方在明处而我方则在暗处。接着，在医疗、地球资源勘测和气象监测等许多方面也开始广泛采用红外线。

1）远红外线加热干燥。当远红外线辐射到一个物体上时，可发生吸收、反射和透过。但是，不是所有的分子都能吸收远红外线，只有对那些显示出电性的极性分子才行。水、有机物质和高分子物质具有强烈的吸收远红外线的性能。当这些物质吸收远红外线辐射能量并使其分子、原子固有的振动和转动的频率与远红外线辐射的频率相一致时，极容易发生分子、原子的共振或转动，导致运动大大加剧，所转换成的热能使内部温度升高，从而使得物质迅速得到软化或干燥。

远红外线加热或干燥的好处主要体现在两个方面：①加热速度快、效率高。一般的加热方法是利用热的传导和对流，需要通过媒质传播，速度慢，能耗大，而远红外线加热是用热辐射，中间无须媒质传播。同时，由于辐射能与发热体温度的4次方成正比，因此，不仅节约能源而且速度快、效率高。②对加热物质损伤和改变很小。远红外线具有一定的穿透能力，由于被加热干燥的物质在一定深度的内部和表层分子同时吸收远红外辐射能，产生自发热效应，使溶剂或水分子蒸发，发热均匀，从而避免了由于热胀程度不同而产生的形变和质变，使物质外观、物理机械性能、牢度和色泽等保持完好。

2）红外空对空导弹。现代空战中最常用的武器是什么呢？那就是空对空导弹，它对于现代空战来说，是非常重要的，像歼20就只能携带六枚空对空导弹，因此战机携带的空对空导弹的性能就显得至关重要。1949年，美国福特航宇通信公司和雷锡恩公司开始研制一种"响尾蛇"红外空对空导弹，这是一种红外线自动跟踪装置，它不仅可以凭着由对红外线敏感的硫化铅制成的"热眼"，发现因发动机散热而产生热源的飞机与舰艇，还能根据目标在空中或水下留下的"热痕"，跟踪追击，直至击中目标。后来，性能更好的锑化铟替代了硫化铅材料，使得这类"响尾蛇"红外空对空导弹的威力进一步加强。在这类用于近距离格斗的红外空对空导弹中，比较知名的是美国第4代"响尾蛇"AIM-9X（见图14-33），我国则是从1981年12月开始研制这类武器，研制出了霹雳-10红外空对空导弹，是一种非常致命的武器。

图14-33　美国第4代"响尾蛇"AIM-9X

霹雳-10导弹（PL-10），采用先进的红外成像制导，能区分真正的敌机和假目标诱饵，霹雳-10可以通过飞行员的头盔瞄准并锁定，从而大大降低了飞行员的战斗压力，做到"看哪打哪"。该导弹采用推力矢量技术，具有极高的使用过载。霹雳-10 是中国自主研发的国产第四代近距离格斗空对空导弹，它使用先进的红外成像制导，具有较强的离轴攻击能力，即便敌机没有处在正前方，也可以实现攻击。另外，因使用推力矢量喷嘴，故而有很强的动机性，还具有很高的使用过载，甚至可以做出"回马枪"动作，这种动作对于早期的格斗导弹是难以想象的，霹雳-10 的性能达到了美国 AIM-9X "响尾蛇"的水平。

除了近距离格斗的空对空导弹外，我国还有诸如霹雳-15E 等新型中远距空对空导弹（见图 14-34），其射程可达 300km 以上，具有超视距发射、多目标攻击、全天候使用等特点。现在，我国霹雳-17 空对空导弹也已经问世，在未来的空中防御和作战中都将发挥重要作用。

图 14-34　中国的霹雳-15E 空对空导弹

3）红外线透视和夜视。红外线透视和夜视是分别利用了红外线的不同性质。红外线照相是通过接收各种物质发出的红外线，再把它们展现出来，但是其本身不是通过发出红外线来照相的。太阳光到了晚上的确是几乎没有了，但是地球上的物质都会辐射红外线，有的强烈有的平静。虽然人的肉眼看不见红外线，但特殊设计的照相机和夜视仪却专门接收红外线，所以会出现我们觉得一片漆黑，而相机却能拍到东西，因为实际上到处都是红外线，对于红外照相机和夜视仪来讲是一片光明。透视则是利用红外线的波长比可见光要长，可以穿过一些可见光不能通过的面料（如混棉和尼龙），所以通过一定的选择滤波，可以得到这些面料后面的图像。

4）红外热像仪。在公共场所用红外热像仪检测温度。通常说人体温度为 37℃，实际上不同部位皮肤的温度并不相同，鼻部与头顶部温度较低。当人体患病时，全身或局部的热平衡遭到破坏，便在相应部位的皮肤温度上反映出来。红外热像仪可像电视摄像机一样拍摄温度分布图像，分辨率高达 0.1℃，特别适用于机场、码头、车站、商场、宾馆等人群集中的公共场合的体温排查。一方面，它检测方便，即使人群在不停地走动，也可在 1s 内测出数十人中的高温者，做到了尊重被测试者人权；另一方面，测试者可远离被测试者或坐于远离的玻璃房内进行操作，保证了测试者的安全。

此外，红外热像仪可以对肿瘤做早期诊断，特别是对浅表性的乳腺癌和皮肤癌更有效。在冶金工业上对炉面温度的快速探测，核电站内为监测反应堆建筑物有无温度异常等都可用热像仪。在 1991 年海湾战争中，装在人造卫星上的红外遥感器成功地监视了地面上导弹的发射情况。

5）机载成像光谱遥感和地球资源卫星。地球表面温度不但随昼夜变化，而且与地面一定厚度层内物质的物理性质有关。因此，测量地表温度分布及其变化，可对地质构造、地热和火山活动、地面覆盖物等有所了解。一般来说，在高空测到地表发射的红外线，波长在 $3\mu m$ 以下是从太阳光反射回去的，$3 \sim 5\mu m$ 既有反射的又有地表自己发射的，大于 $12.5\mu m$ 的则都是自己发射的。碳酸岩在 $2.35\mu m$ 处有明显的吸收峰，大部分矿是蚀变岩，其吸收谱在 $2.2\mu m$ 处，这一差别在"机载成像光谱遥感"中能够区分。

6）在气象卫星上安装多光谱扫描辐射计等遥感装置，利用卫星运行速度快、视场面积大的特点，在短时间内就可以取得全球性的气象和地质资料。在各种电磁波段的遥感中，红外遥感占有重要的地位，如它能摄制云图，特别是地球背着太阳部分的云图（可见光就无能为力），收集地面温度垂直分布（晴空时测量 CO_2 的 $15\mu m$ 或 $4.3\mu m$ 的红外光谱，有云时则改测 O_2 的 $5mm$ 微波辐射）、大气中水气分布（测 H_2O 的 $6.3\mu m$ 红外光谱）、臭氧含量（测 O_3 的 $9.6\mu m$ 红外光谱）及大气环流等宝贵的气象资料。

7）红外无损检测。自然界中的任何物体都是红外辐射源。辐射能量的主波长是温度的函数，并与表面状态有关。红外无损检测是利用红外辐射原理对材料表面进行检测。如果被测材料内部存在缺陷（裂纹、空洞、夹杂、脱粘等），将会导致材料的热传导性改变。进而反映在材料表面温度的差别，即材料的局部区域产生温度梯度，导致材料表面红外辐射能力发生差异，温度场随时间变化的信息中包含了样品缺陷的信息。利用显示器将其显示出来，便可推断材料内部的缺陷。

红外检测不用接触实物，这样可将测试装置远离被测物，从而实现无损检测。同时红外检测具有反应速度快、灵敏度高的特点。速度之快取决于扫描时间，即十几分之一秒。温度变化灵敏度可达 $0.1℃$。复合材料的无损检测和寿命监测是重大的研究课题，但由于复合材料制造过程复杂，且在各种环境条件下又极易受到损伤，所以缺陷的发生发展是不可避免的，希望通过无损检测来判定材料是否合格。常用的超声和射线等无损检测方法能提供一定的缺陷信息，但速度慢或者不能全场检测，而红外无损检测可以大面积快速进行。

8）红外技术其他应用。如红外通信、红外安全、报警、文物鉴定和红外防伪等。家用电视机或空调器的遥控器，也是一个小功率的红外发射器，由于红外线被墙壁吸收，不会像无线电波那样去干扰邻室的电器。

（2）红外探测的技术困难 种类繁多的生物界经过长期的进化过程，使它们能适应环境的变化，从而得到生存和发展。鱼儿在水中有自由来去的本领，人们就模仿鱼类的形体造船，以木桨仿鳍；鸟儿展翅可在空中自由飞翔，鲁班用竹木作鸟"成而飞之，三日不下"。以上这些模仿生物构造和功能的发明与尝试，可以认为是人类仿生的先驱。经过多年的改进，现代飞机和轮船在速度、行动距离上很多方面超过了鸟和鱼，显示了人类的智慧和才能。但是有时候，人类就会碰到了一个又一个的难题。例如，人造雷达来源于对蝙蝠的模仿。时至今日，人造雷达在效率、体积、灵敏度等方面都不及蝙蝠的雷达。红外探测技术的发展，也是人类仿生学的一个伟大实践。深奥的仿生学与人类认识的有限性，决定了我们要使人造的红外探测器在灵敏度方面达到响尾蛇的灵敏度，还有很多工作要做，有一系列材料和技术等方面的困难要克服：

1）红外透光材料的选用。在仪器上用作红外"窗口"和聚焦红外线的透镜，它们只能按波段来选用材料。对于 $1 \sim 3\mu m$ 的近红外线，与可见光一样，可采用多种光学玻璃或石英玻璃；3~5μm 的红外线，虽有几种红外玻璃，但更多采用硅（Si）、氧化铝（Al_2O_3）、氟化钙（CaF_2）等的单晶和多晶；至于 8~13μm 以及更远的红外线波段，合适材料并不多，常用的有锗（Ge）、硅等单晶和碲化镉（CdTe）、硫化锌（ZnS）、砷化镓（GaAs）等。

2）寻找合适的红外敏感材料。为制造探测红外信号的元器件，必须寻找对红外线敏感的材料。

对红外敏感的无机材料，经过大约 50 年的努力，人们先后找到了硫化铅（PbS）、锑化铟（InSb）、碲镉汞（HgCdTe）等窄禁带半导体材料，它们在红外光照的条件下能够产生明显的光电导效应或光伏效应。目前，HgCdTe 这种对红外敏感的无机材料，已经广泛地被应用于制作红外定位器，并被成功地用于军事工业。除 HgCdTe 之外，其他种类的无机红外敏感材料也引起了人们的极大关注，如量子阱、超晶格等。对于量子阱、超晶格的研究，可阅读相关文献。

3）探测红外的方法。可以按红外引起的效应分为两类：①"热效应"引起温度升高或体积膨胀，再转变为电信号的记录，具体有"温差电偶型探测器"和"热敏电阻型探测器"等。②"光电效应"。绝大多数材料需可见光甚至紫外线的照射才能发出光电子，只有少数材料如银氧铯（AgOCs）、砷镓铟（InGaAs）等才能在波长约为 1.1μm 的近红外线照射下发出光电子。但是可以改用"内光电效应"即利用红外辐射引起的半导体材料电导率的变化或在 PN 结等"结型器件"上产生电动势（所谓光生伏特型探测器），然后再放大和记录下来。

（3）红外线污染　我们知道，热产生的原因，是组成物质的粒子作不规则运动，这个运动同时也辐射出电磁波，这些电磁波大部分都是红外线。一般的生物都会辐射出红外线，体现出来的宏观效应就是热度。因此红外线在自然界中广泛存在，也可以人为制造，在焊接过程中也会产生红外线，会危害焊工眼部健康。

随着近年来红外线在军事、人造卫星以及工业、卫生、科研等方面的日益广泛的应用，红外线污染问题也随之产生。较强的红外线可造成皮肤伤害，其情况与烫伤相似，最初是灼痛，然后是造成烧伤。红外线对眼的伤害有几种不同情况，波长为 7500~13000Å 的红外线对眼角膜的透过率较高，可造成眼底视网膜的伤害。尤其是 11000Å 附近的红外线，可使眼的前部介质（角膜晶体等）不受损害而直接造成眼底视网膜烧伤。波长 19000Å 以上的红外线，几乎全部被角膜吸收，会造成角膜烧伤（混浊、白斑）。波长大于 14000Å 的红外线的能量绝大部分被角膜和眼内液所吸收，透不到虹膜。只是 13000Å 以下的红外线才能透到虹膜，造成虹膜伤害。人眼如果长期暴露于红外线可能引起白内障。

思 考 题

14.1　什么是光的波前？它如何影响光的传播？

14.2　描述光的干涉现象，并解释为什么相干光源是产生干涉的必要条件。

14.3　解释光程差的概念，并说明它在光学干涉中的作用。

14.4　在双缝干涉实验中，如果缝的宽度增加，干涉条纹的间距将如何变化？如果光源的波长减半，干涉条纹的间距将如何变化？为什么在白光干涉实验中，我们只能看到彩色的干涉条纹，而不是单一颜色的条纹？

14.5　干涉条纹的可见度受哪些因素影响？请至少列举两个因素并解释原因。

14.6　为什么油膜在湖面上会呈现出五彩斑斓的颜色？请解释这一现象。

14.7 什么是光的相干长度？它在光学干涉实验中起什么作用？

习　　题

一、选择题

14.1 在双缝干涉实验中，以白光为光源，在屏幕上观察到彩色的干涉条纹，若在双缝中的一缝前放一红色滤光片，另一缝前放一绿色滤光片，则此时（　　）。

(A) 只有红色和绿色的双缝干涉条纹，其他颜色的双缝干涉条纹消失；
(B) 红色和绿色的双缝干涉条纹消失，其他颜色的双缝干涉条纹依然存在；
(C) 任何颜色的双缝干涉条纹都不存在，但屏上仍有光亮；
(D) 屏上无任何光亮。

14.2 在相同的时间内，一束波长为 λ 的单色光在空气中和在玻璃中（　　）。

(A) 传播的路程相等，走过的光程相等；
(B) 传播的路程相等，走过的光程不相等；
(C) 传播的路程不相等，走过的光程相等；
(D) 传播的路程不相等，走过的光程不相等。

14.3 日光照在窗户玻璃上，从玻璃上、下表面反射的光叠加，不能产生干涉的原因是（　　）。

(A) 两束光的频率不同；
(B) 在相遇点两束光震动方向不同；
(C) 在相遇点两束光的振幅相差太大；
(D) 在相遇点两束光的光程差太大。

14.4 如图 14-35 所示，S_1、S_2 是两个相干光源，它们到 P 点的距离分别为 r_1 和 r_2。路径 S_1P 垂直穿过一块厚度为 t_1、折射率为 n_1 的介质板，路径 S_2P 垂直穿过厚度为 t_2、折射率为 n_2 的另一介质板，其余部分可看作真空，这两条路径的光程差等于（　　）。

(A) $(r_2 + n_2 t_2) - (r_1 + n_1 t_1)$；
(B) $[r_2 + (n_2 - 1)t_2] - [r_1 + (n_1 - 1)t_1]$；
(C) $(r_2 - n_2 t_2) - (r_1 - n_1 t_1)$；
(D) $n_2 t_2 - n_1 t_1$。

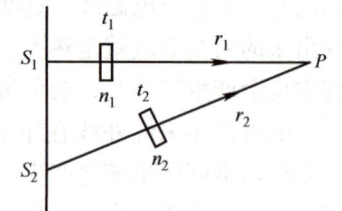

图 14-35　题 14.4 图

14.5 在同一介质中两列相干的平面简谐波的平均能流密度（波的强度）之比是 $I_1/I_2 = 4$，则两列波的振幅之比是（　　）。

(A) $A_1/A_2 = 2$；　　(B) $A_1/A_2 = 4$；　　(C) $A_1/A_2 = 16$；　　(D) $A_1/A_2 = 1/4$。

14.6 将整个杨氏实验装置（双缝后无会聚透镜）从空气移入水中，则屏幕上产生的干涉条纹（　　）。

(A) 间距不变；　　(B) 间距变大；　　(C) 间距变小；　　(D) 变模糊。

14.7 竖直放置的铁丝框中的肥皂膜，在太阳光的照射下会形成（　　）。

(A) 黑白相间的水平干涉条纹；　　　　(B) 黑白相间的竖直干涉条纹；
(C) 彩色水平干涉条纹；　　　　　　　(D) 彩色竖直干涉条纹。

二、填空题

14.8 双缝干涉实验中，若双缝间距由 d 变为 d'，使屏上原第 10 级明纹中心变为第 5 级明纹中心，则 $d':d =$ ＿＿＿＿；若在其中一缝后加一透明媒质薄片，使原光线的光程增加 2.5λ，则此时屏中心处为第＿＿＿＿级＿＿＿＿纹。

14.9 一束波长为 λ 的光线，投射到一双缝上，在屏幕上形成明、暗相间的干涉条纹，那么对应于第一级暗纹的光程差为＿＿＿＿。

14.10 劈尖干涉实验中，当劈尖角变小时，干涉条纹将变＿＿＿＿，并＿＿＿＿劈棱方向移动；若劈尖角不变，向劈尖中充水，则干涉条纹将变＿＿＿＿，并＿＿＿＿劈棱方向移动；若劈尖角不变，上面的玻璃片向上极缓慢地平移，干涉条纹的变化为_____。

14.11 用白光垂直照射一厚度为400nm、折射率为1.50的空气中的薄膜表面时，反射光中被相干加强的可见光波长为_____。

14.12 获得相干光的常用方法有_____和_____。

14.13 在迈克耳孙干涉实验中，若_____（增大或减小）迈克耳孙干涉仪两臂长之差，则干涉圆环将向外移动，并从中心不断冒出新的条纹。

14.14 在薄膜干涉实验中，观察到反射光的等倾干涉条纹的中心是亮斑，则此时透射光的等倾干涉条纹中心是_____。

14.15 迈克耳孙干涉仪的其中一个反射镜移动0.25mm时，看到条纹移动的数目为1000个，若光为垂直入射，则所用的光源的波长为_____。

14.16 形状完全相同的两个劈尖一个是$n=1.5$的玻璃放在空气中，另一个是两玻璃片之间的空气劈尖，用同样波长的光垂直照射，观察反射光的干涉图样，玻璃劈尖处为_____条纹，空气劈尖处为_____条纹，玻璃劈尖的干涉条纹间距为空气劈尖条纹间距的_____倍。

14.17 波长为600nm的红光透射于间距为0.02cm的双缝上，在距离1m处的光屏上形成干涉条纹，则相邻明条纹的间距为_____mm。

三、计算题

14.18 在双缝实验中，两缝间的距离为0.3mm，用单色光照明；在离屏1.2m远的屏上测得相邻10条暗纹的总宽度为22.78mm，问所用光的波长是多少？

14.19 用有两个波长成分的光束做杨氏干涉实验，其中一种波长为$\lambda_1 = 550$mm，已知两缝间距为0.600mm，观察屏与缝之间的距离为1.20m，屏上λ_1的第6级明纹中心与未知波长的光的第5级明纹中心重合，求：（1）屏上λ_1的第3级明纹中心的位置；（2）未知光的波长。

14.20 如图14-36所示，用很薄的云母片（$n=1.58$）覆盖在双缝实验中的一条缝上，这时屏幕上的零级明条纹移到原来的第7级明条纹的位置P处。如果入射光波长为550nm，则此云母片的厚度为多少？

14.21 白光垂直照射到空气中一厚度为380nm的肥皂膜上，设肥皂膜的折射率为1.33，试问该膜的正面呈现什么颜色？背面呈现什么颜色？

14.22 如图14-37所示为用双缝干涉来测定空气折射率n的装置。实验前，在长度为l的两个相同密封玻璃管内都充以1atm的空气。现将上管中的空气逐渐抽去，（1）则光屏上的干涉条纹将向什么方向移动；（2）当上管中空气完全抽到真空，发现屏上波长为λ的干涉条纹移过N条，计算空气的折射率。

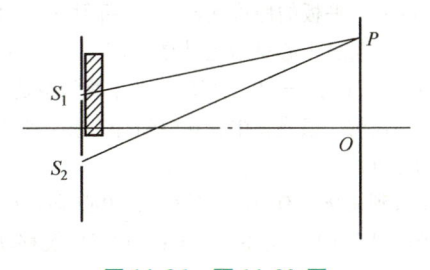

图14-36 题14.20图　　　图14-37 题14.22图

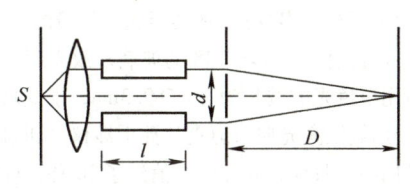

14.23 一平行单色光垂直照射在厚度均匀的薄油膜上，油膜覆盖在玻璃板上，已知油的折射率为1.30，玻璃的折射率为1.50，若单色光的波长由连续可调光源产生，观察到500nm与700nm这两个波长的单色光在反射中消失，试求油膜的厚度。

14.24 在空气中将肥皂膜水平放置，人眼在膜下方透过膜看阳光（光线垂直膜表面），若观察到$\lambda=567$nm的光，对于$n=1.33$的膜，其厚度至少应为多少？

14.25 玻璃表面附有一层厚度均匀的液体薄膜，垂直入射的连续光谱（波长范围在可见光及其附近）从薄膜反射。观察到可见光区波长为600nm的红光有一干涉相消，而波长为375nm的近紫外光有一干涉极大。设薄膜的折射率为 1.33，玻璃的折射率为 1.50，求薄膜的厚度。

14.26 由两平玻璃板构成的一密封空气劈尖，在单色光照射下，形成 4001 条暗纹的等厚干涉，若将劈尖中的空气抽空，则留下 4000 条暗纹。求空气的折射率。

14.27 在两块玻璃之间一边放一厚纸条，另一边相互压紧。沿垂直于玻璃片表面的方向看去，看到相邻两条暗纹间距为 1.4mm。已知玻璃片长 17.9cm，纸厚为 0.036mm，求光波的波长。

14.28 在阳光照射下，沿着与肥皂膜法线成 30°方向观察时，见膜呈绿色（$\lambda = 550$nm），设肥皂液的折射率为 1.33。求：(1) 膜的最小厚度；(2) 沿法线方向观察时，肥皂膜是什么颜色？

14.29 如图 14-38 所示，牛顿环装置中平凸透镜与平板玻璃间留有一厚度为 e_0 的气隙，若已知观测所用的单色光波长为 λ，平凸透镜的曲率半径为 R。(1) 试导出 k 级明纹和暗纹的公式；(2) 若调节平凸透镜与平板玻璃靠近，试述此过程中牛顿环将如何变化？(3) 试判别在调节过程中，在离开中心 r 处的牛顿环某干涉条纹宽度 Δr_k 与 e 的厚度有无关系？叙述简明理由，并算出在该处的条纹宽度。

14.30 用白光作光源观察杨氏双缝干涉。设缝间距为 d，缝面与屏距离为 D。求能观察到的清晰可见光谱的级次。

14.31 如图 14-39 所示，一玻璃平板置于边长为 2cm 的玻璃立方体上，使两者之间形成一层薄的空气膜 AB，设膜厚为 d_0，若波长为 400~1150nm 之间的光波垂直投射到平板上，经空气膜 AB 的上下表面的反射而形成干涉，在此波段中只有两种波长取得最大增强，其中之一是 $\lambda_1 = 400$nm，试求空气膜的厚度和另一波长 λ_2。

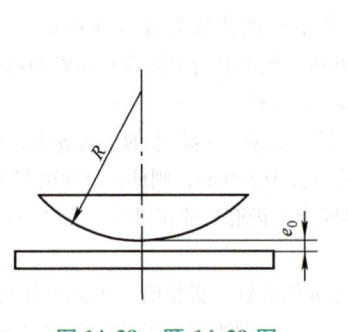

图 14-38 题 14.29 图　　　图 14-39 题 14.31 图

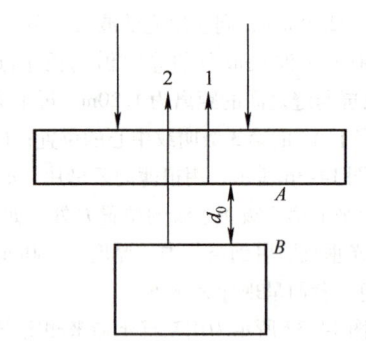

14.32 在等倾干涉实验中，若照明光波的波长 $\lambda = 600$nm，平板的厚度 $e = 2$mm，折射率 $n = 1.5$，其下表面涂高折射率介质（$n > 1.5$）。(1) 在反射光方向观察到的条纹中心是暗还是亮？(2) 由中心向外计算，第 10 个亮纹的半径是多少？（观察望远镜物镜的焦距为 20cm。）(3) 第 10 个亮环处的条纹间距是多少？

14.33 把折射率为 $n = 1.38$ 的玻璃片放入迈克耳孙干涉仪的一条光路中，观察到有 7 条干涉条纹向一方移动。若所用单色光的波长为 $\lambda = 589.3$nm，求此玻璃片的厚度。

14.34 用氦氖激光照射迈克耳孙干涉仪，通过望远镜看到视场内有 20 个亮环，且中心是亮斑。移动 M_1 镜，看到环向中心收缩，并在中心消失了 20 环，此时视场内只有 10 个亮环。试求：(1) M_1 镜移动前中心亮斑的干涉级；(2) M_1 镜移动后第 5 亮环的角半径。

第 14 章习题简答

第 15 章 光的衍射与偏振

衍射和干涉一样,也是光的波动性的重要特征之一。实际上,衍射现象是更为复杂的子波干涉。通常的实验中,既有干涉现象又有衍射现象。从计算上讲,衍射的理论计算更为复杂。光的偏振现象表明了光的横波特性,也是对光的电磁理论的有力证明。本章在介绍惠更斯-菲涅耳原理的基础上,主要研究夫琅禾费单缝衍射、光栅衍射的特点和规律,介绍夫琅禾费圆孔衍射、光学仪器的分辨率,并对光的偏振现象及偏振光的干涉加以讨论。

15.1 光的衍射 惠更斯-菲涅耳原理

15.1.1 光的衍射现象

当波传播过程中遇到障碍物时,波就不再是沿直线传播,它可以到达沿直线传播所不能达到的区域,这种现象称为波的衍射现象。在日常生活中,水波、声波、无线电波的波长较长,可以明显地觉察到它们的衍射现象。

光波的波长与水波等相比较短,只有当障碍物尺度与光的波长可以比较时,才能观察到光的衍射现象。当一束平行光通过狭缝时,当缝宽比波长大得多时,屏幕上的光斑和狭缝形状几乎完全相同,这时我们可以认为光沿直线传播。然而,若把缝宽缩小到与光波波长可以比较时,在屏幕上可以观测到明暗相间的衍射条纹。这种光在传播过程中,能绕过障碍物的边缘、偏离直线传播的现象叫作光的衍射。

衍射系统由光源、障碍物和接收屏组成。通常根据三者的相对位置远近,把光的衍射现象分成两类:一类是光源和接收屏(或两者之一)距障碍物为有限远的衍射,称为菲涅耳(Fresnel)衍射或近场衍射,如图 15-1a 所示;另一类是光源和接收屏距障碍物为无限远的衍射,称为夫琅禾费(Fraunhofer)衍射或远场衍射,如图 15-1b 所示。在实验室中,常用透镜来实现夫琅禾费衍射,如图 15-1c 所示,在借助两个透镜之后,光源和接收屏相对于单缝都可以认为无限远。本章主要讨论夫琅禾费衍射。

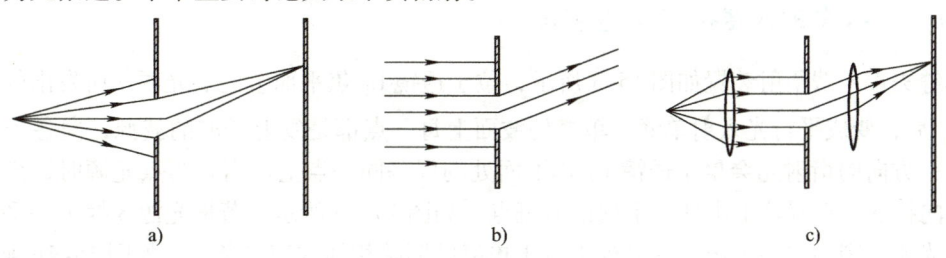

图 15-1 衍射分类

15.1.2 惠更斯-菲涅耳原理

在机械振动与机械波一章中，我们曾介绍过惠更斯原理：波在介质中传播时，波前上每一点都可看作发射球面子波的波源，这些子波的包络面就是下一时刻的波前。根据这一原理，可以解释光的反射、折射和晶体中的双折射现象，但它只能定性地解释衍射现象中光的传播方向问题，不能定量计算衍射中的条纹位置及衍射光强分布。一百多年以后，1818 年，菲涅耳用"子波相干叠加"思想发展了惠更斯原理，为衍射理论奠定了理论基础。**惠更斯-菲涅耳原理**：从同一波面上各点发出的子波都是相干波，波传播到空间中任一点时，该点的振动是所有这些子波在该点的相干叠加。

如图 15-2 所示，波前 S 上各点相位相同，设其初相位为零。

菲涅耳假定：波前 S 上 Q 面元所发出的子波，传播到 P 点的振幅正比于面元面积 dS，与面元 Q 到 P 点的距离 r 成反比（子波是球面波），还与面元法线 $\boldsymbol{n}$ 和 $\boldsymbol{r}$ 的夹角 φ 有关。所以

$$dE = C\frac{K(\varphi)dS}{r}\cos\left(\omega t - \frac{2\pi}{\lambda}r\right)$$

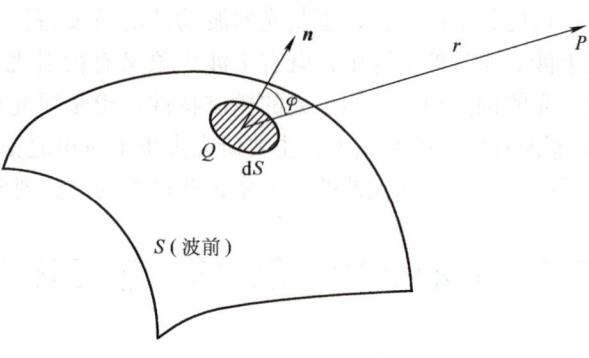

图 15-2 惠更斯-菲涅耳原理用图

式中，C 为比例系数；$K(\varphi)$ 为随 φ 角增大而缓慢减小的函数，叫作倾斜因子。当 $\varphi = 0$ 时，$K(\varphi)$ 最大，而当 $\varphi \geq \frac{\pi}{2}$ 时，$K(\varphi) = 0$，因而子波叠加后振幅为零，由此可以说明为什么子波不能向后传播。

于是，按照叠加原理，波阵面上所用点在 P 点引起的合振动为

$$E = \int_S C\frac{K(\varphi)}{r}\cos\left(\omega t - \frac{2\pi}{\lambda}r\right)dS \tag{15-1}$$

这是惠更斯-菲涅耳原理的数学表示式。所以，只要知道了 S 波前上的振幅分布，就可求出传播到任意一点 P 的振幅，从而求出接收屏上的衍射光强分布。

但是，用惠更斯-菲涅耳原理的数学表示式求解衍射场的分布是相当复杂的，下面我们采用较为简单的菲涅耳半波带法来讨论夫琅禾费衍射现象，这种方法可以避免复杂的计算。

15.2 单缝夫琅禾费衍射

15.2.1 单缝夫琅禾费衍射实验装置

单缝夫琅禾费衍射装置如图 15-3 所示，位于透镜 L_1 焦平面上的点光源 S 所发出的光，经透镜 L_1 后，变成平行光入射单缝，单缝处波面上每一点都是发射子波的波源，向各个方向衍射，同一方向的衍射光会聚于透镜 L_2 焦平面处的屏幕同一点上。当 S 为点光源时，衍射图样沿 x 方向扩展，在屏幕上出现一系列衍射斑点，如图 15-4a 所示。若把光源 S 换为一平行于单缝的线光源，则在屏幕上出现一系列平行于单缝的明暗相间的衍射条纹，如图 15-4b 所示。

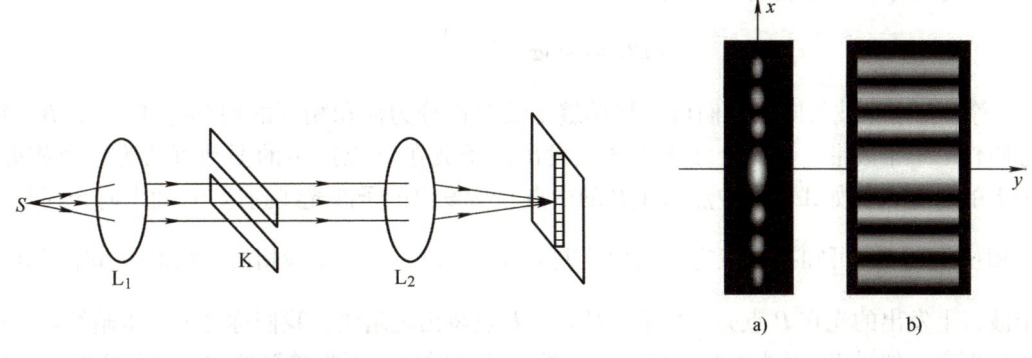

图 15-3　单缝夫琅禾费衍射实验装置

图 15-4　单缝夫琅禾费衍射图

15.2.2　菲涅耳半波带法

下面我们用菲涅耳半波带法来讨论单缝夫琅禾费衍射条纹现象。如图 15-5 所示，一束平行光垂直入射到缝宽为 a 的单缝平面上，此时单缝处波面上各点，都可以看作同相位的发射子波的波源。当衍射角 $\varphi=0$ 时，这些子波从 AB 面发出时是同相位的，经过透镜不引起附加的光程差，因而在 O 点相遇时其振动相位还是相同的，各子波在 O 点处的振动相互加强，O 点出现明条纹，这是单缝衍射的中央亮纹。

接下来考虑单缝处衍射角 $\varphi\neq 0$ 的衍射光在屏幕上 P 点的相干叠加情况。光线会聚在 P 点，φ 角不同，P 的位置就不同，在屏幕上可出现衍射图样。为了研究明暗条纹位置，下面考虑相位差问题。如图 15-6 所示，作平面 AC 垂直 BC，由 AC 上各点达到 P 点的光线光程都相等，这样从 AB 发出的光线在 P 点的相位差就等于它们在 AC 面上的相位差，衍射角为 φ 的各衍射光线之间的最大光程差为 $BC=a\sin\varphi$。假想用一系列平行于 AC 面且间距为 $\lambda/2$ 的平面分割 BC，相应地也把单缝处的波面分成许多等宽的条带，这些条带称为半波带。由于这些波带的面积相同，所以波带上子波源的数目也相等，任何相邻波带上的相应两点（如 A 点和 A_1 点、波带 AA_1 的中点和波带 A_1B 的中点）所发出的子波到达 P 点的光程差都是 $\lambda/2$，即相位差为 π，所以任何相邻的两个波带所发出的光波在 P 处将完全相互抵消。

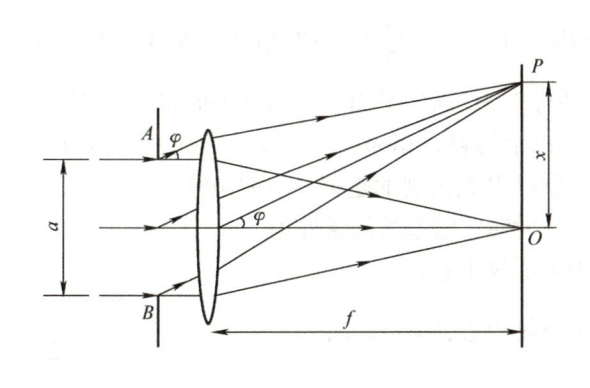

图 15-5　单缝夫琅禾费衍射条纹

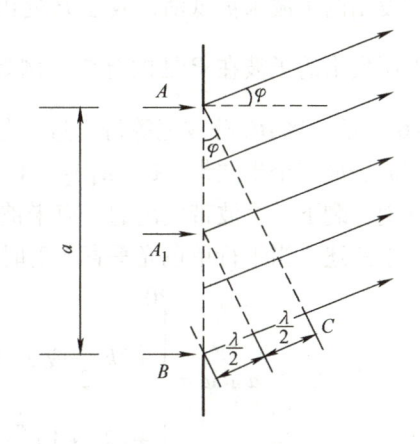

图 15-6　半波带法

具体讨论如下：如果衍射角 φ 满足

$$BC = a\sin\varphi = 2 \cdot \frac{\lambda}{2}$$

即 BC 恰等于两个半波长时，我们可以将单缝上波阵面分为面积相等的两部分 AA_1、A_1B，每一部分叫作一个半波带，每一个波带上各点发出的子波在 P 点产生的振动可认为近似相等。两波带上的对应点（如 AA_1 的中点与 A_1B 的中点）所发出的子波光线到达 AC 面上时光程差为 $\frac{\lambda}{2}$，即相位差为 π，可知在 P 点它们的相位差为 π。所以，产生干涉相消。结果由 AA_1 及 A_1B 两个半波带上发出的光在 P 点完全抵消，所以，P 点将出现暗纹，我们称之为一级暗纹。

一般而言，如果 BC 是半波长的偶数倍，即在该衍射角 φ 下将单缝处的波面分成偶数个半波带，相邻波带发出的子波皆成对抵消，从而在 P 处出现暗条纹。这样就得到了单缝衍射的暗纹位置公式

$$a\sin\varphi = \pm 2k\frac{\lambda}{2} = \pm k\lambda \quad （暗条纹）$$

式中，k 为单缝衍射暗条纹的级数。

下面我们接着分析除中央明纹外的其他明条纹。明条纹的位置就是其四周临近区域光强极大值的位置，次级明纹相对中央明纹来说亮度很弱且宽度较窄不易分辨和准确定位。通常我们可以将相邻暗条纹的中间位置近似看作中央明纹的中心位置，这样由暗纹位置公式可以求出明纹位置公式。

第 k 级明纹位于第 k 级暗纹和第 $k+1$ 级暗纹中间，则其对应的衍射角满足

$$a\sin\varphi = \pm \frac{k\lambda + (k+1)\lambda}{2} = \pm(2k+1)\frac{\lambda}{2} \quad （明条纹）$$

当衍射角较小时，条纹在屏上的位置

$$x = f\tan\varphi \approx f\sin\varphi \approx f\varphi$$

容易证明此时 k 级明纹位于 k 级暗纹和 $k+1$ 级暗纹正中间。

从划分半波带的角度来看，如果 BC 正好是半波长的奇数倍，即在该衍射角 φ 下将单缝处的波面恰好分成奇数个半波带，于是除了其中相邻波带发出的子波两两抵消外，必然剩下一个波带发出的子波未被抵消，故在 P 处出现明条纹，其光强只是奇数个波带中剩下来的一个波带上所发出的子波在 P 处的合成。例如，当 $BC = a\sin\varphi = 3\frac{\lambda}{2}$ 时，BC 恰为三个半波长。如图 15-6 所示，将 BC 分成三等份，过等分点作平行于 AC 面的平面，这两个平面将单缝 AB 上的波阵面分成三个半波带 AA_1、A_1A_2、A_2B。依照以上解释，相邻两波带发出的光在 P 点互相干涉抵消，剩下一个波带发出的光束未被抵消，所以 P 处出现的是第一级明条纹。

综上所述，当平行单色光垂直入射时，单缝衍射明、暗条纹的条件为

$$a\sin\varphi = \begin{cases} 0 & （中央明纹中心） \\ \pm 2k\frac{\lambda}{2} \text{ 或 } \pm k\lambda & （暗条纹中心, k = 1,2,3,\cdots） \\ \pm(2k+1)\frac{\lambda}{2} & （明条纹中心, k = 1,2,3,\cdots） \end{cases} \quad (15\text{-}2)$$

式中，k 为干涉条纹级次；$2k$ 和 $2k+1$ 是单缝被划分的半波带数目；正、负号表示各级明暗条

纹对称分布在中央明纹两侧。从前述分析可知，当用菲涅耳半波带法求得暗纹位置的公式是准确的，而明纹条件公式则是近似的。

对于其他衍射角 φ，BC 一般不是半波长的整数倍，相应地，单缝处的波面不能分成整数个半波带。此时，P 处于半明半暗的区域。

单缝衍射光强分布如图 15-7 所示，由图表明，单缝衍射图样中各明纹的光强是不同的。中央明纹光强最大，其他明纹的光强随级次的升高迅速下降。

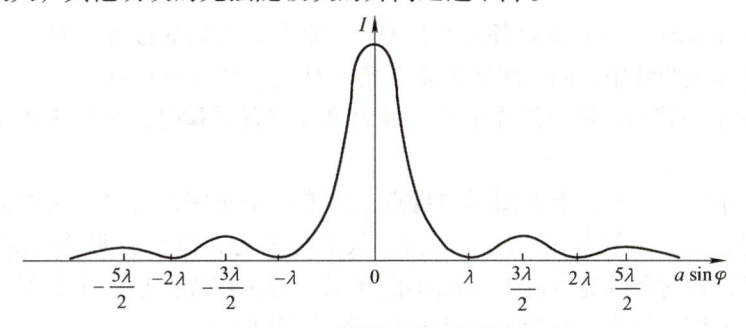

图 15-7　单缝衍射光强分布

15.2.3　衍射图样

用菲涅耳半波带法可以说明单缝衍射图样分布情况，并定性讨论单缝衍射光强分布特征：单缝衍射条纹是关于中央明纹对称分布的。中央明纹是单缝上所有子波在该点干涉加强形成的，因此其光强最大。

1. 中央明纹宽度及半角宽度的表示

两个第一级暗纹所夹区域为中央明纹，由 $a\sin\varphi = \lambda$ 得中央明纹的半角宽度为

$$\varphi_1 = \arcsin \frac{\lambda}{a}$$

当第一级暗纹的衍射角很小时，有

$$\varphi_1 = \frac{\lambda}{a} \tag{15-3}$$

这一关系称衍射反比定律。表明缝越窄，衍射越显著；缝越宽，衍射越不明显。当缝宽 $a \gg \lambda$ 时，各级衍射条纹向中央靠拢，密集得无法分辨，只显示出单一的明条纹。实际上这明条纹就是光源通过透镜所成的几何光学的像。由此可见，光的直线传播现象，是光的波长比障碍物小很多时，衍射现象不显著的情形。所以几何光学是波动光学在 $\lambda/a \to 0$ 时的极限情况。通常我们把 $\varphi_1 = \arcsin \frac{\lambda}{a} \approx \frac{\lambda}{a}$（$\varphi_1$ 很小）叫作半角宽度；而把两个第一级暗纹间距离叫作中央明纹宽度。如图 15-8 所示，其中央明纹宽度应为

$$l_0 = 2x_1 = 2f\tan\varphi_1 \approx 2f\varphi_1 = \frac{2\lambda f}{a} \tag{15-4}$$

中央亮纹所在区域的衍射角满足：$-\lambda < a\sin\varphi < \lambda$。

衍射角较小时次级明纹宽度（相邻暗纹之距）应为

$$e = x_{k+1} - x_k = f\tan\varphi_{k+1} - f\tan\varphi_k \approx f\sin\varphi_{k+1} - f\sin\varphi_k = \frac{\lambda f}{a} \tag{15-5}$$

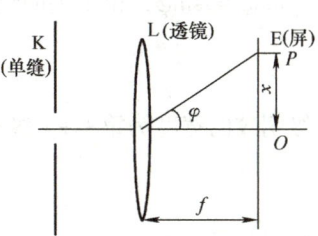

图 15-8　中央明纹宽度计算用图

即中央明纹宽度约为次级明纹宽度的 2 倍。

2. 明纹亮度

各级明纹亮度随着级次的增加而减弱。k 级明纹对应 $(2k+1)$ 个半波带，k 级暗纹对应 $2k$ 个半波带。运用菲涅耳半波带法时，k 越大，AB 上波阵面分成的波带数就越多，所以每个波带的面积就越小，在 P 点引起的光强就越弱。因此，次级明纹的亮度随着衍射级次的增加而减弱。

当用白光作光源时，由于 O 处各种波长的光均加强，它们的位置在 O 处重合，所以 O 处为白色条纹，在其他明纹中，同一级次条纹紫光距 O 近，红光距 O 远。

当单缝 K 向上平移时，屏上图样不变。因为单缝位置平移时，不影响透镜 L 会聚光的作用，此时会聚位置不变。

综上所述，单缝夫琅禾费衍射图样的特点主要有：中央明纹最亮，它的宽度是次级明纹宽度的 2 倍；缝越窄，条纹分散得越开，衍射效应越显著，但相应明纹亮度会变弱，反之，条纹向中央靠拢；衍射条纹宽度随波长减小而降低，若用白光照射，中央明纹仍为白色，而在其他级明纹中，同一级次条纹紫光衍射角小，红光衍射角大。

例 15-1 如图 15-9 所示，用波长为 λ 的单色光垂直入射到单缝 AB 上。

（1）若 $BP - AP = 2\lambda$，问对 P 点而言，狭缝可分几个半波带？P 点是明是暗？

（2）若 $BP - AP = 1.5\lambda$，则 P 点又是怎样？对另一点 Q 来说，$BQ - AQ = 2.5\lambda$，则 Q 点是明是暗？P、Q 点相比哪点较亮？

解（1）AB 可分成 4 个半波带，P 为暗点（$2k$ 个）。

（2）P 点对应 AB 上的半波带数为 3，P 为亮点。Q 点对应 AB 上半波带数为 5，Q 为亮点。

因为
$$2k_Q + 1 = 5, 2k_P + 1 = 3$$
所以
$$k_Q = 2, k_P = 1$$
所以 P 点较亮。

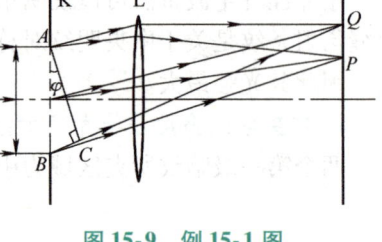

图 15-9 例 15-1 图

例 15-2 单缝夫琅禾费衍射中，缝宽为 a，缝后透镜焦距为 f，一波长为 λ 的平行光垂直入射，求中央明纹宽度及其他明纹的宽度。

解 中央明纹宽度为两个一级暗纹中心间的距离，对第一级暗纹中心有
$$a\sin\varphi_1 = \lambda$$
由 $x = f\tan\varphi \approx f\sin\varphi$，得中央明纹宽度为
$$\Delta x_0 = 2f\sin\varphi_1 = 2f\frac{\lambda}{a}$$

第 k 级明纹的宽度为第 $k+1$ 级和第 k 级暗纹中心间的距离
$$a\sin\varphi_{k+1} = (k+1)\lambda$$
$$a\sin\varphi_k = k\lambda$$

所以第 k 级明纹宽度为

$$\Delta x_k = f(\sin\varphi_{k+1} - \sin\varphi_k) = f\left(\frac{k+1}{a}\lambda - \frac{k}{a}\lambda\right) = f\frac{\lambda}{a}$$

即其他明纹的宽度为中央明纹宽度的一半。

例 15-3 波长为 500nm 的平行光垂直照射宽为 1mm 的狭缝，缝后放一个焦距为 100cm 的薄透镜，在焦平面上获得衍射条纹。求：
（1）第一级暗条纹到衍射图样中心的距离；
（2）第一级明条纹到衍射图样中心的距离；
（3）中央明纹的宽度。

解 （1）暗纹条件
$$a\sin\varphi = k\lambda$$

暗纹到衍射图样中心的距离为
$$x = f\tan\varphi \approx f\sin\varphi$$

令 $k=1$，由上两式，得
$$x \approx f\sin\varphi = f\frac{\lambda}{a} = \frac{100 \times 10 \times 500 \times 10^{-6}}{1}\text{mm} = 0.5\text{mm}$$

（2）明纹条件
$$a\sin\varphi = (2k+1)\frac{\lambda}{2}$$

令 $k=1$，第一级明纹中心到衍射图样中心的距离为
$$x \approx f\sin\varphi = f\frac{(2k+1)\lambda}{2a} = \frac{100 \times 10 \times 3 \times 500 \times 10^{-6}}{2 \times 1}\text{mm} = 0.75\text{mm}$$

（3）两个第一级暗纹之间的区域为中央明纹，有
$$\Delta x = (2 \times 0.5)\text{mm} = 1.0\text{mm}$$

用菲涅耳积分公式，式（15-1）可以较为精确地计算出单缝衍射的光强分布，下面仅给出计算结果。由于光强与振幅的平方成正比，所以，夫琅禾费单缝衍射的光强分布公式为

$$I = I_0\left(\frac{\sin\alpha}{\alpha}\right)^2 \tag{15-6}$$

式中，$\alpha = \dfrac{\pi a \sin\varphi}{\lambda}$；$I_0$ 是中央明纹中心的光强。

对式（15-6）求极值，可得明、暗纹特征：

1）$\varphi = 0$ 处为中央明纹中心，其光强 $I = I_0$；

2）$a\sin\varphi = \pm 1.43\lambda, \pm 2.46\lambda, \pm 3.47\lambda, \cdots$ 为其他明纹中心，其光强为
$$I = 0.0471 I_0, 0.0165 I_0, 0.00834 I_0, \cdots$$

3）$a\sin\varphi = \pm\lambda, \pm 2\lambda, \pm 3\lambda, \cdots$ 为暗纹中心，其光强 $I = 0$。

由上可知，由半波带法导出的式（15-2）中的明纹条件只是近似成立，实际的明纹中心都要向中央明纹移近少许。

15.3 光栅衍射

从上节的讨论我们知道：对于单缝夫琅禾费衍射而言，单缝宽，条纹亮，但条纹太密，并且不易分辨；若单缝变窄，虽条纹间距增大，但条纹变暗，也不易分辨。要想得到亮度大、

宽度窄、间距大的明纹来进行精确测量，常利用光栅来实现。

由大量等间距、等宽度的平行狭缝所组成的光学元件称为衍射光栅。它是现代科技中常用的重要光学元件。用于透射光衍射的光栅叫作透射光栅。例如，在一块透明平板上均匀刻划出一系列等宽、等间隔的平行刻线，入射光只能从未刻的透明部分通过，在刻痕上因漫反射而不能通过。这就形成了一个相当于由一系列等宽、等间隔的平行狭缝构成的平面透射光栅。用于反射光衍射的光栅叫作反射光栅。例如，在光洁程度很高的金属平面上刻划一系列等间隔的平行槽纹，就可以构成反射光栅。图 15-10a 所示为透射光栅，图 15-10b 所示为反射式的闪耀光栅。此外，晶体内部周期性排列的原子或分子，可构成天然的三维光栅。

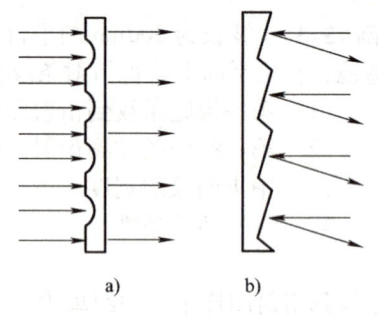

图 15-10 光栅

下面以透射式光栅为例，来讨论光栅的衍射规律。

如图 15-11 所示，设透射光栅的总缝数为 N，缝宽为 a，不透光部分的宽度为 b，则 $d = a + b$ 称为光栅常数，它是光栅空间周期性的表示。现代用的衍射光栅，在 1cm 内可刻上 $10^3 \sim 10^4$ 条缝，所以一般的光栅常数约为 $10^{-5} \sim 10^{-6}$ m 的数量级。

在夫琅禾费单缝衍射中，凡是衍射角 φ 相同的平行光，经过透镜都将会聚于屏幕上同一点，与单缝在垂直于透镜光轴方向上的位置无关。如图 15-12 所示，透射光栅 G 是由一系列平行的狭缝组成，它们分布在垂直于透镜光轴的同一平面上，每一狭缝都将产生自己的单缝夫琅禾费衍射图样，不同狭缝在屏幕上形成的衍射图样完全相同且彼此重合；又由于 N 个狭缝是同相的相同间隔的相干子波源，所以，屏幕 E 上将产生 N 个狭缝衍射光的相干叠加。

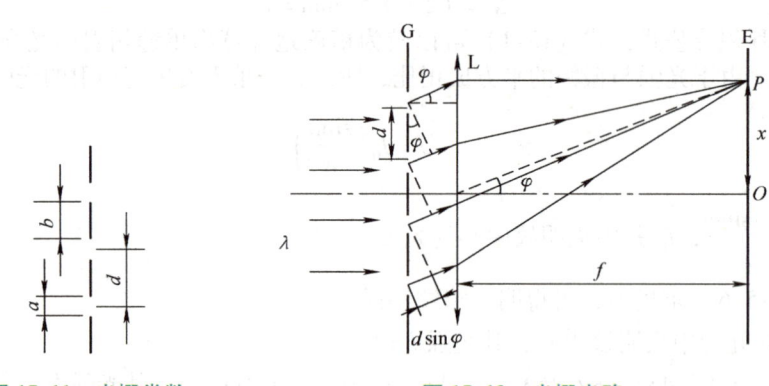

图 15-11 光栅常数　　图 15-12 光栅光路

衍射和干涉从本质上讲，并无区别。习惯上说，干涉是指有限多个（分立的）光束的相干叠加，如杨氏双缝干涉实验；而衍射总是指波前上发出的无穷多个（连续的）子波的相干叠加。所以，光栅衍射图样是单缝衍射和多缝干涉的综合效果。

当平行光垂直入射光栅时，各个狭缝同一衍射角 φ 的衍射光经透镜 L 后将会聚于图 15-13 中的 P 点。在此方向上，任两个相邻狭缝的衍射光的光程差都相同，均为 $d\sin\varphi$ 或写成 $(a+b)\sin\varphi$，如果此值恰好为入射光波长 λ 的整数倍，则任意两个狭缝的衍射光在 P 点都将满足相干加强条件，于是所有各缝沿该衍射方向的衍射光将相互加强，形成明条纹。由此可知，光栅衍射的明条纹满足条件

$$\Delta = d\sin\varphi = \pm k\lambda, \ k = 0, 1, 2, \cdots \tag{15-7}$$

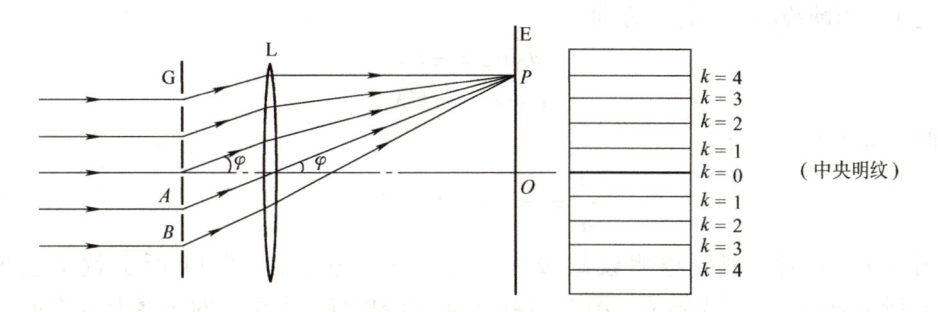

图 15-13 光栅衍射

式（15-7）称为**光栅方程**，k 为明条纹级数，由该式决定的位置是明条纹光强的极大值位置，所以这些明条纹相应的光强的极大值叫作主极大。这时在 P 点的合振幅应是来自一条缝在 P 点振幅的 N 倍，总光强将是来自一条缝光强的 N^2 倍。所以，光栅衍射明纹的光强要比一条缝衍射明纹的光强大得多，光栅缝数越多，则明条纹越亮。

关于光栅衍射，需要说明的是：①光栅方程中 $k=0$ 称为零级明纹，$k=1, 2, \cdots$ 称为第一、二级明纹，如图 15-13 所示。②衍射图样关于中央明纹是上下对称的。③用白光照射时，中央明纹为白色，其他各级明纹为彩色，同一级明纹中，紫光在内，红光在外。④由光栅方程知，d 越小，则对给定波长的各级条纹，衍射角的绝对值 $|\varphi|$ 就越大，条纹间距分得越开。光栅缝数很多，所以条纹亮度大，缝越多则明纹越细。

如果平行光以入射角 θ 斜入射到透射光栅上，则光栅方程应为

$$d(\sin\theta \pm \sin\varphi) = \pm k\lambda, \ k = 0, 1, 2, 3, \cdots \tag{15-8}$$

φ、θ 均取正值。当 φ 和 θ 在光栅平面法线同侧时，取正号，在异侧时，取负号。

当各狭缝的衍射光在 P 点相消干涉时，形成暗条纹，满足条件

$$d\sin\varphi = \pm\left(k + \frac{m}{N}\right)\lambda, \ m = 1, 2, 3, \cdots, N-1 \tag{15-9}$$

由式（15-9）知，在两个主极大之间，有 $N-1$ 个暗纹。又由于相邻暗纹之间，存在一个光强比主极大小得多的明纹，称为次极大，那么两个主极大之间有 $N-1$ 个暗纹和 $N-2$ 个次极大。通常光栅的缝数 N 非常多，例如可以达到 10^5 数量级。因此，次极大光强很弱，几乎观察不到，所以，两个主极大之间是一片连续的暗区。缝数 N 越多，暗条纹也越多，暗区越宽，亮纹越锐利。

如果满足光栅方程 $d\sin\varphi = \pm k\lambda$ 的 φ 角同时又满足单缝时暗纹公式 $a\sin\varphi = \pm k'\lambda$（$k' = 1, 2, \cdots$），即 φ 角方向既是光栅的某个主极大出现的方向又是单缝衍射的光强为零的方向，亦即屏上光栅衍射的某一级主极大恰好同时满足了单缝衍射暗纹的条件（光强为零），则光栅衍射图样上便缺少这一级明纹，这一现象称为缺级。如何理解当光栅衍射的某一级主极大刚好落在单缝的光强为零处就可以产生缺级？这是因为光栅上所有缝的衍射图样是彼此重合的，考虑过 L 光轴的缝，它有一衍射图样，它上边的缝可看作是由它平移而得到的，当平移缝时不改变条纹位置，则各缝都有相同的衍射图样，它们是重合的，即在某一处一个缝衍射极小时，其他各缝在此也都是衍射极小，这样就造成缺级现象。由于单缝衍射的作用，各主极大的强

度是不同的，单缝衍射光强较大的方向，主极大的光强也大；单缝衍射光弱的方向，主极大的光强也小。当缺级时，在这一方向上，

$$d\sin\varphi = \pm k\lambda$$
$$a\sin\varphi = \pm k'\lambda$$

则光栅明纹所缺级次 k 为

$$\frac{d}{a} = \frac{k}{k'}, \ k' = 1, 2, 3, \cdots \tag{15-10}$$

例如，当 $d/a = 4$ 时，则光栅明纹缺级 $k = \pm 4, \pm 8, \cdots$，图 15-14 所示就是这种情况。图 15-14a 所示为单缝衍射光强图，图 15-14b 所示为经单缝衍射调制的多缝干涉的光强分布图（该图的光强应为图 15-14a 中的光强的 4^2 倍），两个明纹之间有 3 个暗纹和 2 个次极大，第四级、第八级明纹缺级。

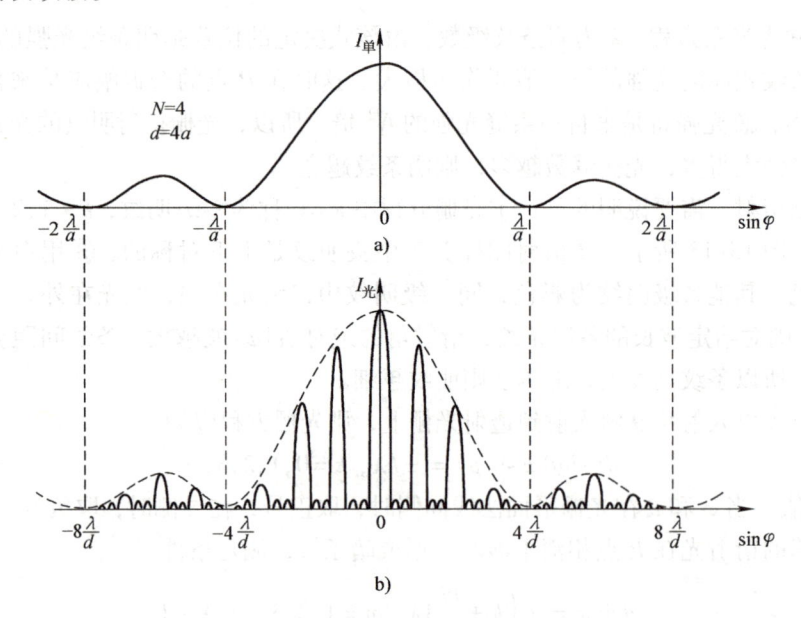

图 15-14 光栅缺级

由光栅方程知，当光栅常数 d 一定时，同一级明纹对应的衍射角 φ 随波长 λ 的增大而增大。如果入射光源中包含几种不同波长的光，则除零级明纹外其他级次的各色明纹的位置不同，在衍射图样中有几组不同颜色的亮线，它们各自对应一个波长，这些亮线就是谱线。各种波长的同级谱线集合起来构成光源的一套光谱。光栅衍射产生的这种按波长排列的谱线，称为光栅光谱。如果光源是白光源，则光栅光谱中除零级仍近似为一条白色亮线外，其他级各色亮线排列成连续的光谱带，对称地分布在白色亮线两侧，靠近白色亮线的是紫色的谱线，远离白色亮线的为红色谱线。级数越高，相邻级次光谱发生重叠的现象越严重。

光栅除零级以外，可将光源中不同色光分开的现象称为光栅的色散现象。利用光栅的色散本领，可用来作光谱分析，分析物质的成分和分子、原子的结构。光谱分析是现代物理学研究的重要手段，在工程技术中也广泛应用于分析、鉴定等方面。

例 15-4 波长为 600nm 的单色光垂直照射在一平面光栅上，第二级明条纹出现在 $\sin\varphi = 0.20$ 处，第四级缺级。试问：

（1）光栅的光栅常数为多少？
（2）光栅上透光缝的宽度有多大？
（3）该光栅能呈现的谱线级数？
（4）若单色光以入射角 30°入射时，能呈现的谱线级数？

解 （1）利用光栅方程
$$d\sin\varphi = k\lambda$$
得光栅常数
$$d = \frac{k\lambda}{\sin\varphi} = \frac{2 \times 600 \times 10^{-9}}{0.20}\text{m} = 6.0 \times 10^{-6}\text{m}$$

（2）第四级缺级，应同时满足
$$d\sin\varphi = 4\lambda$$
$$a\sin\varphi = k'\lambda$$
令 $k' = 1$，有
$$\frac{d}{a} = \frac{4}{1}$$
$$a = \frac{d}{4} = \frac{6.0 \times 10^{-6}}{4}\text{m} = 1.5 \times 10^{-6}\text{m}$$

（3）利用光栅方程
$$d\sin\varphi = k\lambda$$
令 $\varphi = 90°$，代入上式，有
$$k = \frac{d\sin\varphi}{\lambda} = \frac{6.0 \times 10^{-6}}{600 \times 10^{-9}} = 10$$
说明级数的最大值是 10，屏上只能出现级数小于 10 的谱线。

由于缺级的存在，则
$$\frac{k}{k'} = \frac{d}{a} = \frac{6.0 \times 10^{-6}}{1.5 \times 10^{-6}} = 4$$
令 $k' = \pm 1, \pm 2, \pm 3, \cdots$，则 $k = \pm 4, \pm 8, \pm 12, \cdots$ 时缺级。

综上所述，光栅能呈现的谱线级数为 $k = 0、\pm 1、\pm 2、\pm 3、\pm 5、\pm 6、\pm 7、\pm 9$。

（4）单色光斜入射光栅，光栅方程为
$$d(\sin\theta \pm \sin\varphi) = k\lambda$$
令 $\theta = 30°$，一侧有
$$k = \frac{d(\sin\theta + \sin\varphi)}{\lambda} = \frac{6.0 \times 10^{-6} \times (0.5 + 1)}{600 \times 10^{-9}} = 15$$
另一侧，有
$$k = \frac{d(\sin\theta - \sin\varphi)}{\lambda} = \frac{6.0 \times 10^{-6} \times (0.5 - 1)}{600 \times 10^{-9}} = -5$$
考虑缺级，则一侧光谱级数为 0、1、2、3、5、6、7、9、10、11、13、14；另一侧光谱级数为 1、2、3。

15.4 圆孔衍射 光学仪器的分辨率

15.4.1 夫琅禾费圆孔衍射

在图 15-3 所示的夫琅禾费单缝衍射实验装置中，可以看到光在某一个方向上受到限制，衍射图样沿该方向扩展。若用一个小圆孔代替单缝，则入射光在圆孔平面上的各个方向上都受到限制，因此，在衍射屏上看到中央为一明亮的圆斑，外围为一些明暗相间的同心亮环组成的衍射图样，如图 15-15 所示。中央圆斑称为艾里斑，它的强度约占整个入射光强的 84%。夫琅禾费圆孔衍射的光强分布可根据惠斯-菲涅耳原理进行计算，不过运算比较复杂，结果用一阶贝塞尔函数表示，其强度分布曲线如图 15-16 所示。

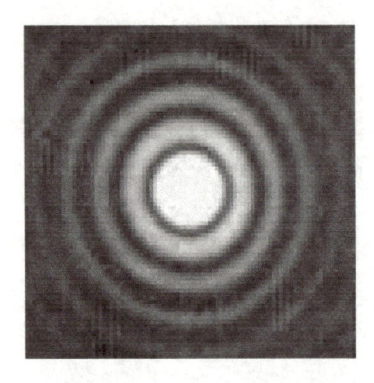

图 15-15 圆孔衍射图样

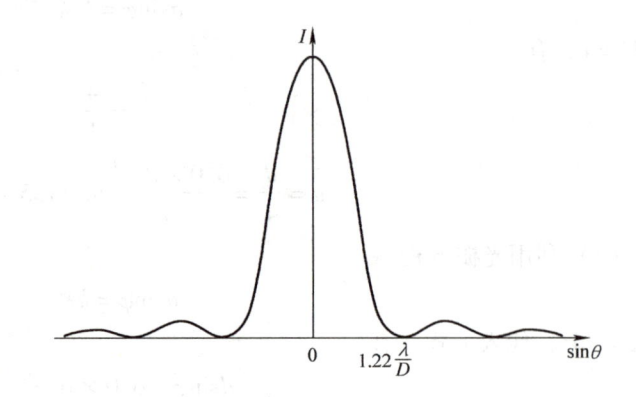

图 15-16 强度分布曲线

第一光强极小的位置出现在

$$\sin\theta_1 = 1.22\frac{\lambda}{D} \tag{15-11}$$

式中，D 为圆孔的直径。也就是说中央亮斑的半角宽度为

$$\theta_1 = 1.22\frac{\lambda}{D} \tag{15-12}$$

由式（15-12）可以看出，圆孔直径越小，则艾里斑越大，衍射越显著；反之，圆孔直径越大，则艾里斑越小，衍射越弱。当圆孔直径比波长大得多时，圆孔衍射图样向中心缩小为一个点，这正是几何光学的结果。

15.4.2 光学仪器的分辨率

光学成像仪器的物镜都有圆形边框，都会产生圆孔夫琅禾费衍射，这就使它们所成的像不再是理想的几何像点的集合，而是由一系列艾里斑组成，这必然会影响像的清晰度。两个物点还是同一物体上的两点由于衍射作用，在成像时会形成两个艾里斑，如果两物点的像相距很近，其对应的艾里斑可能发生重叠以至于被看成一个像点，也就无法分辨这是两个物点还是同一物体上的两点。所以说衍射限制了光学成像仪器的分辨能力。

怎样才能算能分辨？通常采用瑞利（Rayleigh）判据。这个判据规定，当一个艾里斑的中心正好落在另一个艾里斑的边缘（即第一级暗环）处，就认为这两个艾里斑恰好能被分辨。

144

计算表明，满足瑞利判据时，两个非相干艾里斑重叠中心的光强，约为每个艾里斑中心最亮处光强的 80%，对于大多数人来说恰能分辨这种差别。图 15-17 中，从左向右依次为两个物点的像能分辨、恰能分辨、不能分辨三种衍射图样。

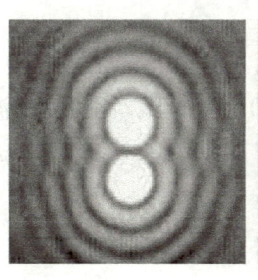

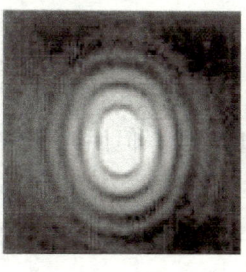

图 15-17　瑞利判据

以透镜为例，恰能分辨时，两物点在透镜处的张角称为最小分辨角，用 δθ 表示，如图 15-18 所示，它恰好等于艾里斑的半角宽度：

$$\delta\theta = \theta_1 = 1.22\frac{\lambda}{D} \tag{15-13}$$

最小分辨角的倒数称为光学仪器的分辨率。

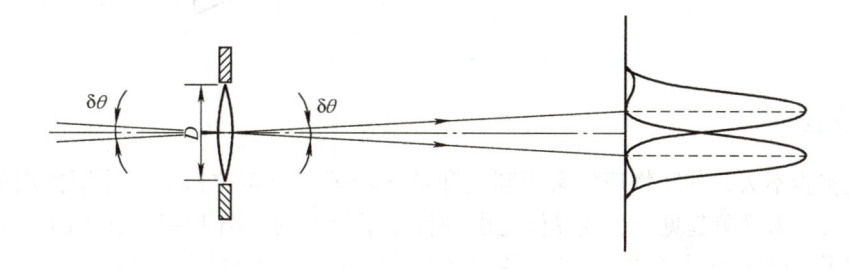

图 15-18　最小分辨角

由式（15-13）可知，提高分辨本领的途径有两条：一是增大物镜的直径，二是用短波长观察物体。所以，采用大口径物镜的天文望远镜，利用短波长的紫外光显微镜、电子显微镜，正是利用了这一原理。

例 15-5　若人眼瞳孔的直径为 3mm，求：
（1）人眼对可见光最敏感的黄绿光（$\lambda = 550\text{nm}$）的最小分辨角；
（2）在明视距离（离眼约 25cm）处可分辨的两物点的最小距离。

解　（1）由式（15-13）知，人眼的最小分辨角

$$\delta\theta = 1.22\frac{\lambda}{D} = \left(1.22 \times \frac{550 \times 10^{-9}}{3 \times 10^{-3}}\right)\text{rad} = 2.24 \times 10^{-4}\text{rad}$$

（2）最小分辨距离

$$\Delta x \approx l\delta\theta = (25 \times 10^{-2} \times 2.24 \times 10^{-4})\text{m} = 5.6 \times 10^{-5}\text{m}$$

15.5 X 射线衍射

15.5.1 X 射线（伦琴射线）

X 射线是一种波长极短的电磁波，其波长范围为 0.001～10nm，比可见光波长小得多。普通的光学光栅虽然可以用来测定光波波长，但因光栅常数限制，对波长极短的电磁波无法测定。

15.5.2 劳厄实验

1912 年，德国物理学家劳厄想到天然晶体本身可利用作为光栅，他进行了实验，圆满地获得了 X 射线的衍射图样，证实了 X 射线的波动性，开创了伦琴射线作晶体结构分析的重大应用。劳厄实验装置如图 15-19 所示。

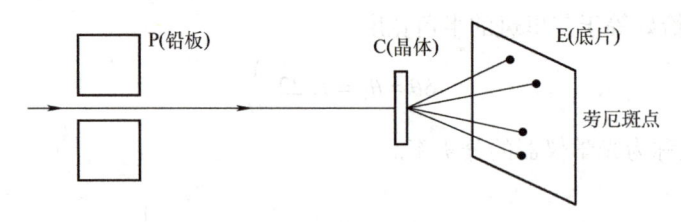

图 15-19 劳厄实验装置

15.5.3 布拉格方程

在劳厄实验不久，苏联物理学家于利夫和英国物理学家布拉格父子分别提出另一种研究 X 射线的方法。为简单起见，假设晶体是由一种原子组成的，图 15-20 中（1）（2）（3）表示一组互相平行的原子层（或晶面），各层之间的距离（晶面间距）为 d，设有一细束平行、相干、波长为 λ 的 X 射线投射在晶体上，发生散射。X 射线的散射与可见光不同，可见光只在物体表面上被散射，而 X 射线的散射一部分在表面原子层上被反射外，其余部分进入晶体内部，被内部各原子所散射，X 射线在晶体表面原子层上的散射和可见光一样，强度最大的散射方向是按反射定律反射的方向。设 φ 为入射 X 射线与晶面之间夹角，则强度最大的散射线与晶面的夹角也为 φ。这个结果对于其他各原子层上的散射线也适用，但来自于原子层反射线之间有光程差，如来自（1）（2）两层反射线的光程差为

$$\Delta = AC + CB = 2d\sin\varphi$$

图 15-20 晶体对 X 射线的衍射

这个结果对于任何两相邻原子层的反射线都适用，如果

$$2d\sin\varphi = k\lambda, k = 1, 2, \cdots \tag{15-14}$$

则各层反射线将互相加强，形成亮点。式（15-14）称为布拉格方程。

由布拉格方程看出，如果晶体结构（晶面间距为 d）为已知，则可测定 X 射线的波长。反之，如果 X 射线波长 λ 为已知，在晶体上衍射，则可测出晶面间距 d，从而可推出晶体结

构。这种研究已经发展为一门独立的学科，叫作 X 射线结构分析。

由于发现 X 射线在晶体中的衍射现象，劳厄获得了 1914 年的诺贝尔物理学奖，而 1915 年度的诺贝尔物理学奖则授予了亨利·布拉格和劳伦斯·布拉格父子。

15.6　自然光与偏振光　马吕斯定律

光的干涉和衍射现象揭示了光的波动性，但还不能由此确定光是横波还是纵波，光的偏振现象证实了光的横波性。这些都是对光是电磁波的有力证明。

从光源的发光特点得知，光波由大量的光波列组成。仅对一列光波而言，光矢量 E 具有确定的振动方向，即具有偏振性。但是，由于光源内的不同原子或同一原子在不同时刻发出的光波列是彼此独立的，使得一束光中大量光波列的振动方向是随机的。一束光中 E 的振动方向的分布情况不同，称光处于不同的偏振态。根据光的偏振态大致分为三类，即自然光、部分偏振光和线偏振光。

15.6.1　自然光与偏振光

我们知道，在光波中每一点都有一振动的电场强度矢量 E 和磁场强度矢量 H。E、H 及光波传播方向是互相垂直的，我们通常把电场强度矢量 E 叫作光矢量。

1. 自然光

在垂直于波传播方向平面内的一切可能的方向上都具有光振动，而各个方向的光矢量振动均相等，这样的光称为自然光。

在除激光外的普通光源中，光是由构成光源的大量分子或原子发出的光波的合成。由于发光的原子或分子很多，不可能把一个原子或分子所发射的光波分离出来。因为每个分子或原子发射的光波是独立的，所以从振动方向上看，所有光矢量不可能保持一定的方向，而是以极快的不规则的次序取所有可能的方向，每个分子或原子发光是间歇的，不是连续的。一般地讲，在一切可能的方向上，都有光振动，并且没有一个方向比另外一个方向占优势，即在一切可能方向上光矢量振动都相等。因此，普通光源发出的光中含有各种方向的振动，统计平均的结果是任何方向上的光矢量 E 都不占优势，在所有可能方向上的光矢量的振幅都相等，如图 15-21a 所示。这种光称为自然光，又称为非偏振光，如太阳光、白炽灯光等。

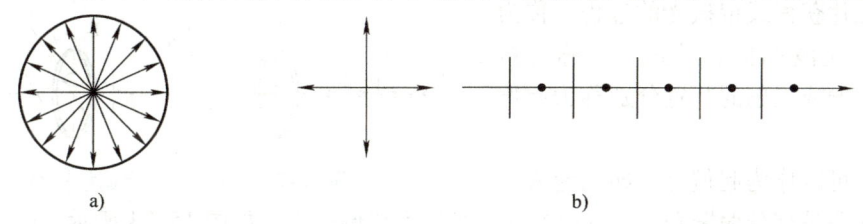

图 15-21　自然光

自然光可用任意两个无固定相位关系的相互垂直而等幅的振动来表示，如图 15-21b 所示。图 15-21b 中短线和点分别表示平行和垂直于纸面方向的振动，对自然光，短线和点均等分布，表示两者对应的振动相等和能量相等。

2. 线偏振光和部分偏振光

由上可知，自然光可表示成两互相垂直的独立的光振动。实验指出，自然光经过某些物质反射、折射或吸收后，只保留沿某一方向的光振动。

通常我们把偏振光的振动方向与传播方向组成的平面称为振动面。

如果采用某种方法使一束光中只有一个方向的振动，则这样的光称为线偏振光或完全偏振光。由于线偏振光的光矢量 E 始终保持在一固定的振动面内，故线偏振光也称为平面偏振光，如图 15-22 所示。

如果一束光中虽然包含有各种方向的振动，但某一方向的光振动比与之互相垂直的方向的光振动占优势，这种光称为部分偏振光，如图 15-23 所示。一般地讲，部分偏振光可看成是自然光和线偏振光的混合。自然界中，天空中的散射光和湖面的反射光都是部分偏振光。

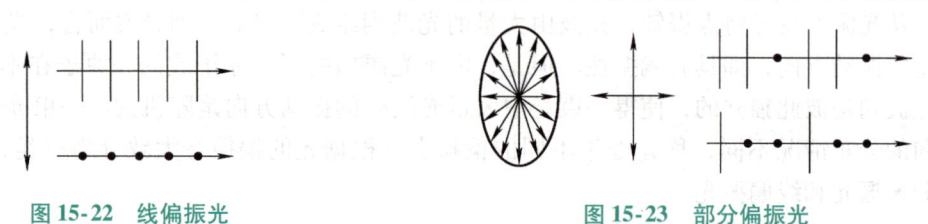

图 15-22　线偏振光

图 15-23　部分偏振光

需要说明的是：①线偏振光不只是包含一个分子或原子发出的波列，而会有众多分子或原子的波列中光振动方向都互相平行的成分；②偏振光不一定为单色光。

15.6.2　起偏和检偏　马吕斯定律

光是横波。在自然光中，由于一切可能的方向都有光振动，因此产生了以传播方向为轴的对称性。为了考虑光振动的本性，我们设法从自然光中分离出沿某一特定方向的偏振光，也就是把自然光改变为线偏振光。

1. 偏振片

某些晶体物质对不同方向的光振动有选择吸收的性能，即只允许沿某一特定方向的光振动通过，而与该方向垂直的所有振动或振动分量都不能通过，透过该物质的光便成为线偏振光。利用这种性质制成的光学元件，称为偏振片。允许光振动通过的那个特定方向称为偏振片的偏振化方向或透光轴方向，常用 "↕" 符号表示。如图 15-24 所示，自然光经偏振片 P 变成了线偏振光。

用偏振片获得线偏振光的过程，称为起偏。检验光波偏振态的过程，称为检偏。用于起偏或检偏的装置分别称为起偏器和检偏器。

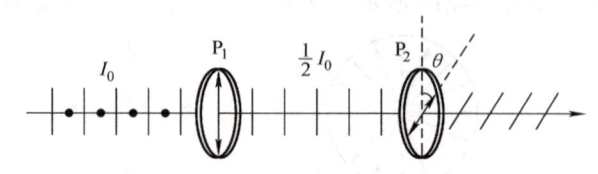

偏振片可以作为起偏器，即无论入射光是自然光还是部分偏振光，透过偏振片的光均为线偏振光。如图 15-24 所示，P_1 为起偏器，它将自然光变成了线偏振光。由于自然光中两个相互垂直方向上的振动振幅相等，因此自然光通过 P_1 后光强变为原来的一半，即 $I_1 = I_0/2$。

图 15-24　偏振片的起偏和检偏

2. 起偏和检偏

通常把能够使自然光成为线偏振光的装置称为起偏器。如图 15-24 中的偏振片 P_1 就属于起偏器。用来检验一束光是否为线偏振光的装置通常称为检偏器，偏振片也可以作为检偏器使用，例如图 15-24 中 P_2 为检偏器。当以光的传播方向为轴旋转 P_2 时，则透射光将随偏振片的旋转作明暗变化，即：当偏振化方向与入射线偏振光的光振动方向平行时，透射光强最强；当偏振化方向与入射线偏振光的光振动方向垂直时，透射光强为零，称为消光。只有在线偏振光入射到偏振片上时，才会发生消光现象，因而这也就成为检验线偏振光的依据。

具体分析如图 15-25 所示。让一束线偏振光入射到偏振片 P_2 上，当 P_2 的偏振化方向与入射线偏振光的光振动方向相同时，则该线偏振光仍可继续经过 P_2 而射出，此时在屏幕 K 上可观察到最明情况；把 P_2 以入射光线为轴转动 α 角（$0<\alpha<\pi/2$）时，线偏振光的光矢量在 P_2 的偏振化方向有一分量能通过 P_2，可观测到明的情况（非最明）；当 P_2 转动 $\pi/2$ 时，则入射 P_2 上线偏振光振动方向与 P_2 偏振化方向垂直，故无光通过 P_2，此时可观测到最暗情况（消光）。在 P_2 转动一周的过程中，可发现：最明→最暗（消光）→最明→最暗（消光）。

因此，得到一种检验和区分线偏振光、自然光和部分偏振光的方法：当线偏振光入射到偏振片上后，在偏振片旋转一周（以入射光线为轴）的过程中，发现透射光两次最明和两次消光。但是，若是自然光入射到偏振片上，则以入射光线为轴转动一周，则透射光光强不变。若入射的为部分偏振光，则在以入射光线为轴转动一周的过程中，透射光有两次最明和两次最暗（但不消光）。

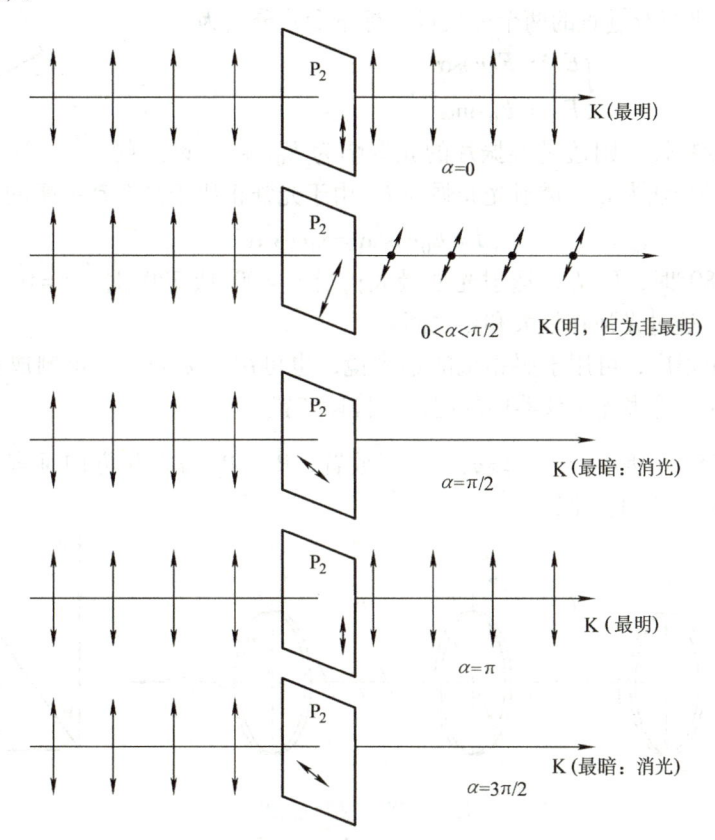

图 15-25　线偏振光检验

3. 马吕斯定律

如图 15-26 所示，当线偏振光入射到检偏器时，透过检偏器（P_2）的线偏振光强（I）与透过检偏器前线偏振光强（I_0）的关系如何？这就是马吕斯定律要研究的内容。

马吕斯定律是 1808 年由法国科学家马吕斯（E. L. Malus）从实验中发现的。该定律的内

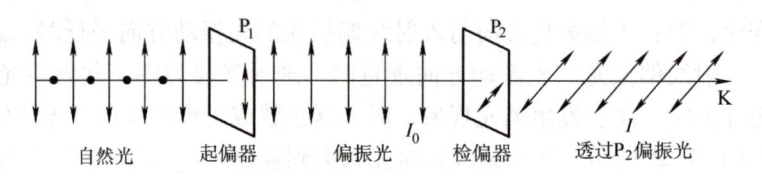

图 15-26 马吕斯定律光路

容是：强度为 I_0 的线偏振光入射到偏振片上，如果线偏振光的光振动方向与偏振片的偏振化方向的夹角为 α，则透过偏振片的线偏振光的强度为

$$I = I_0\cos^2\alpha \tag{15-15}$$

马吕斯定律表明：透过一偏振片的光强等于入射线偏振光光强乘以入射偏振光的光振动方向与偏振片偏振化方向夹角余弦的平方。

这个定律可证明如下：在图 15-27 中，自然光经 P_1 后变成线偏振光，光强为 I_0，光矢量振幅为 E_0。如图 15-27 所示，设 E_0 为入射线偏振光的光矢量，P 为偏振片的偏振化方向，两者夹角为 α。光振动 E_0 分解成与 P 平行及垂直的两个分矢量，标量形式分量为

$$\begin{cases} E_\parallel = E_0\cos\alpha \\ E_\perp = E_0\sin\alpha \end{cases}$$

根据偏振片的特性，则透过偏振片的光振幅为 $E_0\cos\alpha$。设入射到 P 上的线偏振光光强为 I_0，透射光光强为 I，由于光强正比于光振动振幅的平方，因而有

图 15-27 马吕斯定律推导

$$I = E_0^2\cos^2\alpha = I_0\cos^2\alpha$$

当 $\alpha = 0°$ 或 $180°$ 时，$I = I_0$，透射光强最大；当 $\alpha = 90°$ 或 $270°$ 时，$I = 0$，透射光强为零；当 α 为其他值时，透过光强在最大和零之间。

偏振片的应用很广，可用于照相机的偏光镜，也可用于太阳镜，可制成观看立体电影的偏光眼镜，也可作为许多光学仪器中的起偏和检偏装置。

例 15-6 如图 15-28 所示，三个偏振片平行放置，P_1、P_3 偏振化方向垂直，自然光垂直入射到偏振片 P_1、P_2、P_3 上。问：

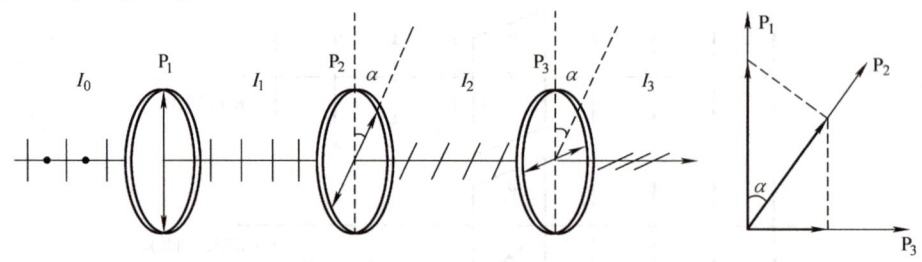

图 15-28 例 15-6 图

(1) 当透过 P_3 光光强为入射自然光光强的 $\dfrac{1}{8}$ 时，P_2 与 P_1 偏振化方向夹角为多少？

(2) 透过 P_3 光的光强为零时，P_2 如何放置？

(3) 能否找到 P_2 的合适方位，使最后透过光强为入射自然光强的 $\dfrac{1}{2}$？

解 设某时刻，偏振片 P_2 的偏振化方向与 P_1 的偏振化方向之间的夹角为 α，此时偏振片

P_1、P_2、P_3 的偏振化方向如图 15-28 所示。自然光通过 P_1 后，变为振动方向平行于 P_1 的线偏振光，设光强为 I_1，则

$$I_1 = \frac{1}{2}I_0$$

根据马吕斯定律，光通过 P_2 后，其光强为

$$I_2 = I_1 \cos^2\alpha = \frac{1}{2}I_0 \cos^2\alpha$$

光通过 P_3 后，其光强为

$$I_3 = I_2 \cos^2\left(\frac{\pi}{2} - \alpha\right) = \frac{1}{2}I_0 \cos^2\alpha \sin^2\alpha = \frac{1}{8}I_0 \sin^2 2\alpha$$

（1）当 $I_3 = \frac{1}{8}I_0$ 时，$\sin^2 2\alpha = 1 \Rightarrow \alpha = 45°$；

（2）光透过 P_3 的光强为零（$I_3 = 0$）时，P_2 的放置方位为 $I_3 = \frac{1}{8}I_0 \sin^2 2\alpha = 0$ 时，$\sin^2 2\alpha = 0 \Rightarrow \alpha = 0°$ 或 $90°$；

（3）$I_3 = \frac{1}{8}I_0 \sin^2 2\alpha$，$I_3 = \frac{1}{2}I_0$ 时，$\sin^2 2\alpha = 4$，无意义。所以找不到 P_2 的合适方位，使 $I_3 = \frac{1}{2}I_0$。

实际上，$I_3 = \frac{1}{8}I_0 \sin^2 2\alpha$ 公式中，当 $\sin^2 2\alpha = 1$，即 $\alpha = 45°$ 时是最大光强 $I_{3\max} = \frac{1}{8}I_0$。

15.7 光的偏振　布儒斯特定律

利用光在两种各向同性介质的分界面上的反射和折射，也可以使入射的自然光变成部分偏振光或线偏振光。

15.7.1 实验情况

前面已讲过，自然光可分解为两个振幅相等的垂直分振动。在此，设两分振动在图面内及垂直图面，前者称为平行振动，后者称为垂直振动。实验表明，当自然光从折射率为 n_1 的介质以入射角 i 入射到折射率为 n_2 的介质表面上时，一般情况下，反射光和折射光都是部分偏振光，如图 15-29a 所示。在入射光线中，短线与点均等分布。反射光中垂直入射面的光振动多于平行入射面的光振动，而折射光中平行入射面的光振动多于垂直入射面的光振动，或者说，垂直于入射面的光振动比平行于入射面的光振动更容易发生反射。

15.7.2 布儒斯特定律

1812 年布儒斯特（D. Brewster）发现，反射光和折射光的偏振程度将随入射角的改变而

改变。当入射角 i 等于某一特定值 i_0 且满足

$$\tan i_0 = \frac{n_2}{n_1} \quad (15\text{-}16)$$

时，反射光变成线偏振光，如图 15-29b 所示，光振动全部为垂直于入射面的振动，这表明平行于入射面的振动完全不能反射回第一种媒质中。式（15-16）称为布儒斯特定律。i_0 称为布儒斯特角或起偏振角。

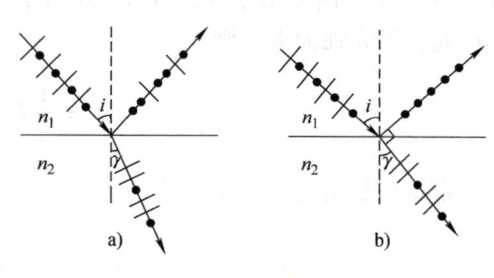

图 15-29　反射光和折射光的偏振

当光以布儒斯特角入射时，根据折射定律，入射角 i_0 满足

$$\frac{\sin i_0}{\sin \gamma} = \frac{n_2}{n_1}$$

或写成

$$n_1 \sin i_0 = n_2 \sin \gamma \quad (15\text{-}17)$$

式（15-17）与式（15-16）联立，可得

$$i_0 + \gamma = \frac{\pi}{2} \quad (15\text{-}18)$$

即当光以布儒斯特角入射时，反射光与折射光垂直。显然这一结论与布儒斯特公式是一致的，可以作为布儒斯特定律的另一种表述。此时，反射光为垂直入射面振动的线偏振光，而折射光仍为部分偏振光。折射光中平行入射面振动占优势，此时偏振化程度最高。外腔式气体激光器在两端有布儒斯特窗，其输出的激光就是线偏振光。

例 15-7　某一物质对空气的临界角为 45°，光从该物质向空气入射。求布儒斯特角。

解　设 n_1 为该物质折射率，n_2 为空气折射率，可有全反射定律为

$$\frac{\sin 45°}{\sin 90°} = \frac{n_2}{n_1}$$

又

$$\tan i_0 = \frac{n_2}{n_1}$$

所以

$$\tan i_0 = \frac{\sin 45°}{\sin 90°} = \frac{\sqrt{2}}{2}, \quad i_0 = 35.3°$$

15.7.3　玻璃堆法（获得偏振光方法）

前面讲过，当 $i = i_0$ 时，折射光的偏振化程度最大（相对 $i \neq i_0$ 而言）。实际上，$i = i_0$ 时，反射光为线偏振光，但折射光与线偏振光还相差很远。如：当自然光从空气射向普通玻璃上时，入射光中垂直振动的能量仅有 15% 被反射，其余 85% 以及全部平行振动的能量都折射到玻璃中，可见通过单个玻璃的折射光，其偏振化程度不高。为了获得偏振化程度很高的折射光，可令自然光通过多块平行玻璃（称为玻璃堆），使 $i = i_0$ 入射，因到各玻璃表面的入射线均为起偏角，入射光中垂直振动的能量就有 15% 被反射，而平行振动能量全部通过。所以，每通过一个面，折射光的偏振化程度就均加一次，如果玻璃数目足够多，则最后折射光就接

近于线偏振光。

例 15-8 一束自然光自空气射向一块平板玻璃，如图 15-30 所示。设入射角为布儒斯特角 i_0，证明 $\tan\gamma = \dfrac{n_1}{n_2}$，即在玻璃的下表面的反射光也是线偏振光。

证 由布儒斯特定律知，当以布儒斯特角入射时，在玻璃的上表面的反射光为线偏振光，折射光为部分偏振光，此时反射光和折射光相互垂直，即有

$$i_0 + \gamma = \frac{\pi}{2}$$

而在平板玻璃的下表面也会出现反射光和折射光，此时的入射角为 γ，而折射角为 i_0，显然上式仍然成立，即在玻璃下表面的反射光也是线偏振光。

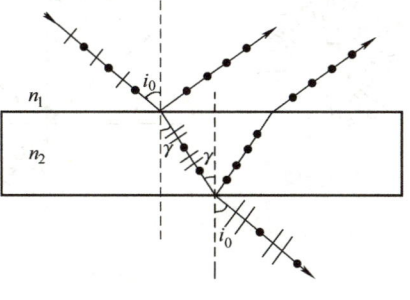

图 15-30 例 15-8 图

此结论亦可通过布儒斯特公式证明：
由式（15-18）可得

$$\tan i_0 = \tan\left(\frac{\pi}{2} - \gamma\right) = \frac{1}{\tan\gamma} = \frac{n_2}{n_1}$$

即

$$\tan\gamma = \frac{n_1}{n_2}$$

可见，γ 是光从玻璃中向空气界面入射时的起偏角，仍然满足布儒斯特定律，由此证明在平板玻璃的下表面的反射光也是线偏振光。

由上面的例题可获得在透射光中得到线偏振光的方法。如图 15-31 所示，当自然光以 i_0 入射到平行玻璃堆时，所有反射光均为完全偏振光。对透射光而言，由于每次均有一定量的垂直于入射面的振动被反射掉，则当光经过足够多层的平板玻璃后，透射光就非常接近于光振动平行于入射面的线偏振光了。

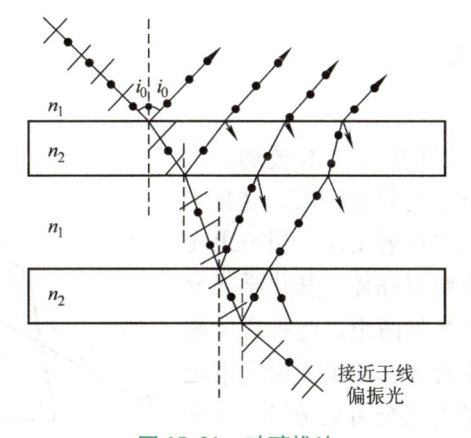

图 15-31 玻璃堆法

例 15-9 如图 15-32 所示，用自然光或偏振光分别以起偏角 i_0 或其他角 i（$i \neq i_0$）射到某一玻璃表面上，试用点或短线表明反射光和折射光光矢量的振动方向。

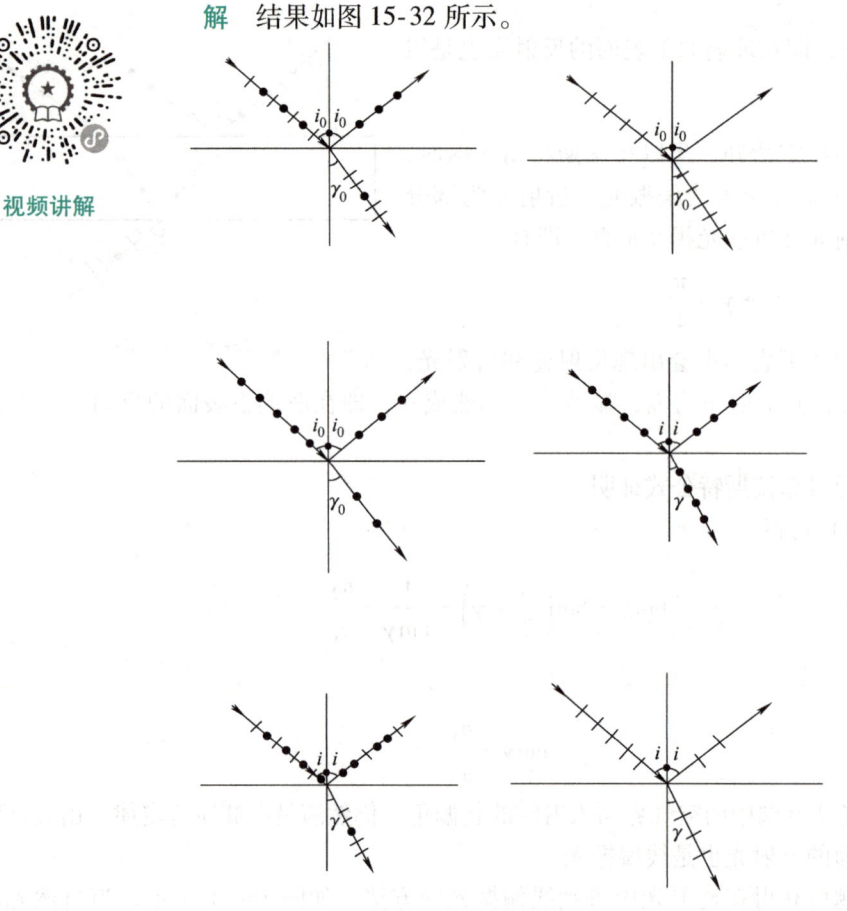

解 结果如图 15-32 所示。

图 15-32　例 15-9 图

*15.8　光的双折射

15.8.1　光的双折射现象

1. 双折射现象

当一束光在两种各向同性介质（如玻璃、水等）的分界面上折射时，折射光只有一束，这是为人们所熟知的，并且满足光的折射定律。当一束光射入各向异性的介质（如方解石晶体，其化学成分为碳酸钙 $CaCO_3$）中，折射光为两束，此种现象称为双折射现象，如图 15-33 所示。如果入射光束足够细，晶体足够厚，折射光束完全可以分开。（立方晶系是各向同性的，不可能产生双折射，如 NaCl 晶体）。

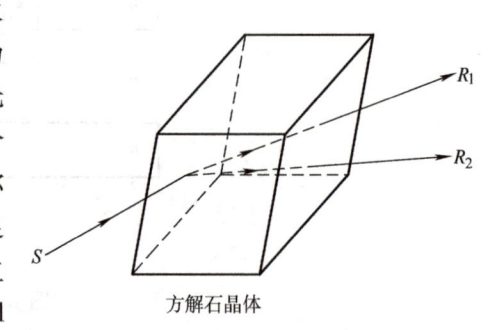

图 15-33　双折射现象

2. 寻常光和非寻常光

实验表明，当改变入射角 i 时，两束折射光之一恒满足折射定律，这束光称为寻常光，通常用 o 表示，简称 o 光；另一束光不遵从折射定律，它不一定在入射面内，且入射角 i 改变时，$\dfrac{\sin i}{\sin \gamma}$ 也不是一个常数，这束光称为非寻常光，用 e 表示，简称 e 光。如图 15-34 所示，即使 $i=0$ 时，e 光也不沿入射光方向。

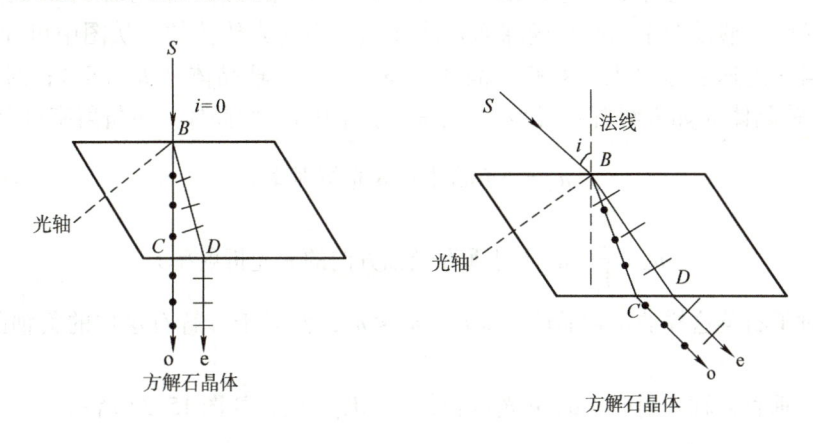

图 15-34 o 光和 e 光

产生双折射的原因：o 光和 e 光在晶体中传播速度不同，o 光在晶体中各个方向的传播速度相等，而 e 光传播速度却随方向而变化。在各向异性晶体中每一方向都有两个光速，一是 o 光速度，另一是 e 光速度。在一般情况下，这两个速度不相等。但是，晶体中有这样一个方向，沿此方向，o、e 两光速度相等，该方向称为晶体的光轴。例如，方解石的天然结构平行六面体，它的每个面上的锐角都是 78°，每个面上的钝角为 102°（更精确的是 78°7′和 101°53′）。当各棱边长度相等时，则 A、B 两顶点的直线方向就是光轴方向，如图 15-35 所示。注意：光轴不是唯一的一条直线，是代表一个方向，与 A、B 连线平行的所有直线都可代表光轴方向。只有一个光轴的晶体（如方解石、石英）称为单轴晶体，有些晶体（如云母、硫黄等）具有两个光轴，称双轴晶体。为简单起见，在此仅讨论单轴晶体。

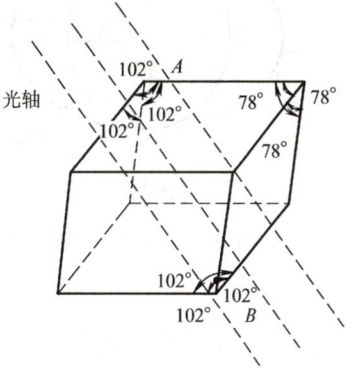

图 15-35 光轴方向

3. 主截面、主平面

主截面：包含光轴和任一天然晶面法线的平面。

主平面：包含光轴和晶体中任一光线（o 光或 e 光）的平面。

寻常光和非寻常光都是线偏振光，这可用检偏器来验证。检验结果发现，o 光振动面垂直于其主平面，e 光振动面平行于其主平面。如图 15-34 所示，当光轴与纸面垂直时，纸面为主截面（上晶面与纸面垂直），此时入射面与主截面重合，此时 o 光和 e 光的主平面都在主截面内，o 光和 e 光振动互相垂直。注意：在一般情况下，o 光和 e 光的主截面有一个不大的夹角，因此，o 光和 e 光的振动不完全垂直。

15.8.2 惠更斯原理在双折射中的应用

o 光在单轴晶体中传播速度相同，所以从晶体中一点光源发出的 o 光的波阵面是球面；e 光传播速度随方向而变，所以它的波阵面不是球面，可以证明是椭球面，如图 15-36 所示。因为在光轴上 o 光和 e 光的传播速度相同，所以球面与椭球面相切于光轴 A、B 两点。AB 就是椭球面的旋转轴。假设图中球面和椭球面是从 A 点发出的光传播的。从图中可知，在垂直光轴方向 o 光与 e 光速度差最大。对有些晶体 $v_o > v_e$，称正轴晶体（如石英）；对另一些晶体 $v_o < v_e$，称负轴晶体（如方解石）。设 c 为光速（真空中），则晶体的主折射率可以定义为

$$n_o = \frac{c}{v_o} （晶体对 o 光折射率） \tag{15-19}$$

$$n_e = \frac{c}{v_e} （晶体对垂直光轴方向的 e 光折射率） \tag{15-20}$$

因此，对于石英这样的正轴晶体 $v_o > v_e$，$n_o < n_e$；而对于方解石这样的负轴晶体 $v_o < v_e$，$n_o > n_e$。

当 $i = 0$、垂直光轴入射时，o、e 光重合，但速度不同，如图 15-37 所示。

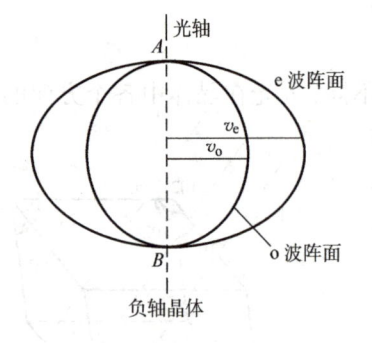

图 15-36 正轴晶体与负轴晶体

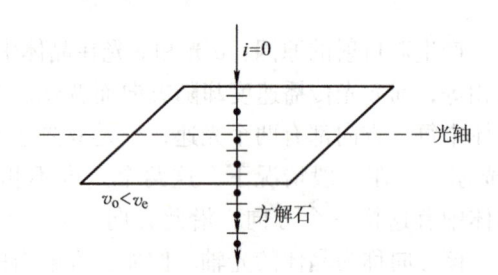

图 15-37 垂直光轴入射

15.8.3 尼科耳棱镜原理

尼科耳棱镜（简称尼科耳）和偏振片一样，用来起偏和检偏，是一种光学仪器，结构和原理如下：如图 15-38 所示，取一方解石晶体，它的长度约等于其厚度的 3 倍，天然方解石的两个端面与底面成 71°角，即平行四边形 $A'CN'M$ 的两对角为 71°，把两端面磨掉一部分，使与底边成 68°角，即平行四边形 $A'CN'M$ 成为 $ACNM$，然后将晶体沿垂直于 $ACNM$ 及两端面剖面磨光并用加拿大树胶黏合起来，即成为尼科耳棱镜。光轴在 $ACNM$ 平面内，与 AC 成 48°角。入射光 SI 平行于棱镜的边长 CN，入射面为 $ACNM$，入射光进入棱镜后分解为 o 光和 e 光，因为入射面和主截面重合，所以 o 光和 e 光的主平面都在主截面内。图 15-39 所示是光射入尼科耳棱镜后的情形，对于 o 光而言，它在加拿大树胶上入射角为 76°，加拿大树胶折射率 $n = 1.550$，而方解石对 o 光的折射率 $n_o = 1.658$，此时 o 光是从光密到光疏入射，而入射角 76°又大于临界角 69.15°，所以 o 光在加拿大树胶层上受到全反射，反射到 CN 面上，此面涂墨，可以把它吸收掉。但是对于 e 光而言，因为方解石对 e 光的折射率为 1.4864，小于加拿大树胶

的折射率 1.550，所以 e 光在加拿大树胶层上不能全反射，故它通过树胶从棱镜射出，所以从尼科耳棱镜射出的光是线偏振光，其振动面就是主截面。

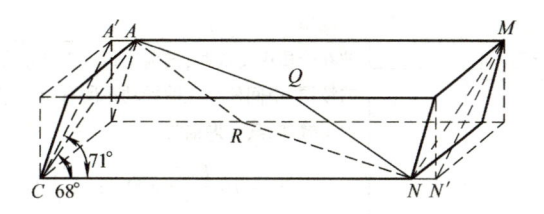

图 15-38　尼科耳棱镜结构

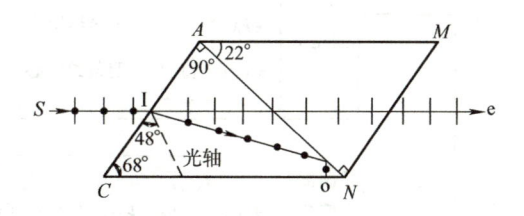

图 15-39　尼科耳棱镜对光的折射

尼科耳棱镜和偏振片一样，不仅可以作为起偏器，而且可以作为检偏器，如图 15-40 所示。

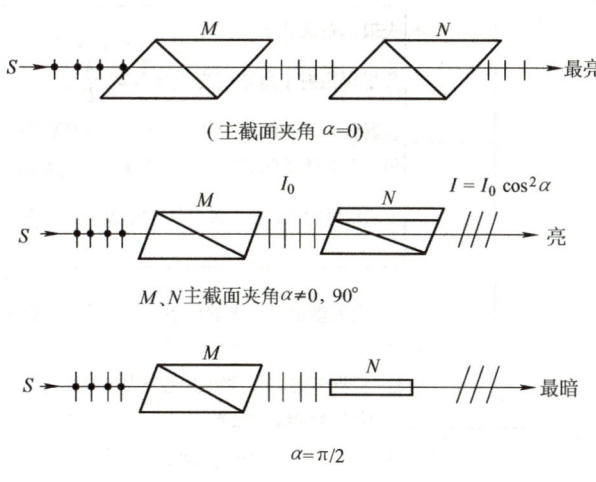

图 15-40　尼科耳棱镜检偏

15.8.4　二向色性

对 o 光和 e 光有选择性吸收，这种性能称为二向色性。

有的矿物在白光照射下，从某一方向看去透射光是一种颜色，从另一方向看去则是另一种的颜色，此即二向色性。这些矿物或有机化合物有吸收自然光的两种垂直振动之一的本领，可作起偏器用。但此种物体往往也要吸收一部分透射光，故出来的光是有颜色的，这种晶体即二向色性晶体。例如，蓝宝石晶体顺其柱体延长方向呈蓝绿色，垂直延长方向呈蓝色。

本章逻辑主线

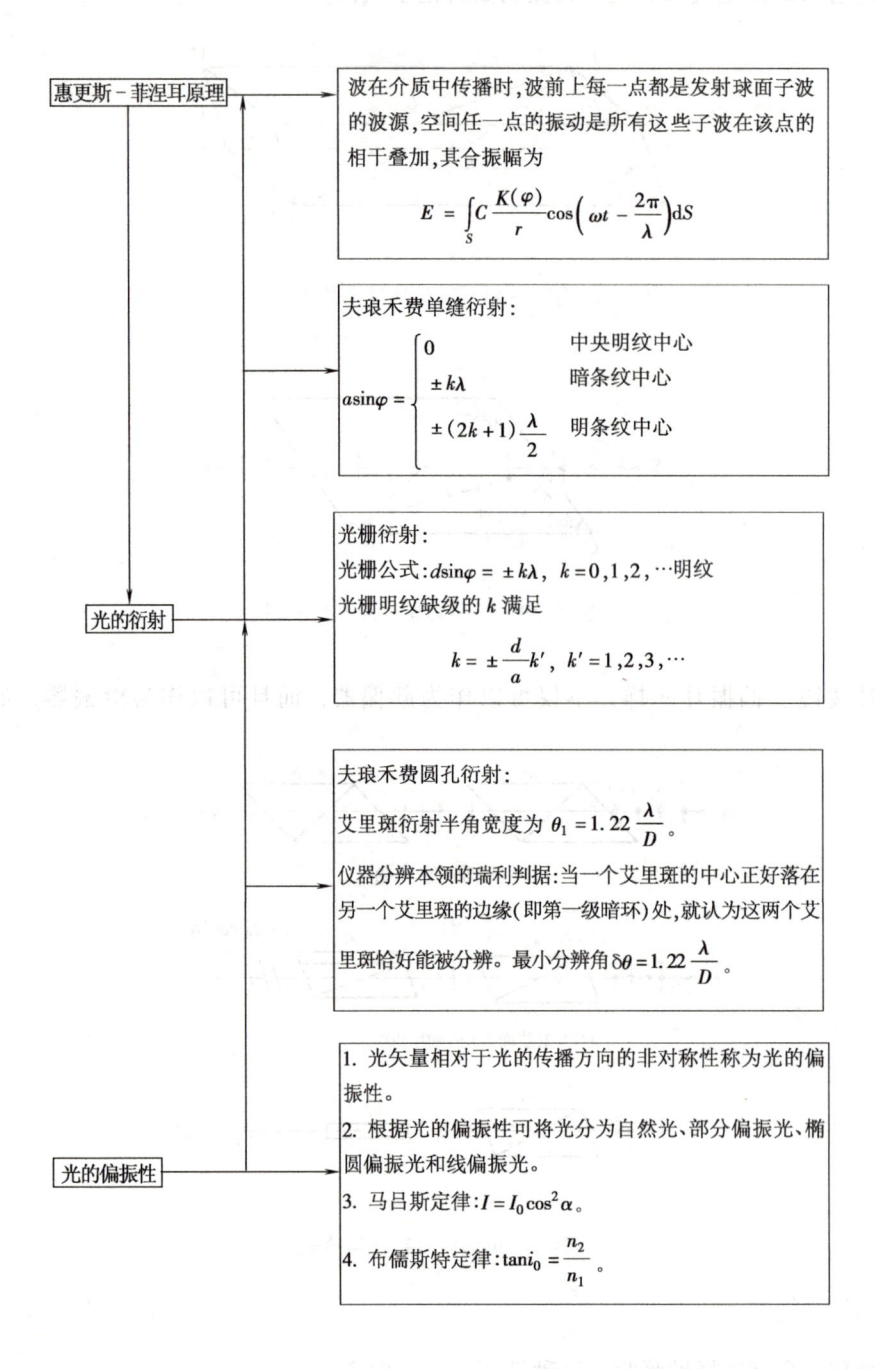

惠更斯-菲涅耳原理 → 波在介质中传播时,波前上每一点都是发射球面子波的波源,空间任一点的振动是所有这些子波在该点的相干叠加,其合振幅为

$$E = \int_S C \frac{K(\varphi)}{r} \cos\left(\omega t - \frac{2\pi}{\lambda}\right) dS$$

光的衍射:

夫琅禾费单缝衍射:

$$a\sin\varphi = \begin{cases} 0 & \text{中央明纹中心} \\ \pm k\lambda & \text{暗条纹中心} \\ \pm(2k+1)\dfrac{\lambda}{2} & \text{明条纹中心} \end{cases}$$

光栅衍射:
光栅公式: $d\sin\varphi = \pm k\lambda$, $k = 0,1,2,\cdots$ 明纹
光栅明纹缺级的 k 满足

$$k = \pm \frac{d}{a}k', \quad k' = 1,2,3,\cdots$$

夫琅禾费圆孔衍射:
艾里斑衍射半角宽度为 $\theta_1 = 1.22\dfrac{\lambda}{D}$。
仪器分辨本领的瑞利判据:当一个艾里斑的中心正好落在另一个艾里斑的边缘(即第一级暗环)处,就认为这两个艾里斑恰好能被分辨。最小分辨角 $\delta\theta = 1.22\dfrac{\lambda}{D}$。

光的偏振性:
1. 光矢量相对于光的传播方向的非对称性称为光的偏振性。
2. 根据光的偏振性可将光分为自然光、部分偏振光、椭圆偏振光和线偏振光。
3. 马吕斯定律: $I = I_0 \cos^2\alpha$。
4. 布儒斯特定律: $\tan i_0 = \dfrac{n_2}{n_1}$。

拓展阅读

中国天眼

古往今来,浩瀚璀璨的星空令人着迷。仰望星空,洗涤心灵,捕捉来自宇宙深处的信息,探索外太空之谜,是人类乐此不疲的梦想。

第 15 章
光的衍射与偏振

一眼望穿百亿光年，洞见宇宙尽头，中国天眼（FAST），口径达到500m，相当于30个足球场的面积，它是世界最大单口径射电天文望远镜，也是国际上最灵敏的低频射电望远镜。中国天眼，每年可以实现6300h左右的观测时长，它用一次又一次的世界级发现，为我们带来宇宙级的浪漫，为我国射电天文学发展做出突出贡献。中国天眼，作为我国十一五重大科技基础设施建设项目，于2016年9月25日落成启动并进入试运行阶段，2020年1月11号通过国家验收并正式开放运行。它是世界上灵敏度最高的射电望远镜，与口径305m的美国阿雷西博望远镜相比，其综合性能提高了十倍以上。中国天眼的设计不同于世界上已有的单口径射电望远镜，主要体现在它的主动反射面和馈源舱设计上。主动反射面可以通过拉扯钢索网以改变自身形态，变成球面或者抛物面。而在馈源舱设计上，中国天眼采用全新的轻型索驱动控制系统，可以自如改变角度和位置，能更加有效地收集、跟踪、监测丰富的宇宙电磁波。

2023年1月6日，《自然》杂志以封面文章形式展示了中国天眼中性氢谱线测量星际磁场的重大进展，为人类破解恒星诞生谜题提供了证据。此外，中国天眼还在快速射电爆脉冲星、纳赫兹引力波等领取得一系列重要突破，获得了一大批重要的原创成果。

天眼之父——南仁东

美丽的太空，正以它的神秘和绚丽，召唤我们踏过平庸，进入到无垠的广袤。

——南仁东

南仁东，"人民科学家"国家荣誉称号获得者，中国天眼工程首席科学家兼总工程师。南方有仁东，追寻天心梦。南仁东，心有大我，至诚报国，体现了中国新时代知识分子的责任与担当。他1963年就读于清华大学，后于中国科学院研究生院获得硕士、博士学位，是新中国培养的科学家。他曾在日本国立天文台任客座教授，1993年他放弃国外高薪，毅然回到祖国，他带领团队提出了建设射电大望远镜的构想，把生命献给他所热爱的事业。1994年起，他开始负责FAST工程的预研究、选址、立项和设计，仅在选址上，就前后历经了14年，他观察了上千张卫星地图，走遍了贵州大山上百个地方。在建设过程中，他坚持自主创新，带头攻克了数不清的、前所未有的材料、技术等一系列难题。他罹患重病，依然坚持在工作岗位上。历经20多个寒来暑往，8000多个日夜，2016年9月25日，FAST工程落成启用。2017年9月15日，南仁东因患肺癌去世，把他22年的生命，奉献给了这个科学奇迹。他用自己生命近1/3的时光，最终建成了这座全球最大的单口径射电望远镜，在世界天文史上镌刻下新的中国高度。

2018年4月，南仁东被评为"逝世的十位国家脊梁"之一；2018年10月，中科院国家天文台首次公布"南仁东星"国际命名公报，将中国发现的国际永久编号第79694号小行星命名为"南仁东星"。从此，无穷的宇宙中多了一颗以中国天眼之父命名的南仁东星，而南仁东的故事将和这颗星星一起，激励着一代又一代青少年继往开来。仰望天空，星空依旧闪亮，无垠的苍穹，见证梦想的力量；脚踏实地，让梦想照进现实，用拼搏和汗水造就一个又一个中国奇迹。

思 考 题

15.1 在日常经验中，为什么声波的衍射比光波的衍射更加显著？

15.2 衍射的本质是什么？干涉和衍射有什么区别和联系？

15.3 单缝衍射的图案通常具有什么样的特点？试举一个实际例子，说明如何在日常生活中观察到类似的现象。

(1) 将点光源向下平移少许；

(2) 将单狭缝沿入射光传播方向移动少许；

(3) 增大缝宽。

15.4 晚间通过放在眼前的手帕去观看远处的白炽灯或高压水银灯，将会看到什么现象？

15.5 相机镜头上的光圈大小对拍摄出的图像质量有什么影响？

15.6 要分辨出天空遥远的双星，为什么要用直径很大的天文望远镜？

15.7 使用蓝色激光在光盘上进行数据读写较红色激光有何优越性？

15.8 光栅形成的光谱较玻璃棱镜形成的色散光谱有何不同？

15.9 孔径相同的微波望远镜和光学望远镜相比较，哪个分辨本领大？为什么？

15.10 登月宇航员称，在月球上唯独能够用肉眼分辨的地球上的人工建筑是中国的长城。你依据什么可以判断这句话的真实性？需要哪些数据？

15.11 试指出当衍射光栅的光栅常数为下述三种情况时，哪些级次的衍射明条纹缺级？

(1) $a+b=2a$；

(2) $a+b=3a$；

(3) $a+b=4a$

15.12 在衍射光栅实验中，把光栅遮掉一半，衍射图样会发生什么变化？

15.13 为什么我们在观看液晶电视或电脑显示器时，屏幕的角度不同会导致观看效果的变化？

15.14 为什么摄影师在拍摄水面反射的景物时，有时会使用偏振滤镜？

15.15 图 15-41 所示为自然光分别以布儒斯特角 i_0 或任一入射角 i 入射到一玻璃面时的情况，试画出反射光和折射光的偏振状态。

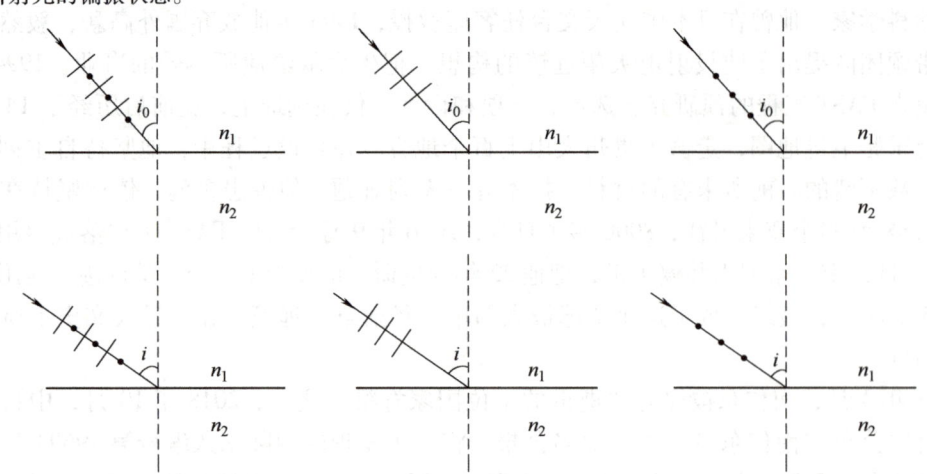

图 15-41 思考题 15.15 图

15.16 举例说明光的偏振在现实生活中有哪些应用。

习 题

一、选择题

15.1 夫琅禾费单缝衍射中，中央亮纹的宽度是其他条纹宽度的（ ）。

(A) $\frac{1}{2}$ 倍； (B) 1 倍； (C) 2 倍； (D) 4 倍。

15.2 波长为 λ 的平行光垂直照射在缝宽为 a 的单缝上，a 为何值时，衍射条纹在 $\theta=30°$ 处出现第一级

暗纹。（ ）

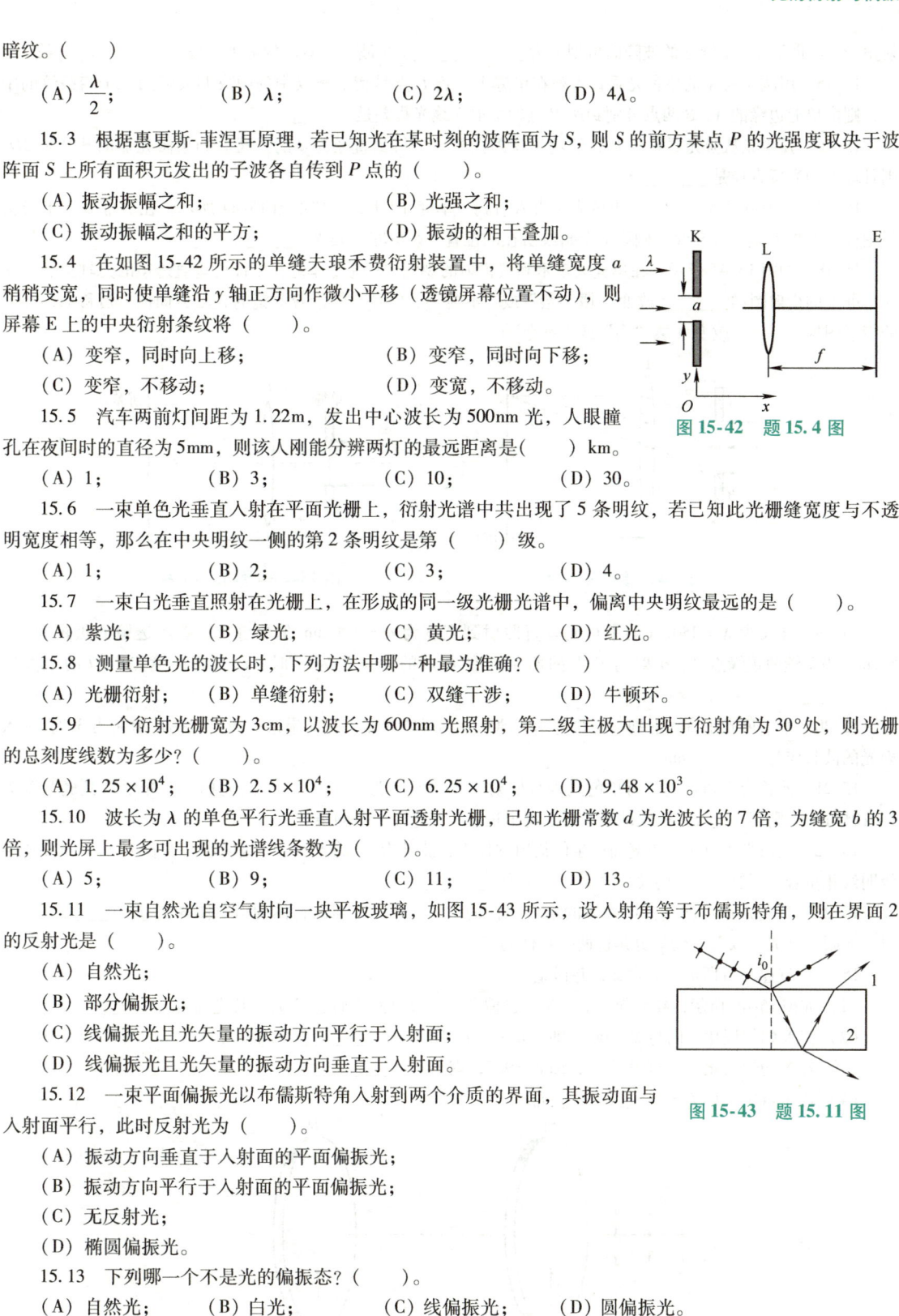

(A) $\dfrac{\lambda}{2}$；　　　　(B) λ；　　　　(C) 2λ；　　　　(D) 4λ。

15.3　根据惠更斯-菲涅耳原理，若已知光在某时刻的波阵面为 S，则 S 的前方某点 P 的光强度取决于波阵面 S 上所有面积元发出的子波各自传到 P 点的（　　）。

(A) 振动振幅之和；　　　　　　(B) 光强之和；
(C) 振动振幅之和的平方；　　　(D) 振动的相干叠加。

15.4　在如图 15-42 所示的单缝夫琅禾费衍射装置中，将单缝宽度 a 稍稍变宽，同时使单缝沿 y 轴正方向作微小平移（透镜屏幕位置不动），则屏幕 E 上的中央衍射条纹将（　　）。

(A) 变窄，同时向上移；　　　　(B) 变窄，同时向下移；
(C) 变窄，不移动；　　　　　　(D) 变宽，不移动。

图 15-42　题 15.4 图

15.5　汽车两前灯间距为 1.22m，发出中心波长为 500nm 光，人眼瞳孔在夜间时的直径为 5mm，则该人刚能分辨两灯的最远距离是(　　) km。

(A) 1；　　　　(B) 3；　　　　(C) 10；　　　　(D) 30。

15.6　一束单色光垂直入射在平面光栅上，衍射光谱中共出现了 5 条明纹，若已知此光栅缝宽度与不透明宽度相等，那么在中央明纹一侧的第 2 条明纹是第（　　）级。

(A) 1；　　　　(B) 2；　　　　(C) 3；　　　　(D) 4。

15.7　一束白光垂直照射在光栅上，在形成的同一级光栅光谱中，偏离中央明纹最远的是（　　）。

(A) 紫光；　　　(B) 绿光；　　　(C) 黄光；　　　(D) 红光。

15.8　测量单色光的波长时，下列方法中哪一种最为准确？（　　）

(A) 光栅衍射；　(B) 单缝衍射；　(C) 双缝干涉；　(D) 牛顿环。

15.9　一个衍射光栅宽为 3cm，以波长为 600nm 光照射，第二级主极大出现于衍射角为 30°处，则光栅的总刻度线数为多少？（　　）。

(A) 1.25×10^4；　(B) 2.5×10^4；　(C) 6.25×10^4；　(D) 9.48×10^3。

15.10　波长为 λ 的单色平行光垂直入射平面透射光栅，已知光栅常数 d 为光波长的 7 倍，为缝宽 b 的 3 倍，则光屏上最多可出现的光谱线条数为（　　）。

(A) 5；　　　　(B) 9；　　　　(C) 11；　　　　(D) 13。

15.11　一束自然光自空气射向一块平板玻璃，如图 15-43 所示，设入射角等于布儒斯特角，则在界面 2 的反射光是（　　）。

(A) 自然光；
(B) 部分偏振光；
(C) 线偏振光且光矢量的振动方向平行于入射面；
(D) 线偏振光且光矢量的振动方向垂直于入射面。

15.12　一束平面偏振光以布儒斯特角入射到两个介质的界面，其振动面与入射面平行，此时反射光为（　　）。

(A) 振动方向垂直于入射面的平面偏振光；
(B) 振动方向平行于入射面的平面偏振光；
(C) 无反射光；
(D) 椭圆偏振光。

图 15-43　题 15.11 图

15.13　下列哪一个不是光的偏振态？（　　）。

(A) 自然光；　　(B) 白光；　　(C) 线偏振光；　　(D) 圆偏振光。

二、填空题

15.14　在单缝夫琅禾费衍射实验中，波长为 λ 的单色光垂直入射在宽度为 $a = 4\lambda$ 的单缝上，对应于衍

161

射角为30°的方向，单缝处的波阵面可划分为_____个半波带，对应的屏上条纹为_____纹。

15.15 用波长为λ的单色光垂直入射在单缝上，若P点是衍射条纹中的中央明纹旁第二个暗条纹的中心，则由单缝边缘的A、B两点分别到达P点的衍射光线光程差是_____。

15.16 强激光从激光器孔径为D的输出窗射向月球，得到直径为d的光斑。如果激光器的孔径是2D，则月球上的光斑直径是_____。

15.17 一束波长为λ的平行单色光垂直入射到一单缝AB上，装置如图15-44所示。在屏幕D上形成衍射图样，如果P是中央亮纹一侧第1个暗纹所在的位置，则$\overline{BC}$的长度为_____。

15.18 如图15-45所示，在单缝夫琅禾和费衍射的观测中：①令单缝在纸面内垂直透镜的光轴上、下移动，屏上的衍射图样_____改变（填"会"或"不会"）；②令单缝沿着透镜的光轴方向前、后移动，屏上的衍射图样_____改变（填"会"或"不会"）。

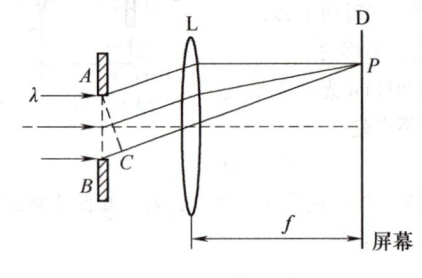

图 15-44　题 15.17 图　　　　　图 15-45　题 15.18 图

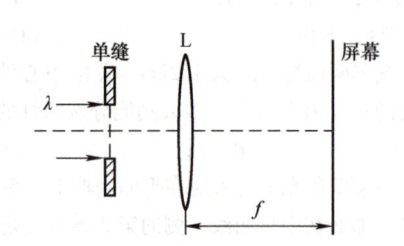

15.19 波长为λ = 480nm 的平行光垂直照射到宽度为 a = 0.40mm 的单缝上，缝后透镜的焦距为 f = 60cm，当单缝两边缘点A、B 射向P点的两条光在P点的相位差为π时，P点离透镜焦点O的距离等于_____。

15.20 某单色光垂直入射到一个每毫米有800条刻线的光栅上，如果第一级谱线的衍射角为30°，则入射光的波长应为_____ nm。

15.21 波长为500nm的平行单色光垂直照射在光栅常数为 2×10^{-3} mm 的光栅上，光栅透光缝宽度为 1×10^{-3} mm，则第_____级主极大缺级，屏上将出现_____条明条纹。

15.22 在白光垂直照射单缝而产生的衍射图样中，波长为 λ_1 的光的第3级明纹与波长为 λ_2 的光的第4级明纹相重合，则这两种光的波长之比 λ_1/λ_2 为_____。

15.23 瑞利判据可叙述为甲物体的衍射图样的_____与乙物体的衍射图样的_____重合时，人眼（或光学仪器）恰能分辨这两个物体的像。

15.24 试述马吕斯定律的意义，并讨论：
（1）如图15-46所示，M为起偏器，N为检偏器，一束自然光通过M后，其光强 $I_1 = $ _____ I_0；
（2）若 N 的偏振化方向与 M 相同，即夹角 α = 0，则 $I_2 = $ _____ I_0；
（3）若 N 的偏振化方向与 M 垂直，即 α = 90°，则 $I_2 = $ _____ I_0；
（4）若 α = 60°，则 $I_2 = $ _____ I_0。

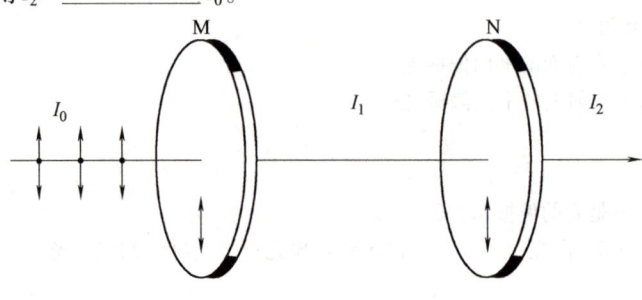

图 15-46　题 15.24 图

第 15 章
光的衍射与偏振

15.25　强度为 I_0 的自然光，通过偏振化方向互成 30° 角的起偏器和检偏器后，光强度变为_____。

15.26　一束平行的自然光，以 60° 角入射到平玻璃表面上，若反射光是完全偏振的，则折射光束的折射角为_____；玻璃的折射率为_____。

15.27　当光线沿光轴方向入射到双折射晶体上时，_____（填"发生"或"不发生"）双折射现象，沿光轴方向寻常光和非寻常光的折射率_____；传播速度_____。

三、计算题

15.28　用汞灯发出波长为 546nm 的绿色光垂直照射宽度为 0.437mm 的单缝，缝后放一个焦距为 40cm 的透镜，求中央明纹宽度。如果把这个装置放入折射率为 1.33 的水中，中央明纹的角宽度为多少？

15.29　在夫琅禾费单缝衍射实验中，如果缝宽 a 与入射光波长的比值分别为（1）1；（2）10；（3）100。试分别计算中央明条纹边缘的衍射角。再讨论计算结果说明什么问题。

15.30　用橙黄色的平行光垂直照射一宽为 $a = 0.60$mm 的单缝，缝后凸透镜的焦距 $f = 40.0$cm，观察屏幕上形成的衍射条纹。若屏上离中央明条纹中心 1.40mm 处的 P 点为一明条纹，求：（1）入射光的波长；（2）P 点处条纹的级数；（3）从 P 点看，对该光波而言，狭缝处的波面可分成几个半波带？

15.31　一单色平行光垂直照射一单缝，若其第三级明条纹位置正好与 6000Å 的单色平行光的第二级明条纹位置重合，求前一种单色光的波长。

15.32　用波长 $\lambda_1 = 400$nm 和 $\lambda_2 = 700$nm 的混合光垂直照射单缝。在衍射图样中，λ_1 的第 k_1 级明条纹中心位置恰好与 λ_2 的第 k_2 级暗条纹中心位置重合。求 k_1 和 k_2。试问 λ_1 的暗条纹中心位置能否与 λ_2 的暗条纹中心位置重合？

15.33　波长为 600nm 的单色光垂直照射到一单缝宽度为 0.05mm 的光栅上，在距光栅 2m 的屏幕上，测得相邻两条纹间距 $\Delta x = 0.4$cm。求：（1）在单缝衍射的中央明纹宽度内，最多可以看到第几级，共几条光栅衍射明纹？（2）光栅不透光部分宽度 b 为多少？

15.34　波长为 600nm 的单色光正入射到一衍射平面光栅上，第 2、3 级明条纹分别出现在 $\sin\varphi = 0.20$ 和 $\sin\varphi = 0.30$ 处，第 4 级为缺级．求：（1）光栅常数；（2）光栅上狭缝的宽度；（3）$-90° < \varphi < 90°$ 范围内，光屏上实际呈现的全部级数。

15.35　波长为 680nm 的单色可见光垂直入射到缝宽为 $a = 1.25 \times 10^{-4}$cm 的透射光栅上，观察到第四级谱线缺级，透镜焦距 $f = 1$m。求：（1）此光栅每厘米有多少条狭缝；（2）在屏上呈现的光谱线的全部级次和条纹数。

15.36　如图 15-47 所示，复色光由波长为 $\lambda_1 = 600$nm 和 $\lambda_2 = 400$nm 的单色光组成，垂直入射到光栅上，测得屏幕上距离中央明纹中心 5cm 处 λ_1 的 m 级谱线与 λ_2 的 $m+1$ 级谱线重合，若会聚透镜的焦距 $f = 50$cm，求 m 的值和光栅常数 d。

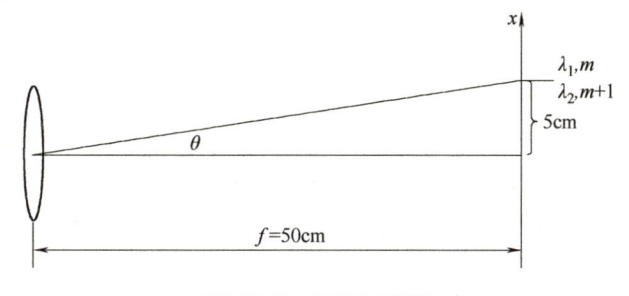

图 15-47　题 15.36 图

15.37　用可见光（760~400nm）垂直入射到光栅常数 $d = 4.8 \times 10^{-4}$cm 的透射光栅上，在屏上形成若干级彩色光谱。已知透镜焦距 $f = 1.2$m。求：（1）第二级光谱在屏上的线宽度；（2）第二级与第三级光谱在屏上重叠的线宽度。

15.38 用孔径分别为20cm和160cm的两种望远镜能否分辨月球上直径为500m的环形山？（月球与地面的距离为地球半径的60倍，而地球半径约为6370km。设光源发出的光的波长为550nm。）

15.39 在通常的环境中，人眼的瞳孔直径为3mm。设人眼最敏感的光波长为 $\lambda = 550$nm，人眼最小分辨角为多大？如果窗纱上两根细丝之间的距离为2.0mm，人在多远处恰能分辨？

15.40 一束直径为2mm的氦氖激光（$\lambda = 632.8$nm）自地面射向月球。已知月球离地面的距离为 3.76×10^5km，问在月球上得到的光斑有多大（不计大气的影响）？若把这样的激光束经扩束器分别扩大到直径为2m和5m后再发射，月球上的光斑各有多大？从中说明了什么道理？

15.39 视频讲解

15.41 据说间谍卫星上照相机能够清楚识别地面上汽车的牌照号码。（1）如果需要识别的牌照上的字间距离为5cm，在160km高空的卫星上的照相机，其分辨角应多大？（2）此照相机的孔径需要多大？（光的波长按500nm计算）

15.42 已知入射X射线束含有从0.95～1.30Å范围内的各种波长，晶体的晶格常数为2.75Å，当X射线以45°角入射到晶体时，问对哪些波长的X射线能产生强反射？

15.43 使自然光通过两个偏振化方向相交60°的偏振片，透射光强为 I_1，今在这两个偏振片之间插入另一偏振片，它的偏振化方向与前两个偏振片偏振化方向均成30°角，则透射光强为多少？

15.44 一束光是自然光和线偏振光的混合。当它通过一偏振片时发现光的强度取决于偏振片的取向，其强度可以变化5倍。求入射光中自然光和线偏振光的强度各占总入射光强度的百分之几？

15.45 一束光强为 I_0 的自然光，相继通过三个偏振片 P_1、P_2、P_3 后，出射的光强为 $I_0/8$。已知 P_1 和 P_3 的偏振化方向相互垂直，若以入射光线为轴旋转 P_2，要使出射光强为零，P_2 最少要转过的角度是多少？

15.46 水的折射率为1.33，玻璃的折射率为1.50。当光由水中向玻璃而反射时，起偏角为多少？当光由玻璃射向水面反射时，起偏角又是多少？

15.47 利用布儒斯特定律，可以测定不透明电介质的折射率，今测到某一电介质在空气中的起偏角为57°，试求这一电介质的折射率。

第15章习题简答

第 16 章
量子物理学基础

20 世纪以来，以相对论和量子力学为支柱的近代物理学的建立，带动了整个自然科学和技术的革命。

近代物理是相对于经典物理而言的，一般是以 1900 年前后为界予以划分的。1900 年前后，由于力学、电磁场理论和经典统计物理学相继建立，整个经典物理学取得了辉煌的成就。当时人们所达到的认识水平，可概括几点：

1）世间万物都是由原子所组成的。
2）原子是不可再分的最小微粒，它的运动服从牛顿力学定律。
3）热就是大量分子作杂乱机械运动的表现。利用牛顿力学规律性加上统计规律性及其处理方法，就可能解释气体、固体和液体等凝聚态物质的性质。
4）存在正、负两种电荷，它们可能是某种流体样的东西。电荷产生电场，电荷的运动又产生磁场。电磁场可以脱离电荷而运动，这就是电磁波。热辐射（红外线）、可见光和紫外线等，都是不同波长的电磁波。
5）无论力、热、声、光、电等现象如何复杂，一切过程都遵从能量守恒定律和动量守恒定律。

任何一门学科都有其理论和哲学基础，经典物理所依据的主要理论基础包括：

1）原子是组成物质的最小单元；
2）时间、空间是绝对的，与物质运动无关，即绝对时空观；
3）能量是连续的。

面对这些成就，不少物理学家认为，物理学的大厦已基本建成，物理理论的一些基本的、原则的问题已经解决，今后的任务只不过是把已有的实验做得更精密一些，使测量数据的小数点后面增加几位有效数字而已。

但是，正当物理学家们在"物理的晴朗天空"中畅叙经典物理的成就时，远处却出现了"两朵小小的、令人不安的乌云"和"三个事件"。这两朵乌云指的是当时经典物理学无法解释的两个实验：一个是与光速 c 有关的迈克耳孙-莫雷实验的零结果，另一个是热辐射实验的"紫外灾难"。正是这两朵乌云，引发了 20 世纪物理学的伟大革命，诞生了狭义相对论（1905年）、广义相对论（1916 年）、量子论（1900 年）、量子力学（1924 年）。三个事件指的是电子（1897 年）、X 射线（1895 年）、放射性现象（1896 年）的发现，它们同样动摇了经典物理理学的理论基础，促进了对物质结构的深层次研究。

关于相对论的基本概念，我们已在前面做了讨论，本篇主要讨论量子物理部分。量子物理是 20 世纪最辉煌的理论，它不仅促进了现代物理学的发展，使人们对微观世界的认识发生了深刻的变化，同时，作为自然科学的带头学科，在近代科学技术的发展中也发挥了极其重要的作用，并且这种积极作用将会延续至 21 世纪。

我们将具体讨论光的量子性、量子力学的基本概念以及量子理论和应用科学相结合的成果，如激光、固体的能带理论、超导电性等内容。在这一部分的学习中，我们不仅要注重掌握量子物理学的基本概念和观念，还要注意研究科学家们是怎样探索科学真理的，以学习他们科学的世界观、方法论和科学的创新与进取精神。

如前所述，在 19 世纪末，经典物理学已经建立了较为完善的理论体系，并在应用上取得了巨大的成功。但是，也正是在这一时期，经典理论遇到了无法逾越的困难，迫使物理学家们不得不挣脱经典理论框架和观念的束缚，努力去探索新的解决问题的途径，建立新的理论体系。量子理论就是在这一背景下诞生的。

量子概念的提出和确认，是围绕着光的辐射、传播和与物质的相互作用等问题的研究而完成的。1900 年，普朗克为了解决用经典理论解释黑体辐射规律所出现的"紫外灾难"，提出了能量子概念，打破了能量只能连续变化的思维框架，宣告了量子物理的诞生。1905 年，爱因斯坦发展了普朗克能量子假设，针对用经典理论无法解释光电效应实验规律的困难，提出了光量子的假设，揭示了光的波粒二象性，为量子物理的发展开创了新的局面。

1926 年，用光量子对康普顿效应的成功解释，进一步确立了光量子理论的正确性。同时，玻尔的氢原子理论将量子概念拓展到了物质的内部结构，架起了从光量子通往量子力学理论的桥梁，为量子力学理论的形成奠定了基础。

本章将讨论普朗克量子论、光电效应、爱因斯坦光子理论、康普顿效应及玻尔的氢原子理论。

16.1 黑体辐射 普朗克量子论

16.1.1 黑体辐射

1. 热辐射

任何物体无论处在什么过程中，在任何温度下都会依靠其内能而向外发射电磁波，即向外辐射能量，这种现象称为热辐射。例如，太阳离地球的距离约为 1.5×10^{11} m，中间大部分是真空，太阳的光和热既不是靠介质的传导，也不是靠空气对流，而是靠热辐射传向地球的。

物体在向外辐射的同时，又不断地从周围环境中吸收外来的辐射，从而构成了一个发射和吸收并存的过程。如果发射多于吸收，则其温度必下降，反之，温度升高。显然经过一定的时间以后，辐射过程将会达到平衡热交换的状况，此时称为平衡热辐射。

实验指出，物体的温度越高，热辐射越强烈。同时，辐射中含有多种波长的电磁波，称为连续谱。但各波长成分的辐射能量并不相同，能量按波长的分布也随温度而异，温度越高，短波区电磁波辐射的能量越高。例如，物体在室温下主要辐射波长很长的红外线，随着温度升高，就会由发红光逐步转到发青白色的光。其次，不同物体在同一温度下所辐射的能量也是不同的，与其表面状况（如颜色、粗糙度等）有关，如黑色物体的吸收本领和辐射本领就比白色物体强。对同一物体，若它在某频率范围内辐射本领越强，那么它吸收该频率范围内的辐射本领也越强。生活中常会遇到这种情形：白天在室外看一个小窗户，只见里边黑洞洞的，房子里什么东西也看不见，原因是进入小窗口的光线经墙壁等多次反射，绝大部分均被吸收了，再通过小窗户射出来的可能性（概率）几乎为零。而晚上开了灯，只见这扇窗户比旁边分外明亮，就是这个道理。

综上所述，物体热辐射的能量，乃是波长 λ 和温度 T 的函数。于是当物体的温度为 T 时，单位时间从物体单位表面积上所辐射的单位波长范围内的电磁波能量称为**单色辐出度**，以 $M_\lambda(T)$ 表示。那么，在单位时间内，从温度为 T 的物体的单位表面积上，所辐射出的各种波长的电磁波能量之总和，就称为**辐出度**，以 $M(T)$ 表示，显然有

$$M(T) = \int_0^\infty M_\lambda(T) \mathrm{d}\lambda \tag{16-1}$$

2. 黑体辐射规律

某物体在任何温度下，对任何波长的热辐射能量都能够百分之百吸收，称其为**绝对黑体**。

19 世纪后期，人们构造了一个绝对黑体的理想模型（见图 16-1），它实际上就是一个用某种材料做成的空腔壁上所开的小孔，类似于前面提到的"小窗户"，用它来研究在一定温度下，单色辐出度与波长的关系。

实验原理图如图 16-2 所示。图中 A 是一个用不透明材料做成的温度为 T 的空腔，S 是一个小孔。作为绝对黑体，从小孔辐射出的各种波长的电磁波经透镜 L_1 聚焦后进入平行光管 B_1，从 B_1 射出的平行辐射波投射到分光棱镜 P 上，经棱镜分光后，不同波长的电磁波沿不同方向射到透镜 L_2 上，通过平行光管 B_2 并沿不同方向将各种波长的电磁波聚焦在探测器 C（光电管、热电偶等）上，即可测得单色辐出度 $M_\lambda(T)$ 随波长 λ 分布的曲线（见图 16-3）。

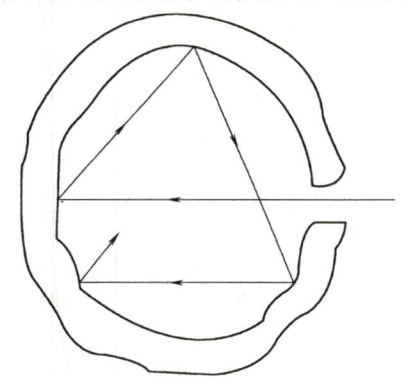

图 16-1 绝对黑体模型

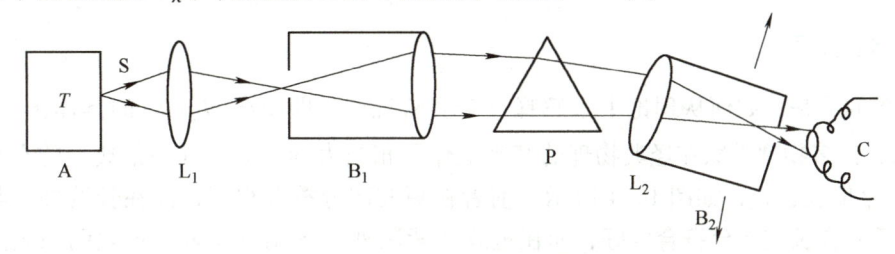

图 16-2 测定绝对黑体单色辐出度的实验原理图

通过对分布曲线的分析，得到了两条黑体辐射定律。

(1) 斯特藩-玻耳兹曼定律 在图 16-3 中，两条曲线分别对应相应温度下材料的单色辐出度与波长的分布规律。显然，曲线下的面积应是该温度下绝对黑体的辐出度。斯特藩、玻耳兹曼分别得到了如下结论，即

$$M(T) = \int_0^\infty M_\lambda(T) \mathrm{d}\lambda = \sigma T^4 \tag{16-2}$$

称为**斯特藩-玻耳兹曼定律**。式中，$\sigma = 5.67 \times 10^{-8} \mathrm{W \cdot m^{-2} \cdot K^{-4}}$，称为斯特藩-玻耳兹曼常量。

(2) 维恩位移定律 由图 16-3 可以看出，曲线的峰值对应的波长 λ_m 随温度 T 的升高而减小。1893 年，维恩找到了如下关系，即

$$\lambda_m T = b \tag{16-3}$$

此式称为**维恩位移定律**。式中，常量 $b = 2.898 \times 10^{-3}$ m·K。式（16-3）表明，当温度升高时，单色辐出度的峰值对应的波长向短波方向移动。

维恩位移定律有许多实际应用。由颜色来测定炉温的光测高温计就是应用了这个定律。太阳辐射谱的 $\lambda_m = 438$ nm，由式（16-3）可估计太阳表面温度 $T = b\lambda_m \approx 6000$K。还可用此定律，通过比较物体表面不同区域的颜色变化情况，来确定物体表面的温度分布。这种方法广泛用于遥感技术来探测森林火灾，监测导弹发射及核爆炸；应用于热像仪来检测人体器官的病变等。

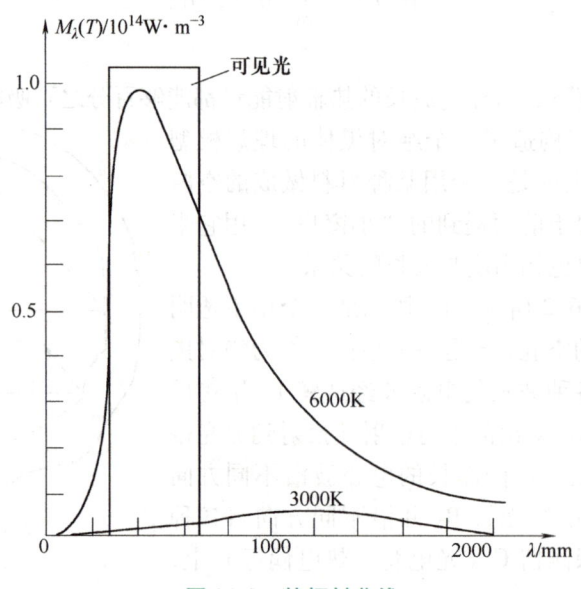

图 16-3 热辐射曲线

16.1.2 普朗克量子论

剩下的问题是，如何从理论上来解释这个实验规律，即找出 $M_\lambda(T)$ 的具体函数表达式。19 世纪末，许多物理学家在经典物理的基础上作了相当大的努力，其中最典型的有维恩表达式和瑞利-金斯表达式，如图 16-4 所示，前者在短波部分符合很好，而在长波部分与曲线相差较大；后者在长波部分符合较好，而在短波（紫区外）却出现了 ∞！这表明该表达式是失败的，物理学史上称之为"紫外灾难"。之所以称谓"灾难"是因为瑞利和金斯在运用经典物理的理论和规律方面，如经典统计的规律、能量连续分布规律等完全没有错误，但却出现了失败的局面，看来，这个灾难是当时被认为很完整的经典物理的灾难。

面对"紫外灾难"，物理学家们有两种选择：一种是紧紧抱住经典物理的框框，修修补补，寻找突破，但一个个都以失败而告终；另一种是承认事实，突破经典旧框框的约束，创造新的未来。普朗克正是选择了后一条路，取得了成功。

1900 年，德国物理学家普朗克提出了一个与经典概念格格不入的革命性假设：黑体空腔壁中的电子的振动，可视为一维谐振子，其发射或吸收电磁辐射能量时，并不像经典物理所述的那样连续吸收或发射具有任意值的能量，而是以与振子的频率 ν 成正比的能量子

$$\varepsilon = h\nu \tag{16-4}$$

为能量单元来吸收或辐射能量的，也就是说，它所吸收或发射的能量不是连续的，而只能是能量子 $h\nu$ 的整数倍，即

$$E = nh\nu \tag{16-5}$$

式中，$n = 1, 2, 3, \cdots$ 是正整数，称为量子数；比例系数 h 称为普朗克常量，其值为

$$h = 6.63 \times 10^{-34} \text{J} \cdot \text{s}$$

于是，普朗克按照他的能量子假设，得到了在单位时间内，从温度为 T 的黑体单位面积上，波长在 $\lambda \sim \lambda + \mathrm{d}\lambda$ 范围内所辐射的能量为

$$M_\lambda(T)\mathrm{d}\lambda = 2\pi hc^2 \lambda^{-5} \frac{\mathrm{d}\lambda}{\mathrm{e}^{\frac{hc}{k\lambda T}} - 1} \tag{16-6}$$

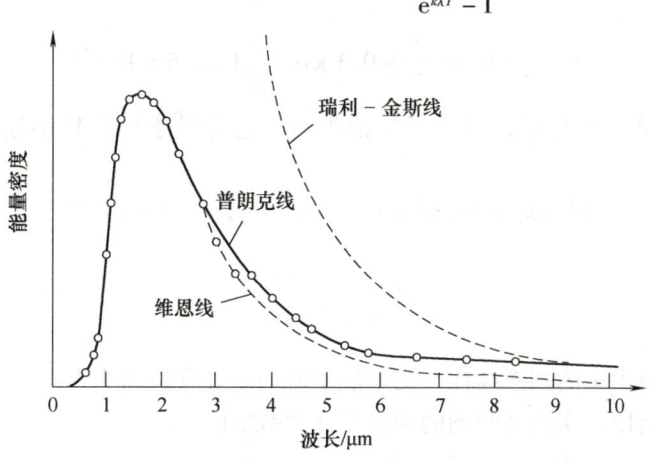

图 16-4 "紫外灾难"

这就是**普朗克公式**。此式与实验曲线完全吻合，如图 16-4 所示。它不仅圆满解决了所谓热辐射的"紫外灾难"的问题，以后还被其他物理学家发展推广，逐渐形成了近代物理中极为重要的量子理论。为此，普朗克获得了 1918 年诺贝尔物理学奖。

在能量概念上，普朗克的量子假设与经典物理有着本质上的区别。在经典的热力学理论和电磁波理论中，能量是连续的，物体辐射或吸收的能量可以是任意的量值。按照普朗克的量子假设，能量却是不连续的，存在着能量的最小单元（能量子 $h\nu$），物体辐射或吸收能量是这个最小单元的整数倍，而且是一份一份地按不连续的方式进行的。人们把振子具有这些不连续能量中的某一值，称为振子处于某个能量状态，并形象地称为处于某个能级，如图 16-5 所示，在辐射或吸收能量时，振子从某个能量状态（能级）跃迁到另一能量状态。

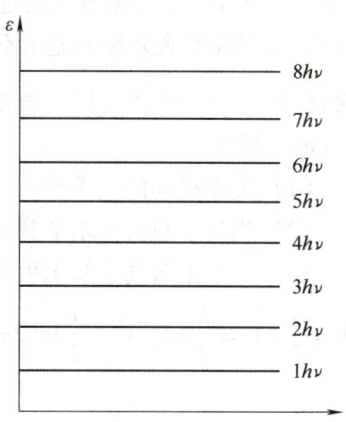

图 16-5 能级

从上面的讨论中可以看出，在人们认识能量概念的过程中，一个常数起着关键的作用，那就是普朗克常量 h。普朗克常量 h 虽然数值很小，但意义重大。它宣告了经典物理无限连续的观念破产了，h 成了不连续性的象征。其实，经典物理的能量连续区实际上还是一组分立的能级，只是它们靠得实在太近，无法分辨罢了。下面的例子可以说明这个问题。

例 16-1 质量为 0.3kg 的物体悬挂在一个劲度系数为 $k = 3.0 \text{N} \cdot \text{m}^{-1}$ 的弹簧上组成一个弹簧振子，这系统以振幅 $A = 0.1 \text{m}$ 开始振动。由于黏滞和摩擦阻尼，振动逐渐衰减，系统的能量

也逐渐耗散。

（1）问观察到的能量减少是连续的还是不连续的？

（2）计算宏观振子初始能量状态的量子数 n。

解 （1）弹簧振子振动频率为

$$\nu = \frac{1}{2\pi}\sqrt{\frac{k}{m}} = \frac{1}{2\pi}\sqrt{\frac{3.0}{0.3}}\text{Hz} = 0.5\text{Hz} \tag{a}$$

系统最初的总能量为

$$E = \frac{1}{2}kA^2 = \left(\frac{1}{2} \times 0.3 \times 0.1^2\right)\text{J} = 1.5 \times 10^{-2}\text{J} \tag{b}$$

现假定系统的能量是量子化的，所以能量消失时，它为最小单元作不连续的跃迁变化，可算出

$$\Delta E = h\nu = (6.63 \times 10^{-34} \times 0.5)\text{J} = 3.3 \times 10^{-34}\text{J} \tag{c}$$

于是

$$\frac{\Delta E}{E} = 2.2 \times 10^{-32} \tag{d}$$

显然，要测量能量减少中的不连续性，测量能量时的精确度要高于 10^{-32}，而目前的仪器设备是不可能做到的，所以，实验观测到的能量是连续减少的。

（2）根据普朗克量子假设 $E = nh\nu$，有

$$n = \frac{E}{\Delta E} = 45 \times 10^{30}$$

这是一个巨大的数字，在能级图上只能得到一片连续区。由此可见，能量量子化可以看成是能量连续区中一个非常狭窄的能带区的一个放大分辨图。能量量子化实际上是自然界的普遍规律，只是在宏观领域内显示不出这种性质罢了。

例 16-2 有一个音叉其尖端部分的质量为 $m = 0.05\text{kg}$，振动频率 $\nu = 480\text{Hz}$，振幅为 $A = 1.0\text{mm}$。试求：

（1）尖端振动的量子数；

（2）当量子数由 n 增加到 $n+1$ 时，振幅的变化是多少？

解 （1）由振动学知识可知，音叉尖端的振动能量为

$$E = \frac{1}{2}kA^2 = \frac{1}{2}m\omega^2 A^2 = \frac{1}{2}m(2\pi\nu)^2 A^2 = \left[\frac{1}{2} \times 0.05 \times (2\pi \times 480)^2 \times (1.0 \times 10^{-3})^2\right]\text{J} = 0.227\text{J} \tag{a}$$

由 $E = nh\nu$ 可得，音叉尖端的能量为 E 时的量子数为

$$n = \frac{E}{h\nu} = 7.13 \times 10^{29} \tag{b}$$

这也是一个非常巨大的数目。反过来也表明，基元能量（能量子）$h\nu$ 是非常小的。即

$$\varepsilon = h\nu = (6.63 \times 10^{-34} \times 480)\text{J} = 3.18 \times 10^{-31}\text{J} \tag{c}$$

（2）由式（a）可得

$$A^2 = \frac{E}{2\pi^2 m\nu^2} = \frac{nh}{2\pi^2 m\nu} \tag{d}$$

对上式取微分，有

$$2A\mathrm{d}A = \frac{h}{2\pi^2 m\nu}\mathrm{d}n$$

两边同除以 A^2，并改为有限变化的情形，则

$$\Delta A = \frac{\Delta n}{n}\frac{A}{2} \tag{e}$$

将 A、n、Δn 等题设数据代入式（e），即得振幅变化量为

$$\Delta A = \left(\frac{1}{7.13\times 10^{29}}\times \frac{1.0\times 10^{-3}}{2}\right)\mathrm{m} = 7.01\times 10^{-34}\mathrm{m}$$

足见此变化量根本无法觉察。这也表明，在宏观领域内，能量量子化现象极不明显，完全可以视为是连续的。

M. 普朗克（见图 16-6）是近代伟大的物理学家，量子论的奠基人，被德国科学界誉为"帝国的科学首相"。

M. 普朗克于 1858 年 4 月 23 日生于德国基尔。从小就在音乐、文学及数学等方面显露了才华，但最终选择了科学。1877 年在柏林大学获取博士学位，先后在多所大学任教。1889 年接替导师基尔霍夫继任柏林大学科学讲座教授，直到 1926 年退休。

M. 普朗克在热力学研究方面做出了重大贡献，并促进了热力学和电动力学的和谐统一，从而在 1900 年创立了量子论，开辟了近代物理的新纪元。为此，他于 1918 年获诺贝尔物理学奖。

图 16-6　M. 普朗克（1858—1947）

M. 普朗克作为一位科学巨人，站在新旧世纪的分界点上，始终保持着一个正直学者的高风亮节。他的一生经历了两次世界大战，在 1909 年至 1944 年期间，他的妻子和 4 个儿女先后病逝或被希特勒处死，但丝毫没有动摇他献身科学的决心，并以他的地位保护了一批犹太籍科学家免遭法西斯迫害。同时，他不仅是一位令人尊敬的科学泰斗，还是一位杰出的身耕教坛数十年的闪光的"红烛"。讲每一门课，他都要经过深思熟虑，精心安排，讲课时重点突出，思路清晰，深入浅出，给学生留下了深刻的印象，还培养了像劳厄等诺贝尔奖获得者。

M. 普朗克的一生与音乐结下了不解之缘，他是钢琴家、风琴手，又是音乐指挥家。直到他逝世的当天，仍像平时那样每天弹一小时钢琴。音乐促进了他的创造性思维的发展。

1947 年 10 月 4 日，他在哥廷根逝世，享年 89 岁。他的坟墓上只有一块长方形条石，条石上部刻了他的名字，下部刻了 "$h = 6.62\times 10^{-27}\mathrm{erg}\cdot\mathrm{s}$"[⊖] 的字样。

[⊖] erg 是非法定计量单位，称为尔格，$1\mathrm{erg} = 10^{-7}\mathrm{J}$。

16.2 光电效应　爱因斯坦的光子学说

1887 年前后，赫兹、斯托列托夫等先后发现了光电效应现象，但是，按照经典物理的观点却无法给予解释。1905 年，爱因斯坦发展了普朗克的量子假设，提出了光量子概念，从理论上成功解释了光电效应的实验规律，同时，光的波粒二象性为进一步认识实物粒子的二象性开辟了道路。为此，爱因斯坦获得了 1921 年诺贝尔物理学奖。

16.2.1 光电效应的实验规律

当光照射到金属表面时，有电子（光电子）从金属表面逸出的现象，称为光电效应。

研究光电效应的实验装置如图 16-7 所示，K 是光电阴极，A 是阳极，两者封在真空玻璃管内，光束通过窗口照射在阴极上（如果用紫外线，窗口必须用石英来做）。实验结果表明，光电效应有如下基本规律。

1. 饱和电流

光电流 I 随加在光电管两端电压 U 变化的曲线，称为光电伏安特性曲线，在一定强度的入射光照射下，随着 U 的增大，光电流 I 趋近一个饱和值（见图 16-8）。实验表明，饱和电流与光强度成正比。电流达到饱和意味着单位时间到达阳极的电子数等于单位时间内由阴极发出的电子数。因此上述实验表明，单位时间内由阴极发出的光电子数与光强度成正比。

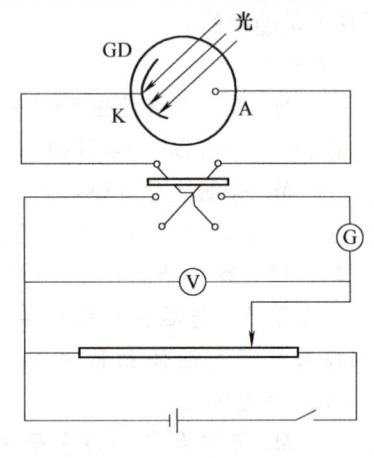

图 16-7　研究光电效应的实验装置

2. 截止电压

如果将电源反向，两极间将形成使电子减速的电场。实验表明，当反向电压不太大时，仍存在一定的光电流。这说明从阴极发出的光电子有一定的初速，它们可以克服减速电场的阻碍到达阳极，当反向电压大到一定数值 U_c 时，光电流完全减少到零。U_c 称为截止电压。实验还表明了截止电压 U_c 与光强度无关，例如图 16-8 中所示的两条曲线，a、b 对应的光强虽不同，但光电流在同一反向电压 U_c 下被完全遏止。

截止电压的存在，表明光电子的初速有一上限 v_0，与此相应的动能也有一上限，它等于

$$\frac{1}{2}mv_0^2 = eU_c \qquad (16\text{-}7)$$

式中，m 是电子的质量；e 是电子电荷的绝对值。

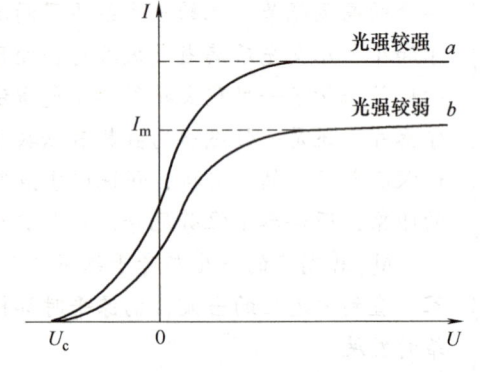

图 16-8　光电伏安特性曲线

3. 截止频率（红限）

当我们改变入射光束的频率 ν 时，截止电压 U_c 随之改变。实验表明，U_c 与 ν 呈线性关系（见图 16-9）。ν 减小时 U_c 也减小；当 ν 低于某阈频率 ν_0 时，U_c 减到零。这时不论光强度有多大，光电效应不再发生，这个阈频率 ν_0 称为光电效应的截止频率或红限频率。截止频率 ν_0

是光电阴极上感光物质的属性，与光强度无关。有时也用波长来表示红限，红限波长 $\lambda_0 = c/\nu_0$。

4. 弛豫时间

当入射光束照射在光电阴极上时，无论光强怎样微弱，几乎在开始照射的同时就产生了光电子，弛豫时间最多不超过 10^{-9} s。用经典的电磁波理论说明光电效应的以上实验规律时，遇到了很大困难。这主要表现在，按照经典理论，无论何种频率的入射光，只要其强度足够大，就能产生光电效应。然而光电效应的实验却指出，若入射光的频率小于截止频率，无论其强度有多大，都不能产生光电效应。此外，按照经典理论，光电子逸出金属表面所需的能量，是直接吸收照射到金属表面上的光的能量。当入射光的强度很微弱时，电子需要有一定的时间来积累能量，因此，光照射到表面上以后，应经历一段时间后才有光电子从金属表面逸出来，在这段时间内，电子从光束中不断地吸收能量，一直积累到足以使电子逸出金属表面为止。然而，光电效应的实验却指出，光的照射和光电子的释放，几乎是同时发生的。此外，还有一个根本问题难以解释，光是"波"而电子是"粒子"，它们两者到底是如何作用的……

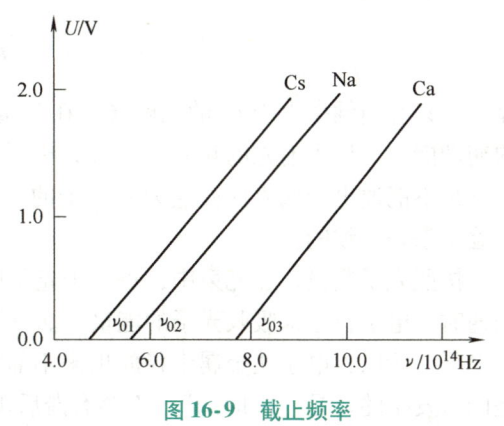

图 16-9 截止频率

看来，需要用新的理论和思路来解决这个问题了。

16.2.2 爱因斯坦的光子学说

爱因斯坦从普朗克的能量子学说中得到了重要启发，并进一步发展了它。1905 年，他提出了光量子学说，即光（电磁辐射）不仅是一份一份地被吸收，而且它本身的能量也是一份一份地在空间传播，也就是说，能量也是量子化的。光就是由一个个光量子（后来就称为光子）组成的粒子流，每个频率为 ν 的光子所具有的能量为

$$\varepsilon = h\nu \tag{16-8}$$

式中，h 为普朗克常量。按照爱因斯坦的光子学说，频率为 ν 的光束可看成是由许多能量均等于 $h\nu$ 的光子所构成；频率 ν 越高的光束，其光子能量越大；对给定频率的光束来说，光的强度越大，就表示光子的数目越多。

爱因斯坦根据光子学说成功地解释了光电效应的实验规律。

光电效应可以看作入射光子与电子的碰撞，光子的能量被电子吸收，并存在两种概率：完全吸收与完全不吸收。

当光照射到金属表面时，金属中电子一次吸收一个光子的全部能量是 $h\nu$。这个能量一部分用于克服功函数（亦称逸出功）A，另一部分成为光电子的初动能，即

$$h\nu = \frac{1}{2}mv^2 + A \tag{16-9}$$

此式称为**爱因斯坦光电效应方程**。功函数 A 与组成金属的材料性质有关。从爱因斯坦方程可以看出，频率不同的光，光子的能量是不同的，频率越高（即波长越短）的光，光子的能量越大。当光子的频率增加到特定的阈值 ν_0，使其能量 $h\nu_0$ 等于 A 时，这时电子的初动能

$\frac{1}{2}mv^2 = 0$，电子刚能逸出金属表面，ν_0 即为前述的截止频率，其值为

$$\nu_0 = \frac{A}{h} \tag{16-10}$$

显然，只有当频率大于 ν_0 的入射光照在金属上，电子才能从金属表面上逸出来，并具有一定的初动能。如果入射光的频率小于 ν_0，电子吸收光子的能量则小于功函数 A。在这个情况下，电子是不能逸出金属表面而成为光电子的。这就说明了光电效应具有一定的截止频率，这与实验结果是一致的。

按照光子假设，在光束中，每一个光子所携带的能量均为 $h\nu$。当金属中自由电子与光子相遇时，电子将立即吸收光子的能量，而且只要 $\nu > \nu_0$，电子就立即从金属中释放出来，成为光电子。所以，电子从金属中释放出来不需要积累能量时间，光电子的释放和光的照射几乎是同时发生的，是"瞬时的"，不会有滞后现象，这与实验结果也是一致的。

此外，按照光子假设还可以知道，光的强度越大，光束中所含光子数目就越多。光的强度增加两倍，光子数也增加两倍。如果入射光的频率大于截止频率，那么，随着光子数的增加，单位时间内吸收光子的光电子数也增多，光电流就增大。所以说，光电流与入射光的强度成正比，这些也与实验结果相符合。

至此，我们可以说，原先由经典理论出发解释光电效应实验所遇到的困难，在爱因斯坦光子假设提出后，都顺利地得到了解决。不仅如此，爱因斯坦的光子学说对光的本性的认识有了新的飞跃，光不仅有波动性（即相干叠加性，如光的干涉、衍射等），还有粒子性，即光具有波粒二象性。根据光子学说，其能量为

$$E = h\nu = mc^2 \tag{16-11}$$

又根据相对论的能量与动量关系，即

$$E^2 = p^2c^2 + E_0^2$$

可知，由于光子的静止能量 $E_0 = 0$，所以光子的能量可写成

$$E = pc$$

其动量为

$$p = \frac{E}{c} = \frac{mc^2}{c} = mc$$

或

$$p = \frac{E}{c} = \frac{h\nu}{c} = \frac{h}{\lambda}$$

因此，对于频率为 ν 的光子，有

$$\left. \begin{array}{l} E = h\nu \\ m = \dfrac{h\nu}{c^2} \\ p = \dfrac{h\nu}{c} = \dfrac{h}{\lambda} \end{array} \right\} \tag{16-12}$$

不难看出，在上式（16-12）中，左边两个表征粒子性的量 E 和 p，是通过右边两个表征波动性的量 ν 和 λ 来描述的，反过来说也是一样。在这里，h 起着联系波动性和粒子性的作用。可见，所谓的波粒二象性，并不是波和粒子两种经典图像的机械撮合，而是相互渗透在一起的统一图像。一般来说，单独只使用一种图像来描述光的行为，势必不可能解释已知的全部光

学现象，最多不过能解释其中的一部分而已。

光的波粒二象性虽是统一在同一客体上，但依条件不同，有时显波动性有时显粒子性。这种现象，可粗略地分为下列两种情形来说明。

其一，光的干涉、衍射等事实告诉我们，光在传播过程中是以波动性为主的。而辐射、吸收、光电效应，以及下一节要讨论的康普顿效应等微观过程却又表明，当与实物物质相互作用时，光又是以粒子性为主的。

其二，即使在干涉、衍射等现象中，λ 大（ν 小）的光，其衍射显著，故此时是以波性为主的；反之，对于 λ 小（ν 大）的光来说，其粒子性并不亚于一个电子。可见，高能光子流表现得像是粒子流，而低能光子流则像是波动。这是因为，由于 h 甚小，若 λ 大（ν 小），则 $p(E)$ 值小，粒子性就不显著。这里再次显示了 h 的作用，只有小的 λ 才会有大的 p 值；也就是说，h 不仅是联系二象性的桥梁，而且也是衡量波粒二象性中何者为主的一把尺子。

应该重申，波粒二象性中的任何一个都不是纯粹的经典图像了，人们之所以仍然沿用老的名称，无非便于想象、比喻而已。从上述分析可以看出，说光是粒子，其运动却又不服从经典力学的规律，而服从光束传播的规律，即电磁波的波动方程。另一方面，若说光是波动，但其能量的发射和吸收却又是一份一份的，即光能量的转换并不遵从波动规律，而是遵从量子化的、相对论性的规律。这就是前面所说的，波粒二象性是相互渗透着的，波动性中有粒子性，而粒子性中又有波动性的意思。

总之，通过分析和总结现有的事实和理论，人们从光的各种现象中，得出了二象性的观念，这不能不说是认识上的一大飞跃。这种认识，在近代物理的发展中，也为进一步认识实物粒子的二象性开辟了道路。

例 16-3 波长为 450nm 的单色光射到纯钠的表面上，求：
（1）这种光的光子的能量和动量；
（2）光电子逸出钠表面时的动能（钠的功能函数 $A=2.29\text{eV}$）；
（3）若光子的能量为 2.40eV，其波长为多少？

解（1）已知光的波长与频率的关系为 $\nu=\dfrac{c}{\lambda}$，所以光子的能量为

$$E=h\nu=\frac{hc}{\lambda} \tag{a}$$

将已知数据代入上式，得

$$E=\frac{6.63\times10^{-34}\times3.00\times10^{8}}{450\times10^{-9}}\text{J}=4.42\times10^{-19}\text{J} \tag{b}$$

如以 eV 为能量单位，则

$$E=\frac{4.42\times10^{-19}}{1.60\times10^{-19}}\text{eV}=2.76\text{eV} \tag{c}$$

光子的动量为

$$p=\frac{h}{\lambda}=\frac{E}{c}=\frac{4.42\times10^{-19}}{3\times10^{8}}\text{kg}\cdot\text{m}\cdot\text{s}^{-1}=1.47\times10^{-27}\text{kg}\cdot\text{m}\cdot\text{s}^{-1} \tag{d}$$

如以 eV/c 来表示动量，则

$$p = \frac{E}{c} = 2.76 \text{eV}/c \tag{e}$$

（2）由爱因斯坦方程，有

$$E_k = E - A$$

又钠的功能函数 $A = 2.29\text{eV}$，所以

$$E_k = (2.76 - 2.29)\text{eV} = 0.47\text{eV} \tag{f}$$

（3）光子的能量为 2.40eV 时，其波长为

$$\lambda = \frac{hc}{E} = \frac{6.63 \times 10^{-34} \times 3.00 \times 10^8}{2.40 \times 1.60 \times 10^{-19}} \text{m} = 5.18 \times 10^{-7} \text{m} = 518 \text{nm} \tag{g}$$

例 16-4 设有一半径为 1.0×10^{-3}m 的薄圆片，它距光源为 1m。此光源的功率为 1W，发射波长为 589nm 的单色光。试计算在单位时间内落在薄圆片上的光子数。假定光源向各个方向发射的能量是相同的。

解 从题意知，圆片的面积为 $S = \pi R^2 = \pi \times 10^{-6} \text{m}^2$。由于光源发射出来的能量在各个方向是相同的，故单位时间内落在圆片上的能量为

$$E = P \frac{S}{4\pi r^2} \tag{a}$$

式中，r 为光源到圆片的距离，即 $r = 1\text{m}$；P 为光源的功率，即 $P = 1\text{W} = 1\text{J} \cdot \text{s}^{-1}$。于是有

$$E = \left(1 \times \frac{\pi \times 10^{-6}}{4\pi \times 1}\right) \text{J} \cdot \text{s}^{-1} = 2.5 \times 10^{-7} \text{J} \cdot \text{s}^{-1} \tag{b}$$

故单位时间落在圆片上的光子数为

$$N = \frac{E}{h\nu} = \frac{E\lambda}{hc} = \frac{2.5 \times 10^{-7} \times 5890 \times 10^{-10}}{6.63 \times 10^{-34} \times 3 \times 10^8} \text{s}^{-1} = 7.4 \times 10^{11} \text{s}^{-1} \tag{c}$$

即每秒钟有 7.4×10^{11} 个光子落在圆片上。

例 16-5 在某次光电效应实验中，测得某金属的截止电压 U_c 和入射光频率的对应数据如下表：

U_c/V	0.541	0.637	0.714	0.800	0.878
$\nu / \times 10^{14}$Hz	5.644	5.888	6.098	6.303	6.501

试用作图法求：

（1）该金属光电效应的红限频率；
（2）普朗克常量。

解 以频率 ν 为横轴，以截止电压 U_c 为纵轴选取适当的比例画出曲线，如图 16-10 所示。

（1）曲线与横轴的交点即该金属的红限频率，由图可读出 $\nu_0 = 4.267 \times 10^{14}$Hz。

（2）由图求得直线的斜率为

$$k = \frac{\Delta U_c}{\Delta \nu} = 3.91 \times 10^{-15} \text{V} \cdot \text{s}$$

根据爱因斯坦光电效应方程，即

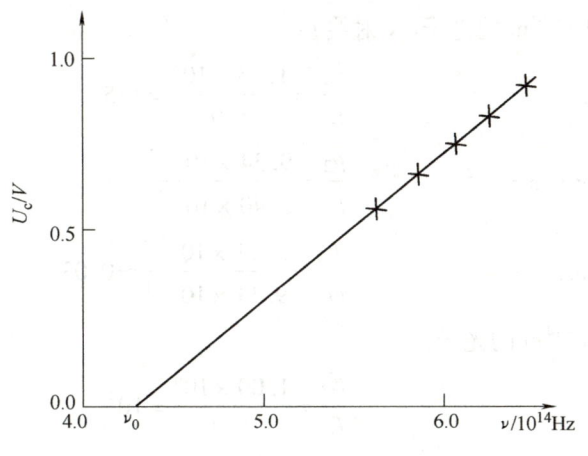

图 16-10 例 16-5 图

$$h\nu = \frac{1}{2}mv^2 + A = eU_c + A$$

由于对给定金属而言，A 是常数，于是由上式可得

$$\frac{\Delta U_c}{\Delta \nu} = \frac{h}{e} = k$$

故得 $\qquad h = ek = 6.26 \times 10^{-34} \text{J} \cdot \text{s}$

例 16-6 求：(1) $\lambda = 7000 \times 10^{-10}$m 的红光；(2) $\lambda = 0.71 \times 10^{-10}$m 的 X 射线；(3) $\lambda = 124 \times 10^{-14}$m 的 γ 射线等的光子的能量、动量和质量；并与经 $U = 100$V 电压加速后的电子的动能、动量和质量相比较。

解 光子的能量、动量和质量可由式 (16-12) 求得。至于电子的动能、动量等的计算，由于经 100V 电压加速后，电子的速度不大，所以可以不考虑相对论效应。这样可得电子的动能为

$$E_e = eU = 100 \text{eV}$$

电子的质量近似于其静止质量，为

$$m_e = 9.11 \times 10^{-31} \text{kg}$$

电子的动量为

$$\begin{aligned} p_e &= m_e v = \sqrt{2m_e E_e} = \sqrt{2 \times 9.11 \times 10^{-31} \times 100 \times 1.6 \times 10^{-19}} \text{kg} \cdot \text{m} \cdot \text{s}^{-1} \\ &= 5.40 \times 10^{-24} \text{kg} \cdot \text{m} \cdot \text{s}^{-1} \end{aligned}$$

经过计算可得本题要求结果如下：

(1) 对 $\lambda = 7000 \times 10^{-10}$m 的光子(可见光)：

$$E_1 = \frac{hc}{\lambda} = 1.78 \text{eV}, \qquad \frac{E_1}{E_e} = \frac{1.78}{100} \approx 0.02$$

$$p_1 = \frac{h}{\lambda} = 9.47 \times 10^{-28} \text{kg} \cdot \text{m} \cdot \text{s}^{-1}, \qquad \frac{p_1}{p_e} = \frac{9.47 \times 10^{-28}}{5.40 \times 10^{-24}} \approx 2 \times 10^{-4}$$

$$m_1 = \frac{E}{c^2} = 3.16 \times 10^{-36} \text{kg}, \qquad \frac{m_1}{m_e} = \frac{3.16 \times 10^{-36}}{9.11 \times 10^{-31}} \approx 3 \times 10^{-6}$$

(2) 对 $\lambda = 0.71 \times 10^{-10}$ m 的光子（X 射线）：

$E_2 = 1.75 \times 10^4$ eV, $\quad \dfrac{E_2}{E_e} = \dfrac{1.75 \times 10^4}{100} = 175$

$p_2 = 9.34 \times 10^{-34}$ kg·m·s^{-1}, $\quad \dfrac{p_2}{p_e} = \dfrac{9.34 \times 10^{-24}}{5.40 \times 10^{-24}} \approx 2$

$m_2 = 3.11 \times 10^{-32}$ kg, $\quad \dfrac{m_2}{m_e} = \dfrac{3.11 \times 10^{-32}}{9.11 \times 10^{-31}} \approx 0.03$

(3) 对 $\lambda = 124 \times 10^{-14}$ m 的光子：

$E_3 = 1.00 \times 10^6$ eV, $\quad \dfrac{E_3}{E_e} = \dfrac{1.00 \times 10^6}{100} = 10^4$

$p_3 = 5.35 \times 10^{-22}$ kg·m·s^{-1}, $\quad \dfrac{p_3}{p_e} = \dfrac{5.35 \times 10^{-22}}{5.40 \times 10^{-24}} = 99$

$m_3 = 1.78 \times 10^{-30}$ kg, $\quad \dfrac{m_3}{m_e} = \dfrac{1.78 \times 10^{-30}}{9.11 \times 10^{-31}} \approx 2$

以上计算给出了关于光的粒子性质的一些数量概念。这表明：波长越长（即频率越小），其相应光子的能量、动量和质量越小。

16.3 康普顿效应

在爱因斯坦公式提出后的 10 余年，1916 年光量子理论被密立根的精密实验证实了。密立根研究了 Na、Mg、Al、Cu 等金属，得到 U_c 与 ν 之间严格的线性关系，由直线的斜率测得了普朗克常量 h 的精确数值，并与热辐射或其他实验中测得的 h 值符合得很好。密立根因他在测量电子电荷和光电效应方面的研究而获得 1923 年诺贝尔物理学奖。

除光电效应外，证实光量子理论的另一个重要实验证据是康普顿效应。

1923 年，美国物理学家康普顿在观察 X 射线通过物质散射时发现散射线的波长发生变化的现象。图 16-11 所示是康普顿实验装置的示意图。由单色 X 射线源 R 发出的波长为 λ 的 X 射线，通过光阑 D 成为一束狭窄的 X 射线，这束 X 射线投射到散射物质 C（如石墨）上，用摄谱仪 S 可探测到不同方向的散射 X 射线的波长。

图 16-12 所示是康普顿实验的结果。从实验结果中我们可以看到，在散射 X 射线中除有与入射线波长相同的射线外，还有比入射线波长更长的射线，这种现象就称为**康普顿效应**。从图 16-12 中还可以看到，散射 X 射线中有两个峰值，其中一个峰值所对应的波长与入射 X 射线的波长 λ 相同，另一个峰值所对应的波长 λ' 则大于入射 X 射线的波长 λ，而且 λ' 的值与散射角 θ 有关。我国物理学家吴有训当时正是康普顿的研究生，他在康普顿效应的实验技术和理论分析等方面，均做出了卓有成效的贡献。

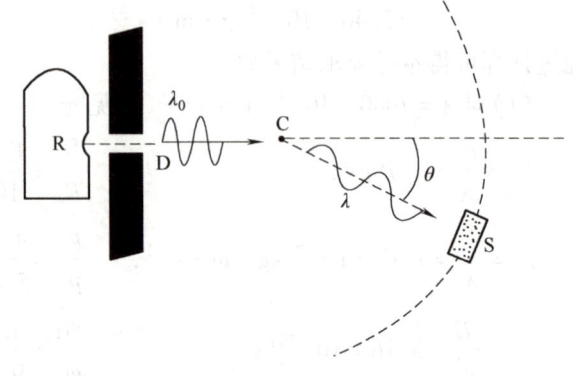

图 16-11 康普顿散射实验装置示意图

如何解释这个实验规律？经典物理的理论显得无能为力，但用光子学说来解释却取得了圆满成功。

按照光子学说，频率为 ν 的 X 射线可看成是由一些能量 $\varepsilon = h\nu$ 的光子组成的，并假设光子与自由电子之间的碰撞类似于完全弹性碰撞。依照这个观点对康普顿效应可做如下解释：当能量为 $\varepsilon(h\nu)$ 的入射光子与散射物质中的自由电子发生弹性碰撞时，电子要获得一部分能量，所以，碰撞后发生散射的光子，其能量 $\varepsilon'(h\nu')$ 比入射光子的能量 ε 要小。因而散射光的频率 ν' 比入射光的频率 ν 要小，即散射光的波长 λ' 比入射光的波长 λ 要长一些。这就定性地说明了散射光中为什么会出现大于入射光波长的原因。

此外，在散射线中还观察到有与原波长相同的射线。这可解释如下：散射物质中还有许多被原子核束缚得很紧的电子，光子与它们的碰撞应看作光子和整个原子的碰撞。

由于原子的质量远大于光子的质量，所以，在弹性碰撞中光子的能量几乎没有改变，因而散射光子的能量仍为 $h\nu$，它的波长也就和入射线的波长相同了。正因为这样，由于轻原子中电子束缚较弱，重原子中内层电子束缚很紧，因此，原子量越小的物质康普顿效应越显著，原子量越大的物质康普顿效应越不明显。这与结果也是一致的。

图 16-13 表示一个光子和一个自由电子作弹性碰撞的情形。由于电子的热运动平均动能（约百分之几电子伏特）与 X 射线光子的能量（$10^4 \sim 10^5 \mathrm{eV}$）相比，可以略去不计。因此，自由电子的速度远小于光子的速度。所以，可设碰撞前自由电子是静止的，即 $v_0 = 0$，并设频率为 ν 的光子沿 x 轴方向入射（见图 16-13a）。碰撞后，频率为 ν' 的光子沿着 θ 角的方向散射出去，电子则获得了速率 v，并沿与 x 轴成 φ 角的方向运动（见图 16-13b），这个电子称作反冲电子。

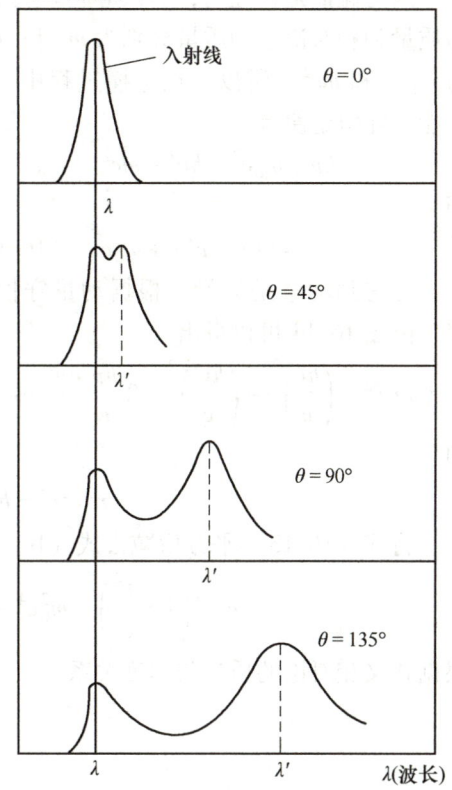

图 16-12　石墨的康普顿效应

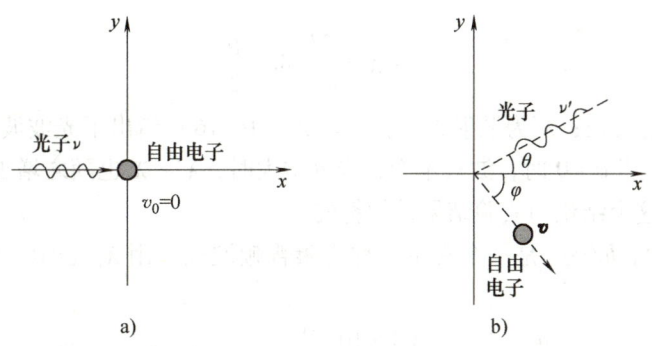

图 16-13　光子与自由电子的碰撞
a）碰撞前　b）碰撞后

因为碰撞是弹性的，所以应同时满足能量守恒定律和动量守恒定律，设电子碰撞前后的静质量和相对论性动质量分别为 m_0 和 m，由狭义相对论的质能关系可知，其相应的能量分别为 $m_0 c^2$ 和 mc^2。所以，在碰撞过程中，根据能量守恒定律有

$$h\nu + m_0 c^2 = h\nu' + mc^2$$

即

$$mc^2 = h(\nu - \nu') + m_0 c^2 \quad (16\text{-}13)$$

考虑到动量是矢量，根据动量守恒定律，由图 16-14 可以得出

$$(mv)^2 = \left(\frac{h\nu}{c}\right)^2 + \left(\frac{h\nu'}{c}\right)^2 - 2\frac{h\nu}{c}\frac{h\nu'}{c}\cos\theta$$

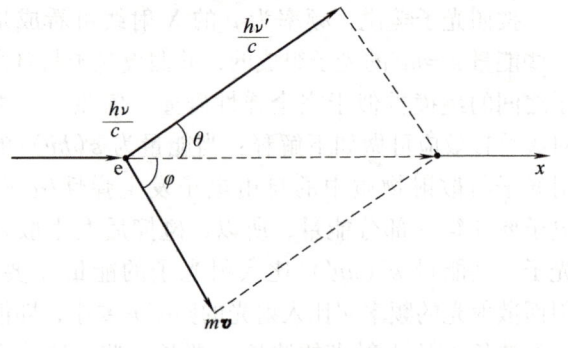

图 16-14 光子与静止电子碰撞时的动量变化

即

$$m^2 c^2 v^2 = h^2 \nu^2 + h^2 \nu'^2 - 2h^2 \nu\nu'\cos\theta \quad (16\text{-}14)$$

将式（16-13）平方后减去式（16-14）得

$$m^2 c^4 \left(1 - \frac{v^2}{c^2}\right) = m_0^2 c^4 - 2h^2 \nu\nu'(1 - \cos\theta) + 2m_0 c^2 h(\nu - \nu')$$

根据狭义相对论的质量与速度关系

$$m = \frac{m_0}{\sqrt{1 - \dfrac{v^2}{c^2}}}$$

上式为

$$m_0^2 c^4 = m_0^2 c^4 - 2h^2 \nu\nu'(1 - \cos\theta) + 2m_0 c^2 h(\nu - \nu')$$

有

$$\frac{c(\nu - \nu')}{\nu\nu'} = \frac{h}{m_0 c}(1 - \cos\theta)$$

即

$$\frac{c}{\nu'} - \frac{c}{\nu} = \frac{h}{m_0 c}(1 - \cos\theta) \quad (16\text{-}15)$$

或

$$\lambda' - \lambda = \frac{2h}{m_0 c}\sin^2\frac{\theta}{2} \quad (16\text{-}16)$$

式中，λ 为入射光的波长；λ' 为散射光的波长。式（16-16）给出了光波波长的变化与散射角 θ 之间的函数关系。当 $\theta = 0$ 时，波长不变；当 θ 增大时，$\lambda' - \lambda$ 也随之增加；当 $\theta = \pi$ 时，波长的改变量最大。这个结论与实验结果是相符的。

式（16-16）中，$h/m_0 c$ 是一个常量，称为康普顿波长，用 λ_e 表示。电子的康普顿波长值为

$$\lambda_e = \frac{h}{m_0 c} = \frac{6.63 \times 10^{-34}}{9.11 \times 10^{-31} \times 3 \times 10^8} \text{m} = 2.43 \times 10^{-12} \text{m}$$

可见，散射波长改变量 $\Delta\lambda$ 的数量级为 10^{-12} m。对于波长较长的可见光（波长的数量级为

10^{-7}m），以及无线电波等波长更长些的波来说，波长的改变量 $\Delta\lambda$ 与入射光的波长 λ 相比小得多。例如，$\lambda = 10$cm 的微波，$\frac{\Delta\lambda}{\lambda} \approx 2.43 \times 10^{-11}$，因此，观察不到康普顿效应，这时，量子结果与经典结果是一致的。只有波长较短的光（如 X 射线的波长数量级为 10^{-10}m），$\frac{\Delta\lambda}{\lambda} \approx 2.43 \times 10^{-2}$，这时才能观察到康普顿效应。在这种情况下，经典理论就失效了，也就是说，波长比较短的波，其量子效应较为显著，这也是和实验相符合的。

康普顿散射的理论和实验的结果完全相符，曾在量子论的发展中起过重要的作用。它不仅有力地证明了光具有波粒二象性，而且还证明了光子和微观粒子的相互作用过程也是严格地遵守动量守恒定律和能量守恒定律的。为此，康普顿于 1927 年获得了诺贝尔物理学奖。

例 16-7 设有波长 λ 为 1.00×10^{-10}m 的 X 散射的光子与自由电子作弹性碰撞，散射 X 射线的散射角 θ 为 $90°$。试问：

（1）散射波长与入射波长的改变量 $\Delta\lambda$ 为多少？
（2）反冲电子得到多少动能？
（3）在碰撞中，光子的能量损失为多少？

解 （1）由式（16-16）知，$\Delta\lambda$ 为

$$\Delta\lambda = \frac{h}{m_0 c}(1 - \cos\theta)$$

代入已知数据，可得

$$\Delta\lambda = \left[\frac{6.63 \times 10^{-34}}{9.11 \times 10^{-31} \times 3.00 \times 10^{8}} \times (1 - \cos 90°)\right] \text{m} = 2.43 \times 10^{-12}\text{m}$$

（2）由式（16-13），有

$$mc^2 - m_0 c^2 = h\nu - h\nu'$$

式中，$mc^2 - m_0 c^2$ 即为反冲电子的动能 E_k，故可得

$$E_k = h\nu - h\nu' = \frac{hc}{\lambda} - \frac{hc}{\lambda'}$$

即

$$E_k = hc\left(\frac{1}{\lambda} + \frac{1}{\lambda + \Delta\lambda}\right) = \frac{hc\Delta\lambda}{\lambda(\lambda + \Delta\lambda)}$$

将已知数据代入上式，得

$$E_k = \frac{(6.63 \times 10^{-34}) \times (3.00 \times 10^{8}) \times (2.43 \times 10^{-12})}{(1.00 \times 10^{-10}) \times (1.00 + 0.0243) \times 10^{-10}}\text{J} = 4.72 \times 10^{-17}\text{J} = 295\text{eV}$$

（3）光子损失的能量等于反冲电子所获得的动能，即 295eV。

例 16-8 在一次康普顿散射中，传递给电子的最大能量为 $E' = 0.045$MeV，试求入射光子的波长。已知电子的静能量

$$E_0 = m_0 c^2 = 0.511\text{MeV}, \quad hc = 12.4 \times 10^{-7}\text{eV} \cdot \text{m}$$

解 按题设，要使一个电子的反冲能量具有最大值，入射光子必定是反向散射的。设入射光子的能量为 E，散射光子的能量为 E'，电子的初能量为 $m_0 c^2$，反冲能量为 $m_0 c^2 + 0.045$MeV。由能量守恒定律，则有

$$E + m_0c^2 = E' + (m_0c^2 + 0.045\text{MeV}) \qquad (a)$$

即

$$E - E' = 0.045\text{MeV} \qquad (b)$$

由能量守恒定律，则有

$$\frac{E}{c} = \frac{-E'}{c} + p_e \qquad (c)$$

考虑到电子能量与动量的相对论关系式，有

$$(m_0c^2 + 0.045\text{MeV})^2 = (p_ec)^2 + (m_0c^2)^2 \qquad (d)$$

由式（d）可求反冲电子的动量为

$$p_e = 0.219\text{MeV}/c \qquad (e)$$

将式（e）代入式（c），得

$$E + E' = cp_e = 0.219\text{MeV} \qquad (f)$$

由式（b）和式（f），可解得入射光子的能量 E 为

$$E = \frac{0.045\text{MeV} + cp_e}{2} = 0.132\text{MeV}$$

根据式（16-12），$E = h\nu = hc/\lambda$，则入射光的波长为

$$\lambda = \frac{hc}{E} = \frac{0.0124 \times 10^{-10}\text{MeV} \cdot \text{m}}{0.132\text{MeV}} = 9.39 \times 10^{-12}\text{m}$$

16.4 氢原子光谱　玻尔氢原子理论

前面已经提到，19 世纪末期，在经典物理学取得辉煌成就的同时，有"两朵乌云"和"三个事件"动摇了经典物理学的理论基础，促进了近代物理的诞生和发展。关于"两朵乌云"的问题，我们已在爱因斯坦相对论和普朗克量子论部分，分别做了讨论。

所谓"三个事件"是指：1895 年伦琴发现了 X 射线，1896 年贝克勒尔发现了天然放射性现象以及 1897 年汤姆逊发现了电子。此外，还有 1885 年瑞士物理学家巴耳末把氢原子线光谱归结成有规律的公式等。这些发现表明，原子并不是组成物质的最小单元，原子内部可能还有更深的结构层次。这就引导物理学家们去探索原子内部的结构和规律。

16.4.1 氢原子光谱规律

1885 年，瑞士科学家巴耳末（当时是一所女子中学的数学教师兼任瑞士巴塞尔大学讲师）发现了氢原子的线光谱在可见光部分的 4 条分立谱线，如图 16-15 所示，并归纳了一个计算波长的公式，称为巴耳末公式。

1890 年瑞典物理学家里德伯、里兹用波长的倒数替代巴耳末公式中的波长，并把它称为波数，从而得到光谱学中常用的形式，即

$$\sigma = \frac{1}{\lambda} = R\left(\frac{1}{n^2} - \frac{1}{n'^2}\right) \quad n = 1, 2, 3, \cdots, n' = n+1, n+2, n+3; \cdots \qquad (16\text{-}17a)$$

式中，R 称为里德伯常量，其计算值为 $R = 1.097 \times 10^7 \text{m}^{-1}$。当 $n = 2$ 时

$$\sigma = \frac{1}{\lambda} = R\left(\frac{1}{2^2} - \frac{1}{n^2}\right), \quad n = 3, 4, 5, \cdots$$

为巴耳末公式，对应谱线称为巴耳末谱系，它有 4 条谱线处于可见光区，分别为 H_α = 656.2nm，H_β = 486.1nm，H_γ = 434.0nm，H_δ = 410.1nm。用式（16-17a）求得的波长与实验结果符合得很好。

除此以外，在红外和紫外区，还发现有其他光谱系：

图 16-15　氢光谱中可见光区的谱线

莱曼系(1916 年)$n = 1$　　$\sigma = R\left(\frac{1}{1^2} - \frac{1}{n^2}\right), \quad n = 2, 3, 4, \cdots$ 　　　　　　（16-17b）

帕邢系（1908 年）$n = 3$　　$\sigma = R\left(\frac{1}{3^2} - \frac{1}{n^2}\right), \quad n = 4, 5, 6, \cdots$ 　　　　　　（16-17c）

布拉开系（1922 年）$n = 4$　　$\sigma = R\left(\frac{1}{4^2} - \frac{1}{n^2}\right), \quad n = 5, 6, 7, \cdots$ 　　　　　　（16-17d）

普丰德系（1924 年）$n = 5$　　$\sigma = R\left(\frac{1}{5^2} - \frac{1}{n^2}\right), \quad n = 6, 7, 8, \cdots$ 　　　　　　（16-17e）

汉弗莱系（1953 年）$n = 6$　　$\sigma = R\left(\frac{1}{6^2} - \frac{1}{n^2}\right), \quad n = 7, 8, 9, \cdots$ 　　　　　　（16-17f）

至此，原先人们觉得十分零乱而无序的光谱线，经过巴耳末、里德伯、里兹等人的归纳整理，显现出了简明的规律性，这些规律实际上反映了原子内部的固有规律性。

16.4.2　玻尔氢原子理论

1911 年，英国物理学家卢瑟福在分析 α 粒子散射实验结果的基础上，提出了一个有价值的模型，即原子的行星模型（也称核型结构）。这个模型认为：原子的中心有一个带正电的原子核，它几乎集中了原子的全部质量，其线度在 10^{-14} ~ 10^{-15}m 范围内，而电子在原子核周围绕核旋转，正如行星绕太阳运转一样（见图 16-16）。

图 16-16　卢瑟福及原子的行星模型

氢原子是最简单的情形，它由原子核和一个核外电子组成，原子核的质量约为电子质量的 1837 倍。原子线度的数量级约为 10^{-10}m。卢瑟福模型的成功之处在于，他大胆地将宇模型成功地引入了微观领域，奠定了核型结构的基础。但是，它也存在致命的缺陷：首先，电子绕原子核作加速运动，必然要不断以辐射的形式发射出能量，电子运动轨道的曲率半径也就要不断减小，最后将导致电子落到原子核中去，这样，就破坏了原子的稳定性，这与事实不符；其次，加速电子所产生的辐射，其频率是连续分布的，因此，原子光谱应是连续光谱，但实际的原子光谱是分立的谱线。

183

为了解决卢瑟福模型的困难，1913年，玻尔在巴耳末光谱规律、普朗克量子论和爱因斯坦光子学说的启发下，建立了玻尔氢原子模型。他在卢瑟福模型的基础上，加进了量子论观点，提出了三点重要假定。

（1）定态　原子中的电子只能在一些特定的圆轨道上运动，且不辐射电磁波，此时，原子处于稳定状态（定态），并具有一定的能量。

（2）量子条件　电子以速度 v 在半径为 r 的圆周上绕核运动时，只有电子的角动量满足下列条件的那些轨道才是稳定的，即

$$L = mvr = n\frac{h}{2\pi} \tag{16-18}$$

式中，$n = 1,2,\cdots$ 为主量子数；h 为普朗克常量。

（3）辐射跃迁　当原子从高能量的定态跃迁到低能量的定态，亦即电子从高能量 E_i 的轨道跃迁到低能量 E_f 的轨道上时，要辐射频率为 ν 的光子，且满足

$$h\nu = E_i - E_f \tag{16-19}$$

此式也称为频率条件。

按照玻尔的以上三条假定，可以很方便地推算出电子运动可能的那些轨道的半径 r 以及相应的速度 v 和定态能量 E。

由于电子是在库仑场中作圆周运动，根据牛顿运动定律有

$$\frac{1}{4\pi\varepsilon_0}\frac{e^2}{r^2} = m\frac{v^2}{r}$$

考虑到式（16-18）中 $mvr = nh/2\pi$，故电子在相应 n 的轨道上的运动速度 v 为

$$v = \frac{e^2}{2\varepsilon_0 nh} \tag{16-20}$$

以此式代入上式，电子对应轨道的半径 r 为

$$r = \frac{\varepsilon_0 n^2 h^2}{\pi m e^2} \tag{16-21}$$

由于电子在第 n 个轨道上的总能量 E 应为动能与电势能之和，即

$$E = \frac{1}{2}mv^2 - \frac{1}{4\pi\varepsilon_0}\frac{e^2}{r}$$

将式（16-20）和式（16-21）的结果代入上式，得相应轨道的能量 E 为

$$E = -\frac{me^4}{8\varepsilon_0^2 n^2 h^2} \tag{16-22}$$

从式中的负号可以看出，原子能量都是负值，它表明原子中的电子受原子核的束缚，若没有足够的能量，就不能脱离原子核对它的束缚。

对式（16-20）~式（16-22）有如下的结论：

1）氢原子中电子运动的轨道及相应的速度和能量都是量子化的。

2）当 $n = 1$ 时，由式（16-22）得到 $E_1 = -13.6\text{eV} = -21.76 \times 10^{-19}\text{J}$，称为基态能量。

相应的轨道半径为 $r_1 = 0.53 \times 10^{-10}$ m，称为玻尔半径。此时电子的运动速度为 $v_1 = \dfrac{c}{137}$（c 为真空中的光速）。由此就可知道 $n = 2, 3, 4, \cdots$ 各定态的 E_n、r_n、v_n，详见表 16.1。

表 16.1　氢原子的基态与激发态参量关系

n	1	2	3	4	$\cdots$
r_n	n	$4n$	$9n$	$16n$	$\cdots$
v_n	v_1	$\dfrac{v_1}{2}$	$\dfrac{v_1}{3}$	$\dfrac{v_1}{4}$	$\cdots$
E_n	E_1	$\dfrac{E_1}{4}$	$\dfrac{E_1}{9}$	$\dfrac{E_1}{16}$	$\cdots$

3）由于与 n 对应的各轨道定态能量只能有分立的数值，通常就把这一系列不连续的能量值称为能级。图 16-17 所示是氢原子对应不同量子数 n 时的能级，每条横线代表一个能级，两横线间的距离表示能级的间隔即能量差。在正常情况下，氢原子处于最低能级 E_1，也就是电子处于第一轨道上，这个最低能级对应的状态称为基态。当电子受到外界激发时，可从基态跃迁到较高能量的激发态能级 $E_2, E_3, \cdots$ 上，这些能级对应的状态称为激发态。把电子从 $n = 1$ 的轨道移到 $n = \infty$ 时所需的能量值 $\Delta E = 13.6$ eV。

当电子从较高能级 E_i 跃迁到较低能级 E_f 时，原子辐射的单色光的光子能量就是式（16-19）表示的频率条件，即

$$h\nu = E_i - E_f$$

将式（16-22）代入上式，则辐射光子的可能频率 ν 为

$$\nu = \frac{me^4}{8\varepsilon_0^2 h^3}\left(\frac{1}{n_f^2} - \frac{1}{n_i^2}\right) \quad (16\text{-}23\text{a})$$

式中，n_f 和 n_i 分别是对应较低和较高能级的量子数。其中 $me^4/(8\varepsilon_0^2 h^3) = 13.6$ eV，则式（16-23a）也可改写为如下形式，即

$$\nu = 13.6\left(\frac{1}{n_f^2} - \frac{1}{n_i^2}\right)\text{eV} \quad (16\text{-}23\text{b})$$

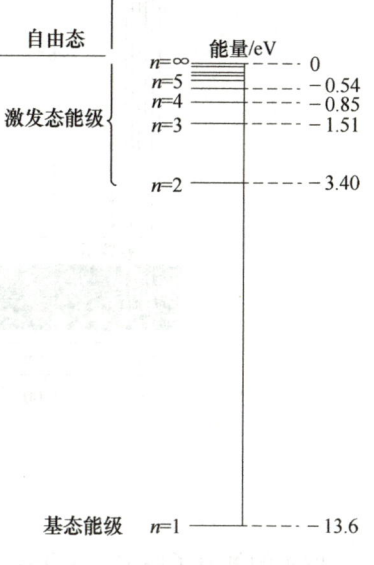

图 16-17　氢原子能级

4）一个氢原子可以和外界交换能量，这种交换总伴随着电子的运动状态在各能级之间的变化，这种能量交换可能以吸收或放出光子的方式进行。吸收光子时，氢原子从低能态 E_f 跃迁到高能态 E_i，而当从高能态 E_i 跃迁到低能态 E_f 时，则放出光子，这就是原子发光的机理。

将式（16-23a）改用光谱学中常用的波数 σ 来表示，则氢原子发光的可能波数为

$$\sigma = \frac{1}{\lambda} = \frac{\nu}{c} = \frac{me^4}{8\varepsilon_0^2 h^3 c}\left(\frac{1}{n_f^2} - \frac{1}{n_i^2}\right) \quad (16\text{-}24\text{a})$$

将式中 $me^4/(8\varepsilon_0^2 h^3 c)$ 以常量 R 表示，有

$$R = \frac{me^4}{8\varepsilon_0^2 h^3 c} = 1.097373 \times 10^7 \text{m}^{-1}$$

这就是前面提到的里德伯常量。于是，式（16-24a）可写成

$$\sigma = R\left(\frac{1}{n_f^2} - \frac{1}{n_i^2}\right) \quad (16\text{-}24\text{b})$$

可见与式（16-17）各式是一致的。当 $n_f = 1$，$n_i = 2,3,4,\cdots$ 时，就是前述的莱曼系；当 $n_f = 2$，$n_i = 3,4,5,\cdots$ 时，就是巴耳末系；当 $n_f = 3$，$n_i = 4,5,6,\cdots$ 时，就是帕邢系等，如图 16-18 所示。

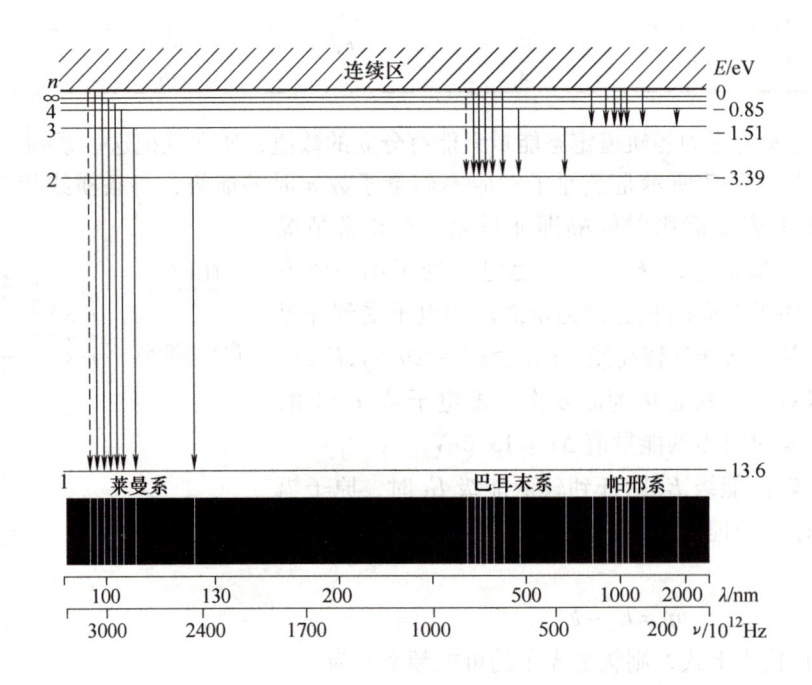

图 16-18　氢原子的光谱系

玻尔的氢原子假定，由于引入了普朗克的量子化概念，从而成功地解决了原子的稳定性和分立谱线的问题，至今仍有重大价值，故后人都把它称为氢原子理论。

但是，玻尔理论所获得的成功，却掩盖不了它的根本缺陷。这个理论缺少完整的理论体系，基本上是经典理论与量子论的混合物，虽然它引入了量子论，但把微观粒子仍看作经典力学中的质点，从而原封不动地把经典力学的规律用在微观粒子上。人们习惯称它为半经典半量子的理论。因此，尽管它能解释氢原子和只有一个价电子的一些原子（称为类氢原子）的光谱规律，但对多电子原子如氦原子就无能为力。同时，它也不能解释谱线的精细结构。直至 20 世纪 70 年代，在波粒二象性基础上建立起来的量子力学，才以更科学的概念和理论圆满地解决了这些问题。

> 玻尔（见图 16-19）是丹麦理论物理学家，现代物理学的创始人之一，1885 年 10 月出生于哥本哈根。他的父亲是一位富有才华的生理学家，这使他在幼年受到了良好的家庭熏陶。

1911年，玻尔在哥本哈根大学获得博士学位，并已经开始领悟到经典电动力学在描述原子问题时遇到的困难，在物理学方面展露了出众的才华。

1912年，玻尔来到卢瑟福的实验室。在这里，他被深深地吸引到原子结构及其稳定性问题上来，并在工作中和卢瑟福建立了深厚的友谊。这段经历奠定了他在物理学上取得突破性成就的基础，使他深刻地认识到，在原子世界里必须背离经典电动力学而采用全新的观念才能有所突破。

1913年，玻尔回到哥本哈根，着手研究原子辐射问题。玻尔深信作用量子 h 是解决原子结构问题的关键。但是，直到当年的2月份，玻尔在他的一个朋友处得知氢原子光谱的巴耳末经验公式，才使他感到思路豁然开朗。他说："我一看到巴耳末公式，整个问题对我来说就全部清楚了。"当年玻尔就以原子和分子的结构为题，完成了他的具有划时代意义的论文，提出了著名的玻尔量子论。在导师卢瑟福的推荐下，该论文分三次发表在伦敦皇家学会的《哲学杂志》上，引起了物理学界的注意。

图16-19 物理学家 N. 玻尔（1885—1962）

1916年，玻尔针对经典体系的行为和量子体系的关系，提出了"对应原理"。

1920年，玻尔在丹麦建立并由其领导的"玻尔实验室"，很快成为青年物理学家研究原子和微观世界的中心，曾吸引了如海森堡、泡利、狄拉克等一批杰出的科学家来此工作。

1922年，玻尔因他在"原子结构和原子光谱"领域里划时代的贡献，获得了该年度的诺贝尔物理学奖。这一年正是诺贝尔诞辰100周年。

此后的十几年时间里，玻尔一直在量子理论的研究领域里继续着他的工作。20世纪30年代，他又深入核物理的研究领域。在第二次世界大战期间，玻尔参与了制造原子弹的"曼哈顿计划"，但他一直坚决反对将原子弹用于战争。1952年欧洲核子研究中心成立，玻尔出任主任。

玻尔一生中获得了很高的荣誉并享有崇高的威望。1937年，玻尔还到访中国，表达了对中国人民的友好感情。1947年，丹麦国王决定授予玻尔宫廷勋章，请玻尔自己设计图案，玻尔采用了中国古代的太极图，形象地表示了他的互补思想。

例16-9 按照玻尔理论，处于第一激发态的氢原子，如果寿命是 10^{-8} s，问其中的电子能绕核旋转多少圈？

解 由于第一激发态的 $n=2$。参照表16.1可知相应的轨道半径与速度分别为

$$r_2 = 4r_1 = (4 \times 0.53 \times 10^{-10})\text{m} = 2.12 \times 10^{-10}\text{m}$$

$$v_2 = \frac{v_1}{2} = \frac{1}{2} \times \frac{c}{137} = 1.1 \times 10^6 \text{m} \cdot \text{s}^{-1}$$

从而求得其角速度为

$$\omega_2 = \frac{v_2}{r_2} = 0.52 \times 10^{16} \text{rad} \cdot \text{s}^{-1}$$

于是，总的旋转圈数 N 为

$$N = \frac{\omega_2 t}{2\pi} = \frac{0.52 \times 10^{16} \times 10^{-8}}{6.28} = 8.3 \times 10^6$$

例 16-10　试计算氢光谱中巴耳末系的最短波长和最长波长。

解　巴耳末系的波长由下式确定，即

$$\sigma = \frac{1}{\lambda} = R\left(\frac{1}{2^2} - \frac{1}{n^2}\right), \quad n = 3,4,5,\cdots$$

可见，$n=3$ 时对应的频率最小，波长最长，即

$$\frac{1}{\lambda_{\max}} = R\left(\frac{1}{4} - \frac{1}{9}\right)$$

$$\lambda_{\max} = \frac{1}{1.097 \times 10^7 \times \left(\frac{1}{4} - \frac{1}{9}\right)} \text{m} = 6563 \times 10^{-10} \text{m}$$

同理，$n=\infty$ 时，对应的波长最短，即

$$\lambda_{\min} = \frac{1}{1.097 \times 10^7 \times \left(\frac{1}{4} - \frac{1}{\infty}\right)} \text{m} = 3646 \times 10^{-10} \text{m}$$

16.5　实物粒子的波粒二象性

继 1990 年普朗克提出能量子假设之后，1905 年，爱因斯坦把量子概论引进了光学的领域，提出了光（量）子学说，并建立了光的波粒二象性图像。1913 年，玻尔又将这一假设推广为自然界的一条量子化原理，即自然界的某些变量的量值只能取一系列分立值。从此，人们着手建立探索微观粒子及其相互作用的量子力学的理论大厦。

在科学发展的长河中，任何一个新理论的确立，必须要满足三个条件：
1）旧理论能说明的问题和现象，新理论必须能够说明；
2）旧理论不能说明的问题，新理论要能够说明；
3）新理论还要具有预见性，即能预见到尚未发现，但未来一定会被发现的物理现象。

新理论诞生和发展的过程，往往是在认识论上充满矛盾和斗争的过程。量子力学的发展也不例外。新现象的发现暴露了微观过程内部的矛盾，推动了人们突破经典物理的限制，提出新的思想、新的理论，从而促使科学技术从一个发展阶段进入到另一新的发展阶段；与此同时，不少人的思想不完全能随变化了的客观情况而前进，不愿承认经典物理理论的局限性，总是千方百计地企图把新发现的现象以及为说明这些现象而提出的新观点，纳入经典物理理论的框架之内。但是，科学的发展总是遵循着"实践是检验真理的唯一标准"这一准则的。前面已经谈及，19 世纪末期，在经典物理学取得重大成就的同时，人们发现了一些新的物理现象（主要是"两朵乌云"和"三个事件"），都是经典物理理论无法解释的，这些现象揭露了经典理论的局限性，突出了经典物理学与高速领域和微观世界规律性的矛盾，从而为发现

新理论打下了基础,也为量子力学的诞生准备了条件。量子力学是反映微观粒子(分子、原子、原子核、基本粒子等)运动规律的理论,它是20世纪20年代在总结大量实验事实和量子论的基础上建立和发展起来的。随着量子力学的出现,人类对于物质微观结构的认识日益深入,从而能较深刻地掌握物质的物理、化学性能及其变化规律,为在科学技术中利用这些规律开辟了广阔的途径,固体、激光、原子、原子核等的性质都能从以量子力学为基础的现代理论中得到阐明。量子力学不仅是物理学中的基础理论之一,而且在化学、材料科学和微电子学等有关学科和许多近代技术中也开始得到了广泛的应用和重视。本章同时也将侧重介绍量子力学的一些基本思想和基本概念,包括实物粒子的波粒二象性、波函数、不确定(性)关系、薛定谔方程及其简单应用等。

在1923—1924年期间,当时已确立光是电磁波,但同时能量又是量子化的,其能量单元为$h\nu$。光的这种波动和粒子两重性,使许多著名的物理学家感到困惑。而年轻的德布罗意却由此得到启发,大胆地把这种两重性推广到物质客体上去。

16.5.1 德布罗意波

德布罗意是一位善于用历史的观点,用对比的方法分析问题的物理学家,他受光的波粒二象性的启发,且考虑到自然界在诸多方面都是明显地表现出对称性的,于是,产生了把波和粒子相结合的思想。既然光具有波粒二象性,那么,实物粒子如电子是否也应具有波粒二象性呢?他提出这样的问题:"整个世纪以来,在辐射理论上,比起波动的研究方法来,是过于忽略了粒子的研究方法;在实物理论上,是否发生了相反的错误呢?是不是我们关于'粒子'的图像想得太多,而过分地忽略了波的图像呢?"1924年,他作为博士研究生,在学位论文中提出了大胆的假设:实物粒子也具有波粒二象性。他把对光的波粒二象性的描述,应用到了实物粒子上,并指出:一个静止质量为m_0、速度为v的粒子,也具有波的性质,可以同时用波的图像(λ,ν)来描述。并且他把爱因斯坦对光子的能量-频率和动量-波长的关系式借来,认为:一个实物粒子的能量E和动量p同与它相联系的波的频率ν和波长λ的定量关系也如光子一样,则有

$$E = mc^2 = h\nu \tag{16-25}$$

$$p = mv = \frac{h}{\lambda} \tag{16-26}$$

这些公式称为德布罗意公式或德布罗意假设。所以,对具有静止质量m_0的实物粒子来说,当粒子以速度v运动时,则与该粒子缔合在一起的平面单色波的波长为

$$\lambda = \frac{h}{p} = \frac{h}{mv} = \frac{h}{m_0 v}\sqrt{1-\frac{v^2}{c^2}} \tag{16-27a}$$

这种与物质缔合在一起的波通常称为德布罗意波或物质波。如果$v \ll c$,那么

$$\lambda = \frac{h}{m_0 v} \tag{16-27b}$$

德布罗意是采用类比法提出他的假设的。以上关系式是与光的二象性对比而得来的。但要注意,实物粒子与光子的差别在于E与p的关系不同。对光来说,$E = cp$;而对粒子来说,$E^2 = c^2 p^2 + m_0^2 c^4$。在非相对论的情况下,通常只利用动能$E_k$与$p$的关系,即$E_k = p^2/2m$。

总之,按照德布罗意的观点,我们对光的二象性认识,完全可以用于实物粒子。实物粒子的运动,既可用动量、能量来描述,也可用波长、频率来描述,联系实物粒子波粒二象性

的桥梁依然是普朗克常量 h。结合式（16-25）和式（16-26）不难看出，如果以普朗克常量 h 作为标准，当粒子的能量、动量在数量级上比 h 大得多时，则粒子性显著；反之，则波动性显著。显然，宏观粒子的质量大，能量、动量也大，就不易显示出波动性，而微观粒子的质量小得多，就可能更容易显示出波动性。

德布罗意在提出实物粒子波粒二象性的同时，对电子的波动性进行了理论计算。在电子经加速电压为 U 的电场加速后，速度将由关系式

$$\frac{1}{2}m_0 v^2 = eU \quad \text{或} \quad v = \sqrt{\frac{2eU}{m_0}}$$

决定，代入式（16-27b），得

$$\lambda = \frac{h}{\sqrt{2em_0}}\frac{1}{\sqrt{U}} \tag{16-28}$$

将 $h = 6.63 \times 10^{-34}$ J·s，$e = 1.60 \times 10^{-19}$ C，$m_0 = 9.11 \times 10^{-31}$ kg 等数据代入后，得

$$\lambda = \sqrt{\frac{150}{U}} \times 10^{-10} \text{ m} = \frac{12.25}{\sqrt{U}} \times 10^{-10} \text{ m}$$

德布罗意做了进一步推算，欲用 150V 的电压加速电子，则按上式可得到电子的德布罗意波长为 0.1nm。这与 1895 年伦琴发现的 X 射线的波长（0.04～0.1nm）相当，也与晶体的晶格常数 d 的数量级相近。于是 1912 年，劳厄的 X 射线衍射实验和 1913 年布拉格父子的 X 射线在晶体表面的散射实验又给予德布罗意新的启发，并使他提出了大胆的预见：一束电子穿过晶体也会出现衍射图像。

德布罗意（见图16-20），1892 年 8 月 15 日出生于法国塞纳河畔的迪耶普一个贵族家庭。德布罗意在中学时代就显示出了文学才华，1910 年获巴黎大学文学学士学位，后转向理论物理，并于 1913 年又获理学学士学位。他具有较高的人文修养，善于用历史的观点，用对比的方法分析问题，为在物理学上的突破和成功打下了良好的素质基础。

第一次世界大战期间，德布罗意在埃菲尔铁塔上的军用无线电报站服役。战后，他重新钻研物理学，一方面在他的哥哥 M. 德布罗意的实验室工作，一方面研究理论物理，特别是有关量子的问题。1924 年在郎之万的指导下，德布罗意获得博士学位，他在博士论文《量子理论研究》中提出了"物质波"的概念，得到了答辩委员会的高度评价。爱因斯坦说，"德布罗意先生提出了一个物质粒子或物质粒子系可以怎样与一个波场相对应"，并誉之为"揭开了一幅大幕的一角"。薛定谔在发表他的波动力学论文时，曾明确表示："我的这些考虑的灵感，主要归因于德布罗意先生的独创性的论文。" 1927 年，电子衍射实验验实了电子确实具有波动性。1929 年，德布罗意成为有史以来第一位以学位论文获得诺贝尔物理学奖的年轻物理学家。

图 16-20　德布罗意
（1892—1987）

16.5.2 物质波的实验验证

德布罗意物质波假设终究是一项理论成果,是否符合实际,尚需获得直接的实验验证才行。

1. 戴维逊-革末实验

1925 年,戴维逊-革末根据德布罗意的预见,采取了布拉格 X 射线衍射实验的思路来验证电子的波动性,1927 年发表了肯定性的结论。实验装置如图 16-21a 所示。用一定的电位差 U 把自热阴极发出的电子加速后经狭缝 D 形成细束平行电子射线投射到镍单晶体 M 上,经晶面反射后用集电器 B 收集,进入集电器的电子流强度 I,可用与 B 相连的电流计 G 来量度。若电子具有波动性,那就应像 X 射线一样,会被晶体所衍射,并符合乌利夫-布拉格公式。

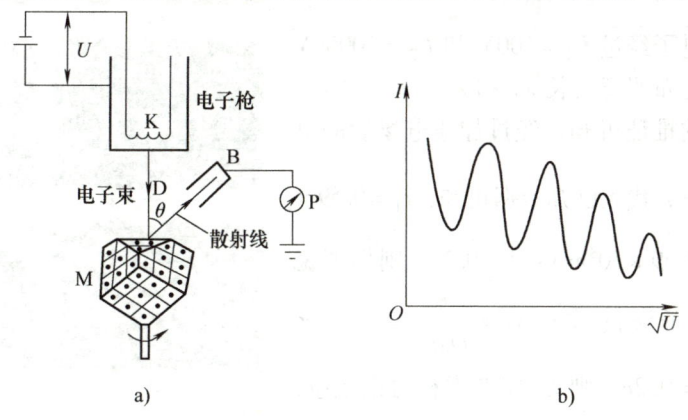

图 16-21 戴维逊-革末实验示意图

戴维逊、革末在实验时,保持 d(晶格常数)和 θ 不变,通过改变加速电压 U 来改变电子波的波长 λ,这样,只有当 λ 符合布拉格衍射条件时,才会使集电器接收到的电子束最强,即 I 最大。图 16-21b 所示是集电器中电子束强度 I 与 $\sqrt{U}$ 的实验关系,很清楚,曲线上出现了一系列峰值,反映出确有电子的布拉格衍射存在。当 $d = 0.9 \times 10^{-10}$ m,$\theta = 65°$,$U = 54$V,按乌利夫-布拉格公式可算得电子的德布罗意波长为 $\lambda = 0.165$nm,而按德布罗意公式算得的 $\lambda = 0.167$nm,两者符合得很好,表明电子确实具有波动性。

2. G. 汤姆逊电子衍射实验

前面已提到,1897 年英国物理学家 J. 汤姆逊发现了电子,为此,于 1906 年获得了诺贝尔物理学奖。有趣的是,他的儿子 G. 汤姆逊在 1927 年完成了电子衍射实验,证实了电子的波动性,并于 1937 年与戴维逊、革末一起也获得了诺贝尔物理学奖。图 16-22a 所示是 G. 汤姆逊的实验装置和衍射图样。电子从灯丝 K 逸出后,经过加速电场,再通过小孔 D,形成一束很细的平行电子束。穿过一多晶薄片 M(如金箔、铝箔)后,射到照相底片 P 上,就得到如图 16-22b 所示的衍射图像。

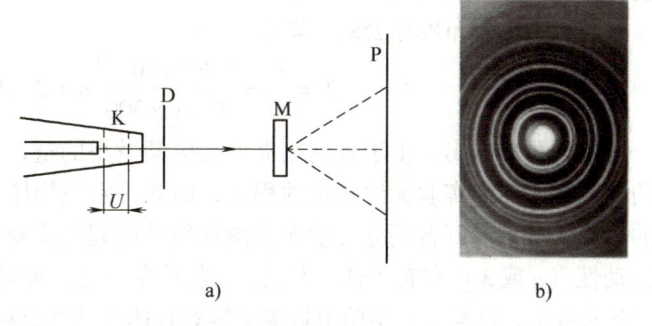

图 16-22 电子束透过多晶薄片的衍射

3. C. 约恩逊实验

证实电子波动性的最直观的实验是电子通过狭缝的衍射实验。1961 年，C. 约恩逊制造了长为 50μm、宽约 0.3μm、缝间距为 1.0μm 的多缝，用 50kV 的加速电压加速电子，使电子束分别通过单缝、双缝，均可得到衍射图像。图 16-23a～f 所示是不同数目的电子通过双缝的衍射图像。可以看出，当电子数很少时，底片上只有一些随机的感光点，在大量电子通过双缝后，出现了明显的衍射条纹。

迄今，不仅是电子，其他实物粒子，如质子、中子、氦原子等都已证实有衍射现象，因此，德布罗意物质波理论的普适性已无可置疑。为此，德布罗意获得了 1929 年度诺贝尔物理学奖。

例 16-11 计算电子经过 $U_1 = 100\text{V}$ 和 $U_2 = 10000\text{V}$ 的电压加速后的德布罗意波长 λ_1 和 λ_2。

解 由前面的推证可知，经过加速电场后的电子速度为 $v = \sqrt{\dfrac{2eU}{m}}$，代入已知数据可知，$v_1 = 0.59 \times 10^7 \text{m} \cdot \text{s}^{-1}$，$v_2 = 0.59 \times 10^8 \text{m} \cdot \text{s}^{-1} \approx 0.2c$。则根据德布罗意公式，电子波的波长 $\lambda_1 = \dfrac{h}{m_0 v_1} = 1.23 \times 10^{-10}\text{m}$；因为 $v_2 = 0.2c$，则 λ_2 应考虑相对论效应，故 $\lambda_2 = \dfrac{h}{m_0 v} \sqrt{1 - \dfrac{v^2}{c^2}} = 0.127 \times 10^{-10}\text{m}$。

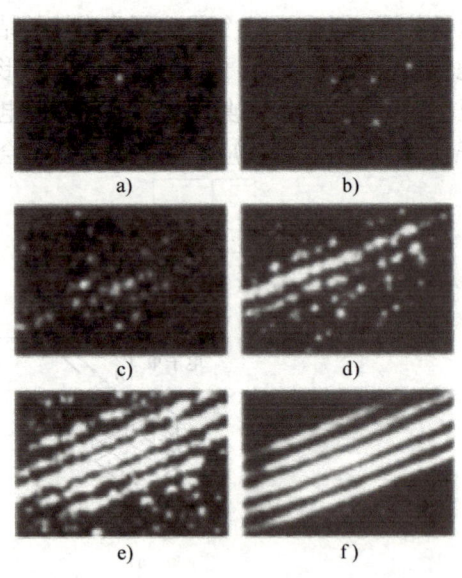

图 16-23 电子通过双缝的衍射图样的形成

例 16-12 试计算动能为 0.05eV 的（热）中子的德布罗意波长。

解 由于中子的能量较小，可采用非相对论性计算，有 $p = \sqrt{2m_n E_k}$，故

$$\lambda = \frac{h}{p} = \frac{h}{\sqrt{2m_n E_k}} = \frac{hc}{\sqrt{2(m_n c^2) E_k}}$$

把 $hc = 12.4 \times 10^{-7}\text{eV} \cdot \text{m}$，$m_n c^2 = 940 \times 10^6 \text{eV}$，$E_k = 0.05\text{eV}$ 代入上式，得 $\lambda = 0.128\text{nm}$。这个波长与 X 射线的波长处于同一数量级，与晶体的晶格常数 d 也相近，可见中子通过晶体也会发生中子衍射效应。

例 16-13 计算质量 $m = 0.01\text{kg}$、速率 $v = 300\text{m} \cdot \text{s}^{-1}$ 的子弹的德布罗意波长。

解 根据德布罗意公式，则有

$$\lambda = \frac{h}{mv} = \frac{6.63 \times 10^{-34}}{0.01 \times 300}\text{m} = 2.21 \times 10^{-34}\text{m}$$

由此可以看出，由于普朗克常量是极其微小的量，所以，宏观物体的波长是非常非常小的，以至于达到实验无法测量的程度，因此，宏观物体仅表现出粒子性。通过上面几个例题的讨论，我们看到普朗克常量 h 在微观领域所起的重要作用，它把两个相互矛盾的概念——波动性（ν 或 λ）和粒子性（E 或 p）联系在一起，从而反映了微观客体的波粒二象性，由于 h 极为微小，以至于在实验上掩盖了客观物体波动性或粒子性的一面，只有当所考虑系统的尺度小到可以和普朗克常量 h 相比时，才能显示出问题的另一方面来。例如，辐射的粒子性只

在 X 射线和 γ 射线范围内才在实验中强烈地显现出来；而实物粒子在运动中的波动性也只有在原子尺度的微观领域范围才能在实验上观察到。所以，正像前面指出过的那样，仅当物体的速度可以和光速 c 相比时，我们才必须考虑相对论效应。h 也可以作为经典理论到量子理论过渡的一个判据。

例 16-14 电子在铝箔上散射时，第一级最大 ($k=1$) 的偏转角 θ 为 $2°$，铝的晶格常数 d 为 4.05×10^{-10} m，求电子的速度。

解 与反射光栅相似，参看图 16-24，第一级最大的条件为

$$d\sin\theta = k\lambda, \quad k = 1$$

按德布罗意公式

$$\lambda = \frac{h}{mv}$$

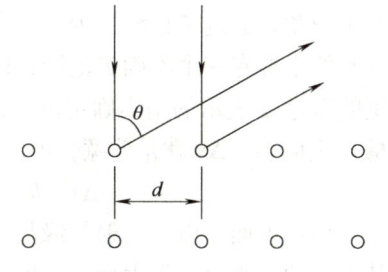

图 16-24 例 16-14 图

得

$$v = \frac{h}{m\lambda} = \frac{h}{md\sin\theta} = \frac{6.63 \times 10^{-34}}{9.11 \times 10^{-31} \times 4.05 \times 10^{-10} \times \sin 2°} \text{m}\cdot\text{s}^{-1} = 5.14 \times 10^{7} \text{m}\cdot\text{s}^{-1}$$

可见这个速度已接近光速，因此上式中的 m 不应再用电子的静止质量 $m_0 = 9.11 \times 10^{-31}$ kg，而应该用 $m_0 / \sqrt{1 - \frac{v^2}{c^2}}$，因此

$$v = \frac{h}{m_0 d\sin\theta}\sqrt{1 - \frac{v^2}{c^2}}$$

解得 $v = 5.07 \times 10^{7}$ m·s^{-1}。

16.6 不确定（度）关系

物质的波动性和粒子性何者显著，是用 h 来衡量的。当波动性不显著的时候，粒子的运动规律就由统计规律退化为经典的轨道规律，粒子就可以用质点的图像来描述。否则，经典的质点图像是不适用的。现在，我们就来对此进行定量的论证，这便是海森堡在 1927 年提出的不确定（度）关系。我们知道，在经典力学里，宏观粒子（质点）均沿一定的轨道运动，在某时刻的运动状态，是由两个物理量（位置与速度）来表述的，知道了这两个物理量，那两个量便是相互依存并能够同时准确测定的。对于微观粒子则不然，由于其粒子性，可以谈论它的位置和动量，但由于其波动性，意味着在任一时刻粒子不具有确定的位置，与此相联系，粒子在各时刻也不具有确定的动量。这也可以说，由于二象性，在任意时刻粒子的位置和动量都有一个不确定量。量子力学理论证明，在某一方向，例如 x 方向上，粒子的位置不确定量 Δx 和在该方向上的动量不确定量 Δp_x 有一简单而奇特的关系，这就是 1927 年海森堡提出的不确定（度）关系。

现在，我们以电子通过单缝衍射为例来讨论这个关系。

如图 16-25 所示，一束电子沿 Oy 方向射向缝宽为 b 的单缝发生衍射，在 CD 屏上呈现图

示的衍射图像。现在，我们仍用坐标 x 和动量 p 来描述电子的运动状态。此时，如果要问任一个电子在通过单缝时，是从缝上哪一点过去的，也就是说，电子通过缝时的坐标 x 为多少，显然谁也无法准确地回答。但是，电子毕竟是通过了该缝，因此，我们可以认为电子通过缝时的坐标有一个不确定范围，以 Δx 表示。（注意：这里的符号 Δ 表示的是不确定范围，并不是通常所说的增量）很明显，Δx 就是缝宽，即

$$\Delta x = b \tag{16-29}$$

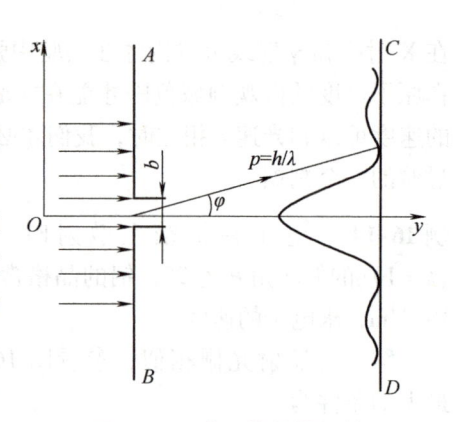

图 16-25　电子的单缝衍射

另一方面，由于衍射的缘故，电子通过缝后，虽然其动量的大小没有发生变化，但动量的方向却发生了变化，若在图 16-25 中，我们只考虑第一级（$k=1$）衍射图像，则电子被限制在一级最小的衍射角范围内，有 $\sin\varphi = \dfrac{\lambda}{b}$。因此，电子动量沿 Ox 轴方向的分量的不确定范围为

$$\Delta p_x = p\sin\varphi = p\frac{\lambda}{b} \tag{16-30a}$$

由德布罗意公式

$$\lambda = \frac{h}{p}$$

代入式（16-30a），得

$$\Delta p_x = \frac{h}{b} \tag{16-30b}$$

这样，当电子通过缝的瞬时，坐标和动量都存在着各自的不确定范围，而且，两者还是相互关联着的。缝越窄（b 越小），则 Δx 越小而 Δp_x 越大，反之亦然，因此，存在下述关系：

$$\Delta x \Delta p_x = h$$

如果把衍射图像的次级条纹也考虑进去，上式应改写为

$$\Delta x \Delta p_x \geqslant h \tag{16-31}$$

这就是著名的**海森堡不确定（度）关系**。它表明位置和动量（或速度）这两个构成了作用量的量，是不可能同时准确测定的。由此可以推论，对构成作用量的一对物理量来说，若一个越准确，则另一个必然越不准确，两个不准确量的乘积不能小于 h。这就是不确定（度）关系。

关于不确定（度）关系，有几点再强调阐述一下。

1) 不确定关系表明：粒子的位置和动量是不可能同时准确测定的，并不是说粒子的位置和动量不能准确测定，这里的关键是"不可能同时准确测定"。由式（16-31）可知，当 $\Delta x = 0$ 时，即精确确定了粒子的位置，则 $\Delta p_x \to \infty$，表明无法确定其动量及它要朝什么方向运动；反之，$\Delta p_x = 0$，即动量准确确定了，但 $\Delta x \to \infty$，也就无法确定粒子在什么位置。

2) 正如上面说过的，式（16-31）的导出完全来自物质的二象性。不确定（度）关系是由物质的本性所决定的，与实验技术或仪器的精度无关。换言之，无论将来的测量技术进步到什么程度，式（16-31）仍然成立。

3) 这里又一次显示了 h 的作用。由于 h 甚小，故式（16-31）实际上只在微观世界中起作用。对宏观低速物体（质点）来说，m 通常不随 v 而变，$\Delta p_x = m\Delta v_x$，于是有

第16章
量子物理学基础

$$\Delta x \Delta v_x \geq \frac{h}{m}$$

而由于 $m \gg h$，故 Δx 和 Δv_x 实际上均可同时达到相当小的地步，远远超过目前最优良仪器的精度。同时，我们说质点的行为完全遵从经典理论，是不会导致可察觉的误差的。可见，h 的确是粒子和波、宏观和微观、经典与近代的分界线。因此，这个原理的意义在于，决不能把微观领域中的粒子，当作经典的质点来看待。因为微观粒子不存在确定的运动轨迹（即轨道概念）。

4）最后可以指出，仿照式（16-31）的形式，就能写出其他作用量的不确定（度）关系了。例如，由 $p^2 = 2mE$ 得到 $\Delta E = p\Delta p/m$，又 $\Delta t = \Delta x/v$，代入式（16-31）即可得到能量、时间的不确定关系，即

$$\Delta E \Delta t \geq h \tag{16-32}$$

当应用于原子时，式（16-32）说明，原子中处在某一能级的电子，其能量有一个不确定的范围，也就是能级都会有一定的自然宽度 ΔE。而电子停留在同一能级上的时间，也有一个不确定的范围，即停留时间的长短不一，其平均值便称为该能级的平均寿命 Δt。显然，式（16-32）告诉我们，平均寿命长的能级自然宽度小，电子处在这样的能级上就比较稳定；反之，平均寿命短的能级自然宽度大，其稳定性也就差些。这些概念，对于了解激光的产生、谱线的自然宽度等，都是非常重要的。

W. 海森堡（见图 16-26）是德国理论物理学家，量子力学创始人之一。1901 年 12 月 5 日生于维尔兹堡的一个中学教师家庭。在大学期间，已初露才华，很受名师索末菲赏识。1922 年，索末菲应邀参加玻尔的报告会，并带了海森堡一同参加，年仅 20 岁的海森堡竟站起来对玻尔的某些论点提出异议，并勇敢地进行辩论。会后玻尔约他一同散步并讨论问题，对海森堡启发很大，无怪乎他说"这次散步是他在科学上成长的起点"。

图 16-26 物理学家 W. 海森堡（1901—1976）

1925 年，海森堡与导师玻恩创立了矩阵力学，1927 年又得出了不确定关系，它和玻恩的物质波概率解释，一起奠定了量子力学诠释的物理基础。为表彰他在建立量子力学方面的重大贡献，海森堡获得了 1932 年诺贝尔物理学奖，并获得了 M. 普朗克奖章。

海森堡的治学之道是直觉，善于抓住现象的本质，善于用哲学的思维来分析问题，并用非同一般的语言来阐述，而把数学的严格性放在其次，因而显得生动而富有活力。

他为人善良，性格活泼、乐观，爱好音乐，被誉为业余的钢琴家，经常举行家庭音乐会。他也很爱运动，打乒乓球也是独霸一方，直到遇到中国的博士后周培源以后才首尝败绩。

1976 年 2 月 1 日，海森堡在慕尼黑家中逝世。杨振宁曾这样来评价他："海森堡非常富有独创性，他的论文必须仔细地读，他总是出其不意，有深入的见解，当然也常有错误的讲法，因为他总是沿着别人没有想的方向去走。"

例 16-15 设子弹的质量为 0.01kg，枪口的直径为 0.5cm，试用不确定性关系计算子弹射出枪口时的横向速度。

解 枪口直径可以当作子弹射出枪口时的位置不确定量 Δx，由于 $\Delta p_x = m\Delta v_x$，所以由式（16-31）有

$$\Delta x m \Delta v_x \geq h$$

取等号计算，可得

$$\Delta v_x = \frac{h}{m\Delta x} = \frac{6.63 \times 10^{-34}}{0.01 \times 0.5 \times 10^{-2}} \text{m} \cdot \text{s}^{-1} = 1.3 \times 10^{-29} \text{m} \cdot \text{s}^{-1}$$

这也就是子弹的横向速度，和子弹飞行速度每秒几百米相比，这一速度引起的运动方向的偏转是微不足道的。因此对于子弹这种宏观粒子，它的波动性不会对它的"经典式"运动以及射击时的瞄准带来任何实际的影响。

例 16-16 电视显像管中电子的加速电压为 9kV，电子枪枪口直径取 0.1mm，求电子射出电子枪后的横向速度。

解 以 $\Delta x = 1 \times 10^{-4}$m 和 $m = 9.11 \times 10^{-31}$kg 代入不确定性关系式，计算电子出枪口时的横向速度为

$$v_x = \frac{h}{m\Delta x} = \frac{6.63 \times 10^{-34}}{1 \times 10^{-4} \times 9.11 \times 10^{-31}} \text{m} \cdot \text{s}^{-1} = 7.3 \text{m} \cdot \text{s}^{-1}$$

电子经过 9kV 的加速电压后速度 v 约为 6×10^7m·s^{-1}。由于 $v_x \ll v$，所以在这种情况下，电子的波动性仍然不起什么实际影响。电子的行为表现得跟经典粒子一样，这就是电视机中用电子产生的电视图像清晰可见的原因。

例 16-17 原子的线度为 10^{-10}m，求原子中电子速度的不确定量。

解 说"电子在原子中"就意味着电子的位置不确定量为 $\Delta x = 10^{-10}$m，由不确定性关系可得

$$\Delta v = \frac{h}{m\Delta x} = \frac{6.63 \times 10^{-34}}{9.11 \times 10^{-31} \times 10^{-10}} \text{m} \cdot \text{s}^{-1} = 7.3 \times 10^6 \text{m} \cdot \text{s}^{-1}$$

按照牛顿力学计算，氢原子中电子的轨道运动速度约为 10^6m·s^{-1}。它与上面的速度不确定量有相同的数量级。可见对原子范围内的电子，谈论其速度是没有什么实际意义的。这时电子的波动性十分显著，后面会知道，描述它的运动时，必须抛弃轨道概念，而代之以说明电子在各处的概率分布的"电子云"图像。

例 16-18 氦氖激光器所发红光波长为 $\lambda = 6328 \times 10^{-10}$m，谱线宽度 $\Delta\lambda = 10^{-18}$m。求当这种光子沿 x 方向传播时，它的 x 坐标的不确定量为多大。

解 光子具有二象性，所以也应满足不确定（度）关系，由于 $p_x = h/\lambda$，所以

$$\Delta p_x = \frac{h}{\lambda^2}\Delta\lambda$$

将此式代入式（16-31），可得

$$\Delta x = \frac{h}{\Delta p_x} = \frac{\lambda^2}{\Delta\lambda}$$

这里，$\lambda^2/\Delta\lambda$ 等于相干长度，也就是波列长度。上式说明，光子的位置不确定量也就是波列

的长度。根据原子在一次能级跃迁过程中发射一个光子（粒子性）或者说发出一个波列（波动性）的观点来看，这一结论是很容易理解的。将 λ 和 $\Delta\lambda$ 的值代入上式，可得

$$\Delta x = \frac{\lambda^2}{\Delta\lambda} = \frac{(6328\times10^{-10})^2}{10^{-18}}\text{m} = 4\times10^5\text{m} = 400\text{km}$$

正因为激光的相干长度很大，因此它是相干性极好的新型光源。

例 16-19 一电子的速率为 $v = 200\text{m}\cdot\text{s}^{-1}$，其动量不确定范围为动量的 0.01%，问该电子的位置不确定范围有多大？

解 电子的动量为

$$p = mv = (9.11\times10^{-31}\times200)\text{kg}\cdot\text{m}\cdot\text{s}^{-1} = 1.8\times10^{-28}\text{kg}\cdot\text{m}\cdot\text{s}^{-1} \tag{a}$$

按题意，动量的不确定范围为

$$\Delta p = 0.01\%\times p = 1.8\times10^{-32}\text{kg}\cdot\text{m}\cdot\text{s}^{-1} \tag{b}$$

据式（16-31）可知，其位置不确定范围为

$$\Delta x = \frac{h}{\Delta p} = \frac{6.63\times10^{-34}}{1.8\times10^{-32}}\text{m} = 3.7\times10^{-2}\text{m} \tag{c}$$

这个计算结果已远远大于原子的线度，它说明了什么？请读者自己去分析。

16.7 物质波波函数的统计解释

前面我们讨论了德布罗意的物质波假设，并得到了电子衍射实验的证实，同时，由于二象性又引出了不确定关系。现在的问题是，如何解释电子衍射？物质波和前面讨论过的机械波、电磁波的物理图像显然是不同的。那么，物质波的物理意义到底如何？

1. 波函数

回顾一下在研究波长为 λ，以速度 u 在介质中沿 x 方向传播的平面波时，引用了波动方程，即

$$y = y_0\cos\left[2\pi\left(\nu t - \frac{x}{\lambda}\right)\right]$$

该式表明 y 是 (t,x) 的函数，当时，我们也把 y 称为波函数，如果将上式写成复数形式，即为

$$y = y_0 \text{e}^{-\text{i}2\pi\left(\nu t - \frac{x}{\lambda}\right)}$$

对于一个无外力作用的、具有能量 E 和动量 p 并沿 x 方向运动的自由粒子，可以用波长为 λ、频率为 ν 的平面单色波来表示它的波性，也可应用波函数 Ψ 来表示。对比机械波的情况，将上式中 y 换为 Ψ，并以 $E = h\nu$，$p = \frac{h}{\lambda}$ 代入，即得平面物质波的波函数的表达式为

$$\Psi = \psi_0\cos\left[2\pi\left(\nu t - \frac{x}{\lambda}\right)\right] = \psi_0\cos\left[\frac{2\pi}{h}(Et - px)\right] \tag{16-33a}$$

其相应的复数形式为

$$\Psi = \psi_0 \text{e}^{-\text{i}\frac{2\pi}{h}(Et - px)} = \psi_0 \text{e}^{-\text{i}\frac{2\pi}{h}Et}\text{e}^{\text{i}\frac{2\pi}{h}px} = \psi\text{e}^{-\text{i}\frac{2\pi}{h}Et} \tag{16-33b}$$

式中，$\psi = \psi_0 \text{e}^{\text{i}\frac{2\pi}{h}px}$ 称为振幅函数，它是空间位置的函数。此外，也可以写出 Ψ 的共轭函数，以 Ψ^* 表示，即

$$\Psi^* = \psi^* e^{i\frac{2\pi}{h}Et} \tag{16-34}$$

式中，ψ^* 就是振幅函数 ψ 的共轭函数。根据波动知识，波的强度与振幅的二次方成正比，这里就可以用波振幅的二次方 $|\psi|^2$ 代表波的强度。即

$$\Psi\Psi^* = \psi\psi^* = |\psi|^2 \tag{16-35}$$

2. 玻恩对物质波的统计解释

至此，仍然没有回答波函数 Ψ 的意义及物质波的物理图像。1926 年，玻恩利用类比的方法提出了新的解释，并因此获得了 1954 年的诺贝尔物理学奖。在光的衍射中，对于明纹，若从光的波动性角度看，意味着光的强度大，而光的强度与振幅的二次方成正比；若从粒子性出发，意味着到达那里的光子数多，即光子在该处出现的概率大。因此，振幅的二次方反映了该处出现光子的概率。同样，对电子衍射，凡是胶片感光的地方，从粒子性看，意味着电子在该处出现的概率大或者说电子数密度 dN/dV 大；从波动性看，意味着该处的物质波强度大，即振幅函数 $|\psi|^2$ 大，因此，$|\psi|^2$ 也就反映了电子在该处单位体积内出现的概率。两者也应成正比关系，即

$$dN \propto N\psi\psi^* dV$$

在此，我们让比例式中含有电子总数 N 显然是合乎道理的，因为到达该处的电子具体数目 dN，应与总数 N 成正比。这样，我们就得到

$$\psi\psi^* \propto \frac{dN}{NdV} \tag{16-36}$$

这就显示出 $\psi\psi^*$ 的物理意义了，原来它所表述的，乃是在任一时刻 t，在空间某处单位体积内出现粒子的概率，或者说它是粒子在空间分布的概率密度函数。这便是玻恩对物质波所做的统计性解释，所以，人们常把物质波称为概率波。

衍射图样是粒子落到屏上的统计分布图样，既可以是大量粒子一次所形成，也可以是单个粒子在多次重复中形成的，结果都一样。因此，我们只能认为，物质波的强度表达了粒子出现在某处的概率；而波性乃是物质本身所固有的一种属性。

至此不难明白，玻恩对物质波的解释，无非告诉我们，粒子的运动遵从概率波的规律，即遵从概率性的统计规律。粒子并不遵从经典的轨道力学，但可以肯定的是，它在空间出现的概率，则是由 $\psi\psi^*$ 来表述的。只要我们知道了 ψ 是怎样的函数，就可以通过 $\psi\psi^*$ 来预言粒子在某处出现的概率。正如在前面说过的，微观世界中的粒子并不是经典概念下的粒子，即具有确切运动轨道的那种"质点"，所谓物质的粒子性，只能是指经典概念中的"原子性"或"颗粒性"而言的，即它们总是以具有一定质量、电荷等属性的面貌呈现在实验中，但并不与"有确切的轨道"有什么必然的联系。同样，所谓物质的波动性，也不再是经典概念下的波，即那种分布在空间的某种实际物理量的周期性变化，而只能是对其中最本质的"相干叠加性"而言的。因此，把微观粒子的波动性与粒子性统一起来，也就只能是把微观粒子的"颗粒性"与波的"叠加性"统一起来，这就是玻恩概率波的实质内容。换句话说，物质波并不像经典波（机械波、电磁波）那样代表实在的物理量的波动，只不过是能体现粒子的空间概率分布的概率波而已。这就是目前为多数人所接受的对波动性和粒子性相统一的一种理解。

显而易见，玻恩的统计性解释，实际上并未过问 ψ 波的本质究竟是什么。也许将来人们会弄清楚这个问题，但无论 ψ 是什么波，$\psi\psi^*$ 必是粒子出现的概率密度无疑。所以在接受了

玻恩解释的同时，仍有人在探索着物质波的本质。

上面已明确，物质波的 $\psi\psi^*$ 代表概率密度，那么它必须满足一些特定的条件，才能保持其统计的特性。主要是：

1）由于概率是个百分比，因此任何一个有限体积 V 内出现粒子的概率值，就应是个有限值，或者简单来说，ψ 一般应是个有限的函数。

2）对整个空间来说，总的概率应为 1，这便是大家已经熟知的归一化条件，即

$$\int \psi\psi^* \, dV = 1$$

3）粒子在任一处出现的概率，不能有两个或更多的值。所以 ψ 也应是个单值函数。

4）由于概率是连续的，通常还要求 ψ 是连续函数，而且 ψ 的一阶导数一般也应是连续的。

总之，为了使 $\psi\psi^*$ 具有概率密度的意义，并在一定的有限空间内具有有限的值，一般来说 ψ 应是连续、单值、有限和归一化的函数。违背了这个总的要求，就不是概率波函数了。当我们从波动微分方程中求解 ψ 函数，或者应用 ψ 函数去处理问题时，都应考虑这四个条件。

16.8　薛定谔方程　态叠加原理

16.8.1　薛定谔方程

至此，我们已经知道，微观粒子的运动应由波函数来描述，它是空间和时间的函数。为了研究各种情况下微观粒子运动的普遍规律，亦即 ψ 所应遵从的规律，就需要建立一门新的学科，它就称为量子力学。薛定谔方程是量子力学的基本方程，其地位与牛顿方程在经典力学中的地位相当。本节从特殊的情况出发，主要介绍建立薛定谔方程的思路，供大家领会一下量子力学的主要精神。

作为量子力学的一个基本方程，薛定谔方程和物理学中任何一个基本方程（牛顿方程、麦克斯韦方程等）一样，都不是从理论上推导出来的。它们都有实验事实的根据，并要受到事实检验。当然，ψ 函数并不能由实验进行直接测量，从原则上说，实验只能测定 $\psi\psi^*$。所以，薛定谔方程只能是依据二象性的考虑，用类比的方法来写出 ψ 所满足的波动方程，来肯定其正确性。

大家知道，粒子运动服从波动的传播规律，所以，可以设想 Ψ 应满足波动方程

$$\nabla^2 \Psi = \frac{1}{u^2} \frac{\partial^2 \Psi}{\partial t^2}$$

式中，u 为波的相速度。现在的任务是，把这个普遍的波动方程改写成适用于物质波的形式。

对于一个沿 x 方向运动的、具有能量 E 和动量 p 的自由粒子，其物质波的相速度应可由德布罗意公式求得，即

$$u = \lambda \nu = \frac{E}{p}$$

于是，反映出自由粒子二象性的一维波动方程便是

$$\frac{\nabla^2 \Psi}{x^2} = \frac{p^2}{E^2} \frac{\nabla^2 \Psi}{t^2} \tag{16-37}$$

应该指出，在此式中，粒子的能量 E 和动量 p，并没有隐含在波函数之中，因而，此式只

能用于具有特定 E 和 p 的情形，不能代表一般物质波的普遍规律。但我们只希望借它来阐明建立量子力学基本方程的思路，所以就不去向更普遍的方面做进一步推演了。

这里，仍利用自由粒子的波函数，借助于式（16-37）来介绍一种写出定态薛定谔方程的思路。为此，我们可以把它改写一下。首先，对波函数 Ψ 的表达式关于时间 t 求二阶导数，得

$$\frac{\nabla^2 \Psi}{t^2} = \left(\frac{\mathrm{i}2\pi E}{h}\right)^2 \Psi \tag{16-38}$$

于是，式（16-37）便成为

$$\frac{\nabla^2 \Psi}{x^2} + \frac{4\pi^2 p^2}{h^2}\Psi = 0 \tag{16-39a}$$

或者，也可用自由粒子的能量（即动能）E 来表示此式。由于在非相对论情形下，$p^2 = 2mE$，故式（16-39a）成为

$$\frac{\nabla^2 \Psi}{x^2} + \frac{8\pi^2 mE}{h^2}\Psi = 0 \tag{16-39b}$$

这就是自由粒子的一维波动方程。

如果粒子是在保守力场中运动的，那就不再是自由粒子了，若用 U 表示粒子在保守力场中的势能函数，则粒子的总能量 E 将是动能 E_k 和势能 U 之和，或说 $E_\mathrm{k} = E - U$。于是就应将式（16-39b）中的动能替换成总能量与势能之差 $(E - U)$，从而有

$$\frac{\nabla^2 \Psi}{x^2} + \frac{8\pi^2 m(E - U)}{h^2}\Psi = 0 \tag{16-40}$$

这就是在保守力场中粒子的一维波动方程。

在上面的推演中，我们利用了式（16-38），而此关系式只适用于式（16-33b）的波函数 $\Psi(x,t) = \psi(x)\mathrm{e}^{-\mathrm{i}2\pi Et/h}$。在量子力学中，把具有这样形式的波函数称为定态波函数。它所描述的是概率密度 $\Psi\Psi^*$ 不随时间变化的运动，也就是粒子的稳定运动，如电子在原子内绕核的运动就属于这样的运动。因此，式（16-40）也只适用于定态波函数。如果消去 Ψ 中含 t 的时间项，则式（16-40）将成为振幅函数 ψ 的方程，即

$$\frac{\nabla^2 \psi}{x^2} + \frac{8\pi^2 m(E - U)}{h^2}\psi = 0 \tag{16-41}$$

这便是在保守场中粒子的一维定态薛定谔方程。

上面介绍了建立定态薛定谔方程的主要思路，现在对式（16-41）做些说明。

1）遵从此式的每一个 ψ（即满足此式的每一个解），就表述了粒子运动的一种稳定状态，即定态，ψ 就称为定态波函数。而与此相应的常数 E，即是粒子在该稳定状态时所具有的总能量。在具体求解时，每个可以接受的 ψ，都要符合连续、单值、有限和归一化的要求。所以，只有 E 为某些特定值时，才能求得这样的解。我们在下面的例子中即将看到，这些特定的 E 值都是量子化的，因而表明，在这些情形下，定态也是量子化的。

2）尽管不同力场有不同的势能函数 U，但在式（16-41）中，它应是与时间无关的函数，因为粒子的稳定运动也是在 U 与时间无关的条件下进行的。否则，此式便含有时间因子，而不称其为定态方程了。总之，此式中的各量都是不随时间而变的。

3）在一般情形下，人们只用定态方程去处理粒子稳定运动的问题，然而只要解得 ψ，也

就不难得知 Ψ 了,所以也就立即可知粒子分布的概率是怎样的。后面即将讨论的应用薛定谔方程的具体例子,它们都是 U 与时间无关的情形,也就是属于粒子的定态问题。从中将会看到,由于考虑了物质的二象性,其结果不仅说明经典力学只是量子力学在高能态时的近似情形,并且表明,量子化乃是薛定谔方程的自然结论,而无须像旧量子论那样,人为地将它硬塞进理论中来。

16.8.2 态叠加原理与力学量的算符

态叠加原理和力学量的测量也是量子力学的两个重要问题,在概念上也与经典力学完全不同,这里,我们做一些简单的介绍。

1. 态叠加原理

薛定谔方程是线性方程,定态波函数 ψ 是方程的解,它是描述粒子可能的量子状态的。如果 ψ_1 和 ψ_2 都是方程的解,那么,ψ_1 和 ψ_2 的线性叠加

$$\psi = C_1\psi_1 + C_2\psi_2 \tag{16-42}$$

也是薛定谔方程的解,其中 C_1、C_2 是复数。这个结果的物理意义是:如果 ψ_1 和 ψ_2 描述了粒子可能的量子状态,则它们的线性叠加 ψ 也描述了系统可能的量子状态。因此,把波函数的这种叠加特性称为态叠加原理,它是量子力学的基本原理之一。

态叠加原理与经典波叠加的物理本质是完全不同的。让我们先来分析一下电子的双缝干涉实验。用 ψ_1 表示电子穿过狭缝 1(此时狭缝 2 关闭)衍射到达屏的状态,ψ_2 表示电子穿过狭缝 2(此时狭缝 1 关闭)衍射到达屏的状态,根据式(16-42),$\psi = C_1\psi_1 + C_2\psi_2$ 也是电子到达屏的可能状态,此时,电子在屏上任一点处的概率密度为

$$\begin{aligned}|\psi|^2 &= |C_1\psi_1 + C_2\psi_2|^2 = (C_1\psi_1 + C_2\psi_2)(C_1^*\psi_1^* + C_2^*\psi_2^*)\\ &= |C_1\psi_1|^2 + |C_2\psi_2|^2 + C_1\psi_1 C_2^*\psi_2^* + C_2\psi_2 C_1^*\psi_1^*\end{aligned} \tag{16-43}$$

显然,电子通过狭缝 1 和 2 到达屏上的概率密度并不等于分别通过两缝到达屏上的概率密度之和,后面还有两项称为相干项,反映了电子通过双缝后的干涉图像。

另外,态叠加原理不仅反映出粒子在空间的概率分布,同时还反映出粒子的力学量也是服从概率分布的。例如,有一个量子系统,与 ψ_1 和 ψ_2 对应的量子态的能量值是确定的,分别为 E_1 和 E_2,与前面的分析相似,$\psi = C_1\psi_1 + C_2\psi_2$ 也是可能的量子态,如对应的能量值为 E 的话,很明显,E 要么等于 E_1,要么等于 E_2,不可能为其他值。可以证明,处于 ψ 态的粒子,具有 E_1 态的概率是 $|C_1|^2$,具有 E_2 态的概率为 $|C_2|^2$,也就是说,处在 ψ 态的粒子,它的能量值有 $|C_1|^2 \times 100\%$ 的可能是 E_1,有 $|C_2|^2 \times 100\%$ 的可能是 E_2。表明粒子的能量这个力学量也是服从概率分布的。这对经典物理而言是不可理解的。

2. 力学量的算符

在量子力学中,当微观粒子处于某一状态时,它的力学量(如坐标、动量、角动量、能量等)一般不具有确定的数值,而是具有一系列可能值,每个可能值以一定的概率出现。当粒子所处的状态确定时,力学量具有某一可能值的概率也就完全确定了,因而有确定的平均值。例如,氢原子中的电子处于某一束缚态时,它的坐标和动量都没有确定值,但坐标具有某一确定值 r 或动量具有某一确定值 p 的概率都是完全确定的。量子力学中力学量的这些特点是经典力学中的力学量所没有的。为了反映这些特点,在量子力学中引进算符来表示力学量。

算符是对波函数进行某种数学运算的符号。表示方法是,在代表力学量的字符上方加

"^"号，如坐标算符$\hat{r}$、动量算符$\hat{p}$。当粒子的状态用波函数$\Psi(r,t)$描述时，坐标算符$\hat{r}$对波函数的作用就是r乘$\Psi(r,t)$，动量算符$\hat{p}$对波函数的作用则是微分，即

$$\hat{p}\Psi(r,t) = -i\hbar\nabla\Psi(r,t)$$

式中，动量算符$\hat{p} = -i\hbar\nabla$。

其他有经典类比的力学量都是r和p的函数，在量子力学中也是算符$\hat{r}$和$\hat{p}$的相应的函数。例如，角动量算符$\hat{L} = \hat{r} \times \hat{p}$。又如，在势函数$U(r)$的力场中运动的粒子的能量算符（也称为哈密顿算符）为

$$\hat{H} = -\frac{\hbar^2}{2\mu}\nabla^2 + U(r) \tag{16-44}$$

引入算符后，一般采用下述方法来求平均值。例如，欲求叠加态$\psi = C_1\psi_1 + C_2\psi_2$的能量平均值时，可用各个可能的能量值（此处是$E_1$和$E_2$）乘以它们出现的概率，即

$$\overline{E} = |C_1|^2 E_1 + |C_2|^2 E_2 \tag{16-45}$$

由于粒子的概率密度可用波函数的模方来表示，式（16-45）可表示为

$$\overline{E} = \int_{-\infty}^{+\infty}|\psi|^2 E \mathrm{d}x = \int_{-\infty}^{+\infty}\psi^* E\psi \mathrm{d}x$$

将式中的能量E按规定用哈密顿算符替换，得

$$\overline{E} = \int_{-\infty}^{+\infty}\psi^* \hat{H}\psi \mathrm{d}x \tag{16-46}$$

16.9 薛定谔方程的应用

下面，我们以一维无限深势阱中粒子的分布规律和隧道效应为例，来讨论定态薛定谔方程的应用。根据教学基本要求，讨论的重点并不是方程的求解，而是有助于加深对能量量子化和薛定谔方程的意义和应用方法的了解。

16.9.1 一维无限深方势阱

设有一粒子处于势能为U的力场中，并沿x轴作一维运动。粒子在这种外力场中的势能函数满足下述边界条件，即

$$0 < x < a, \ U = 0$$
$$x \leq 0 \ 和 \ x \geq a, \ U(x) \to \infty$$

这种势能函数的势能曲线如图16-27所示。由于图形像井，所以把这种势能分布称为无限深方势阱。又由于粒子限于沿x方向运动，故又称为一维无限深方势阱。在阱内，由于势能是常数，所以粒子不受力。在边界上$x = 0$和$x = a$处，由于势能突然增大到无限大，所以粒子受到无限大的指向阱内的力。因此，粒子的位置不可能到达$0 < x < a$的范围以外，即ψ在$x \leq 0$和$x \geq a$的区域内等于零。

金属中的自由电子、原子核中的核子（质子、中子）就属于这种情况。用量子力学研究粒子在无限深势阱中的运动，就是要求薛定谔方程在这种情况下的解。由于粒子不能到达$0 < x < a$的区域以外，所以表示粒子出现的概率的波函数ψ的值在$x \leq 0$和$x \geq a$的区域应该等于零。因此只要解出势阱内的波函数就行了。

在势阱内，$U=0$，按一维定态薛定谔方程有

$$\frac{d^2\psi}{dx^2} + \frac{8\pi^2 m}{h^2}E\psi = 0 \qquad (16\text{-}47)$$

令

$$k^2 = \frac{8\pi^2 m}{h^2}E \qquad (16\text{-}48)$$

则式（16-48）变为

$$\frac{d^2\psi}{dx^2} + k^2\psi = 0 \qquad (16\text{-}49)$$

这一方程具有大家熟悉的简谐运动方程的形式，它的通解是

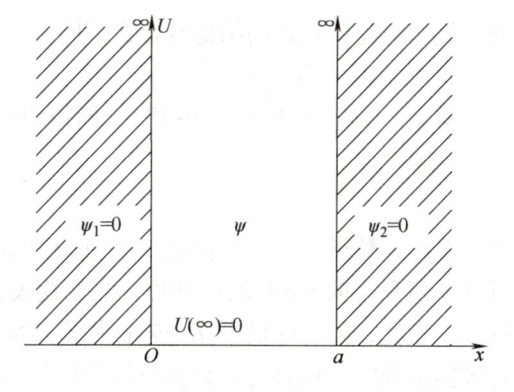

图 16-27　一维无限深方势阱

$$\psi(x) = A\cos kx + B\sin kx \qquad (16\text{-}50)$$

式中，A 和 B 是由边界条件决定的常数。

由于 $\psi(x)$ 在 $x=0$ 处必须连续，而在 $x\leqslant 0$ 时，$\psi=0$，所以有 $\psi(0)=A=0$。

又由于 $\psi(x)$ 在 $x=a$ 处必须连续，而在 $x\geqslant a$ 时，$\psi=0$，所以又有 $\psi(a)=B\sin ka=0$。由于 $B=0$ 或 $k=0$ 时，$\psi(x)=0$ 不符合题意，故取 $\sin ka=0$，所以 k 必须满足

$$ka = n\pi \quad \text{或} \quad k = \frac{n\pi}{a},\ n=1,2,3,\cdots$$

因而式（16-50）的波函数的具体形式应为

$$\psi(x) = B\sin\left(\frac{n\pi}{a}x\right),\ 0 < x < a \qquad (16\text{-}51)$$

由归一化条件

$$\int_{-\infty}^{+\infty} |\psi(x)|^2 dx = \int_0^a B^2 \sin^2\left(\frac{n\pi}{a}x\right)dx = \frac{1}{2}aB^2 = 1$$

所以

$$B = \sqrt{\frac{2}{a}}$$

最后得到一维无限深方势阱中量子数为 n 的粒子运动的波函数为

$$\psi_n(x) = \sqrt{\frac{2}{a}}\sin\left(\frac{n\pi}{a}x\right) \qquad (16\text{-}52)$$

根据波函数的意义，$|\psi_n(x)|^2$ 为粒子在各处出现的概率密度，则

$$|\psi_n(x)|^2 = \frac{2}{a}\sin^2\left(\frac{n\pi}{a}x\right) \qquad (16\text{-}53)$$

这一概率密度是随 x 改变的，粒子在有的地方出现的概率大，在有的地方出现的概率小，而且概率分布还和量子数 n 有关系。

由上面的求解过程，可以大体看出量子力学处理问题的思路，首先列出薛定谔方程，求出波函数 ψ，由于 ψ 本身无意义，而用 $|\psi|^2$ 表示粒子分布的概率密度，从而得到粒子的分布规律。

现在，我们就根据上述结果，来分析一维无限深方势阱中粒子的分布规律，并说明这种

分布规律与经典物理的结论有什么不同。

1. 粒子的能量量子化

将 $k = n\pi/a$ 代入式（16-48），即得到粒子的能量 E_n 为

$$E_n = \frac{n^2 h^2}{8ma^2} \tag{16-54}$$

可以看出，粒子的能量只能是一系列分立的值，即是量子化的，而且由于 E 的值取决于 n^2，所以 n 值只需取 $n = 1, 2, \cdots$ 即可，它们代表着不同的能级，图 16-28 实际上已显示了这些能级特点。在此，能量的量子化是来自物质二象性的必然结论，不像旧量子论那样是作为一种假定被提出来的。换言之，只要我们承认物质具有二象性这一事实，那就自然会产生能量是不连续的即量子化的结果。此外，由式（16-54）还可看出，E 与粒子的质量 m、势阱宽度的二次方 a^2 成反比。因此，只有在 ma^2 与 h^2 的数量级相同时，相邻能级间才有可测得的能量差，也就是说，能量量子化才显著起来。反之，由于宏观质点的质量以及质点运动的空间范围都很大，ma^2 就会远大于 h^2，从而使能级之间的差距甚微，能级都密集在一起了。这时，近似地认为能量是连续的也不会导致明显的误差了。这就又一次表明经典理论乃是量子理论的一种近似。

2. 粒子的分布不均匀

图 16-28 画出了波函数 ψ、概率密度 $|\psi|^2$ 和 x 的关系曲线。式（16-53）表明，由绝对值相同但符号相反的 n 值决定的两个 $\psi(x)$，实际上对应于同一种概率分布状态，因此，n 的取值只需采用 $n = 1, 2, \cdots$ 就行了。

此外还可看出，被限制在势阱中的粒子运动问题，其定态波函数只与驻波相对应；并且 n 值越大，粒子的能量越高，对应驻波的波节也越多。更有意义的是，按经典概念，在阱内任何地点找到粒子的概率应是相等的。可是量子力学的答案却不同，粒子在阱内各处出现的概率并不均匀。只有当 n 值（或 E 值）很大时，$|\psi(x)|^2$ 的峰值几乎一个挨着一个了，平均看来才趋于经典的概率。这表明，经典理论乃是量子理论在高能态情况下的一种近似。

3. 粒子具有零点能

尤其值得注意的是，处于势阱中的粒子其能量不可能为零，其最小值 E_1 就是基态的能量，也是在这种情况下的零点能。这在经典观点看来是不可理解

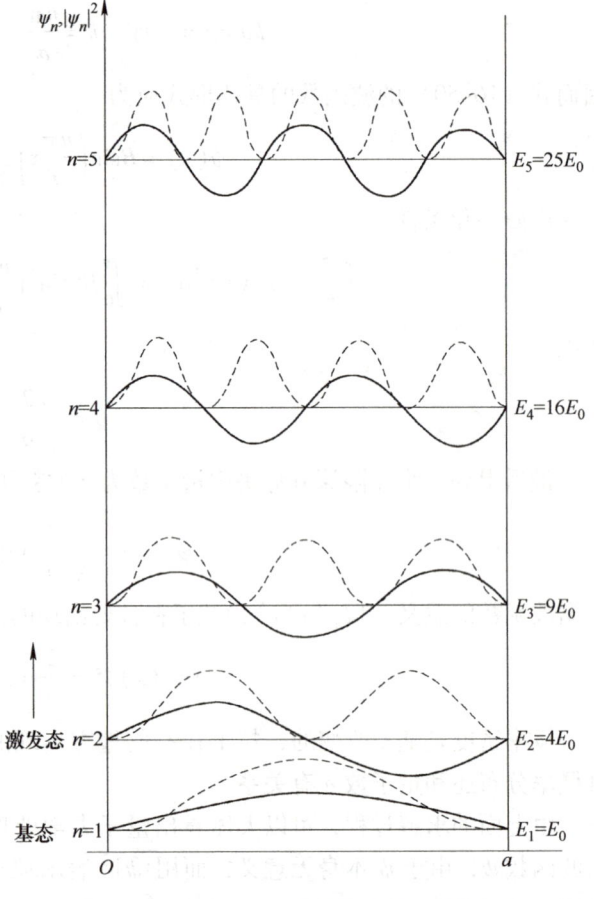

图 16-28　一维无限深方势阱中粒子的能级和波函数、概率密度与 x 的关系

的，但在量子力学中却是可以理解的。因为若 E 为零，则粒子的动量 p 也必为零，动量的不准确度 Δp 也就不存在，那么不确定关系式告诉我们，这只能在 Δx 趋于 ∞ 时才有可能。然而 Δx 实际应受阱宽的制约，故 Δp 必不为零，或说 p、E 必不为零，从而导致了零点能的存在。

例 16-20 粒子在宽为 a 的一维无限深方势阱中运动，其波函数为

$$\psi(x) = \sqrt{\frac{2}{a}} \sin \frac{3\pi x}{a}, \quad 0 < x < a$$

试求：(1) 概率密度的表达式；
(2) 粒子出现的概率最大的各个位置。

解 (1) 题目给出了波函数的表达式，概率密度就是波函数模的二次方，即

$$|\psi(x)|^2 = \frac{2}{a} \sin^2 \frac{3\pi x}{a}, 0 < x < a \tag{a}$$

(2) 粒子出现的概率最大的位置，其概率密度也最大。由式（a）可知，只有当 $\sin^2 \frac{3\pi x}{a} = 1$ 时，$|\psi(x)|^2$ 有最大值。即

$$\frac{3\pi x}{a} = (2k+1)\frac{\pi}{2}$$

求得

$$x = \frac{(2k+1)\, a}{6} \tag{b}$$

分别以 $k = 0$、1、2 代入，可得在 $0 \sim a$ 之间概率密度最大的可能位置为

$$x = \frac{a}{6}, \frac{a}{2}, \frac{5}{6}a$$

16.9.2 隧道效应

前面讨论了粒子在一维无限深方势阱中的运动及分布规律。现在，再来介绍一种有趣的量子现象——隧道效应。

设有一粒子处于势能为 U 的力场中，仍沿 x 轴作一维运动，粒子在这种外力场中的势能函数满足下述边界条件，即

$$x < 0 \text{ 和 } x > a, \quad U(x) = 0$$
$$0 \leq x \leq a, \quad U(x) = U_0$$

这种势能函数的势能曲线如图 16-29 所示，它形似地面上砌立的一堵高墙，我们把它称为一维方势垒。

按照经典理论，处于 $x < 0$ 的区域Ⅰ内的粒子，且其能量 $U < U_0$，则粒子就无法越过高墙（势垒）而进入 $x > 0$ 的区域Ⅱ，更不会穿墙而过（穿过势垒）进入到 $x > a$ 的区域Ⅲ。

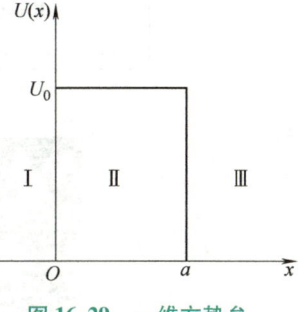

图 16-29 一维方势垒

然后，从量子力学的观点来分析却会得到不同的结果。处于区域Ⅰ中的粒子，具有波粒二象性，虽然其能量 U 小于势垒的高度 U_0，但是它在势垒壁上将会发生反射和透射。这就意味着，粒子将有一定的概率处于势垒内，甚至还有一定的概率能穿透（注意：不是跳越，因为 $U < U_0$）势垒而进入 $x > a$ 的区域Ⅲ。应用薛定谔方程解出的波函数 ψ_1、ψ_2、ψ_3 均不为零

(见图 16-30) 正表明了这一点。这就是说，粒子的能量虽不足以能跳越势垒，但此时在势垒中似乎挖掘了一个通道，能使少量粒子穿过而进入 $x > a$ 的区域Ⅲ，人们把这种量子现象形象地称之为"隧道效应"。

目前，量子隧道效应已为许多实验所证实，并在显微技术、半导体、场致发射等许多方面得到了广泛的应用。1981 年，瑞士的宾尼希和罗雷尔就是利用电子的隧道效应

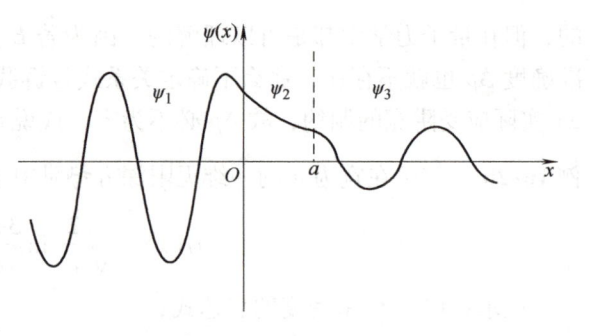

图 16-30　各区域的波函数

制成了扫描隧道显微镜（STM）。图 16-31 所示是其原理图。样品表面有一表层势垒阻碍电子向外运动，但由于隧道效应，一部分电子可以穿透势垒到达材料表面外形成一定的量子态分布，通常称为电子云分布。扫描隧道显微镜通过探针来探测这层电子云的分布，纵向分辨率可达 0.01nm，横向分辨率达 0.1nm，从而观测材料表面的微观结构。STM 的出现，使人们可以观测和操纵单个原子在物质表面的排列及行为，这对表面科学、纳米技术及生命科学的研究有重大的意义。图 16-32 所示就是用扫描隧道显微镜实测的一个典型的人造单"分子"——量子栅的图像。在铜表面上用 STM 精心排布 48 个铁原子（图中周围的锥状体），构成了一个圆形势阱量子栅，它具有特殊的电子态分布，中间的一个个同心圆，就代表可用波函数模的二次方表示的局域电子密度分布情况。

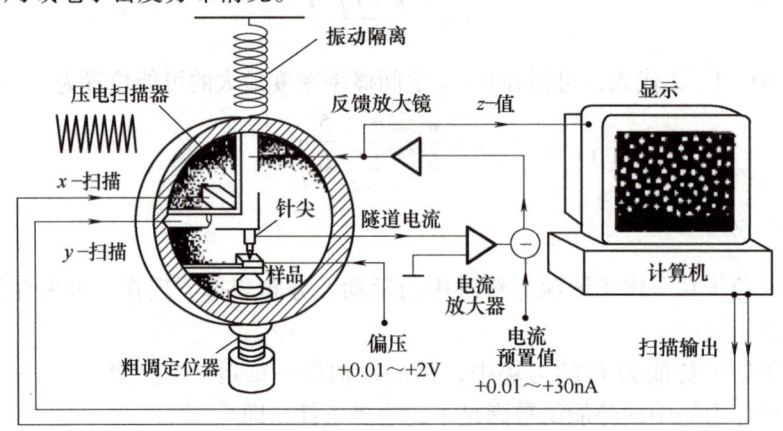

图 16-31　隧道扫描原理

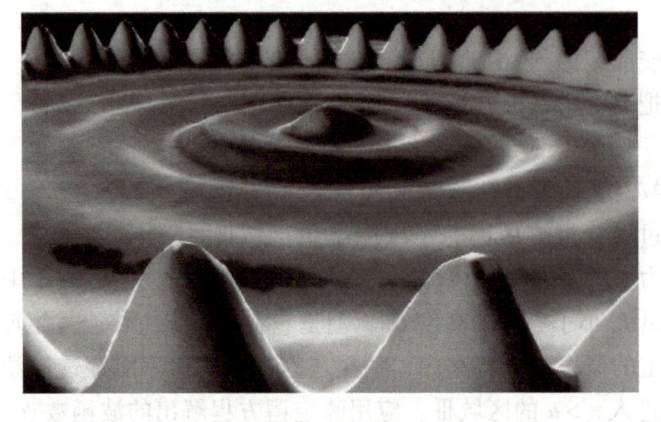

图 16-32　量子栅

206

16.9.3 氢原子

现在，就用量子力学的观点和方法来研究电子在原子核周围的运动，显然，其中最简单的就是氢原子。我们将会看到，玻尔的那些假定，正是用量子力学处理氢原子问题的必然结果。

在氢原子中，电子在其中运动的外力场是原子核的库仑电场。该电场的势能函数为

$$U(r) = -\frac{e^2}{4\pi\varepsilon_0 r} \tag{16-55}$$

式中，r 是电子与核的距离。取核所在位置为坐标原点，将 $U(r)$ 代入式（16-41），并考虑电子的三维运动情况，得电子在核周围空间运动的定态薛定谔方程为

$$\frac{\partial^2\psi}{\partial x^2} + \frac{\partial^2\psi}{\partial y^2} + \frac{\partial^2\psi}{\partial z^2} + \frac{8\pi^2 m}{h^2}\left(E + \frac{e^2}{4\pi\varepsilon_0 r}\right)\psi = 0$$

由于势能函数 $U(r)$ 是 r 的函数，所以用球坐标比较方便。用球坐标时，上式化为

$$\frac{1}{r^2}\frac{\partial}{\partial r}\left(r^2\frac{\partial\psi}{\partial r}\right) + \frac{1}{r^2\sin\theta}\frac{\partial}{\partial\theta}\left(\sin\theta\frac{\partial\psi}{\partial\theta}\right) + \frac{1}{r^2\sin^2\theta}\frac{\partial^2\psi}{\partial\varphi^2} + \frac{8\pi^2 m}{h^2}\left(E + \frac{e^2}{4\pi\varepsilon_0 r}\right)\psi = 0 \tag{16-56}$$

这是一个更为复杂的微分方程，其解一般应是 r、θ、φ 的函数，即

$$\psi = \psi(r,\theta,\varphi)$$

下面将略去上式的求解过程和 ψ 的具体形式，而只给出一些重要结论。

1. 能量量子化

前已提到，在薛定谔方程的求解过程中，要使波函数满足单值、有限、连续等物理条件，电子（或说是整个原子）的能量只能是

$$E_n = -\frac{me^4}{8\varepsilon_0^2 n^2 h^2}, \quad n = 1, 2, 3, \cdots \tag{16-57}$$

这就是说，氢原子能量只能取离散的值，即也是量子化的。n 称为主量子数。能级间隔随 n 的增大而很快地减小（见图 16-33）。最低 $n=1$ 的能级称为基态能级。由式（16-57）可求出 $E_1 = -13.6\text{eV}$，由于 E_n 和 n^2 成反比，可以很容易地算出 $n > 1$ 的激发态能级 $E_2 = -3.40\text{eV}$，$E_3 = -1.51\text{eV}$，$E_4 = -0.85\text{eV}$，$\cdots$，当 n 很大时，能级间隔非常小，以致能量可看作是连续变化的。

这些结论虽与玻尔理论的结果是相同的，但区别在于能量量子化是量子理论的必然结论，而无须像玻尔理论那样人为地去假定。不过，最根本的区别还在于：玻尔理论认为电子具有确定的轨道，而量子力学给出的是电子在某处出现的概率，并不能断言电子究竟出现在何处，当然也就不存在所谓的轨道概念。为了形象地表示电子的空间分布规律，人们把这种概率分布图像称为"电子云"。

2. 角动量量子化

薛定谔方程的波函数解还预言电子在绕核转动，此转动可形象地用电子云的转动来说明。这一转动的角动量也必须是量子化的。以 L 表示电子运动的角动量，薛定谔方程给出的角动量的大小用下式表示，即

$$L = \sqrt{l(l+1)}\frac{h}{2\pi}, \quad l = 0, 1, 2, \cdots, (n-1) \tag{16-58}$$

式中，l 称为副量子数或角量子数；n 即主量子数。对于一定的 n，l 共有 n 个可能的取值。也就是说，当 n 确定而 l 取不同的值时，电子应有几种不同的状态，但这几种状态却对应着相同的能量 E_n，在量子力学中称为能量简并。l 值不同表明电子云绕核转动的情况不同，也表现在波函数的不同，于是，电子的概率分布情况也不同。图 16-33 显示出了氢原子 $n=1$、2、3 时的径向概率分布情况。从图中可以看出，径向概率密度有一极大值，分别出现在 $a_1 = r_1$，$a_2 = 4r_1$，$a_3 = 9r_1$，$\cdots$，这些数值的意义是，电子在离核距离为这些值的地方出现的概率最大。显而易见，玻尔理论中的轨道实际上就对应这些概率密度最大处。但不管 n 如何，当 $l=0$ 时，$L=0$，即角动量为零，表示电子云不转动。这种情况下电子云的分布都具有球对称性。

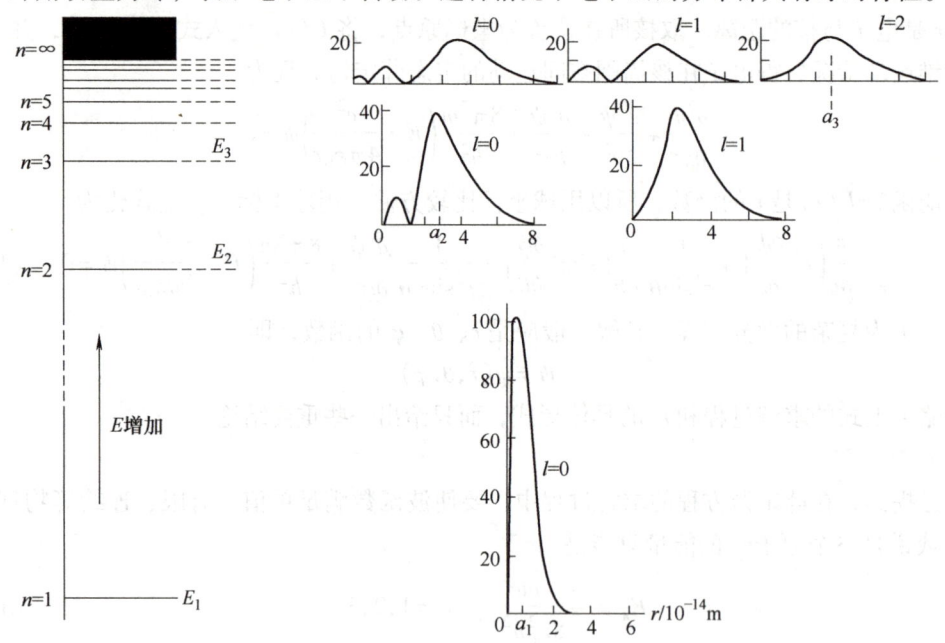

图 16-33 氢原子中电子的径向概率分布

3. 角动量的空间量子化

薛定谔方程的波函数解还指出，电子云转动的角动量矢量 L 的方向在空间的取向不能连续地改变，而只能取一些特定的方向。角动量在空间的取向可以这样理解：由于电子云的转动相当于圆电流，而圆电流是具有一定的磁矩的；电子带负电，所以电子云磁矩的方向总与角动量的方向相反；磁矩在外磁场的作用下是有一定取向的，因而使得电子云转动的角动量方向有一定的取向（见图 16-34a）。取外磁场方向为 z 轴的正方向，薛定谔方程给出角动量 L 在外磁场方向的投影只能取以下离散的值，即

$$L_z = m_l \frac{h}{2\pi}, \quad m_l = 0, \pm 1, \pm 2, \cdots, \pm l \tag{16-59}$$

式中，m_l 称为磁量子数。对于一定的角量子数 l，m_l 可取 $(2l+1)$ 个值，这表明角动量在空间的取向只有 $(2l+1)$ 种可能。这个结论称为角动量的空间量子化。图 16-34b、c 分别画出了 $l=1$ 和 $l=2$ 时 L 的可能取向。

根据以上讨论可知，用量子力学的薛定谔方程来研究氢原子时，量子化特性是必然的结果。求解薛定谔方程得到的是电子的波函数 $\psi(r,\theta,\varphi)$，并分别对应三个量子数 n、l、m_l，而波函数模的二次方 $|\psi(r,\theta,\varphi)|^2$ 表示电子在某处出现的概率密度，从而否定了经典物理的轨道

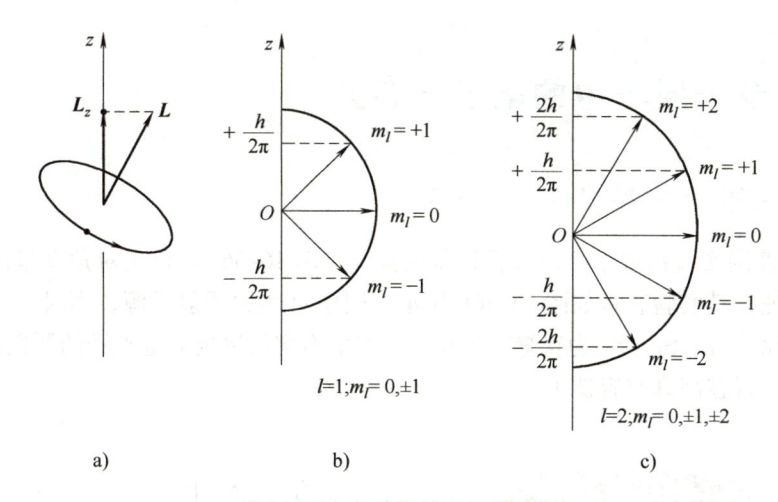

图 16-34 角动量的空间量子化

概念，取而代之的是"电子云"图像。图 16-33 和图 16-35 分别表示了电子的径向和角向的概率分布情况。这样，氢原子中电子的任一稳定态（或称量子态），就可用一组量子数 n、l、m_l 来描述。电子的能量主要取决于 n，与 l 只有微小关系，在无外磁场时与 m_l 无关。因此，电子的能量状态实际上由 n、l 决定，通常用 s,p,d,…来分别表示 $l=0,1,2,…$ 时的状态。例如，当 $n=2$，$l=0$ 时，就表示为 2s 态；当 $n=3$，$l=2$ 时，就称为 3p 态等，见表 16.2。

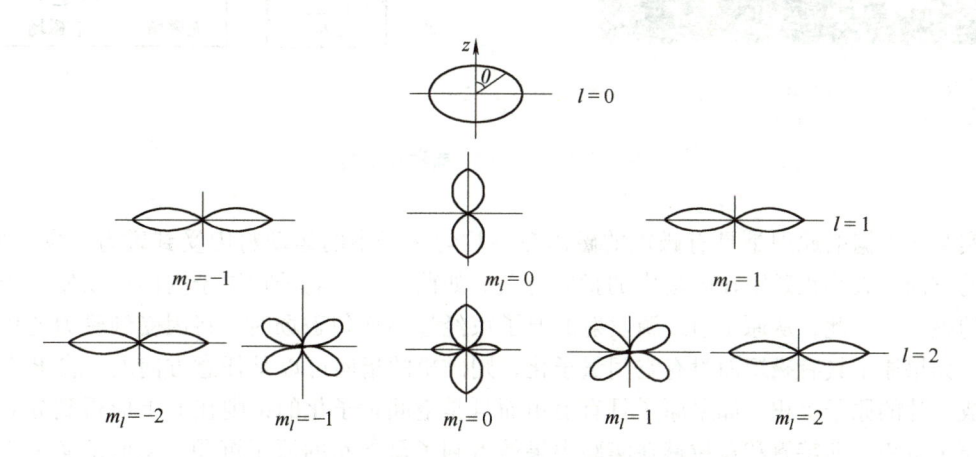

图 16-35 氢原子中电子的角向概率分布

表 16.2 氢原子中电子的状态

n	$l=0$ s	$l=1$ p	$l=2$ d	$l=3$ f	$l=4$ g	$l=5$ h
1	1s					
2	2s	2p				
3	3s	3p	3d			
4	4s	4p	4d	4f		
5	5s	5p	5d	5f	5g	
6	6s	6p	6d	6f	6g	6h

16.10 多电子原子中的电子分布

16.10.1 斯特恩-盖拉赫实验 电子自旋

1921年，德国实验物理学家斯特恩和盖拉赫（见图16-36a）首先对角动量的空间量子化进行了实验验证，其实验装置如图16-36b所示。图中 O 为原子射线源，当时所用的是类氢原子锂原子及银原子等。S_1、S_2 为狭缝，N 和 S 为产生不均匀磁场的电磁铁的两极，P 为照相底板。全部仪器安置在高真空容器中。

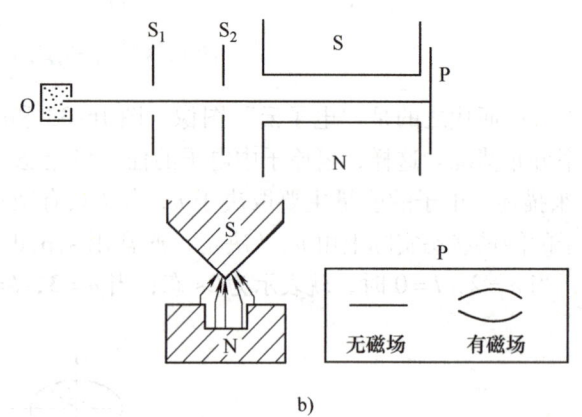

图16-36 斯特恩-盖拉赫实验

实验所根据的原理是具有磁矩的磁体在不均匀磁场中的运动将因受到磁力而发生偏转，偏转的方向与大小跟磁矩在磁场中的指向有关。如前所述，电子在原子内的运动使原子具有一定的磁矩，因此，从原子射线源发射的原子束经过不均匀磁场时，将因受到磁力的作用而偏转。如果原子具有磁矩而没有空间量子化，则磁矩的指向可以是任意方向的，在 P 上应得到连成一片的原子沉积。如果原子具有磁矩而且是空间量子化的，则在 P 上应得到分立的条状的原子沉积。斯特恩和盖拉赫在实验中果然得到了呈条状的原子沉积，从而证实了原子磁矩的空间量子化以及相应的角动量的空间量子化。

但是，实验结果也还有令人费解的地方。这就是，无论是锂原子还是银原子射线，在磁场作用下只分裂成两条上下对称的原子沉积。按当时已知的角动量量子化的规律，当电子的轨道角动量量子数为 l 时，它在空间的取向应有 $(2l+1)$ 种可能，原子射线在磁场中发生偏转就应该产生奇数条沉积（称为正常塞曼效应），而实验得到的原子沉积却是两条（称为反常塞曼效应）！为了解释这一实验结果，1925年，乌伦贝克和哥德斯密特提出：电子除了轨道运动外，还有自旋运动，相应地有自旋角动量和自旋磁矩。当时他们假定电子自旋磁矩只能有和磁场平行或反平行两个指向，因而原子射线分裂成了两束。

乌伦贝克和哥德斯密特的电子自旋概念是在薛定谔量子理论之前提出的。后来量子力学也把自旋包括进去了。它给出的结果是：电子自旋角动量 S 的大小为

$$S = \sqrt{s(s+1)} \frac{h}{2\pi} \qquad (16\text{-}60)$$

式中，s 是自旋量子数，它只能取一个值，即

$$s = \frac{1}{2}$$

因而电子的自旋角动量为

$$S = \sqrt{\frac{3}{4}} \frac{h}{2\pi}$$

电子自旋角动量 S 在外磁场方向的投影为

$$S_z = m_s \frac{h}{2\pi} \qquad (16\text{-}61)$$

式中，m_s 为电子自旋磁量子数，它只能取两个值，即

$$m_s = \pm \frac{1}{2} \qquad (16\text{-}62)$$

因而有

$$S_z = \pm \frac{1}{2} \frac{h}{2\pi} \qquad (16\text{-}63)$$

电子在磁场中的自旋运动状态的两种可能情况可以形象地利用图 16-37 来显示。引入了电子自旋的概念，使碱金属原子光谱的双线（如钠黄光的 589.0nm 和 589.6nm）现象也得到了很好的解释。至此，关于原子中各个电子的运动状态，量子力学给出的一般结论是：电子运动状态应由四个量子数决定。

1) 主量子数 n：$n = 1, 2, 3, \cdots$。
它大体上决定了原子中电子的能量。

2) 角量子数 l：$l = 0, 1, 2, \cdots, (n-1)$。
它决定电子绕核运动的角动量的大小。一般来说，处于同一主量子数 n，而不同角量子数 l 的状态中的各个电子，其能量稍有不同。

3) 磁量子数 m_l：$m_l = 0, \pm 1, \pm 2, \cdots, \pm l$。
它决定电子绕核运动的角动量矢量在外磁场中的指向。

图 16-37 电子自旋的经典模型

4) 自旋磁量子数 m_s：$m_s = \pm \frac{1}{2}$。
它决定电子自旋角动量矢量在外磁场中的指向。它也影响原子在外磁场中的能量。

16.10.2 多电子原子的壳层结构

氢原子中只有一个电子，它是最简单的原子。较复杂的原子中有许多电子。这些电子的运动状态如何呢？从理论上说明这一点需要用到泡利不相容原理和能量最小原理。下面就从这两个原理出发，说明多电子原子内部电子的分布规律。

1. 泡利不相容原理

泡利在仔细地分析了原子光谱和其他实验事实后提出：在原子中要完全确定各个电子的

运动状态需要用四个量子数 n、l、m_l、m_s，并且在一个原子中不可能有两个或两个以上的电子处于相同的状态，亦即它们不可能具有完全相同的四个量子数。这个结论称为**泡利不相容原理**。这一原理是微观粒子运动的基本规律之一。

当 n 给定时，l 的可能值有 n 个；当 l 给定时，m_l 的可能值有 $(2l+1)$ 个；当 n、l、m_l 都给定时，m_s 只有两个可能值。根据泡利不相容原理，原子中具有相同的量子数 n 的电子数目最多为

$$Z_n = \sum_{l=0}^{n-1} 2(2l+1) = 2n^2 \tag{16-64}$$

1916 年，柯塞耳在玻尔之后提出了原子的壳层结构。n 相同的电子组成一个壳层。对应于 $n=1,2,3,4,5,6,\cdots$ 状态的壳层分别用大写字母 K，L，M，N，O，P，$\cdots$ 表示。l 相同的电子组成支壳层或分壳层，上一节已讲过，对应于 $l=0,1,2,3,4,5,\cdots$ 状态的支壳层分别用小写字母 s，p，d，f，g，h，$\cdots$ 表示。根据泡利不相容原理，可算出原子中各壳层和支壳层上最多可容纳的电子数，见表 16.3。

表 16.3 原子中各壳层和支壳层上最多可容纳的电子数

n	$l=0$ s	$l=1$ p	$l=2$ d	$l=3$ f	$l=4$ g	$l=5$ h	$l=6$ i	$Z_n=2n^2$
1, K	2	—	—	—	—	—	—	2
2, L	2	6	—	—	—	—	—	8
3, M	2	6	10	—	—	—	—	18
4, N	2	6	10	14	—	—	—	32
5, O	2	6	10	14	18	—	—	50
6, P	2	6	10	14	18	22	—	72
7, Q	2	6	10	14	18	22	26	98

2. 能量最小原理

这个原理是指，原子处于正常状态时，其中每个电子都要占据最低能级。能级高低基本上决定于主量子数 n，n 越小，能级越低。根据能量最小原理，电子一般按 n 由小到大的次序填入各能级。但由于能级还和角量子数 l 有关，所以在有些情况下，n 较小的壳层尚未填满时，n 较大的壳层上就开始有电子填入了。关于 n 和 l 都不同的状态的能级高低问题，我国科学工作者总结出这样的规律：对于原子的外层电子（最外层电子，称为价电子），能级高低以 $(n+0.7l)$ 确定，$(n+0.7l)$ 越大，能级越高。如 4s（即 $n=4$，$l=0$）和 3d（即 $n=3$，$l=2$）两个状态，前者的 $(n+0.7l)=4$，后者的 $(n+0.7l)=4.4$，所以 4s 态应比 3d 态先填入电子。钾、钙的原子就是这样。原子序数大的原子这种情况更多。

本章逻辑主线

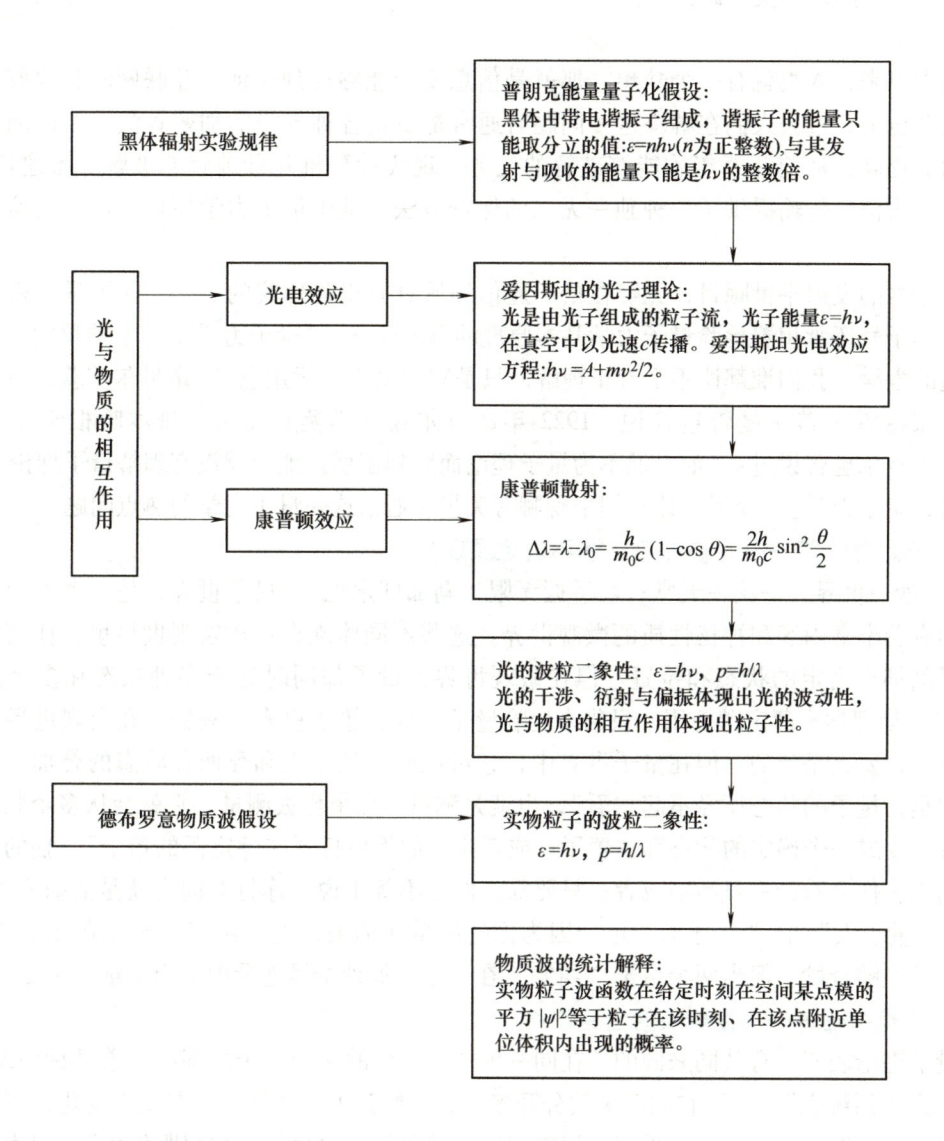

```
黑体辐射实验规律 ──→ 普朗克能量子化假设：
                   黑体由带电谐振子组成，谐振子的能量只
                   能取分立的值：ε=nhν（n为正整数），与其发
                   射与吸收的能量只能是hν的整数倍。
                                    │
                                    ↓
光与  ┌─ 光电效应 ──→ 爱因斯坦的光子理论：
物质  │               光是由光子组成的粒子流，光子能量ε=hν，
的    │               在真空中以光速c传播。爱因斯坦光电效应
相    │               方程：hν = A + mv²/2。
互    │                              │
作    │                              ↓
用   └─ 康普顿效应 ──→ 康普顿散射：
                       Δλ=λ-λ₀= h/(m₀c)(1-cos θ)= 2h/(m₀c) sin²(θ/2)
                                    │
                                    ↓
                   光的波粒二象性：ε=hν, p=h/λ
                   光的干涉、衍射与偏振体现出光的波动性，
                   光与物质的相互作用体现出粒子性。
                                    │
                                    ↓
德布罗意物质波假设 ──→ 实物粒子的波粒二象性：
                       ε=hν, p=h/λ
                                    │
                                    ↓
                   物质波的统计解释：
                   实物粒子波函数在给定时刻在空间某点模的
                   平方 |ψ|² 等于粒子在该时刻、在该点附近单
                   位体积内出现的概率。
```

拓展阅读

白话量子通信

2016年8月16日，以中国先贤墨子命名的、世界首颗量子科学实验卫星在酒泉卫星发射中心成功升空，中国成为世界上第一个在卫星和地面之间实现量子通信的国家。借助"墨子号"卫星，我国解决了"千里纠缠、星地传密、隐形传态"等国际量子科研重大难题。2017年中国开通了世界首条量子保密通信干线"京沪干线"，此外，我们还首次尝试并实现了在中国和奥地利之间远达7600km的洲际量子密钥分发。之后，量子反常霍尔效应的实验发现、全球首个星地量子通信网、"九章"光量子计算机、"祖冲之号"超导量子计算机等等，中国的量子科技捷报频传。中国科学院院士、量子科学实验卫星首席科学家潘建伟说："当前，实现

量子信息技术的规模化应用，成为多国竞逐的目标。"目前，我国量子科技已实现了从跟跑、并跑到部分领跑的历史飞跃。

1. 引言

自古以来，人类就有一个梦想，那就是信息安全能够得到保证。互联网隐私也好，网上银行安全也罢，过去人们在解决这一问题时通常都是用各种各样的加密算法。然而随着计算机能力的提高，从前几万年才能够破解的任务，现代计算机几秒钟就能破解。潘建伟认为，量子通信为信息传输提供了一种独一无二的保密方法。基于量子力学原理，量子通信是绝对安全的。

墨子号的发射举世瞩目，无疑在量子通信领域具有里程碑式的意义。除了量子密钥分发试验，墨子号还承担着检验量子力学基本原理的重要任务。"量子力学是一个神秘的、令人捉摸不透的学科。我们谁都谈不上真正理解，只是知道怎样去运用它。"诺贝尔奖获得者、美国物理学家穆雷·盖尔曼曾这样说。1922年诺贝尔物理学奖获得者、哥本哈根学派创始人尼尔斯·玻尔也曾说过："如果谁不为量子理论而感到困惑。那他就没有理解量子理论。""遇事不决，量子力学。"今天，让我们来聊聊有关量子通信这一量子力学的热点问题。

2. 薛定谔的猫——"叠加态"和不确定原理

"一沙一世界，一花一天堂；双手握无限，刹那即永恒。"量子世界，是一个不同于宏观世界的有着丰富内涵和神秘性质的微观世界。这些不同体现在：在宏观世界里，任何物体在某一时刻都有确定的状态和位置。但在微观世界，量子却同时处于多种状态和多个位置的"叠加"。物理学家薛定谔曾用一只猫来比喻量子叠加：箱子里有一只猫，在宏观世界中它要么是活的，要么是死的。但在量子世界中，它可以同时处于生和死两种状态的叠加。更难以想象的是，量子的状态还经不起"看"，也就是测量。如果你去测量，它就会从多个状态、多个位置，变成一个确定的状态和位置了。或者说，如果你打开"薛定谔的箱子"，猫的叠加态就会消失，你会看到一只活猫或者一只死猫，但这不等于说：你打开前它就是活猫或者死猫。同样，"量子人"的"分身术"也会因为你的测量而消失，他会确定地出现在北京或上海。叠加态已经够奇妙，但当两个量子"纠缠"在一起，那种奇怪连爱因斯坦都难以接受。

3. 量子纠缠——"鬼魅般的超距作用"

量子理论表明：有共同来源的、在同一事件中产生的两个量子之间存在着某种纠缠关系，或称之为"纠缠态"，不管它们后来被分开多远，只要其中一个量子状态发生变化，另一个的状态就会瞬时发生相应改变。爱因斯坦曾把这一现象称作"鬼魅般的超距作用"，因为它与传统物理学的理论大相径庭。

2022年10月4号，诺贝尔物理学奖颁给了法国科学家阿斯佩（A. Aspect）、美国科学家克劳泽（J. F. Clauser）和奥地利科学家塞林格（A. Zeilinger）。官方表彰他们的成就是"进行了纠缠光子的实验，确立了贝尔不等式不成立，并开创了量子信息科学"。

瑞典皇家科学院用诺奖肯定了三位获奖者在量子纠缠实验方面的贡献。量子纠缠这个概念，长期以来是量子力学中最具争议的问题之一，以爱因斯坦为代表的部分物理学家对量子纠缠持怀疑态度，他们认为量子理论是"不完备"的，推测纠缠的粒子之间或许存在着某种人类还没观察到的相互作用或信息传递，也就是"隐变量"。20世纪60年代，物理学家约翰·贝尔提出可以用"贝尔不等式"来验证量子力学，如果贝尔不等式成立，量子力学可能被其他理论替代。2022年三位获奖者的获奖原因，就是因为其用试验有力地证明了"贝尔不等式"的错误，证明了"隐变量"不存在。量子纠缠，在量子领域，是完全可能的。

量子纠缠或许是量子力学当中最诡异但也最让人惊叹的现象。墨子号的第一步检验，就是要检验这个量子纠缠在千公里量级能不能存活。其基本方法是：位于上海的量子保密通信总控中心负责发送指令，协调各个地面观测站之间的配合。距离地面 500km 的墨子号卫星会将一对纠缠的光子同时发射到两个距离 1000 多千米的观测站，其中一个光子送到青海的德令哈，另一个送到云南丽江，借助天地之间这个 60 万平方公里的恢宏实验室，验证了超远距离的量子纠缠现象。

4. 基于量子纠缠的量子密钥分发

基于量子纠缠的量子密钥分发正是利用量子力学特性来保证通信的安全性。它使通信的双方能够产生并分享一个随机的、安全的密钥，用来加密和解密消息。然而，量子通信要想走向更加广泛的应用，需解决的是安全性和远距离传输这两大问题。

关于安全性问题，主要是制作出基于量子纠缠的量子密钥，这是量子通信最特殊、最关键、最让人惊奇的地方。基于纠缠，发往两个地方的光子，中间只要有任何一个光子被看过，这个纠缠就没有了，从而我们就能知道这个密码是不安全的了。当用户收到密钥后马上检查一下，看密钥有没有被别人偷看过，如果没有，那就赶紧把信息送过来。而当密码窃听者一旦展开行动，通信就被保护性切断了。其实密钥已经分发了，检查有没有被窃听，是在你说话之前的大约一秒钟，只有判断没有被窃听过，你的通话才会被送出去。但如果中间有人在偷听你的话，通话就送不出去了。

墨子号的一大任务就是实现从卫星到地面的量子密钥分发，让遥远的两地用户之间共享一组量子密码，为经典的二进制信息加密。因为量子密钥遵从量子力学的基本原理，不可在不破坏其状态的情况下被复制或观测到，因而窃听被立刻察觉，是一种无条件安全的密钥传播方式。2017 年，墨子号在 1200km 通信系列上首次实现了从卫星到地面的高速量子密钥分发，传输效率比等距离光纤信道高出 20 个数量级。2018 年，通过将卫星作为可中继星，这个距离被提升到了 7600km。

关于远距离传输问题：使用可信中继可以有效地拓展量子通信的距离，现场点对点光纤量子密钥分发，在 2016 年时达到了百公里量级，比如我国的量子京沪干线通过 32 个中继节点，贯通了全长 2000km 的城际光纤量子网络。然而，中继节点的安全仍然存在隐患，需要得到人为保障。2023 年 5 月，中国科学家实现光纤中继 1002km 点对点远距离量子密钥分发，创下了光纤无中继量子密钥分发距离的世界纪录，也提供了城际量子通信高速率主干链路的方案。

既然通过地面光纤进行量子密钥分发，就可以实现量子保密通信，那还有什么必要发射量子通信卫星呢？因为光纤做这个量子通信时有一个缺点：光纤传递 100km，99% 的光会被吸收，所以通过光纤先送 100km，再送 100km，我们的京沪干线，就是 100km 一段段送过去。

2004 年潘建伟团队发现：除了地面光纤之外，另一条道路能够突破空间限制，真正在全球范围构建量子通信网络。他们发现：在穿破整个大气层厚度之后，还有 80% 的光可以被收到，光的损耗很少。发射量子通信科学实验卫星，能够突破距离的限制，但要创造第一，在人类从未踏足过的地方，抢先将构想变为现实，需要攻克的难关非同寻常。

墨子号的第二大任务就是实现从卫星到地面的双向量子纠缠分发。潘建伟团队利用墨子号卫星作为量子纠缠源，进行无中继量子密钥分发，解决其远距离传输问题。"墨子号"过境时，同时与新疆乌鲁木齐南山站和青海德令哈站两个地面站建立光链路，以每秒2对的速度在地面超过1120km的两个站之间建立量子纠缠，进而产生密钥。这就把点对点的密钥分发的距离由百公里量级提升到了千公里级。在实验中，通过对地面接收光路和单光子探测器等方面进行精心设计和防护，保证了公平采样和对所有已知侧信道的免疫，所生成的密钥不依赖可信中继，并确保了现实安全性。2017年，墨子号实现了同时对地面相距2000km的两个接收站之间的量子纠缠分发，创造了世界纪录。

5. 量子通信为什么是安全的

量子密钥不可分割。在物理学的王国里，量子是构成微观世界的一个最基本的能量或者物质单元，量子理论被视作一个百岁的幽灵，引领了超越一个世纪的密集思考。电影《蚁人》中，主人公为了进入量子世界，把自己缩小到极致。作为构成物质的基本单元，能量的基本携带者量子，具有不可分割的特性。因为单个光量子已经是光能量的最小单元，所以世界上永远不可能出现半个光子。在量子通信里，光子是最小的颗粒，量子密钥不可分割，中间窃听者不可能把光子一劈两半，一半用于窃取，另一半继续传输。

量子密钥不可复制和测量。在微观世界，粒子的位置是不确定的，一经观测，它的状态是会改变的。也就是说，量子密钥一旦被人截获窥探，我们就能第一时间知道有人在窃听。量子有着异乎寻常的敏感。只要测量，必然改变。窃听者如果拦截量子密钥对其进行测量进而克隆，将不可避免地改变量子的状态。发射方和接收方只要公开比对小部分密钥，就能知道他是否被人染指。如果信息在途中未被截获，那么二者的密钥理论上是完全相同的，如果差异多到超过预警线，就可以判定密钥被截获了，应当即中断信息传送，由此就可以保证我们的通信安全。

在2016年年底之前，世界上第一条量子保密通信主干网京沪干线建成，它全长2000多公里，连接北京和上海，大幅提高了我国军事政务、金融和商业系统的安全性。量子保密通信设备曾参与了我国60周年国庆阅兵和党的十八大等重大活动的信息安全保障工作。

6. 量子隐态传态

什么是量子隐形传态？

潘建伟曾经用孙悟空的"筋斗云"来比喻量子隐形传态："在古典四大名著之一的《西游记》里，孙悟空一个'筋斗云'就能越过十万八千里。明朝的作家吴承恩怎么也不会想到，几百年后科学家已经在微观粒子层面的实验上验证了'筋斗云'这种超能力的可实现性。利用量子纠缠发展出的量子隐形传态，可以将物质的未知量子态精确传送到遥远地点，就像孙悟空的'筋斗云'一样，可以实现从 A 地到 B 地的瞬间传输。"

科幻电影《星际迷航》讲述了人类这样一个梦想：宇航员在特殊装置中平静地说一句，"发送我吧，苏格兰人"，他就瞬间被转移到另一个星球。量子隐形传态是科幻电影勾勒出的人们对于未来的想象，但科学才是真正让梦想照进现实的伟大力量，量子隐形传态能够瞬间实现穿越的奇观，虽然要利用这个技术把人传送到远方还只是个美丽的愿景，但瞬间传送单个光子已经在墨子号卫星上展开实验。这个实验里面，我们准备把地面上一个光子的状态传送到卫星上面去，如此，就是由从前的百公里的量子隐态传输延长到千公里。墨子号的第三大任务就是实现从地面到卫星的量子隐形传态。

2017年，墨子号成功实现了从地面到卫星超过1000km的量子态传输，为将来实现全量子互联网跨出了重要一步。科学家在"世界屋脊"西藏阿里和墨子号卫星之间开展"量子隐形传态"实验。实验是这样的：我们在西藏阿里观测站制造出一对纠缠的光子，把其中一个光子发射到卫星上，另一个光子留在地面，然后制作出第三个光子，也就是科学家想要传送的光子，让它和地面的光子发生新的纠缠。就在这一瞬间，由于诡异的纠缠作用，天上的光子转变成新的光子，与原本地面上第三个光子的状态变得一模一样，相当于把地面的第三个光子瞬间传送到卫星上。这里值得强调的是：量子隐形传态并不是传送量子，而是摄取一个量子的状态信息。在远方严格依照它的信息进行重建。假如把这比作传真过程，量子传真机并不是真的传送给他，而是将上面的文字以及纸上的每一处凹凸、每一丝纹理，都原样复制出来。借助量子隐形传态，一瞬间实现了超远距离的量子态传输，在未来，这将成为量子计算机之间普遍的通信方式。

2022年5月，中国墨子号卫星实现了一千两百千米地表量子态传输新纪录。潘建伟团队创新性地将光学一体化粘接技术应用到空间量子通信领域，实现了具有超高稳定性的光干涉仪，无须主动闭环即可长期稳定，克服了远距离湍流大气传输后的量子光干涉难题。他们结合基于双光子路径——偏振混合纠缠态的量子隐形传态方案，在中国云南丽江站和青海德令哈地面站之间完成了远程量子态的传输验证，并且在实验中对六种典型的量子态进行了验证，传送保真度均超越了经典极限。

目前我国量子通信已经走在了世界前列，在未来我们还将发射更多的量子通信卫星，建成覆盖全球的量子通信网络，让量子通信一步到位，让互联网信息安全。

目前，量子隐形传态主要用于信息传递，在量子通信和量子计算领域有较好的应用前景，但实物的瞬时传送还只是科幻。"大家都想离开太阳系去看看，但毕竟寿命是有限的，如果我们坐目前的宇宙飞船的话，人类还没飞出去，生命就结束了。我们将来如果以这种量子隐形传态的方法星际旅行，是可以光速进行的。"潘建伟说。不过，要传送更为复杂的东西现在还是一种科学幻想，近期肯定不可能实现。

《生活大爆炸》中谢耳朵曾经谈到过"瞬间传输"的伦理问题："如果我能够在此地被摧毁，然后在异地重建，那么使用了不同原子重建的我，还是我吗？"人类暂时还不用担心这个问题，科学家的研究距离宏观物体的远距传输还差得很远。

7. 卫星与地面之间的量子保密通信试验的难度

墨子号量子科学实验卫星项目的成功，它是科学和工程非常完美的体现，是依靠中国科学院将近10个单位的强强联合。中科院院士、量子科学实验卫星工程常务副总设计师、卫星总指挥王建宇曾经承担完成过多项重大工程课题，但他仍然觉得这一次经受的压力是空前的。

王建宇是我国恢复高考制度后的第一届大学生，在中国科学院技术物理研究所完成硕士、博士阶段学习，他立志做一个实现科学家梦想的工程师，是著名的空间光电技术专家。他的工作是通过工程设计与研制，把很多科学家的大胆设想变成现实，让很多看似不可能的科学研究成为可能。2007年，王建宇刚刚完成嫦娥一号探月卫星工程项目，量子物理科学家潘建伟就向他抛出橄榄枝，邀请他主持量子通信实验卫星的系统设计及研究，他们要把量子实验搬到天上去。

先看技术挑战。作为探究微观世界的科学，量子科技研究难度极大。王建宇比喻说，实现量子卫星"天地实验"相当于在万米高空飞行的飞机上，向地面两个旋转的储钱罐里扔硬币，每个硬币都要瞄准细长的投币口，精准投入，难度非同寻常。

王建宇带着他的团队从零开始，自主研发精密跟踪控制系统，从算法设计到工艺、器件、装配等一个个技术难点进行攻关，墨子号上面装载的每一个设备，都面临前所未有的挑战。

先说说最基础的单光子捕捉，这相当于在月球上点燃一根火柴，地面系统就要能观测到这点火光。试想在1000km以外，要探测出你在源头发出的那么微弱的一个一个光子，我们要把它探测到墨子号卫星的探测器上。这需要对光子极度敏感，相当于在地球上要探测到月球上燃亮的一根火柴，即便是火柴临近熄灭时那一点微弱的光，也要发射出大约10^{17}次方数量的光子。可是对于卫星和地面站来说，他们必须捕捉单个光子，才能够实现量子的分发和接收。

新疆天文台南山基地设有量子通信五大观测站之一的南山观测站。观测站借助高精度的布置或跟踪瞄准系统，实现卫星与地面之间的量子保密通信实验。为了避开强烈的阳光，夜幕降临之后，1.2m量子通信科学实验专用望远镜开始了工作，观测站园区基本不设路灯。偶尔有工作人员步行而来，在暗夜中举着手电筒寻找望远镜。而望远镜正在面向辽阔星空寻找每秒钟疾驰8km的量子卫星，它必须在卫星经过自己上空的短短五分钟左右的时间内，捕获它、瞄准它、跟踪它，与它实现准确而稳定的对接，这就对整个系统的控制力提出了极其精微的要求。墨子号卫星运行在距离地面500km的太阳同步轨道上。上面的量子密钥通信机负责把肉眼无法看到的充当密钥的单个光子发射到地面观测站，表盘一周是360°，把其中的1°细分成3600份，每一份是一角秒，卫星与地面站望远镜之间的对准精度竟然达到惊人的0.4至0.5个角秒。要把光量子这枚"硬币"精准发射到地面探测器狭小的"投币孔"内，此时卫星上轻微的震动，都会让你永远对不住投币孔。团队讨论解决方案，是借助一个会发生微弱变形的器件叫压电陶瓷，可以帮助克服卫星的微小震动，它是墨子号实现世界一流对准精度的法宝之一。它的特征是加电以后会行进，而且这个行进的速度非常快。那么假定说它一加电能够行进几个微米，我们可以控制加不加电。利用这个特性，就能把卫星的震动测出来，往反方向去震，那么这样就克服了卫星的震动。日常生活中的光源发射出的光子，如同马拉松起跑，数量庞大，一拥而上，而量子通信卫星发射和接收的光子必须一个接一个，排列整齐，丝毫不乱。

8. 现状与展望

在量子通信领域，全球正处在网络建设和应用探索齐头并进的阶段。高约1m、重不足百公斤，深邃的镜头仰望天空……这是近期由科大国盾量子技术股份有限公司推出的全球首款小型化可移动量子卫星地面站。

"这种地面站重量轻、可移动，12小时内能安装好，边疆、海岛等偏远地区用它与'墨子号'卫星对接，可以便捷地使用量子保密通信。"科大国盾公司量子项目总监周雷介绍。他们的另一款新应用是商用量子密钥分发器，每秒可产生上千个密钥，目标是让"光纤可达"的地方都能用上量子通信。

据悉，目前国际量子通信的研发方向聚焦于通信距离、核心部件、小型化、新协议等方面，在政务、能源、金融等领域的新应用不断出现，行业标准、测评规范等逐步完善。中国处于全球科研、应用前列，在国际电信联盟和国际标准化组织牵头编制量子通信标准。

在中国科学院空间科学先导专项的支持下，十余家科研机构凝聚合力，把多个世界首创结合在一起，才能最终保证这颗完全由我国科学家自主研制的量子卫星顺利完成科学任务。在不久的未来，量子通信的应用场景就会像电话的普及过程一样，一旦普及，个人的网上银行、手机支付等将不再害怕信息的丢失。我们有信心让下一代的卫星网络，形成一个星际一体的广域量子通信卫星网络。希望2030年，当这张纵横宇宙的量子通信网络构建完成时，每一个普通人都能平等享受技术革命带来的益处。量子科学和技术的广泛应用，最终将会把人类社会带入量子时代，实现更高的工作效率和更安全的数据通信。

材料出处

1. 瞭望 | 中国量子科技，只看这一篇就够了-清华大学（tsinghua.edu.cn）

https://www.tsinghua.edu.cn/info/1182/90238.htm

来源：新华社客户端 12-20 徐海涛　魏雨虹　陈诺　周畅

2.【人民日报】我国科学家实现千公里无中继光纤量子密钥分发——中国科学院（cas.ac.cn）2023-05-30 来源：人民日报．徐靖

习 题

一、填空题

16.1 频率为100MHz的一个光子的能量是_____，动量的大小是_____。

16.2 某一波长的X光经物质散射后，其散射光中包含波长大于X光和波长等于X光的两种成分，其中_____X光波长的散射成分称为康普顿散射。

16.3 在康普顿散射中，如果入射光子的波长为 $\lambda = 0.3 \times 10^{-10}$ m，散射光子的波长 $\lambda' = 0.31 \times 10^{-10}$ m，则散射角 $\varphi = $ _____。

16.4 一质量为 40×10^{-3} kg 的子弹，以 1000 m·s^{-1} 的速度飞行，它的德布罗意波长为_____。所以子弹不显示_____。

16.5 根据量子论，氢原子核外电子的状态可由四个量子数来确定，其中主量数 n 可取值为1,2,3,4,5,…正整数，它可决定原子中_____。

16.6 德布罗意波的波函数与经典波的波函数的本质区别是_____
_____。

16.7 泡利不相容原理的内容是_____
_____。

二、选择题

16.8 金属的光电效应的红限依赖于（　　）。

(A) 入射光的频率；　　　　(B) 入射光的强度；

(C) 金属的逸出功；　　　　(D) 入射光的频率和金属的逸出功。

16.9 已知某单色光照射到一金属表面产生了光电效应，若此金属的逸出电压是 U_0（使电子从金属逸出需做功 eU_0），则此单色光的波长 λ 必须满足（　　）。

(A) $\lambda \leqslant \dfrac{hc}{eU_0}$；　　(B) $\lambda \geqslant \dfrac{hc}{eU_0}$；　　(C) $\lambda \leqslant \dfrac{eU_0}{hc}$；　　(D) $\lambda \geqslant \dfrac{eU_0}{hc}$。

16.10 一个氢原子处于主量子数 $n = 3$ 的状态，那么此氢原子（　　）。

(A) 能够吸收一个红外光子；

(B) 能够发射一个红外光子；

(C) 能够吸收也能够发射一个红外光子；

(D) 不能吸收也不能发射一个红外光子。

16.11 氢原子光谱的巴耳末系中波长最大的谱线用 λ_1 表示，其次波长用 λ_2 表示，则它们的比值 λ_1/λ_2 为（　　）。

(A) 9/8；　　　　(B) 16/9；　　　　(C) 27/20；　　　　(D) 20/27。

16.12 静止质量不为零的微观粒子作高速运动，这时粒子物质波的波长 λ 与速度 v 的关系满足（　　）。

(A) $\lambda \propto v$; (B) $\lambda \propto \dfrac{1}{v}$; (C) $\lambda \propto \sqrt{\dfrac{1}{v^2} - \dfrac{1}{c^2}}$; (D) $\lambda \propto \sqrt{c^2 - v^2}$。

16.13 若 α 粒子（电荷量为 2e）在磁感应强度大小为 B 均匀磁场中沿半径为 R 的圆形轨道运动，则 α 粒子的德布罗意波长是（　　）。

(A) $\dfrac{h}{2eRB}$; (B) $\dfrac{h}{eRB}$; (C) $\dfrac{1}{2eRBh}$; (D) $\dfrac{1}{eRBh}$。

16.14 直接证实了电子自旋存在的最早的实验之一是（　　）。
(A) 康普顿实验；　　　　　　　　(B) 卢瑟福实验；
(C) 戴维逊-革末实验；　　　　　　(D) 斯特恩-盖拉赫实验。

16.15 下列各组量子数中，哪一组可以描述原子中电子的状态？（　　）。
(A) $n=2$，$l=2$，$m_l=0$，$m_s=1/2$; (B) $n=3$，$l=1$，$m_l=-1$，$m_s=-1/2$;
(C) $n=1$，$l=2$，$m_l=1$，$m_s=1/2$; (D) $n=1$，$l=0$，$m_l=1$，$m_s=-1/2$。

三、计算题

16.16 已知钾的红限波长为 558nm，求它的逸出功。如果用波长为 400nm 的入射光照射，试求光电子的最大动能和截止电压。

16.17 从铝中移出一个电子需要 4.2eV 的能量，今有波长为 200nm 的光投射至铝表面。试问：（1）由此发出来的光电子的最大动能是多少？（2）截止电压多大？（3）铝的截止波长有多大？

16.18 在康普顿散射中，如果设反冲电子的速度为光速的 60%，则因散射使电子获得的能量是其静止能量的多少倍？

16.19 当氢原子从某初始状态跃迁到激发能（从基态到激发态所需的能量）为 $\Delta E = 10.19$eV 的状态时，发射出光子的波长为 $\lambda = 486$nm。求该初始状态的能量和主量子数。

16.20 一电子的速率为 $3 \times 10^6 \text{m} \cdot \text{s}^{-1}$，如果测定速度的不准确度为 1%，同时测定位置的不准确量是多少？如果这是原子中的电子，可以认为它作轨道运动吗？

第 16 章习题简答

第 17 章
核物理与粒子物理简介

人类对物质结构的认识经过了以下几个阶段：19 世纪以前，人们认为构成物质的基本单元是原子；进入 20 世纪以后，在 1911 年，卢瑟福通过 α 粒子散射实验发现了质子，提出原子的有核模型，确认原子是由原子核和核外电子构成；20 世纪 30 年代，查德威克（J. Chadwick）通过实验在原子核内发现了中子，知道了原子核是由质子和中子构成的，当时认为质子、中子、电子和光子是构成物质的基本粒子；自 20 世纪 30 年代以后，物理学理论和实验都证明，质子、中子等被称为强子的基本粒子也有内部结构，它们是由夸克组成的，可见基本粒子并不基本，于是去掉"基本"两字，改称粒子。随着实验和理论研究的发展，目前发现的粒子已经多达几百种，包括 μ 子、中微子、各种介子、超子及所有已知粒子的反粒子等。

核物理学又称原子核物理学，是 20 世纪新建立的一个物理学分支。它研究原子核的结构和变化规律、射线束的产生、探测和分析技术；以及同核能、核技术应用有关的物理问题。因此在现代科技中，原子核的研究对认识物质的结构和自然界能源的利用都有着至关重要的作用。而研究比原子核更深层次的微观世界中物质的结构、性质，和在很高能量下这些物质相互转化及其产生原因和规律的物理学分支，被称之为粒子物理学，又称高能物理学，它是当前人们探索物质世界的前沿课题。核物理与粒子物理对人类的生存、发展和国家的安全产生了重大影响，已经成为衡量一个国家综合国力的重要标志之一。同时，它还为其他许多学科提供了重要的理论基础和研究手段。21 世纪核物理与粒子物理学科的发展与突破，必将继续对各国的国防、能源以及其他交叉学科的发展起到重要的推动作用。

本章主要讨论原子核的基本性质、结构、理论及基本粒子分类、相互作用和守恒定律等内容。

17.1 原子核的基本性质

17.1.1 原子核的组成、电荷和质量

原子核是由质子（proton）和中子（neutron）组成的，我们把质子和中子统称为核子。中子不带电，中性原子中质子带有与核外电子电量相等但电性相反的正电荷。如果以单个电子的电荷 e 为单位，则原子核的电荷数就等于核外电子数 Z，原子核中的质子数也等于 Z，Z 也就是原子序数。原子核所带的电荷为 $+Ze$。

原子核中质子数 Z 和中子数 N 的和称为该原子核的质量数，原子核的质量数 A 等于组成原子核的质子数 Z 和中子数 N 之和，即

$$A = Z + N \tag{17-1}$$

质量数 A 与电荷数 Z 一样，也是原子核特性的标志之一，所以常用符号 $^A_Z X$ 表示一个原子核，其中 X 表示核的元素符号，Z 为原子核的电荷数或质子数，A 为原子核的质量数。例如 $^{12}_6C$、$^{14}_7N$、$^{17}_8O$ 等。其中 $^{12}_6C$ 就是质量数为 12 的碳核。

元素的化学性质依赖于原子序数 Z，而不是依赖于质量数 A。

原子核的质量是原子核的重要特性之一。如果略去核外电子结合能所对应的质量，原子核的质量 m 等于原子质量 $m_\text{原}$ 减去核外电子的质量 m_e，即

$$m = m_\text{原} - Zm_e \tag{17-2}$$

一般情况下原子核处于 Z 个电子的包围中，呈原子状态而存在，很难直接测量原子核的质量。而且电子的质量很小，只有质子质量的 1/1836。另外，电子的质量是已知的。因此，原子核的质量可近似地用原子的质量来代替。在原子核物理中，规定一个 ^{12}C 原子质量的 1/12 为 1u，常采用原子质量单位来表示原子核的质量。而

$$1u = \frac{12 \times 10^{-3}}{N_A} \times \frac{1}{12} = 1.660566 \times 10^{-27} \text{kg}$$

式中，N_A 为阿伏伽德罗常量。

各种原子核的质量都接近于某一整数，这个整数就是原子核的质量数 A。例如，^{17}O 的原子核的质量是 16.99913u，则它的质量数 $A = 17$。

采用原子质量单位时，中子的质量 $m_n = 1.008665u$，质子的质量 $m_p = 1.007276u$，可见中子和质子的质量都近似地等于 1 个原子质量单位。

在原子核物理中，我们把具有相同的质子数和相同的中子数的原子核称为一种核素；具有相同的质子数和不同的质量数（或中子数）的原子核称为同位素；把中子数相同，而质子数不相同的核素称为同中子素；具有相同的质量数和不同质子数的核素称为同量异位素。例如，氢有三种同位素：^1_1H、^2_1H（或 ^2_1D）、^3_1H（或 ^3_1T），分别称为氢、氘、氚，而 ^3_1H 和 ^3_2He 则是同量异位素。

17.1.2 原子核的大小与密度

实验表明原子核的形状接近于球形，通常可以用核半径来表示原子核的大小。但是正如精确定义原子的半径一样，精确定义原子核的半径是十分困难的。通常我们用核半径表示核物质存在概率极大的区域。在原子核内核物质存在的概率很大，在核半径之外，核物质存在的概率很快地下降到零。大量实验表明，核密度几乎是常数。原子核的半径很小，约为 $10^{-12} \sim 10^{-13}$ cm 数量级，目前还无法直接测量，通常用高能粒子散射实验来间接测定。

核子与核子之间有很强的吸引力，这种作用力叫作核力。核力的力程很短，有一作用半径，在半径之外，核力为零。这种半径叫作核半径，这样定义的核半径是核力作用半径。实验表明，核力作用半径与质量数 $A^{1/3}$ 成正比，即

$$R = R_0 A^{1/3} \tag{17-3}$$

式中，$R_0 = 1.2 \times 10^{-13}$ cm = 1.2fm（飞米）。飞米和米的关系为

$$1\text{fm} = 10^{-15} \text{m}$$

由此可以计算出 $^{16}_8O$、$^{12}_6C$ 的核半径分别为 3.1fm 和 2.7fm。

例 17-1 计算原子核的密度。

解 设原子核的质量、半径和密度分别为 m、R 和 ρ，则

$$\rho = \frac{m}{V} = \frac{m}{\frac{4}{3}\pi R^3} = \frac{1.67 \times 10^{-27} A}{\frac{4}{3}\pi R_0^3 A} \approx 2.3 \times 10^{14} \text{g} \cdot \text{cm}^{-3}$$

由此可知核的密度与质量数无关，也就是说各种核的密度 ρ 都是一样的。另外，原子核的密度是极为巨大的，大约每立方厘米的核物质有上亿吨之重。

17.1.3 原子核的自旋与磁矩

原子核是在不停地运动着的，因而具有自旋角动量和磁矩，原子核中的质子和中子都是自旋为 1/2 的费米子，因而具有确定的自旋角动量。质子和中子在核内还存在轨道运动，因而具有相应的轨道角动量。核子在核内运动轨道角动量和自旋角动量的矢量和就是原子核的自旋角动量，通常简称为核的自旋。

原子核自旋角动量的大小为

$$p_I = \sqrt{I(I+1)}\,\hbar \tag{17-4}$$

式中，I 表示核自旋量子数，可取整数和半整数。原子核自旋角动量在空间给定 z 方向的投影为

$$p_{Iz} = m_I \hbar \tag{17-5}$$

式中，m_I 称为磁量子数，其值有 $2I+1$ 个：

$$m_I = 0, \pm 1, \cdots, \pm(I-1), \pm I \tag{17-6}$$

以 $\hbar$ 为单位时，核自旋量子数 I 实际上是原子核自旋角动量在 z 方向的投影的最大值。常用核自旋量子数 I 来表示核自旋的大小。

实验结果表明所有偶偶核（质子数和中子数都是偶数）的核自旋为零；所有奇奇核（质子数和中子数都是奇数）的核自旋为整数；所有奇偶核（质子数或中子数之一为奇数，另一个为偶数）的核自旋都是半整数。例如，$^{16}_{8}\text{O}$ 的自旋为零，$^{2}_{1}\text{D}$ 和 $^{6}_{3}\text{Li}$ 的自旋为 1，$^{113}_{49}\text{In}$ 的自旋为 9/2，$^{6}_{3}\text{Li}$ 的自旋为 3/2。

因为原子核中的质子是带电的，且具有确定的核自旋，所以原子核也具有磁矩。同原子的情况类似，原子核的磁矩可以表示为

$$\mu_I = g_I\left(\frac{e}{2m_p}\right) p_I \tag{17-7}$$

式中，g_I 是核的 g 因子，即回旋磁比率，它只能由实验确定；m_p 是质子的质量。把式（17-4）代入式（17-7）可得

$$\mu_I = g_I \sqrt{I(I+1)}\,\mu_N \tag{17-8}$$

式中，$\mu_N = \dfrac{e\hbar}{2m_p} = 5.0508 \times 10^{-27} \text{A} \cdot \text{m}^2$，称为核磁子。因为 m_p 比电子质量 m_e 大 1836 倍，可见原子中的电子磁矩比原子核的磁矩要大得多。

实验测得质子和中子的磁矩分别为 2.793 核磁子和 -1.913 核磁子，负号表示自旋动量矩与磁矩的方向相反。对于中子，虽然不带电，但实验证明中子的磁矩不等于零，这表明中子作为整体不带电，但它内部存在电荷分布，因其正负电荷相等，整个中子对外显示出电中性。

质子预计的磁矩也不等于实验值，因此，通常称质子和中子具有反常磁矩，由此可见，质子和中子这两种"基本粒子"都具有更为复杂的结构。

实际上原子核的自旋和磁矩是由核内部各个核子的自旋和磁矩以及所有核子轨道运动的综合效应决定的。原子核外电子的磁矩很小，而原子核的磁矩比电子的磁矩还要小 1000 多倍，要想比较精确地测量核磁矩，通常采用核磁共振法。核磁共振是通过核与外加磁场的相互作用来测量核磁矩的。实际测量的是 g_I 因子。现代核磁共振仪的精度可达到 10^{-6}。如果知道 g_I 因子，可以利用核磁共振仪精确测量磁场强度。该方法有以下优点：测量精度高；被测量的样品可以是液体、固体，可以是单晶，也可以是多晶；对样品不构成破坏。该技术可以用来探测物质的内部结构，目前已不仅用于物理领域，更广泛地应用于生物科学和医学等研究领域。

17.1.4 核力

核子之间虽然存在万有引力和电磁力，但这些力并不能形成原子核。原子核由质子和中子组成，万有引力在原子核内是可以忽略不计的，质子与质子之间有静电斥力，质子、中子间无静电力，所以静电力不可能使核子聚焦。那么核子之间有什么样的作用力使中子和质子聚到一起构成密度高达 $10^{14}\mathrm{g\cdot cm^{-3}}$ 的原子核呢？原子核是稳定的，说明核子与核子之间有很强的相互作用力，称为核力。核力是吸引力，且比库仑力大得多，这样才能克服库仑力而组成原子核。到目前为止，我们对核力的认识还十分有限，下面仅介绍核力的一般性质：

1）核力是强相互作用力。

原子核内质子与质子之间的库仑斥力的大小与距离的平方成反比，由于原子核的线度非常小，即质子与质子之间的距离非常短，但质子能够结合紧密而不散开，这说明核力的作用要比库仑力强。例如，中心距离相距 2fm 的两个质子，它们之间的库仑力约为 60N，而核力大约为 2×10^3N。核力比电磁力大上百倍，比万有引力大 10^{39} 倍。

2）核力是短程力。

由 α 粒子的散射实验知道，核力的作用距离很短，在 10^{-15}m 以内，比原子核的线度还要小。核子之间的距离超过某个很短的作用范围时，就没有核力作用了。原子核中的每一个核子只能与它邻近的少数几个核子相互作用，而不能与核内所有更远的核子都以核力相互作用，核力是一种短程力，或称为核力具有饱和性。

3）核力与核子的电荷无关。

实验表明，质子与质子、质子与中子、中子与中子之间的相互作用力是一样的。因此，核力与核子的电荷无关。

4）核力与自旋有关。

两个核子自旋平行时的相互作用力大于它们自旋反平行时的相互作用力，这说明核力与自旋的相对取向有关。研究表明：氘核在基态时，其核子（质子与中子）的自旋是平行的，所以比较稳定。

5）核力是通过交换 π 介子来实现的一种交换力。

在分子的共价键中，原子间的力是交换力，电子是中间的交换介质；两个带电粒子间的电磁相互作用是通过电磁场实现的，交换的是光子；核力既然具有饱和性，可以设想也是一种交换力，实验发现，核力是通过介子的交换来实现的。

1935年，日本物理学家汤川秀树提出了核力的介子理论，认为核子之间的相互作用是通过一个核子放出一个π介子，另一个核子吸收这个π介子而形成的。当时他估算的π介子的质量约为电子质量的200～300倍，介于电子和核子之间，故称之为"介子"。

1947年，鲍威尔在宇宙射线发现了π介子，证实了汤川秀树的预言。π介子有三种带电状态，带电的π^+、π^-和不带电的中性介子π^0。$\pi^\pm$的质量为电子质量的273倍，π^0的质量为电子质量的264倍。质子和质子、中子与中子之间交换的是π^0介子，交换前后核子电荷不变，质子和中子之间交换的是$\pi^\pm$介子。π^0介子的平均寿命是2.6×10^{-8}s，$\pi^\pm$介子的平均寿命是0.8×10^{-16}s。从理论提出到π介子的发现，使人类对的物质认识从原子核进入基本粒子领域，是人类认识的一个巨大进步，这是一个可以和狄拉克的正电子预言相媲美的理论上的辉煌成就。因为π介子的预言，汤川秀树荣获了1949年度诺贝尔物理学奖，因为π介子的发现，鲍威尔获得了1950年度诺贝尔物理学奖。

17.1.5 原子核的结合能

核力将核子聚集在一起，因此若要将一个核分解为单个的核子时必须克服核力做功，为此所需要的能量称为核的结合能。反过来，当质子和中子结合成原子核时会释放能量，这就导致虽然原子核是由质子和中子组成的，但是原子核的质量不是等于而是小于核内中子和质子的质量总和，其质量亏损对应的能量就是原子核的结合能。

由以上分析可知，组成某一原子核的核子质量和与该原子核的质量之差称为原子核的质量亏损。假定任意一个原子核由Z个质子和$A-Z$个中子组成，则它的质量亏损为

$$\Delta m(Z,A) = Zm_p + (A-Z)m_n - m(Z,A) \tag{17-9}$$

自由核子结合成原子核时有能量释放出来，这个能量称为原子核的结合能，用E_b来表示，它与原子核的质量亏损的关系是

$$E_b = \Delta m(Z,A)c^2 \tag{17-10}$$

由于实验数据给出的是原子质量，而不是原子核的质量，因此用原子质量$M(Z,A)$代替原子核的质量$m(Z,A)$。在忽略电子结合能的情况下，由上述两式可得

$$E_b = \Delta m(Z,A)c^2 = [Zm_H + (A-Z)m_n - m(Z,A)]c^2 \tag{17-11}$$

式中，m_H为氢原子的质量；$m(Z,A)$为原子质量。

在计算式（17-11）时，经常用到如下质能转换：1u的质量相当于931.5MeV的能量。

例如，氘的结合能为2.23MeV，要使氘分解为单个的质子和中子就必须给予和结合能等值的能量。当用能量不小于2.23MeV的射线（光子）去轰击氘就能将它分解为自由的质子和中子。

例17-2 试计算氘核（^2_1H）的核结合能。已知^2_1H原子的质量为$m_d = 2.013552u$。

解 氘核（^2_1H）是由一个质子和一个中子组成。质子和中子的质量分别为$m_p = 1.007276u$，$m_n = 1.008665u$，根据式（17-11）先计算其质量亏损

$$E_b = [Zm_H + (A-Z)m_n - m(Z,A)]c^2 = m_p + m_n - m_d = 0.002389u$$

这说明当一个质子和一个中子组成氘核时，它们的质量并不相等，相应地有质量的减少，减少的质量称为质量亏损。根据相对质能关系，1u的质量相当于931.5MeV的能量，故得到以MeV为单位的核结合能为

$$E_b = (0.002389 \times 931.5)\text{MeV} = 2.23\text{MeV}$$

这个能量是当一个质子和一个中子组成氘核时所放出的能量，或者说将一个氘核拆成一个质子和一个中子，为了克服核子之间的作用力，必须要用 2.23MeV 的能量对体系做功。这个能量就是氘核的结合能。

不同原子核的结合能相差很大，一般情况下，核子数 A 多的原子核结合能 E_b 必然大。所以原子核的总结合能不能用于比较原子核束缚的松紧程度。为此，我们用原子核平均每个核子的结合能来标志原子核结合的松紧程度。通常将原子核的结合能 E_b 与质量数 A 之比，称为该原子核的平均结合能，又称比结合能，比结合能用 ε 表示，其表达式为

$$\varepsilon = \frac{E_b}{A} \tag{17-12}$$

核子的比结合能越大，原子核就越稳定。例如，$^4_2$He 的总结合能为 28.28MeV，而 $^{10}_5$Be 的总结合能为 64.729MeV，但是 $^4_2$He 原子核中每个核子的平均结合能为 7.072MeV，而 $^{10}_5$Be 原子核中每个核子的平均结合能为 6.4729MeV。$^4_2$He 比 $^{10}_5$Be 更稳定。图 17-1 所示为比结合能随质量数的分布曲线，表 17.1 中给出一些核素的结合能和比结合能。

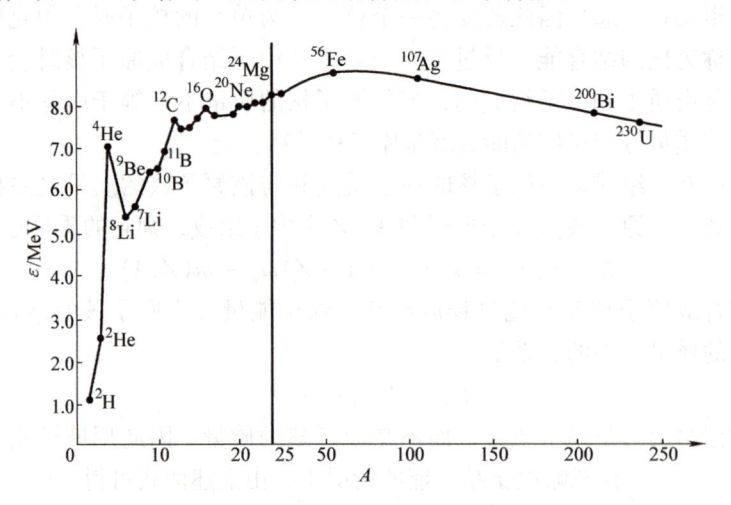

图 17-1　比结合能随质量数的分布曲线

表 17.1　一些核素的结合能和比结合能

核素	结合能 E_b/MeV	比结合能 ε/MeV	核素	结合能 E_b/MeV	比结合能 ε/MeV
^{2}H	2.224	1.112	^{17}F	128.22	7.54
^{3}He	7.718	2.573	^{19}F	147.80	7.78
^{4}He	28.30	7.07	^{40}Ca	342.05	8.55
^{6}Li	31.99	5.33	^{56}Fe	492.3	8.79
^{7}Li	39.24	5.61	^{107}Ag	915.2	8.55
^{12}C	92.16	7.68	^{129}Xe	1087.6	8.43
^{14}N	104.66	7.48	^{131}Xe	1103.5	8.42
^{15}N	115.49	7.70	^{132}Xe	1112.4	8.43
^{15}O	111.95	7.46	^{208}Pb	1636.4	7.87
^{16}O	127.61	7.98	^{235}U	1783.8	7.59
^{17}O	131.76	7.75	^{238}U	1801.6	7.57

从图 17-1 中可以看出，原子核的比结合能有以下特点：

对于核子数 $A<30$ 的核，曲线的趋势总体是上升的，但在 $^4_2\mathrm{He}$、$^8_4\mathrm{Be}$、$^{12}_6\mathrm{C}$、$^{16}_8\mathrm{O}$、$^{20}_{10}\mathrm{Ne}$、$^{24}_{12}\mathrm{Mg}$ 等偶偶核处有极大值，曲线在这里有明显的起伏，这些核的质量都是 4 的倍数。对于核子数介于 30 到 120 之间的中等质量核，比结合能比较大且近似为一常数，这些核最稳定。对于核子数大于 120 的原子核，比结合能随着核子数的增加而减小，尤其是核子数大于 200 的核，结合比较松散。

总体而言，比结合能曲线中间高，两头低。最轻核和最重核比结合能较小，对于大多数中等质量的核，比结合能近似地相等，都在 8 MeV 左右。一方面，我们可以看到：对中等质量核，核子的平均结合能并不随核子数的增多而增大，而是几乎保持不变，这说明核力具有饱和性，是短程力，核子只与临近的少数几个核子发生作用。另一方面，中等质量核的比结合能比轻核、重核都大，说明中等质量核结合得比较紧。而当结合得比较松的核变到结合得紧的核，就会释放出能量。物理学家根据比结合能曲线预言了原子能的利用。目前，获得原子能的途径有两种，一是重核的裂变，当重核裂变成为中等质量的核；二是轻核的聚变，当轻核聚变为质量较大的中等质量核时，都将释放出巨大的核能。人们根据重核裂变的原理制造了原子反应堆和原子弹，利用轻核聚变的原理制造了氢弹。

17.1.6 核模型

核模型是对核子在原子核内的运动提出的解释和设想。由于核力及核多体问题的复杂性，对原子核的结构还不能做到完全的、精确的理论描述，因而只能根据相当数量的实验事实，利用模型来近似，归纳出几条解释某些核现象的局部规律。目前比较流行的核模型有液滴模型、壳模型和集体模型。

1. 液滴模型

液滴模型是丹麦物理学家 N. 玻尔 1936 年首先提出，并在 1939 年被玻尔和美国物理学家 J. A. 惠勒用于解释核裂变现象。它是早期的一种原子核模型，它将原子核比作一种带电的不可压缩的液滴，核子比作液滴中的分子。

液滴模型很好地解释了原子核的比结合能基本上是一个常数，核子间的相互作用具有饱和性这一事实。这个模型再现了原子核的不可压缩性，即核物质的密度几乎是一个常数的事实。它的主要根据有两个：一是从比结合能曲线看出，原子核平均每个原子的结合能几乎是常量，即原子核的总结合能与质量数 A 成正比，这说明核力具有饱和性，而液体中分子之间的作用力也是短程力，每个分子只与相邻的少数分子有相互作用，这与核力具有饱和性类似；二是核力在核子间距很小时变为巨大的斥力，核子间距较大时变为引力，斥力和引力的平衡使核子之间保持一定的平衡间距而使原子核的体积近似地正比于核子数，核物质密度几乎是常量，说明原子核是不可以压缩的，这与液体的不可压缩性类似。它是目前计算原子核的结合能以及核裂变的最好的理论基础。

原子核的液滴模型公式成功地计算了原子核基态的结合能和质量，能够预言 α 和 β 的放射性、解释核裂变机制等，但核的能级结构、角动量等该模型不能解释，这说明液滴模型有它的局限性。

2. 壳模型

当原子中的电子数等于 2, 10, 18, 36, 54, ⋯ 时，元素最稳定，这些数值所对应的元素都是惰性气体元素，这就是原子的壳层结构，它是解释元素周期性的基础。

在核物理研究中，大量的实验表明，原子核的性质随着中子数和质子数的增加呈周期性变化。当组成原子核的中子数或质子数为 2、8、20、28、50、82 和中子数为 126 时，原子核的性质有明显的突变，原子核显得特别稳定，这些数目就叫作幻数。幻数的存在使人们想到原子的壳层结构。在原子核中，核内的核子是否也是按壳层排列，每当核子填满一个壳层时，对应的幻数出现，原子核特别稳定。核子对壳层的逐一填充，导致核的某些性质呈周期性变化，这就是原子核的壳模型。1948 年 M. G. 迈尔和 J. H. D. 延森总结了已有的实验，提出了原子核的壳层结构理论，也称核壳层模型。它是核结构理论的一个重大进展。

核壳层模型的基本思想是：原子核内的核子在其余的核子产生的平均势场作用下独立地运动着，核子所受到的作用势只与它自己的坐标有关。求解这一平均势场下的薛定谔方程，可以得到这一核子的能级及相应的波函数。核子的能级往往是简并的，有些能级虽然不是简并的，但它们有相近的能量。这些具有相等或相近能量的状态构成一个壳层。一个壳层与下一个壳层有较大的能量差别。核子按泡利不相容原理逐一填充这些状态，填满一个壳层后，就开始填充能量较高的另一个壳层，这时原子核的能量显得突然增加。所以，恰巧填满一个壳层的那些核显得特别稳定。

壳层模型相当成功地描述了幻数，不仅能够说明原子核的稳定的周期性变化情况，而且能够很好地预言和解释大多数原子核的基态的自旋和宇称。但对于远离幻数的核，实验测得的电四极矩、磁矩与理论计算值产生严重的分歧，壳模型预言的 γ 跃迁概率不到实验值的 1/100。这反映了壳模型的局限性，正是这些局限性，使人们从有关的实验事实出发，提出了核的集体模型。

3. 集体模型

原子核的壳模型和液滴模型虽然各有成功之处，但都不完全符合核的真实情况。一个带电体系的电四极矩是该体系电荷分布偏离球形的量度。原子核具有大的电四极矩，表明它的形状与球形偏离较大，对于球形核，壳模型对电四极矩的预言与实验数值接近，但对于远离幻数的核，实验测得的电四极矩比理论值大几十倍，这表明原子核的形状偏离了球形而产生形变，这种形变是原子核内大量核子参与的振动运动和转动运动等集体运动所致，原子核的运动形式，并不是单纯的独立粒子运动。1950 年，雷瓦特（J. Rainwater）在认真分析上述情况后，首先提出核子的独立运动与集体运动相结合，才是原子核内部的整体运动。1953 年玻尔（A. Bohr）进一步对壳模型和液滴模型加以综合，提出了原子核的集体模型，该模型又叫作综合模型。

集体模型认为，原子核中的核子在平均场中独立地运动并形成壳层结构，而原子核又可以发生形变，并产生转动和振动等集体运动。这两种集体运动的引入是集体模型对壳层模型的重要发展。在原子核处于满壳时，原子核趋于球形。当满壳以外存在核子时，满壳外的核子对于核心部分会产生极化作用，使之形变。满壳层内的核子的运动又有保持球对称的趋势，对于极化作用有一种恢复力。在一定的条件下，这两种作用达到平衡。

集体模型很好地解释了远离幻数的原子核磁矩以及壳层模型无法给出的大的电四极矩。它很好地给出了变形核中转动和振动等低激发态的位置，以及这些态具有的大的跃迁概率。这一理论在裂变现象的研究方面是有用的。

4. 相互作用玻色子模型

相互作用玻色子模型是 20 世纪 70 年代起逐步发展起来的一个模型，它是为了解释满壳与大变形核中间大量的过渡区原子核的性质而提出的。

由于核子之间的关联，核内的核子倾向两两耦合在一起，形成总角动量量子数为 0 或 2 的核子对。该模型把耦合成总角动量量子数为 0 的核子对叫作 s 玻色子，把总角动量量子数为 2 的核子对叫作 d 玻色子（自旋量子数为整数的粒子叫作玻色子，自旋量子数为半整数的粒子叫作费米子），该模型的原子核是由这些相互作用的玻色子组成。

这个模型在统一的框架下，既可以给出振动核的特征，又可以给出转动核的极限，还能解释大量的过渡区原子核的能级特征及其跃迁。

到目前为止，对核结构的研究仍然存在许多尚未解决的问题，因此，核结构的研究仍然是今后研究的重要课题。

17.2 原子核的放射性衰变

原子核的放射性：由不同数目的质子和中子组成的原子核的稳定性不同，当中子数与质子数相等时，原子核比较稳定，偏离这种情况，原子核的稳定性就差一些，此外，人工合成的一些同位素，稳定性一般也比较差。在现在已知的 2700 多种核素中，绝大多数都是不稳定的，不稳定的核会自发地衰变成其他原子核并放出各种射线。不稳定核通过释放某些粒子而趋于稳定，这一过程称为原子核的放射性衰变。

人类认识原子核的复杂结构和它的变化规律，就是从 1896 年法国物理学家贝克勒尔（H. Becquerel）发现天然放射现象开始的。他发现铀盐和钾盐的混合物能发出某种看不见的射线穿过黑纸、玻璃和金属箔等使照相底片感光，同年 5 月他又发现纯铀金属板也能产生这种辐射，从而确认了天然放射性。1898 年，居里（Curie）夫妇和斯密特（G. C. Schmidt）各自独立观察到钍的化合物也能放射出类似的射线。后来，在对放射性物质的深入研究中，居里夫妇做出了杰出贡献，因此他们与贝克勒尔共同获得了 1903 年的诺贝尔物理学奖。

17.2.1 放射性现象

如果让放射性元素衰变时放出的射线通过很强的磁场，可以从射线在磁场中的偏转情况将原子核的放射性衰变分为 α、β 和 γ 射线。偏转较小的是 α 衰变，它在磁场中的偏转方向与带正电荷的运动粒子的偏转方向相同；偏转较大的是 β 衰变，它在磁场中的偏转方向与带负电荷的运动粒子的偏转方向相同；不发生偏转的是 γ 衰变，γ 射线是一种波长很短的电磁波。实验发现 α 射线是 α 粒子，β 射线是电子流，γ 射线是光子流。在这三种射线中，α 射线的电离作用大，贯穿本领小；γ 射线的电离作用小，贯穿本领大；β 射线的电离作用和贯穿本领均介于 α 射线和 γ 射线之间。下面分别介绍 α 衰变、β 衰变和 γ 衰变。

1. α 衰变

α 粒子就是氦核 $_2^4He$，它由两个质子、两个中子组成。α 衰变是原子核自发地放射出 α 粒子而变成另一个原子核的过程。在 α 衰变后，子核的原子序数比母核的原子序数减少 2，质量数比衰变前减少 4。我们可以用下列式子来表示 α 衰变：

$$_Z^A X \rightarrow _{Z-2}^{A-4} Y + _2^4 He \tag{17-13}$$

式中，X 表示母核；Y 表示子核。

在元素周期表中，并不是所有的元素都能够发生 α 衰变。对于天然放射性核素，只有质量数大于 140 的原子核才能发生 α 衰变。伴随着 α 衰变有能量释放，释放的能量以 α 粒子的动能形式带走。α 衰变产生的 α 粒子来自原子核，α 粒子在核内受到很强的核力吸引（负势能），但在核外将受核的库仑场的排斥，这样对 α 粒子而言核表面就形成一个势垒，放射性原子核的 α 衰变过程就是 α 粒子穿过势垒从原子核放射出去的一个隧道效应过程。用磁谱仪测量 α 粒子的能量时，可以发现其能量是不连续的，这足以证明原子核的能级是量子化的。因此，通过测量 α 粒子的能量可以获得原子核能级的一些重要信息，有助于研究原子核的结构、性质等问题。

2. β 衰变

β 衰变是原子核自发地放射出 β 粒子或俘获一个轨道电子而发生的转变。它主要包括 β⁻ 衰变、β⁺ 衰变和轨道电子俘获（EC）。

由于原子核是个量子体系，它的内部能级的能量必然是分离的，在 α 衰变过程中，发射出 α 粒子的能量和 γ 射线的能量是分离的，这就证实了原子核具有分立的能量状态。既然 β 粒子也是从原子核中衰变出来的，那么 β 粒子的能量似乎也应该是分立的。然而，事实并非如此。

分析 β 衰变过程，当一个原子核发出一个 β 粒子（电子）后，原子核的原子序数增加 1，而质量数不变。β 衰变过程中产生的质量亏损是确定的，所放出的能量就是一定的。如果这个放出的能量只在电子和子核之间分配，由于子核的质量远远大于电子的质量，根据动量守恒定律，子核的速度几乎为零，即子核的动能几乎为零，因此上述衰变能量就应该全归电子所有并为确定值。然而实验测定表明，同一种核在 β 衰变过程中放出电子的能量并不等于衰变前后原子核的能量差，而是从零到一个最大值，能量

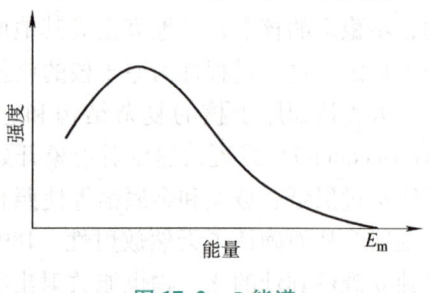

图 17-2　β 能谱

是连续的而不是分立的。图 17-2 所示是实验测得的 β 能谱，E_m 是 β 粒子的最大能量。β 能谱显示只有最大值的能量才恰好与衰变前后原子核的能量差相当。

一方面，β 粒子的能谱是连续的而不是分立的，从 β 粒子的连续谱得不到原子核内部能级结构，且与能量守恒相矛盾。当年很多科学家为了解释 β 粒子的能谱是连续的，提出了很多设想，但并没有获得实验上的证明。另外，因为 n、p、e 的自旋都是 1/2，β 衰变过程中的自旋角动量将不守恒。1930 年泡利为解决这些问题，提出中微子的假说，认为 β 衰变时除放出电子外，还同时放出一个质量小得几乎为零的中性粒子，它的自旋为 1/2，费米将其称为"中微子"，用符号 ν 来表示。β 衰变时释放的能量中，除被电子带走的以外，剩下的能量被中微子带走。1934 年费米在中微子假说和实验的基础上建立了 β 衰变的中微子理论，直到 1957 年中微子才被实验所证实。

实验发现，β 衰变有两种，一种实质上是核中的中子衰变成质子，并放出电子和反中微子 $\bar{\nu}$，这称为 β⁻ 衰变：

$$^A_Z X \rightarrow\ ^A_{Z+1} Y + e^- + \bar{\nu} \tag{17-14}$$

另一种实质上是核中的质子衰变成中子，并放出正电子和中微子，这称为 β⁺ 衰变：

$$^A_Z X \rightarrow\ ^A_{Z-1} Y + e^+ + \nu \tag{17-15}$$

从以上可以看到，β 衰变的本质是原子核中的一个中子转变成质子，或者是一个质子转

变成中子。前者在自然界中存在，后者在人工放射性中发现。

与 β 衰变相反的过程是轨道电子俘获，即原子核俘获了与它最接近的内层电子，使核内一个质子转变成中子，同时放出一个中微子

$$^A_Z X + e^- \rightarrow ^A_{Z-1} Y + \nu \tag{17-16}$$

实验中，还发现 β 衰变的逆过程，即质子吸收反中微子转变成中子，同时放出一个正电子；类似地，还有中子吸收中微子转变为质子，同时放出一个电子。

由此我们看到，$β^\pm$ 衰变和电子俘获都是核内质子和中子之间相互变换的过程。β 衰变是一种弱相互作用过程，它的强度只有电磁相互作用的 10^{-12} 倍。在 β 衰变中都伴随有中微子的产生。

3. γ 衰变

原子核放出光子的过程称为 γ 衰变。当原子核发生 α、β 衰变时，子核往往处于激发态。处于激发态的原子核是不稳定的，它要向低激发态或基态跃迁，同时发射 γ 光子，这种现象称为 γ 跃迁，或称为 γ 衰变。光子的自旋等于 1。由于核的能级间隔为 100keV 到 1MeV，因此 γ 射线的光子能量非常大，其波长比 X 射线更短。γ 射线在物理、生物、医学等学科已经得到广泛的应用，例如 ^{60}Co 产生的 γ 射线照射肿瘤，以达到治疗肿瘤的目的。

在 ^{60}Co 发生 $β^-$ 衰变时伴随有两个 γ 射线的产生，它们的能量分别是 1.17MeV 和 1.33MeV。γ 跃迁与 α、β 衰变不同，它只能改变原子核的能量状态，不会改变原子核的质量数和电荷数。实验中 γ 射线的能量是可以精确测量的，通过研究 γ 射线的性质，就可以求出原子核激发态的能量，从而获知激发态能级特性。

17.2.2 原子核的放射性衰变规律

放射性有天然放射性和人工放射性之分，天然放射性元素的原子序数 Z 都大于 81，它们形成三个放射系：钍系、铀系和锕系。钍系的质量数都是 4 的整数倍，所以也叫作 $4n$ 系；铀系的质量数都是 4 的整数倍加 2，所以铀系也叫作 $4n+2$ 系；同理，锕系是 $4n+3$ 系。在地壳中只存在 $4n$、$4n+2$、$4n+3$ 三个放射系，没有 $4n+1$ 放射系。因为该系中的 ^{237}Np 的寿命最长，所以 $4n+1$ 系又称镎系，可以用人工合成的方法合成。自然界中之所以没发现有 $4n+1$ 系，是因为该系中各核的半衰期较短，即使其中寿命最长的 ^{237}Np 的半衰期也只有 2.2×10^6 年，其值比地球的年龄小很多，地壳中原有的 ^{237}Np 早已衰变成核素 ^{209}Bi。

在原子核的放射性衰变中，一个初始不稳定的核称为母核，它放出粒子并生成一个新的子核，子核可以是完全新的核，如 α 衰变和 β 衰变；也可以是同样的核但处于较低的能态，如 γ 衰变。实验表明，核衰变服从量子力学的统计规律。对于同一核素的许多原子核来说，也不是同时发生，而是有先有后，也就是说每一核在什么时候衰变是不能预知的，但对大量原子核来说，它的衰变规律则是十分确定的。

放射性物质进行衰变并不是所有原子一下子都转变成新元素的，在任何放射性的样品中，放射性原子核的数目随着一些核的衰变而逐渐减少，核数减少的速率与核的种类有关。以 $^{222}_{86}$Rn 的 α 衰变为例，把一定量的氡单独存放，由于放射性原子核的衰变，单独存放的放射性核素的数量将不断减少，经过四天后氡的数量减少一半，约八天后减少到原来的 1/4，到三十天后氡就差不多不存在了，图 17-3 画出了氡的数量随时间的变化关系。

设 t 到 $t+\mathrm{d}t$ 时间间隔内的核衰变数为 $-\mathrm{d}N$，t 时刻有 N 个原子核，实验分析发现，放射

性物质中各个放射性核的衰变是互不相干的，因此可以认为单位时间内因衰变而减少的核数 $-dN/dt$ 与衰变前的母核数 N 成正比，因此，在 dt 时间内减少的原子核数可以表示为

$$-dN = \lambda N dt \tag{17-17}$$

式中，左端负号表示原子核数的减少。对式（17-17）积分，并设 $t=0$ 时，原子核的数目为 N_0，则得

$$N = N_0 e^{-\lambda t} \tag{17-18}$$

式中，N_0 是 $t=0$ 时氡的原子核数目；N 是 t 时刻氡的原子核数目；λ 为衰变常数。可见原子核的衰变服从指数衰减规律，图 17-3 所示的氡原子核的衰变即是如此。

把式（17-17）改写成下式：

$$\lambda = \frac{-dN/N}{dt} \tag{17-19}$$

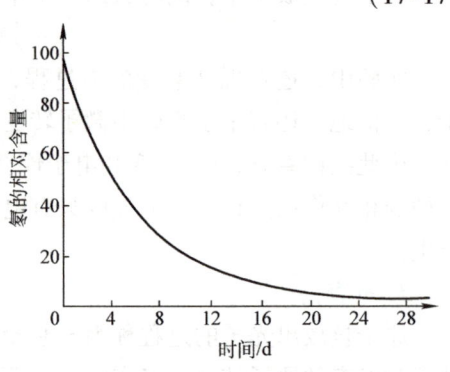

图 17-3　氡的衰变

分子 $-dN/N$ 表示每个原子核的衰变概率，所以衰变常数 λ 的物理意义是：一个原子核在单位时间内发生衰变的概率。由于 λ 是常量，说明各个原子核的衰变是独立无关的，任何一个放射性核素在什么时候衰变，完全是偶然的事件，但是偶然中具有必然，就大量原子核作为整体来说满足指数衰减律，式（17-18）也称放射性的统计规律。

原子核衰变的快慢，除用衰变常数 λ 表示外，通常还可以用半衰期 $T_{1/2}$ 和平均寿命 τ 来表征。半衰期是指放射性同位素的母核数目由于衰变减少到原有的一半所经历的时间。即 $t=T_{1/2}$ 时，$N=N_0/2$，于是由式（17-18）可得

$$\frac{N_0}{2} = N_0 e^{-\lambda T_{1/2}}$$

所以

$$T_{1/2} = \frac{\ln 2}{\lambda} = \frac{0.693}{\lambda} \tag{17-20}$$

由式（17-20）可知，λ 越大，$T_{1/2}$ 越小。

反映指定样本衰变快慢的另一个量是平均寿命。在原子核衰变过程中，某个原子核的衰变是随机的，有的早衰变，有的晚衰变，因此各个母核的生存时间或寿命不一样，我们用全部母核的平均寿命来表征。平均寿命 τ 是指放射性原子核平均生存的时间。对于大量同种放射性原子核而言，各个核的寿命不一样，但对某一核素而言，平均寿命只有一个。

设在 $t \to t + dt$ 时间间隔内有 $-dN$ 个核发生衰变，若这些核的寿命为 t，它们的总寿命为

$$(-dN)t = \lambda t N dt$$

由于原子核在 $t=0$ 到 $t=\infty$ 都有可能衰变，因此，所有核素的总寿命为

$$\int_0^\infty \lambda N t dt$$

设 $t=0$ 时，原子核数是 N_0，则任一核素的平均寿命

$$\tau = \frac{\int_0^\infty \lambda N t dt}{N_0} = \frac{1}{\lambda} = \frac{T_{1/2}}{\ln 2} = 1.44 T_{1/2} \tag{17-21}$$

由此可见平均寿命和衰变常数互为倒数,且平均寿命、半衰期、衰变常数这三个量不是各自独立的。

在研究放射性时还常用到放射性强度这个概念。放射性物质在单位时间内发生衰变的原子数 $-dN/dt$,称为该物质的放射性强度,又称为放射性活度,用 A 来表示,即

$$A = -\frac{dN}{dt} = \lambda N = \lambda N_0 e^{-\lambda t} = A_0 e^{-\lambda t} \tag{17-22}$$

式中,$A_0 = \lambda N_0$,是 $t = 0$ 时的放射性活度。可见放射性活度也服从指数衰减规律。

在国际单位制中,放射性活度的单位是贝可[勒尔],符号是 Bq,$1\text{Bq} = 1\text{s}^{-1}$,1Bq 就是在 1s 内衰变一个核。过去活度的一个常用单位是居里,符号是 Ci,由于居里的单位太大,所以我们常用毫居里和微居里作为放射性活度的单位。早期的定义是 1 居里等于 1 克镭的每秒衰变数。测得的衰变数为每秒 3.7×10^{10} 次。故有

$$1 \text{ 居里(Ci)} = 3.7 \times 10^{10} \text{Bq}$$
$$1 \text{ 毫居里(mCi)} = 3.7 \times 10^{7} \text{Bq}$$
$$1 \text{ 微居里(}\mu\text{Ci)} = 3.7 \times 10^{4} \text{Bq}$$

我们日常生活中使用的玻璃、玻璃杯、眼镜等含有 ^{40}K,但它的半衰期为 $13 \times 10^9 \text{s}$,相应的 λ 十分微小,它的放射性强度 A 就很弱,因而不会影响我们的健康。

由于每种放射性元素都有一个特征的半衰期,在考古学和地质学中常利用衰变规律来确定年代。如果半衰期长,样品会保持大部分放射性;相反半衰期短,样品就会很快失去放射性。下面介绍一个用放射性核 ^{14}C 测定古代生物死亡时间的方法。在活的和死的生物体内含有少量的 ^{14}C,它是由来自宇宙射线中的中子轰击大气中的氮核而产生的,即

$$n + {}^{14}N \rightarrow {}^{14}C + p \tag{17-23}$$

^{14}C 的半衰期为 5730 年,它的浓度就是 ^{14}C 与 ^{12}C 含量之比,为 $1:10^{12}$。在生物代谢过程中,碳元素进入活体,不断地新陈代谢,因此活体中 ^{14}C 的浓度与大气中 ^{14}C 的浓度保持平衡,两者应相同。但是如果活体死亡,与外界新陈代谢即停止,^{14}C 就得不到补充,但体内的 ^{14}C 在不断衰变,使 ^{14}C 浓度减少,因此通过测量古生物遗骸中 ^{14}C 的含量,就可以求出它的死亡年代。

例 17-3 考古学家在一具某种生物的古尸中,测量到 1g 该样品中 ^{14}C 的活度为 8 个衰变/min,而用同样方法测得 1g 活的同种生物体的 ^{14}C 活度为 12.5 个衰变/min,求它的死亡年代。(已知 ^{14}C 的半衰期为 5730 年)

解 现在活的同种生物体的 ^{14}C 活度与生物古尸死亡时的活度是相同的,因此 $A_0 = 12.5$ 个衰变/min,$A = 8$ 个衰变/min,根据式(17-22)和式(17-21)可得

$$A = A_0 e^{-\lambda t}$$

$$t = \frac{1}{\lambda} \ln \frac{A_0}{A} = \frac{T_{1/2}}{\ln 2} \ln \frac{A_0}{A}$$

把 $T_{1/2} = 5730$ 年,$A = 8$ 个衰变/min,$A_0 = 12.5$ 个衰变/min 代入可得

$$t = 3690 \text{ 年}$$

该生物是在 3690 年前死亡的。

17.3 核反应、核裂变与核聚变

为了有目的地研究原子核的转变,可以利用快速的入射粒子(如质子、中子、电子、α

粒子或 γ 光子等）与原子核（目标核）作用，使核的结构发生变化，形成新核（残留核），并放出一个或几个粒子的过程就是核反应。

核反应可以表示成下面的公式形式：

$$\text{入射粒子} + \text{目标核} \rightarrow \text{残留核} + \text{放出粒子} \tag{17-24}$$

在任何核反应的公式中，总电荷（即总 Z）和总核子数（即总 A）左边的和必须等于右边的和。另外，反应中的总质量和相应的总能量、动量、角动量等均服从守恒定律。各式各样的核反应是产生不稳定原子核的最根本的途径。下面介绍在历史上起过重大作用的事例来说明核反应。

17.3.1 核反应概述

1. 几个著名的核反应

1）历史上首次人工核反应是卢瑟福在 1919 年实现的，他用 α 粒子轰击氮，此核反应的反应过程为

$$_{7}^{14}\text{N} + _{2}^{4}\text{He} \rightarrow _{8}^{17}\text{O} + _{1}^{1}\text{H} \tag{17-25}$$

即 α 粒子与 $_{7}^{14}\text{N}$ 反应，产生了 $_{8}^{17}\text{O}$ 和质子。这个反应可以简写为 $_{7}^{14}\text{N}(\alpha,p)_{8}^{17}\text{O}$。

2）1932 年英国考克拉夫（J. D. Cockcroft）和瓦耳顿（E. T. S. Walton）首先利用加速器所加速的质子轰击锂核，第一次实现了使用人工加速粒子引发的核反应

$$p + _{3}^{7}\text{Li} \rightarrow _{2}^{4}\text{He} + _{2}^{4}\text{He} \tag{17-26}$$

或简写为 $_{3}^{7}\text{Li}(p,\alpha)_{2}^{4}\text{He}$。

3）1934 年，约里奥·居里（M. Curie）夫人用下列反应产生了第一个人工放射性核素

$$_{2}^{4}\text{He} + _{13}^{27}\text{Al} \rightarrow n + _{15}^{30}\text{P} \tag{17-27}$$

4）1932 年查德·威克（J. Chadwick）发现中子的核反应为

$$_{2}^{4}\text{He} + _{4}^{9}\text{Be} \rightarrow _{6}^{12}\text{C} + n \tag{17-28}$$

现在通过加速器和核反应堆，实现了上万种核反应，由此获得了 1600 多种放射性同位素和各种粒子。

2. 反应能

在核反应中常常有能量的放出和吸收，放出能量意味着反应后粒子的动能大于反应前的动能，其增加的动能由反应物的部分静止能量转化而来。核反应过程释放出的能量称为反应能，通常用符号 Q 表示，它定义为反应后粒子的动能与反应前粒子动能之差。$Q>0$ 的反应叫作放能反应，$Q<0$ 的反应叫作吸能反应。这样的核反应只有在入射的动能超过某个阈值时才能发生，我们称之为阈能。

当用 m_a、m_A 分别表示入射粒子、靶核的静止质量时，可以证明，阈能的表达式应为

$$E_{\text{th}} = \frac{m_a + m_A}{m_A}|Q| \tag{17-29}$$

例 17-4 计算下述反应的阈能

$$_{7}^{14}\text{N}(\alpha,p)_{8}^{17}\text{O}$$

解 根据反应式（17-25）和式（17-29）得

$$E_{th} = \frac{m_a + m_A}{m_A}|Q| = \left(\frac{4+14}{14} \times 1.193\right)\text{MeV}$$
$$= 1.53\text{MeV}$$

17.3.2 核裂变

所谓裂变是指一个重核分裂为两个质量相差不多的中等核的现象。裂变又分为自发裂变和诱发裂变。自发裂变是原子核未受其他粒子的打击自发产生裂变，这个过程产生较易，但是不容易用人工的方法加以控制。诱发裂变是在外来粒子轰击下，重原子核发生的裂变。由于中等质量核的比结合能比重核较大，所以在每次裂变过程中存在大约 200MeV 的能量转换。原子中电子过程（辐射吸收）一般只涉及几个电子伏特的能量，由此可知，在核裂变过程中，每个原子核所发生的能量变化比原子在化学反应中所产生的能量大 10^8 倍，因此，裂变所释放的大量能量为人类提供了一个重要的新能源，这就是核能，核能的和平利用可以使原子核物理的科研成果转化为生产力。

中子不带电，不受原子核静电力的排斥，可用作轰击原子核的炮弹原子核在俘获一个中子后，一般都会发生 β 衰变放出一个电子，形成原子序数增加 1 的原子核。1934 年费米（E. Fermi）用中子逐个轰击元素周期表上各元素的原子，轰击到铀时产生了异常现象，实验上并不能肯定原子序数为 92 + 1 = 93 的超铀元素的生成。1938 年哈恩（O. hahn）和史特斯曼（F. strassman）等人发现，当用能量小于 1keV 的慢中子轰击铀核时，在产物中有钡（$Z=56$）和铷（$Z=37$）产生，并放出 2 至 3 个能量大于 0.5MeV 的快速中子，称为再生中子，同时还放出大量的能量。经迈特纳和弗里施研究后认为，俘获中子后的铀核分裂成了大小差不多的两片，并仿照细胞分裂，称之为裂变（fission）。这是首次发现和命名的裂变现象，但事实上 1934 年费米实验得到的就是铀核裂变后的产物。

1947 年，我国物理学家钱三强、何泽慧等首先发现了裂变的三分裂变现象。三分裂变常是两个大些的碎片和一个 α 粒子。但是三分裂变的概率很小，它与二分裂变出现的概率之比大约是 3:10000。

裂变产生的两碎块可以有许多组合方式，裂成两个碎片的质量往往不相等，碎块质量数一般分布在 $72 < A < 164$ 之间，最可几值在 $A=96$ 和 140 附近。

$^{235}_{92}\text{U}$ 是自然界中仅有的能够由慢中子引起裂变的核，另外两个可由慢中子引起裂变的原子核是后来发现的人工制备的 $^{233}_{92}\text{U}$ 和 $^{239}_{94}\text{Pu}$。$^{235}_{92}\text{U}$ 在天然铀中只占 0.7%，在目前的使用率下，所有能利用的铀资源（包括含量较多的不可裂变的 $^{238}_{92}\text{U}$，$^{238}_{92}\text{U}$ 在俘获一个快中子后转化为钚 $^{239}_{94}\text{Pu}$，而后者可由热中子引起裂变）只能用 200 年，另外裂变产生的废料具有放射性，对其处理也一直是个难题。

一个 $^{235}_{92}\text{U}$ 原子核裂变时放出的能量约为 200MeV，是一个 C 原子氧化时放出的能量（4.1eV）的 5×10^7 倍。在裂变过程中，不仅释放出大量的能量而且每次裂变都伴随着中子的发射，发射的中子数也各不相同，平均来说，^{235}U 裂变产生的中子为 2.5 个，这些中子可以诱导另一次裂变过程，导致更多的中子辐射出来，接着又可以诱导新的裂变过程，形成链式反应。

在许多裂变反应中，用能量约等于 0.04eV 的热中子作为入射中子更能有效地引发裂变反应。需要将裂变产生的能量约为 2MeV 的快速中子慢化，以供后续的裂变之用。采用石墨等中子减速剂，中子与减速剂的核碰撞，可以使中子能量很快减少成为热中子。

由于裂变物质体积有限而中子具有极强的穿透能力，很多中子来不及为铀核俘获产生裂变就逃逸出了反应区，这样就因无法裂变而难以形成链式反应。为了使中子在逃逸出反应区之前能被铀核俘获，应增大铀核体积。当铀核的体积大于某一临界值时，因中子有效参加核裂变反应并同时快速增殖而产生快速链式反应，大量的能量在瞬间释放形成爆炸，根据此原理研制的第一颗原子弹于1945年7月16日在美国试爆成功，20天后相当于2万吨TNT炸药的第一颗原子弹投在日本广岛，摧毁了这座城市。

和平利用核能才是全世界人民的愿望，研究发现：如果通过中子减速剂来控制在每次裂变中平均只有一个中子引起新的裂变，就能维持可控的稳定链式反应，核反应堆中发生的就是这种核裂变过程。通过可控的链式反应可以产生可利用的核能。

中子俘获仅仅是可导致核裂变的几种方式之一，而且其他粒子（质子、氘核、α粒子、γ射线）都能诱发裂变。

核电已成为当今世界上大规模可持续供应的主要能源之一，它和火电、水电一起，成为当今世界上三大电力支柱。据国际原子能机构公布的数据：截至2012年12月，正在运行的核电机组共415个，核电发电量约占全球发电总量的16%。而拥有核电机组最多的国家依次为：美国104个、法国58个、日本50个、俄罗斯33个、韩国23个、印度20个、加拿大19个、中国16个、英国16个、乌克兰15个、德国9个。到了2014年3月27日，全世界在运核电机组共435台，装机总量3.73亿千瓦；在建机组72台，装机总量6837万千瓦。我国首座自主设计建造的秦山核电站是在1991年12月15日实现首次并网发电，近年来核电比例维持在1.9%~2.3%的水平，在一般的发达国家，核电的发电量一般占比为20%左右，法国则高达80%的比例。截止2024年，我国在建核电机组26台，总装机容量3030万千瓦，继续保持世界第一。

例17-5 当一个$^{235}_{92}U$原子核在反应堆中裂变时，会释放出约200MeV的能量，但在某$^{235}_{92}U$反应堆中只有30%的能量能被有效利用。若反应堆的输出功率为300MW，求：

（1）每天消耗的铀原子数；

（2）每天消耗的铀质量。

解 （1）一个$^{235}_{92}U$原子核裂变时产生的能量为200MeV，由于只有30%的有效利用率，所以每个铀原子裂变时产生的有用能为

$$(200 \times 10^6 \times 1.6 \times 10^{-19} \times 0.3)J = 9.6 \times 10^{-12}J$$

为产生300MW的输出功率，每秒钟需要发生的裂变数或裂变速率为

$$\frac{300 \times 10^6 J \cdot s^{-1}}{9.6 \times 10^{-12} J} = 3.125 \times 10^{19} s^{-1}$$

因此每天消耗的铀原子数就是每天需要发生的裂变数

$$86400 s \cdot d^{-1} \times 3.125 \times 10^{19} s^{-1} = 2.7 \times 10^{24} d^{-1}$$

式中，d表示天，因此每天消耗2.7×10^{24}个铀原子。

（2）235g的$^{235}_{92}U$中有6.02×10^{23}个铀原子，因此每天消耗的$^{235}_{92}U$为

$$\left(\frac{2.7 \times 10^{24}}{6.02 \times 10^{23}} \times 0.235\right)kg = 1.054kg$$

17.3.3 核聚变

以上介绍了重核裂变是获得原子能的一种途径，核聚变是获得原子能的另一条途径。轻原子核的比结合能有高有低，变化很大，特别是最前面几个核的结合能特别低。例如，氘的比结合能为 1.112MeV，$_2^4$He 的比结合能是 7.075MeV，所以，当两个氘核结合成一个氦时，会有大量能量被释放出来，这种两个核子或相对较轻的核聚合成较重的核，同时放出能量的过程称为核聚变。

例如，一个质子和一个中子聚变成一个氘核

$$_1^1H + _0^1n \rightarrow _1^2H + 2.23\text{MeV} \tag{17-30}$$

另一个聚变反应是两个氘核聚合成一个氦核（"粒子"）

$$_1^2H + _1^2H \rightarrow _2^4He + 23.8\text{MeV} \tag{17-31}$$

虽然这些反应产生的能量比裂变反应产生的能量（约 200MeV）要小得多，但因为参加反应的粒子质量较小，单位质量所提供的能量较大，与核裂变相比，核聚变能是更理想的能源，其燃料是氢核的同位素氘核 ^{2}H，^{2}H 可以从海水中提取，每 1kg 海水中含有约 0.14g 的 ^{2}H，1g ^{2}H 聚变成氦核 ^{4}H 时可以产生 10^4kW·h 的能量，可以说是取之不尽，用之不竭。而且 ^{2}H 聚变的产物没有放射性，不污染环境。最有希望用在聚变反应堆的反应是

$$_1^2H + _1^2H \rightarrow _2^3He + n + 3.25\text{MeV} \tag{17-32}$$

$$_1^2H + _1^2H \rightarrow _1^3H + _1^1H + 4.03\text{MeV} \tag{17-33}$$

$$_1^3H + _1^2H \rightarrow _2^4He + n + 17.59\text{MeV} \tag{17-34}$$

$$_2^3He + _1^2H \rightarrow _2^4He + _1^1H + 18.3\text{MeV} \tag{17-35}$$

以上四式反应的总效果为

$$6_1^2H \rightarrow 2_2^4He + 2_1^1H + 2n + 43.15\text{MeV}$$

即 6 个氘核共放出 43.15MeV 的能量，相当于每核子平均放出 3.6MeV 的能量，它比一个 ^{235}U 裂变反应中每个核子平均放出的能量高 4 倍（200/236MeV = 0.85MeV）。

由于核聚变能利用的燃料是氘，氘在海水中大量存在。1L 海水所含的氘的聚变能相当于 400L 石油燃烧时所产生的能量，利用从海水中提取氘，它聚变所放出的总能量估计可能 5×10^{31}J，按目前全世界消耗的能量计算，海水中氘的聚变能可供全世界用几百亿年。因此，能源是取之不尽的，目前的问题是如何做到可控制。

在氘核聚变反应中，由于粒子都带电荷，其库仑斥力阻碍它们聚集在一起发生反应，室温下的氘核是不可能聚合在一起的，必须用很高的温度使之具有足够的动能来克服它们之间的库仑势垒，然后依靠短程核结合力聚合在一起产生反应。根据估算，温度需要到达 1 亿摄氏度以上，在这样高的温度下，一切物质的原子都电离为电子和正离子并存的等离子体状态。因此，要使大量的氘核发生聚变反应，需要将反应物的温度加热到极高温度，故聚变反应又称为热核反应。

要使聚变反应能够自持地不断进行下去，除了把等离子体加热到所需温度外，还必须满足两个条件才能实现聚变反应，并从中获得能量。一是高温等离子体有足够的密度，二是所要求的温度和密度必须维持足够长的时间。太阳上发生的热核聚变反应为地球上的生命提供了光和热。但在地面上要将 1 亿摄氏度高温的聚变物质等离子体约束一段时间是实现聚变反应面临的主要技术难题，没有哪一种容器能够承受如此高的温度。目前可控的自持聚变反应

尚处于实验阶段，较为可行的技术方案有两种。一种是利用托卡马克装置，采用强磁场约束参加聚变的等离子体。我们知道带电粒子在磁场中作螺旋线运动，回旋半径与磁感应强度成反比，所以在很强的磁场中带电粒子将围绕着一根磁感应线在很小的范围内运动，这就是磁约束的基本原理，由于普遍采用的是环形磁场，因此托卡马克装置又称为环流器。从20世纪70年代后期开始，世界上有4个大型托卡马克装置开始建造并在20世纪80年代运行，分别是美国的TFTR（Tokamak Fusion Test Reactor）、日本的JT-60、欧洲的JET（Joint European Torus）、苏联的T-15。我国四川所建的环流一号是一台中等规模的托卡马克装置，是我国自主设计研制的第一个托卡马克装置，在其上进行的可控聚变研究进展很好。另一种技术方案是利用激光惯性约束，采用强激光照射直径约为几十微米到几百微米的氘氚核靶丸，从而产生激光点火来引起核聚变。到目前为止，可控热核聚变研究仍处于基础研究阶段，其科学上的现实性和工程上的示范装置还需要假以时日。初步预计，第一座具有商业价值的可控核聚变电站有望在21世纪20年代投入运行。

17.4 粒子物理简介

基本粒子的概念是随时间变化的。20世纪以前，人们认为原子是组成物质的最基本单元。20世纪初原子物理学的发展使人们认识到了原子由原子核和电子组成，进一步发展得知原子核又是由质子和中子所构成。质子、中子、光子和电子就是人们最早认识的一批基本粒子。对粒子性质的实验研究主要是观察粒子在相互碰撞时的行为，在当时，由于实验上没能测出这些粒子的大小，把基本粒子当成是组成物质世界不可分割的基本单元。由于不断有更深的物质层次被发现，因此，20世纪30年代末40年代初，在宇宙线实验中发现了μ子和π介子，1947年又发现了奇异粒子，特别是在20世纪50到60年代发现了一系列的奇异粒子和共振态粒子后，使人们进一步研究这些粒子的性质和相互作用，探索它们是否还有内部结构，从而建立了粒子物理这一分支。

今天的粒子物理，其研究对象是比原子核更深入的一个物质结构层次，研究范围小于10^{-16}m的空间尺度。粒子是一个庞大的家族，至今已发现并被确认的粒子有450多种，已被发现尚待确认的还有300多种，随着加速器能量的不断提高和实验技术的不断改进，新粒子还在不断地被发现，到目前为止，只有光子、电子、正电子、质子、反质子、中微子是稳定的，其他粒子都会衰变。粒子可在相互作用中产生，正、反粒子相遇时会湮灭。在这一层次的物理现象极其丰富多彩，这里只简单介绍粒子的相互作用、分类、强子结构和相互作用的统一理论。

17.4.1 粒子物理学中的重要发现

19世纪末，物理学深入到物质结构的微观领域，电子的发现是一个重要标志。到20世纪30年代，中子的发现又是一个重要标志。至此连同已发现的质子、光子四种粒子被称为基本粒子。下面再介绍几个重要发现：

1. 正电子的发现

1932年安德森在记录宇宙射线（宇宙中的高能粒子流）的云雾室中发现了正电子。它与电子有相同的质量，但却带正电荷。已知原子中的电子都带负电荷，因此正电子不是宏观物体的组元，它的性质表明它与电子同样基本，这使当时的人们很惊讶。早在 1930 年狄拉克曾在理论上预言存在正电子，狄拉克认为"真空"是充满负能粒子的一种状态，负电子充满整个负能区，因而没有观测效应。如果负能态的电子吸收了大于 1022MeV 能量的光子而跃入正能态（电子静能 $m_0c^2 = 0.511$MeV），电子原先占据的负能级就成为一个空穴，这个空穴就是正电子。正电子碰到负电子，即正能区的电子降落到负能区的空穴中，正负电子湮灭，同时产生两个光子。正电子湮灭技术，当今已成为一个有特色的研究领域。所有粒子都有反粒子，正电子只是其中第一例而已。正反粒子是指两者质量、自旋、平均寿命完全相同，而电荷等值异号，磁矩方向相反。从理论上说，还应该有这反粒子组成的反原子核、反原子、反物质、反星体等。1998 年 6 月中、美等国科学家将 α 谱仪送上太空，其任务之一就是想在宇宙中寻找反物质。

2. 中微子的发现

前面我们讲过原子核在发生 β 衰变时，可从核中释放出电子，β 粒子就是电子。到了 1930 年，泡利根据衰变前后应遵守角动量守恒和能量守恒而提出原子核在 β 衰变时，核在发射 β 粒子的同时应发射一个质量几乎为零的中性粒子，称为中微子。其实中微子的质量并不严格为零，只是相当小。2000 年，人们发现了中微子的振荡现象，证明了中微子的质量的确不是零。中微子自旋在粒子前进方向的投影为 $-\frac{1}{2}\hbar$，反中微子为 $+\frac{1}{2}\hbar$。由于中微子的质量极小，也不带电，它对电磁场不起作用，所以它的穿透力极强，能量为 1MeV 的中微子可以穿透 1000 光年厚的固体物质，因此要观察它，是非常困难的，直到 1956 年，在核反应堆出现以后，它的存在才被实验证实。原子核中并不存在中微子，因此中微子也不是宏观物体的组元，它是在衰变过程中产生出来的。现在人们认识到，粒子间能相互转换是微观世界的普遍特性。

3. 介子的发现

1936 年在宇宙射线的观测中发现了一种粒子，质量是电子的 207 倍，但又比质子小，物理上称它为"μ 介子"（后改称 μ 子），μ 子是不稳定的，平均寿命是 2.2×10^{-6}s，后来发现它衰变成正电子、中微子和反中微子，或者负电子、中微子和反中微子，说明 μ 子有正、反两种，分别带电为 $+e$ 和 $-e$，用符号"μ^+"和"μ^-"表示。1947 年在宇宙射线中发现 π 介子，它的质量是电子质量的 2731 倍，带有 $+e$ 或 $-e$ 的电荷，分别用"π^+"和"π^-"表示，其平均寿命是 2.6×10^{-8}s，π 介子衰变成 μ 子还放出中微子，反应式为

$$\pi^+ \rightarrow \mu^+ + \nu_\mu \tag{17-36}$$

$$\pi^- \rightarrow \mu^- + \bar{\nu}_\mu \tag{17-37}$$

ν_μ 和 $\bar{\nu}_\mu$ 互为反粒子，它们是和 μ 子相联系的中微子，称为 μ 中微子，它们和电子中微子 ν_e、$\bar{\nu}_e$ 不同。μ 子和中微子 ν_μ 的自旋都是 1/2，所以 $\pi^\pm$ 的自旋应为整数，实验测得 π 介子自旋为零。一般来说，介子的自旋都为整数。μ 子并不属于介子类。

20 世纪 50 年代以后发现了质量超过核子质量的粒子，称为超子。

粒子的特征可用几个物理量来描述：①质量。常用能量表示，因为可按相对论的质能关系给出质量 $m = \dfrac{E}{c^2}$，例如质子的静止质量是 938.2796MeV。②电荷量。常以电子电荷量 e 为单位，如 π 介子电荷量是 $+1$。③自旋。自旋角动量以 $+\dfrac{1}{2}\hbar$ 为单位，自旋量子数为整数或半奇

数。例如，电子的自旋为 $\frac{1}{2}$，光子的自旋为 1。④平均寿命。多数粒子是不稳定的，它的衰变特征用平均寿命表示。

17.4.2 粒子的分类

目前发现的粒子已经达几百种之多，而且随着加速器能量的提高，大量新粒子被观察到。这么多粒子，将它们分类是相当复杂的。基于标准模型，将粒子按其参与相互作用的性质分为三类：规范玻色子、轻子和夸克。从目前的认识水平来看，它们就是组成所有物质的基本粒子。

如果按自旋量子数对粒子进行分类的话，通常人们把自旋量子数为 1/2 的粒子称为费米子，把自旋为整数的粒子称为玻色子。它们各自遵从不同的统计规律：费米子遵从费米-狄拉克统计规律，服从泡利不相容原理；玻色子遵从玻色-爱因斯坦统计规律，不服从泡利不相容原理。标准模型理论还要求自然界存在一种自旋量子数为零的特殊粒子，称为希格斯粒子。从实验上寻求希格斯粒子是当前粒子物理实验的中心课题之一。总起来说，按照标准模型理论，基本粒子世界由 62 种粒子构成：13 种规范玻色子、48 种费米子（包括 12 种轻子和 36 种夸克）和 1 种希格斯粒子。

1. 规范粒子

规范粒子是传递基本相互作用的媒介粒子，它们的自旋都为整数，属于玻色子，它们在粒子物理学的标准模型内都是基本粒子。目前我们认识到的粒子之间的相互作用主要有四种：万有引力作用、弱相互作用、强相互作用和电磁相互作用，按照量子场论，这四种作用力都是通过交换一定的粒子来实现的交换力。而规范玻色子则包括：胶子、光子、W 及 Z 玻色子和引力子。传递电磁相互作用的规范玻色子是光子，传递强相互作用的规范玻色子是胶子，符号为 g，胶子是不能单独出现的粒子，因此无法记录在仪器上；传递弱相互作用的规范玻色子是 $W^\pm$ 和 Z^0，传递引力相互作用的规范玻色子是引力子，但是它的存在还没有充足的理论根据。规范玻色子的质量、电荷和自旋见表 17.2。

表 17.2 规范玻色子的质量、电荷和自旋

规范玻色子	质量/GeV	电荷	自旋	规范玻色子	质量/GeV	电荷	自旋
γ	0	0	1	W^-	80.4	−1	1
g	0	0	1	Z^0	91.2	0	1
W^+	80.4	1	1				

2. 轻子

有一种基本粒子，完全不受强作用力的影响，但参与弱相互作用与电磁作用，其中带电的参与电磁作用，不带电的（中微子）则只参与弱作用，由于这些代表性粒子都较轻（有时并不轻），因而称为轻子。轻子是自旋为 1/2 的费米子，至今实验上还没有发现轻子有任何结构，所以通常被认为是自然界最基本的粒子之一。已经发现的轻子有电子、μ 子、τ 子，它们分别以 e^-、μ^-、τ^- 表示，是带一个单位负电荷的粒子。它们分别对应电子中微子、μ 子中微子、τ 子中微子是三种不带电的中微子，分别以 ν_e、ν_μ、ν_τ 表示。加上以上六种粒子各自的反粒子，共计 12 种轻子。轻子的性质见表 17.3。τ 子是 1975 年发现的重要粒子，不参与强

作用，属于轻子，但是它的质量很重，是电子的3600倍，质子的1.8倍，因此又叫作重轻子。

表 17.3 轻子的性质

轻子	质量/MeV	电荷	自旋	轻子	质量/MeV	电荷	自旋
ν_e	$<3\times10^{-6}$	0	1/2	μ	106	-1	1/2
e	0.51	-1	1/2	ν_τ	<18.2	0	1/2
ν_μ	<0.19	0	1/2	τ	1777	-1	1/2

3. 夸克

一切参与强相互作用的粒子，称为强子。强子又可分为两类：一类是自旋为 h 的整数倍的粒子，称为介子，包括带正、负电荷和中性的 π 介子，带正、负电荷和中性的 K 介子以及 η 介子；另一类是自旋为 h 的半整数倍的粒子，称为重子，重子又分为核子（如质子和中子）和超子（粒子的静止质量大于质子，如 Λ^0、Σ^+、Σ^-、Σ^0、Ω、Ξ^0、Ξ^- 等超子）。到目前为止，没有发现轻子有任何结构。但对于强子，情况却大不相同。

20 世纪 60 年代，美国物理学家默里·盖尔曼（M. Gell-Mann）和茨威格（G. Zweig）各自独立提出了强子是由更基本的单元——夸克组成的。几乎同时我国部分物理学家也提出类似的层子模型。夸克具有分数电荷，是电子电荷量的 2/3 或 1/3，自旋为 1/2 的费米子。迄今为止，共发现六种夸克，它们分别是上夸克（u）、下夸克（d）和奇异夸克（s）、粲夸克（c）、底夸克（b）、顶夸克（t），这六种夸克被称为六种味，每味夸克又可带红、蓝、绿三种颜色，每一种夸克都对应着一种反夸克，所以总的夸克数是 36。

17.4.3 基本粒子的相互作用

任何粒子都不是孤立的，粒子与粒子之间存在着相互作用。基本粒子的产生和转变是通过粒子间相互作用来实现的。在经典物理中，物体的相互作用在本质上只有两种，即引力和电磁力。微观粒子质量太小，引力实际上不起作用。实验证明，电磁力的规律在微观领域依然成立，但除此之外还应有别的作用力存在。前面已经提到原子核中有一种核力，是一种吸引性的力，这种作用比静电作用更强，称为强作用力。在衰变中，涉及不带电粒子，因此也不是电磁力的效果，定量分析表明这种作用力很弱，简称为弱作用力。

至今，人们认识到自然界的基本相互作用力只有四种，按强弱排序，它们是强作用力、电磁力、弱作用力、引力。譬如，一对质子，在相距 10^{-15} m 时，四种作用力的比值约为强力:电磁力:弱力:引力 $=1:10^{-2}:10^{-14}:10^{-40}$。对于微观领域粒子间的相互作用来说，引力实际上是一种特别微弱的相互作用，它的强度只有强相互作用的 10^{40} 分之一，是可以忽略不计的。另一方面，因为强作用力和弱作用力只是在微观距离上起作用，所以宏观领域只用考虑电磁力和引力，通常我们把引力、电磁力、强作用力和弱作用力称为自然界的四种相互作用。表 17.4 列出四种相互作用的比较。

1. 万有引力相互作用

万有引力是人们认识得最早的一种力。1666 年牛顿建立万有引力理论，所有具有质量的物体之间的相互作用，表现为吸引力，是一种长程力，力程为无穷。其规律是牛顿万有引力定律，更为精确的理论是广义相对论。1915 年爱因斯坦提出广义相对论，他认为引力是由时空的几何性质决定的，而且一个非惯性系等效于一个局部引力场。引力相互作用在 4 种基本相互作用中最弱,远小于强相互作用、电磁相互作用和弱相互作用,在微观现象的研究中通常可不予考虑,然而在天体物理研究中起决定性作用。按照近代物理的观点,引力作用是通过场或通过交换场的量子实现的,引力场的量子称为引力子。引力场的传递者是引力子,它是静止质量为零,自旋为2的玻色子。

表 17.4 四种相互作用的比较

四种相互作用	相对强度	作用距离	相互作用的物体
强相互作用	1	10^{-15} m	强子
电磁相互作用	10^{-2}	∞	带电粒子
弱相互作用	10^{-14}	$<10^{-17}$ m	强子、轻子
万有引力作用	10^{-40}	∞	一切物体

2. 电磁相互作用

这是一切带电粒子或具有磁矩的粒子之间的相互作用。电磁相互作用是有光子参与的一种相互作用。它可以引起光子与带电粒子间的散射,带电粒子对湮没为光子,光子产生带电粒子对以及其他一些过程。如

$$\pi^0 \rightarrow \gamma + \gamma \tag{17-38}$$

$$\Sigma^0 \rightarrow \Lambda^0 + \gamma \tag{17-39}$$

$$\eta^0 \rightarrow \gamma + \gamma \tag{17-40}$$

说明粒子存在着复杂的内部结构。特别强调的是,γ 光子只参与电磁相互作用,它是发生电磁相互作用的标志。

由于光子的静止质量为零,力程原则上可以达到无穷大,所以电磁作用是一种长程力,它是以电磁场为媒介来传递的。电磁场是由光子组成的,因此电磁作用实质上是通过带电粒子间的光子交换而实现的。它是四种相互作用中唯一对宏观和微观都起作用的一种。在电磁相互作用下,基本粒子发生反应的时间约为 $10^{-20} \sim 10^{-16}$ s,如 π^0、Σ^0、η^0 的衰变时间分别为 0.8×10^{-16} s、5.8×10^{-20} s、8×10^{-19} s。

电磁相互作用是除万有引力相互作用外,一切宏观力的缔造者。从本质上说,平时所见的张力、弹力、压力、摩擦力、浮力、流体对器壁的作用力,都属于电磁相互作用。因为原子和分子都属于带正电的原子核和带负电的电子组成的系统,其中起主导作用的是电磁相互作用。一般来说,分子间的电磁相互作用构成分子力,在两个分子相距较远时,分子力接近于零;彼此靠近到 $10^{-8} \sim 10^{-10}$ m 时,分子力表现为引力;更靠近时又表现为斥力。当我们拉伸、压缩或摩擦一个物体时,就在微观尺度上改变了物体内部或表面各处分子之间的距离,因而将受到分子力的抗拒。大量分子力的集体表现,即宏观表现,就成为作用在物体上的张力、弹力、摩擦力等。

3. 弱相互作用

弱相互作用是一种广泛存在于轻子与轻子、轻子与强子、强子与强子之间的一种基本相互作用。很难用一句话简洁地定义。弱相互作用有两种,一种是有轻子参与的反应,如 β 衰变、μ 子的衰变以及 π 介子的衰变等;另一种是 K 介子和 Λ 超子的衰变。例如,我们研究过的 β 衰变就是弱相互作用过程,原子核的 β^- 衰变实质上是中子衰变为质子、电子及电子反中微子的过程

$$n \to p + e^- + \bar{\nu}_e \tag{17-41}$$

弱相互作用的强度微弱，力程比强相互作用还短，约在 10^{-17}m 之内，作用所需要的时间较长，因此由弱相互作用所引起的反应进行较慢，特征时间在 10^{-10}s 以上。在弱作用中，宇称、电荷共轭宇称、同位旋等都不守恒。

除光子、胶子外，所有粒子都参与这种相互作用。判断是否弱相互作用的标志之一是中微子的出现，因为中微子仅参与弱相互作用，而且经常是和电子同时出现。也就是说有中微子出现的过程必为弱相互作用，但弱相互作用不一定都有中微子出现。

4. 强相互作用

强相互作用是发生在重子、介子之间的一种比电磁作用强得多的相互作用。光子和轻子都不参与强相互作用。核力是强相互作用的一种表现，它抵抗了质子之间的强大的库仑斥力，维持了原子核的稳定。由于这种作用的存在，核物质才能结合在一起。

它的特点是：强度大，是四种基本作用力中最强的；力程短，大约在 10^{-15}m 以内；所引起的反应迅速，特征时间是 10^{-23}s；具有较高的对称性，即对强相互作用存在着众多的守恒定律。

强相互作用的机制，目前还不十分清楚。一般认为，强相互作用也是通过交换中间粒子实现的。但这个中间粒子是什么，却有一段认识过程。早在 1935 年，日本的汤川秀树就提出核力的介子理论，认为核子之间的强作用（核力）是交换 π 介子的结果。按照当前的看法，强子之间的强作用归结为组成强子的夸克和胶子之间的作用，胶子是传递夸克之间强相互作用的粒子。现在物理学家认为强相互作用的产生与夸克、胶子有关。

今天，相互作用理论正沿着三个方向发展：一是进一步探明各种相互作用，尤其是强相互作用的机制。二是把看起来大相径庭的几种相互作用纳入统一的理论框架，弱、电统一已经成功，强、弱、电磁三者统一的"大统一理论"是否可能？四种相互作用统一的理论也在探索之中。三是探讨是否还存在新型的相互作用——超强相互作用和超弱相互作用。

17.4.4 强子结构的夸克模型

前面我们介绍了基本粒子和基本相互作用。所谓基本粒子就是没有内部结构，不能分解为更小的部分，没有空间延伸性的粒子。一切物质都是由基本粒子组成的。我们知道分子是由原子组成的，原子是由原子核和核外电子组成的，原子核是由质子和中子组成的。像质子和中子一类的强子是否也有内部结构呢？

1932 年，斯特恩测得了质子的磁矩为 $2.793\mu_N$，中子的磁矩为 $-1.913\mu_N$，该数值与狄拉克的理论预言相差甚远。1956 年霍夫斯塔特（R. Hofstadter）用高能电子轰击质子时，发现质子的电荷不是集中在一点，而是分布在大约 0.7×10^{-15}m 的区域内。人们用高能电子轰击中子时，发现电中性的中子内部也分布有电荷。这些都说明中子和质子有内部结构。中子和质子都属于强子，由此推测强子是有内部结构的。近 40 年来大量实验实事表明强子确实有内部结构，人们陆续地提出过几种强子的结构模型，这里我们只介绍夸克模型。

以电子电量为单位，夸克所带的是分数电荷，这是一个显著特征。于是人们开始以分数电荷为标志来寻找夸克多年的努力没有成果，而夸克的强相互作用理论却发展起来了。我们知道：原子核中质子间的电斥力十分强，可是原子核照样能够稳定存在，靠的就是强相互作用力（核力）将核子们束缚住的。最初解释强相互作用粒子的理论需要三种夸克，叫作夸克的三种味，它们分别是上夸克（u）、下夸克（d）和奇异夸克（s）。1974 年，丁肇中和里希特各自独立地发现一个新粒子，分别称作 J 粒子和 ψ 粒子，现在统称为 J/ψ 粒子。该粒子是宇称为负、自旋为 1 的玻色子，寿命特别长，在三味夸克模型中，很难找到 J/ψ 粒子的位置，人们要求引入第四种夸克粲夸克（c），并提出 J/ψ 粒子是由粲夸克 c 和反粲夸克 $\bar{c}$ 组成。1977 年在实验上发现了 γ 粒子，引入第五种夸克底夸克（b）。1994 年发现第六种夸克顶夸克（t），人们相信这是最后一种夸克。这六种夸克被称为六种味，每一种夸克都对应着一种反夸克。夸克的量子特性见表 17.5。

表 17.5　夸克的量子特性

夸克	质量/MeV	电荷	自旋	重子数	奇异数	粲数	美数	真数
u	1～5	2/3	1/2	1/3	0	0	0	0
d	5～9	−1/3	1/2	1/3	0	0	0	0
c	$10^3 \sim 1.4 \times 10^3$	2/3	1/2	1/3	0	1	0	0
s	80～155	−1/3	1/2	1/3	−1	0	0	0
t	$1.74 \sim 1.78 \times 10^5$	2/3	1/2	1/3	0	0	0	1
b	$4.0 \sim 4.5 \times 10^3$	−1/3	1/2	1/3	0	0	−1	0

1964 年盖尔曼提出了夸克模型，认为所有介子都是由一个夸克和一个反夸克所组成，所有的重子是由三个夸克组成。例如，一个质子由两个上夸克和一个下夸克组成（uud），一个中子由两个下夸克和一个上夸克组成（ddu），π⁻ 介子是由一个上夸克的反夸克和一个下夸克组成（$\bar{u}$d）。表 17.6 给出了一些强子的夸克谱。表中各强子夸克谱括弧外的小箭头代表夸克自旋间的联系。例如，自旋为 0 的介子，组成它们的两个夸克的自旋是彼此相反的，对于自旋为 1/2 的介子，组成它们的三个夸克的自旋是两正一反。

虽然夸克模型当时取得了许多成功，但也遇到了麻烦，例如，Ω⁻ 粒子的自旋为 3/2，它由三个 s 夸克组成。按照夸克模型，这三个粒子同处于轨道运动的基态。为了使总自旋角动量为 3/2，每个粒子的自旋必须都是 1/2。于是，这三个夸克处在完全相同的状态，显然破坏了泡利不相容原理。Δ⁺⁺ 粒子是由三个 u 夸克组成，它们的总自旋是 3/2，因此也破坏了泡利不相容原理。为了解决这一矛盾，格林伯格（O. Greenberg）在 1964 年引入了一个新的自由

表 17.6　一些强子的夸克谱

π⁺ = (u$\bar{d}$) ↑↓	n = (udd) ↑↑↓
π⁻ = ($\bar{u}$d) ↑↓	Σ⁺ = (uus) ↑↑↓
K⁺ = (u$\bar{s}$) ↑↓	ρ = (uud) ↑↑↓
K⁻ = ($\bar{u}$s) ↑↓	Σ⁻ = (dds) ↑↑↓
K⁰ = (d$\bar{s}$) ↑↓	Ξ⁰ = (uss) ↑↑↓
$\bar{K^0}$ = (s$\bar{d}$) ↑↓	Ξ⁻ = (dss) ↑↑↓

度——"色"。当然这里的"色"并不是视觉感受到的颜色，它是一种新引入的自由度的代名词。夸克可以在色自由度上取不同的量子数值：红（R）、蓝（B）和绿（G）。不同"色"的夸克表示不同的状态。引入"色"就可解释自旋问题。例如，Ω⁻ 就可以用一个红 s 夸克、一个蓝 s 夸克、一个绿 s 夸克组成，虽然这三个 s 夸克的自旋取向和其他特性都相同，但因其色不同，所以就避免了泡利不相容原理的冲突，但付出的代价是夸克的数目增加为原来的三倍。按照这一理论，17.4.2 节已介绍，夸克有六种"味道"，三种"颜色"，也就是说每味夸克可带红、蓝、绿三种颜色，夸克的种类一下子由原来的 6 种扩展到 18 种，再加上它们的反粒子，所以自然界总的夸克数为 36。夸克具有颜色自由度的理论得到了不少实验的支持，不同颜色的夸克靠胶子结合在一起，三个夸克组成的重子是白色的，构成介子的正反夸克，互

为补色，所以介子也是白色的。即质子、中子等一切能观测到的强子都是白色的。相反，非白色的单个夸克或夸克复合体是不能单独出现的，这样，单个夸克不被发现就是必然的了。只有色中性或无色的态才能被实验观测到，至今没有观察到带色的粒子，这就是著名的"色禁闭"现象。

这个被称为量子色动力学的夸克强作用理论，已被大量实验证明是正确的。现在已很少有人因为没有找到夸克而怀疑它的真实性了，夸克理论的确立使人们对粒子世界的认识前进了一大步。原来作为基本粒子的质子、中子等强子都是复合物，而不是基本粒子了。迄今为止，还没有实验现象说明轻子和夸克有内部结构，所以可认为轻子和夸克是物质世界的最小单元。至于夸克和轻子这些粒子是否是物质的终极本源，这是未来物理学家才能回答的问题。有人也提出夸克-轻子的复合模型，称为亚夸克理论，可以减少这 48 种粒子的数目，但是它缺乏实验根据而不被承认。

17.5 对称性与守恒定律

作为物理学的最原始、最基本的概念，对称和守恒各自有着深刻的思想渊源。由于对称性意味着不变性，也就是经过某种对称变换后物理规律的不变性，这就意味着某种物理量的守恒。对称性在物理学中具有深刻的意义。一种对称性的发现远比一种物理效应或具体物理规律的发现的意义要重大得多！例如，源于电磁理论的洛伦兹不变性，导致力学的革命；爱因斯坦为寻找引力理论的不变性而创立了广义相对论；狄拉克为使微观粒子的波动方程具有洛伦兹不变性，修正了薛定谔方程，并根据方程解的对称性预言了反电子（正电子）的存在，进而使人们开始了对反粒子、反物质的探索；对称性以它强大的力量把那些物理学中表面上不相关的东西联系在一起——关于基本相互作用的大统一理论；在粒子物理中关于对称性和守恒量的研究更是作为一种基本的研究方法贯穿其中。

17.5.1 对称性

对称性是人类认识自然时产生的一种观察。若某个体系（研究对象）经某种操作（或称变换）后，其前后状态等价（相同），则称该体系对此操作具有对称性，相应的操作称为对称操作。简言之，对称性就是某种变换下的不变性。对称性是自然界的一种普遍规律，根据科学研究，99%的动物形体都具有对称结构，自然界里的植物组织、矿物组织里对称结构也很多，深海的极限深度和海拔的极限高度都具有惊人的对称性。

对称性和守恒定律一一对应，而且一切对称性的根源在于某些基本量的不可观测性，例如，空间的绝对位置，绝对方向是不可测量的量，绝对时间也是不可测量的。最简单的对称操作是在空间的平移，它表示物理定律不依赖于坐标原点的选择，从这个坐标平移交换不变性出发，经过推理，可以得到动量守恒定律。例如，两点间的万有引力只与它们的距离有关，系统的空间平移并不影响作用力及其数学表达式。绝对时间不可观测，我们只能测定相对时间，这导致时间平移的对称性，它意味着物理定律不依赖于选哪个时刻为 $t=0$，并且这个对称性导致能量守恒。空间的绝对方向是不可测量的，导致空间转动对称性，其结果就是角动量守恒。

电荷守恒是与规范变换相联系的，规范变换是标量电磁势 V 和矢量电磁势 A 中零点的移动。因为 E 和 B 是对电磁势微分后得到的，规范变换不影响 E 和 B，而这种不变性则导致电荷守恒。

宇称中的"宇"是指空间（宇宙），"称"是指对称，宇称性就是指空间对称性。在量子力学中，空间反演不变性导致宇称守恒定律。物理学的规律一般来说不会因为左、右方向的改变而有所差别，亦即空间左、右变换是对称的，这个对称性称为空间反射对称性。将空间反射对称性再加上绕垂直于反射平面的180°转动，就得到空间反演对称性，和这个对称性相联系的守恒量称为宇称。宇称是描写微观体系状态波函数的一种空间反演性质。

当微观粒子间相互作用的动力学机制尚未探明之时，通过对物理过程中呈现的对称性的研究来弄清微观粒子的运动特征，是一种行之有效的手段。现在，对称性方面的理论研究和实验探索取得了很大成果，对研究粒子的性质和结构提供了基础。

除了前面介绍的空间平移对称性、空间旋转对称性、时间平移对称性、规范不变性和空间反演不变性外，物理学中还引入了不少与通常的时空空间不同的抽象空间，如同位旋空间、味空间、色空间等，它们也常称作内部空间。在内部空间，也有对称性，也有与之相应的守恒定律，例如同位旋守恒、重子数守恒、轻子数守恒等。表 17.7 给出了目前认识到的对称性和守恒量。

表 17.7 对称性和守恒量

不可观测性	对称性	守恒量	强	弱	电
空间绝对位置	空间平移	动量 p	√	√	√
空间绝对方向	空间转动	角动量 J	√	√	√
绝对时间	时间平移	能量 E	√	√	√
不同带电粒子间的相对相角	电荷规范变换	电荷 Q	√	√	√
不同重子数态间的相对相角	重子数规范变换	重子数 B	√	√	√
不同轻子数态间的相对相角	轻子数规范变换	轻子数 L	√	√	√
不同奇异数态间的相对相角	奇异数规范变换	奇异数 S	√	×	√
同位旋空间方向	同位旋空间转动	同位旋 I	√	×	×
全同粒子的标记	交换运算	玻色子或费米子	√	√	√
空间左右	空间反射	宇称 P	√	×	√
时间方向	时间反演		√	√	√
电荷绝对值	电荷共轭	电荷共轭宇称 C	√	×	√

17.5.2 守恒定律

在核反应和放射性衰变过程中，必须遵守质量数守恒、角动量守恒、动量守恒、能量守恒和电荷守恒。当深入研究基本粒子的相互作用和转化过程中，发现这些守恒定律仍旧有效。此外还有一些与粒子内部结构相联系的守恒定律，如宇称守恒、同位旋守恒、奇异数守恒、重子数守恒、轻子数守恒等，这些守恒定律并不是在每一种相互作用中都成立，它们只是一些近似的守恒定律。

1. 重子数守恒定律

由于强子又可分为重子和介子两大类，为了区别这两类粒子，我们又引进一个重子数 B。每个重子的重子数 $B=1$，反重子的重子数 $B=-1$，其他非重子如介子、轻子、光子的重子数都为零。于是，重子数守恒定律可简单表述为：粒子反应和衰变过程前后，重子数目应该保持不变。

人们最早分析的质子衰变

$$p \to e^+ + \nu \tag{17-42}$$

这个过程遵守角动量守恒、动量守恒、能量守恒和电荷守恒定律，但在自然界却从来没有发现过这样的衰变，是因为该过程的前后重子数不同，违背重子数守恒定律，因而，该反应是禁止的。

到目前为止，在任何过程中重子数守恒定律都成立。需要强调的是重子数守恒和粒子数守恒不是一个概念，事实上，在有的衰变过程中，虽然粒子数不守恒，但是重子数的代数和总是守恒的。例如：

$$\Lambda^0 \to p^+ + \pi^- \tag{17-43}$$

$$K^0 \to \pi^+ + \pi^- \tag{17-44}$$

$$n^0 \to n + \pi^0 \tag{17-45}$$

以上三个过程都保持了重子数守恒。

2. 轻子数守恒定律

除重轻子 τ 外，还有 e^-、μ^-、ν_e、ν_μ 四种轻子及它们对应的反粒子 e^+、μ^+、$\bar{\nu}_e$、$\bar{\nu}_\mu$。规定电子 e^- 及电子型中微子 ν_e 的轻子数 $L_e = 1$，它们的反粒子 e^+ 和 $\bar{\nu}_e$ 的轻子数 $L_e = -1$；μ^- 子及 μ 型中微子的轻子数 $L_\mu = 1$，反粒子 μ^+ 及 $\bar{\nu}_\mu$ 的 $L_\mu = -1$。其他粒子的轻子数都为零。

轻子数守恒定律指出：在一切粒子的反应和衰变过程中轻子数 L_e、L_μ 的代数和分别是守恒的。

对于下列过程：

$$\begin{cases} \nu_\mu + n \to e^- + p \\ \bar{\nu}_\mu + p \to e^+ + n \end{cases} \tag{17-46}$$

不违背任何已知的守恒定律，也满足重子数守恒，但在自然界却从来没有发现过这两个反应。研究表明它们违反了轻子数守恒定律，因此，这类反应是禁止的。

与式（17-46）相反，对于过程

$$\begin{cases} \nu_\mu + n \to \mu^- + p \\ \bar{\nu}_\mu + p \to \mu^+ + n \end{cases} \tag{17-47}$$

实验上却可以观察到。因为在这两个过程中，B、L_e 和 L_μ 都是守恒的。到目前为止，任何过程都遵守轻子数守恒定律和重子数守恒定律。

3. 奇异数守恒定律

首先观察 Λ^0 和 K^0 介子协同产生的例子

$$\pi^- + p \to \Lambda^0 + K^0 \tag{17-48}$$

该过程反应时间很短，约 10^{-23}s，说明是强相互作用。然后 Λ^0 和 K^0 又分别衰变

$$\begin{cases} K^0 \to \pi^+ + \pi^- \\ \Lambda^0 \to \pi^- + p \end{cases} \tag{17-49}$$

衰变时间都很慢，属于弱相互作用。

人们发现，可以用不同的方式来产生 Λ^0 和 K^0，例如：

$$p + \bar{p} \to \Lambda^0 + K^0 + \pi^+ + p \tag{17-50}$$

该过程中 Λ^0 和 K^0 也是同时产生,然后单独衰变。

由以上分析可知,Λ^0 和 K^0 是成对产生,但衰变时可以单独进行;它们产生时是强相互作用,衰变时属于弱相互作用过程,这违反一般的规律。该现象称为奇异现象,具有这种奇异性的粒子称为奇异粒子。1953 年盖尔曼(Gell-Mann)和西岛和彦(Nishijima)引入一个新的量子数,称为奇异数,用符号 S 表示。表 17.8 给出了粒子的奇异数。

表 17.8 粒子的奇异数

类别	粒子	奇异数 S	类别	粒子	奇异数 S
光子	γ	0	核子	p、n	0
介子	π^+、π^0、π^- K^+、K^0	0 1	超子	Λ^0 Σ^+、Σ^0、Σ^- Ξ^-、Ξ^0	-1 -1 -2

在所有的强相互作用和电磁相互作用过程中,奇异数 S 的代数和一定守恒。

在弱相互作用中,对于有奇异粒子参与的过程,奇异数 S 的代数和改变是 ± 1 或没有变化。$\Delta S = 0$ 的弱相互作用的一个例子是常见的中子衰变

$$n \to p + e^- + \bar{\nu}_e$$

奇异数 $\qquad\qquad\qquad 0 \to 0 + 0 + 0$

即 $\qquad\qquad\qquad \Delta S = 0$

4. 宇称守恒定律

宇称是表征微观粒子运动的一个物理量,在经典物理中不存在这个物理量。设某一体系的状态波函数为 $\Psi(x)$,x 代表该体系所有粒子的坐标,当它作空间反演时,波函数 Ψ 的符号不改变,即

$$\Psi(x) = \Psi(-x) \tag{17-51}$$

这就是说 Ψ 具有偶宇称。假如 Ψ 的符号改变,即

$$\Psi(x) = -\Psi(-x) \tag{17-52}$$

就是说 Ψ 具有奇宇称。

宇称守恒定律:对于一个孤立体系,不论经过什么样的相互作用,它的宇称保持不变,即原来为偶宇称的,变化后仍为偶宇称,原来为奇宇称的,变化后仍为奇宇称。

宇称守恒一度被认为是普遍规律,但是,1954—1956 年间,人们发现 θ 粒子衰变为两个介子,τ 粒子衰变为三个介子,亦即

$$\theta \to \pi^+ + \pi^0 \tag{17-53}$$

$$\tau \to \pi^+ + \pi^+ + \pi^- \tag{17-54}$$

实验测出 θ 和 τ 的质量相同,寿命也相同,似乎是同一种粒子。我们知道:由 N 个粒子组成的体系的总宇称等于各粒子的宇称之积,因 π 介子的自身宇称为 -1,所以两个 π 介子系统的宇称应为 $+1$,三个 π 介子系统的宇称应为 -1。所以,如果它们是同一种粒子,其衰变过程就将不遵循宇称守恒定律,不具有空间反演对称性。这种矛盾如何解释,这就是当时所谓的"θ-τ"之谜。有许多物理学家在宇称守恒定律的前提下,想尽种种办法来区别 θ 和 τ 粒子,但均是劳而无获。1956 年李政道和杨振宁在仔细分析当时已有的关于宇称守恒的实验基础以后,提出:虽然在强作用和电磁作用中宇称守恒已为实验所证实,但在弱作用中宇称守恒只是一个推广的假设,并没有被实验证实,那么在弱作用中宇称可以有不守恒的假设。如

果在弱作用中宇称可以不守恒,那么"θ-τ"之谜就不存在了。这种假设后经美籍华人吴健雄实验证实。为此杨振宁、李政道获得了 1957 年度诺贝尔物理学奖。

宇称守恒只有在强相互作用和电磁相互作用中成立,在弱相互作用下（如 β 衰变中）宇称是不守恒的。

此外,有关对称性问题,需要了解的是所谓的对称性的自发破缺。它是指一个原先具有较高对称性的系统,在没有受到任何不对称因素的影响突然间对称性明显下降的现象。当系统中存在或受到破坏对称性的微扰时,若这种小微扰会被不断地放大,最终就会出现明显的不对称,对称性的自发破缺就是这样产生的。时空、不同种类的粒子、不同种类的相互作用、整个复杂纷纭的自然界,包括人类自身,都是对称性自发破缺的产物。在基本粒子物理学中,对于对称和破缺的矛盾曾进行了深入的研究,揭示出基本粒子间的各种对称性。但是,对整体对称性向对称破缺转化,定域对称性向对称破缺转化,究竟需要什么条件和是什么原因出现的还缺乏有力的说明。对称和守恒以及对称性自发破缺对于人类认识自然具有十分重要的意义。

本章逻辑主线

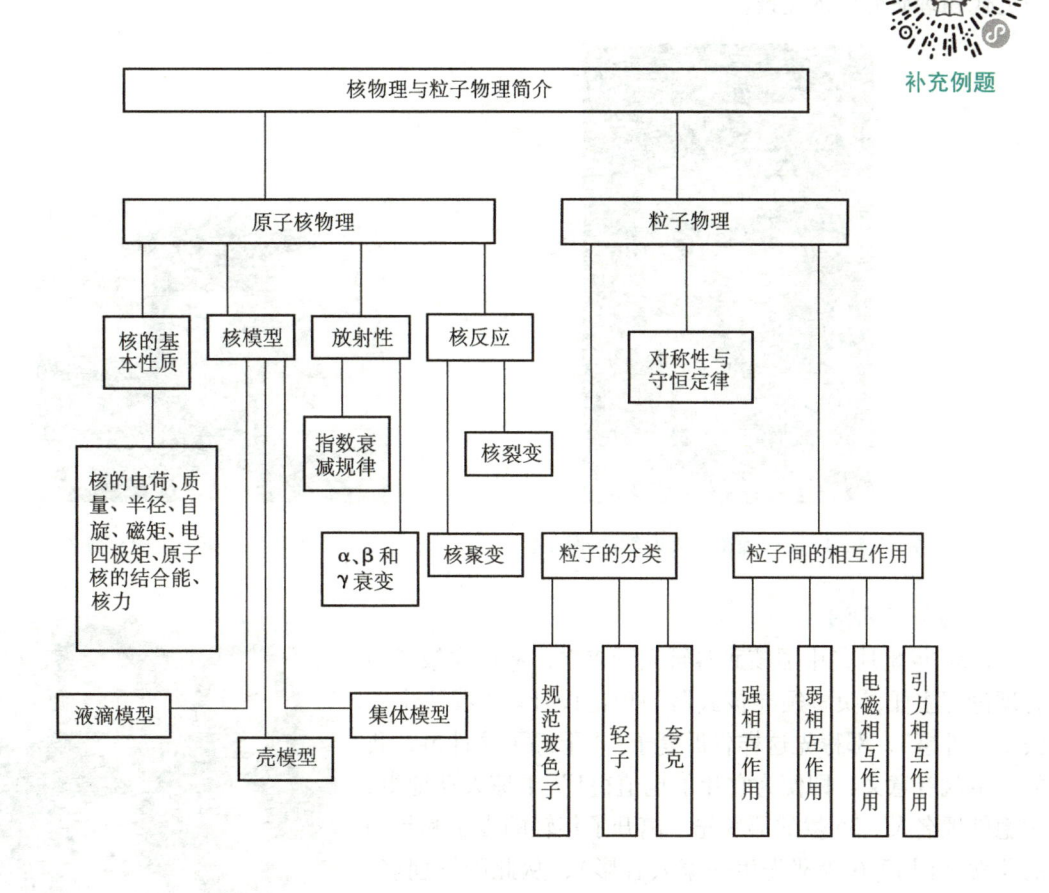

补充例题

```
                    核物理与粒子物理简介
                    ┌──────────┴──────────┐
                原子核物理                粒子物理
         ┌────┬────┬────┐           ┌────┴────┐
        核的  核模型 放射性 核反应    对称性与   
        基本                        守恒定律   
        性质                                  
         │    │    │    │            │         │
        核的  液滴  指数  核裂变     粒子的    粒子间的
        电荷、模型  衰减          分类      相互作用
        质量、     规律                      
        半径、壳模型                ┌──┬──┐ ┌──┬──┬──┬──┐
        自旋、集体  α、β和 核聚变    规 轻 夸 强 弱 电 引
        磁矩、模型  γ衰变            范 子 克 相 相 磁 力
        电四极                      玻       互 互 相 相
        矩、原                      色       作 作 互 互
        子核的                      子       用 用 作 作
        结合能、                                     用 用
        核力
```

拓展阅读

两弹元勋邓稼先

1. 年少邓稼先

1924年6月25日,邓稼先出生于安徽怀宁;1936到1940年,从北京到昆明,艰难的辗转与跋涉,少年邓稼先在战火的硝烟中完成了中学学业;1941到1945年,"千秋耻,终当雪,中兴业,须人杰",西南联大,培育了那个科学救国、以身报国的热血青年——邓稼先。图17-4为1941年西南联大时期的邓稼先。

2. 赴美留学

1948年10月,在北大任教3年的邓稼先,获得了赴美国普渡大学学习的机会,原本3年的博士课程邓稼先用1年零11个月就完成了(图17-5为头戴博士帽的邓稼先)。1950年10月,时年26岁的邓稼先,在获得博士学位的第9天,启程回国,美国优越的工作和生活,怎敌祖国母亲的召唤?归国后的邓稼先,很快与他的老师——王淦昌、彭桓武教授一起投入中国近代物理研究所的建设。

图17-4　1941年西南联大时期的邓稼先

图17-5　头戴博士帽的邓稼先

3. 花开罗布泊

1958年8月,中国核武器研究所成立,邓稼先被任命为理论部主任,负责领导核武器的理论设计。"我要出差去干一件事",邓稼先这样告诉妻子:"干好了这件事,我的一生就有意义,即便为它死了也值得!"干惊天动地事,做隐姓埋名人。35岁的邓稼先,离开了年轻的妻子和年幼的儿女(图17-6为邓先生一家人合影),从此隐姓埋名,开始了长达28年与亲人聚少离多的日子。分别时风华正茂,重聚时两鬓如霜,生命已进入倒计时,邓稼先的青春,在大漠孤烟中,为了罗布泊那盛开的马兰花,为了一个强大的祖国。

图17-6　邓稼先与妻儿合影

4. "五九六"工程

1959年6月,赫鲁晓夫决定停止援助中国,之后苏联单方面撕毁合同,撤走了全部专家,声称:"离开外界的帮助,中国20年也搞不出原子弹。"中国第一颗原子弹工程代号定名为"五九六"。在核弹、氢弹研究中,邓先生领导开展了爆轰物理、流体力学、状态方程、中子输运等基础理论研究,对原子弹的物理过程进行了大量模拟计算和分析,迈出了中国独立研究核武器的第一步,领导完成原子弹的理论方案,并参与指导核试验的爆轰模拟试验。图17-7为邓稼先工作照。

a) b)

图17-7　邓稼先工作照

5. 氢弹研究的中国速度

1964年10月16日,中国成功爆炸了第一颗原子弹,那是由邓稼先最后签字确定的设计方案。在试验后邓稼先率领研究人员迅速进入爆炸现场采样,获取重要数据。之后,邓稼先又率领原班人马,马不停蹄担负起了中国第一颗氢弹的理论设计任务。最终在原子弹爆炸后的2年零8个月,让氢弹爆炸成功。对比同样的事情,法国用时8年零6个月、美国用时7年零3个月,苏联用时6年零3个月,我们创造了世界上最快的速度。

6. 君视名利如粪土,许身国威壮河山

邓稼先的一生共参与了中国进行的32次核试验,其中亲自去罗布泊指挥试验队伍的就多达15次。在1979年的一次核弹空投实验中,蘑菇云没有腾空而起,核弹直接摔到了地上,邓先生只身义无反顾地奔赴了爆炸核心区(见图17-8),为了祖国,牺牲自我,为了人民,邓先生奉献青春。1985年,分离28年后,61岁的邓先生,终于回到了妻子身边,却因受过量严重辐射,身患绝症,全身大面积溶血性出血,靠止疼针撑着,1986年7月26日,邓先生走了,永远离开了我们,但是,他的精神则长存并激励着我们。

7. 缅怀与激励

邓先生是中国知识分子的优秀代表,为了祖国的强盛,为了中国国防科研事业的发展,他甘当无名英雄,默默无闻地奋斗了数十年。在中国核武器的研制方面邓稼先做出了卓越的贡献,却鲜为人知,他敏锐的眼光使中国的核武器发展继续快步推进了十年,终于赶在全面禁止核试验之前,达到了实验室模拟条件。今天,我们缅怀邓先生的事迹,激励自己沿着他走过的道路,奋勇前行。

图 17-8　1979 年邓稼先与同事赵敬璞在戈壁滩核试验场合影

中国核科学事业奠基人——钱三强

古今中外，凡成就事业，对人类有作为的，无一不是脚踏实地、艰苦攀登的结果。

——钱三强

钱三强（见图 17-9），1913 年 10 月 16 日出生，浙江绍兴人，核物理学家，1932 年入读清华大学物理系。其父钱玄同写下"从牛到爱"四字赠予他——一是为了勉励他发扬属牛的那股牛劲和脚踏实地的忍耐力，二是希望他真正热爱科学，向牛顿、爱因斯坦学习。这四字箴言成为他终身的行事准则。

1937 年 9 月，钱三强通过公费留学考试，进入巴黎大学居里实验室攻读博士学位，他的聪慧和实干，深得导师小居里夫妇的赞赏。1940 年，他获得了法国国家博士学位。1946 年的某一天，钱三强在实验室发现了一张特殊的呈丁字形的二裂变现象照片，他意识到"这可能是从铀原子核中另外分裂出来的一颗质子的射线"。此后他与妻子何泽慧展开了全面的实验和研究，在实验室度过了 1000 多个不眠之夜，经过了数万次的实验，他们终于又观察到了这种特殊的核裂变现象，他们发现铀核裂变不仅可以一分为二，而且可以一分为三。最终，他们得出结论——铀核的"三分裂"。这一发现不仅反映了铀核特点，而且使人类能进一步探讨核裂变的普遍性。

图 17-9　钱三强

1948 年，钱三强回到阔别 12 年的清华园。面对百废待兴的中国，他凭着自己一如既往的对科学的热爱和挑战难题的精神，出任中科院近代物理所所长，领导建成了中国第一个重水型原子反应堆和第一台回旋加速器。1955 年，中央决定发展中国核力量后，他成为规划的制定人，并招揽了邓稼先、彭桓武、王淦昌等一大批核科学家。当 1959 年苏联撤走全部专家后，他又担任总设计师，凭借自己过人的领导能力，协调各方，带领团队先后造出了原子弹、氢弹，震惊了世界。

"古今中外，凡成就事业，对人类有所作为的，无一不是脚踏实地、艰苦攀登的结果。"钱三强坚守着这朴素的人生信条，在烽火中献身科学，在强敌环伺之际报效祖国。在攀登的道路上，他的足迹是那样深，深深藏着对科学的信仰和对祖国的热爱。他成就了自己，更成就了祖国。

第 17 章
核物理与粒子物理简介

中国核物理"护航人"——何泽慧

何泽慧（见图 17-10），中国第一位物理学女博士、中科院第一位女院士，人称中国的"居里夫人"，她是中国核物理、高能物理与高能天体物理学的奠基人之一。她与钱三强一起发现了原子核裂变的三分裂和四分裂，并在事业巅峰选择回国，为中国的两弹一星事业做出了重要贡献。晚年她把自己家祖传的豪宅无偿地捐给了国家，自己却蜗居在只有 $20m^2$ 破旧的房子里；她出身名门，本可以安稳地度过一生，可她却偏偏选择了一条不好走的路，身为女子，她远赴德国学习军工弹道专业；她把自己的一生都奉献给了这个她所热爱的国家，被誉为科学家的楷模。

1. 出身名门，入读清华大学物理系

何泽慧于 1914 年 3 月 5 日出生于江苏苏州，祖籍山西灵石两渡。何家是名门大族：从清朝开始，她的家族就出过 15 名进士，29 名举人，以至于当地人有"无何不开科"的说法。

图 17-10　何泽慧

何泽慧的外公王颂蔚是蔡元培的恩师，外婆谢长达是开办第一所私立女子学校——苏州振华女校的近代著名教育家。他的父亲何澄曾东渡日本留学，回国后一直追随孙中山先生进行资产阶级民主革命，是同盟会最早的会员之一，同时也是著名的文物收藏家，苏州有名的山水宅园代表网师园，就是他收藏的私宅。

何泽慧从小不仅接受了良好的教育，而且树立了"谁说女子不如男"、独立而自主的坚定信念。1920 年，何泽慧进入外祖母谢长达创办的振华女校，学校非常重视理科和英语教学，用的数理化教材都是国外原版，这所学校的学习经历，使何泽慧在理科和英语方面打下了坚实的基础，为她后来留学欧洲成为中国第一个物理学女博士打下了前期基础。

1932 年的中国高校首次实行全国统考，何泽慧以优异成绩考进清华大学。有人问她选择物理系的原因，她说只有一个原因，就是物理和军工的关系是最密切的，学好物理是打跑日本鬼子最有效的方法。曾经有记者采访何泽慧问道，她是何时开始对物理产生兴趣的。何泽慧坦率地说，没有兴趣，完全没有，那时候就是为了国家，说老实话，学哪个对国家有利我就念哪个，不管物理不物理的。国难当头何泽慧一心想为中华之崛起而读书。

当时大学宽进严出，受传统思想影响，在当年那个年代，就算何泽慧考上了物理系，在清华的道路依然也是困难重重。因为受传统偏见的影响，教授认为女生不适合学物理，希望她转到其他的系去就读，但骨子里倔强的何泽慧怎么可能容忍这样的歧视，因为这小小挫折而放弃呢。她与教授据理力争，教授自知理亏，同时也拿这满腔热血的小女子没办法，只能以第一学期物理成绩必须高于 70 分才能继续读物理的要求，同意她留在物理系。当年清华大学物理系一共招生 28 名学生，最终只有 10 人顺利毕业，何泽慧的学业成绩位居第一，排名第二的则是钱三强。

2. 说服德国导师，成为核物理学家

大学毕业后，何泽慧到德国柏林工业大学申请攻读博士学位，专业方向为实验弹道学。一开始，系主任克里茨教授却拒绝了她，因为这个系属于保密级别，过去一概不收外国学生，更不会让一个女生来学弹道专业。但这再次激起了何泽慧不服输的劲头："为什么您能到中国去，我就不能到这里来学习呢？况且中国现在正处于日本侵略的水深火热之中，我学好了，

253

就能回去报效祖国。"原来在出国前，她就了解到这位系主任曾经在南京军工署当过顾问，帮助过中国人进行抗日，是个很有正义感的人。克里茨看着眼前这个不卑不亢的中国女孩，被她无与伦比的勇气和坚定的爱国之情深深打动，破例收下了何泽慧。就这样，何泽慧跨越男女差异，成了德国柏林工业大学物理系弹道专业第一个外国女留学生。

何泽慧这次坚守的结果，不仅获得了博士学位，而且让她成为物理界的翘楚。毕业后，她先进入柏林西门子工厂弱电流实验室参加磁性材料的研究工作，后来又到海德堡威廉皇家学院核物理研究所，在玻特教授指导下从事当时已初露应用前景的原子核物理研究。因首先观测到正负电子碰撞现象，被英国《自然》称之为"科学珍闻"。

3. 夫妻俩比翼双飞，共为祖国做贡献

清华毕业后，钱三强与何泽慧两个暗生情愫的年轻人将情感都藏了起来，为了各自的追求，一个去了德国，一个去了法国。谁知这一分开，整整 7 年他们都没再联系。这是由于二战爆发后，德国禁止所有的人与外界通信。

直到 1943 年，德国与法国恢复通信，俩人才开始频繁书信往来。他们虽未见面，但通过鸿雁传书，俩人久违的情愫与日俱增，他们的心也越来越近。终于，在通信两年后，32 岁的钱三强鼓起勇气写了一封求婚信："我向你提出结婚的请求，如能同意，请回信，我将等你一同回国。"

何泽慧立刻回复道："感谢你的爱情，我将对你永远忠诚，等我们见面后一同回国。"1946 年的春天，何泽慧迫不及待地离开了德国，只身提着一只小箱子奔赴巴黎。很快，两人在巴黎注册结婚，约里奥·居里夫妇做了他们的证婚人。

婚后，因为国内战事未休，两人只好暂时留在法国，何泽慧凭着在德国从事了两年的核物理研究工作经历，也顺利地进入了居里实验室。1947 年，他们在居里实验室共同发现了铀的三分裂现象。这一发现震惊了世界，西方媒体也尊称钱三强夫妇为"中国居里夫妇"。

从此，何泽慧与钱三强夫妇成了国际物理界的香饽饽，各国都开出丰厚的物质条件，向他们发出了邀请，但他们都拒绝了。1948 年，为了实现当初的梦想，夫妻俩不顾国内战乱，毅然带着出生仅 6 个月的女儿（见图 17-11），一起回到了祖国，开始用毕生所学报效国家。

我国解放初期什么都不完善，何泽慧陪着丈夫一起创建研究院，他们一起打造了第一个物理研究所，组建了第一个 150 人的研究队伍；没有仪器他们就自己到旧货市场购买旧零件，自己组装；是她，研制出性能达到国际水平的原子核乳胶；在 1959 年苏联撤走专家后，配合两弹一星研究工作，她研究了原子弹点火中子源，最后爆炸成功。两弹成功速度之快的奇迹，离不开何泽慧解决的一个关键问题，她经过上百次实验破解了氢弹研制中的一条重要数据，即氘和锂各种同位素反应截面的测量。1964 年 10 月 16 日，我国第一颗原子弹爆炸成功；1967 年，我国第一颗氢弹爆炸成功。人们都知道钱三强是两弹一星元勋，却不太知道何泽慧同样居功至伟。何泽慧和钱三强携手走过半个多世纪，一起为中国核事业奋斗，历经风雨不离不弃。1992 年

图 17-11 何泽慧与钱三强及其女儿

第 17 章
核物理与粒子物理简介

钱三强去世，先她一步永远离开了这个世界。2011 年 6 月 20 日，在走完近一个世纪漫漫人生路后，中国的居里夫人，伟大的核物理学家何泽慧，静静地永远地闭上了双眼。

她曾说："国家是这样一种东西，不管对得起对不起你，对国家有益的，我就做。"何泽慧的经历启发我们：面对困境和挫折时，绝不能轻易放弃自己的信念和追求。只有坚定信念、勇往直前、不断努力拼搏的人才能最终获得成功。让我们向老一辈科学家学习，做一个敢于攀科学高峰的勇者。

思 考 题

17.1 按照原子核的质子-中子模型，组成原子核 $^A_Z X$ 的质子数和中子数各是多少？核内共有多少个核子？这种原子核的质量数和电荷数各是多少？

17.2 原子核的体积与质量数之间有何关系？这关系说明什么？

17.3 什么叫作原子核的质量亏损？如果原子核 $^A_Z X$ 的质量亏损是 Δm，其平均结合能是多少？

17.4 什么叫作核磁矩？什么叫作核磁子 (μ_N)？核磁子 μ_N 和玻尔磁子 μ_B 有何相似之处？有何区别？质子的磁矩等于多少核磁子？平常用来衡量核磁矩大小的核磁矩 μ'_I 的物理意义是什么？它和核的 g 因子、核自旋量子数的关系是什么？

17.5 核自旋量子数等于整数或半奇整数是由核的什么性质决定？核磁矩与核自旋角动量有什么关系？核磁矩的正负是如何规定的？

17.6 什么叫作核磁共振？怎样利用核磁共振来测量核磁矩？

17.7 什么叫作核力？核力具有哪些主要性质？

17.8 什么叫作放射性衰变？α、β、γ 射线是什么粒子流？写出 $^{238}_{92} U$ 的 α 衰变和 $^{234}_{90} Th$ 的 β 衰变的表示式，写出 α 衰变和 β 衰变的位移定则。

17.9 什么叫作原子核的稳定性？哪些经验规则可以预测核的稳定性？

17.10 写出放射性衰变定律的公式。衰变常数 λ 的物理意义是什么？什么叫作半衰期 $T_{\frac{1}{2}}$？$T_{\frac{1}{2}}$ 和 λ 有什么关系？什么叫作平均寿命 τ？它和半衰期 $T_{\frac{1}{2}}$、和 λ 有什么关系？

17.11 放射性同位素主要应用有哪些？

17.12 为什么重核裂变和轻核聚变能够放出原子核能？

17.13 原子核裂变的热中子反应堆主要由哪几部分组成？它们各起什么作用？

17.14 试举出在自然界中存在负能态的例子。这些状态与狄拉克真空，结果产生 1MeV 的电子，此时还将产生什么？它的能量是多少？

17.15 将 3MeV 能量的 γ 光子引入狄拉克真空，结果产生 1MeV 的电子，此时还将产生什么？它的能量是多少？

17.16 对于光子、中微子、中子和电子，试问：
（1）哪些不参与电磁相互作用？
（2）哪些不参与强相互作用？

习 题

计算题

17.1 已知 $^{232}_{90} Th$ 的原子质量为 232.03821u，计算其原子核的平均结合能。

17.2 测得地壳中铀元素 $^{235}_{92} U$ 只占 0.72%，其余为 $^{238}_{92} U$，已知 $^{238}_{92} U$ 的半衰期为 4.468×10^9 年，$^{235}_{92} U$ 的半衰期为 7.038×10^8 年，设地球形成时地壳中的 $^{238}_{92} U$ 和 $^{235}_{92} U$ 是同样多，试估计地球的年龄。

*第 18 章
物理学的发展及其在高新技术中的应用

物理学是一门基础科学，它研究的是物质运动的基本规律。物理学又分为力学、热学、电磁学、光学和原子物理学等多个分支。由于物理学研究的规律具有很大的基本性与普遍性，所以它的基本概念和基本定律是自然科学和工程技术的基础。物理学作为严格的、定量的自然科学的带头学科，一直在科学技术的发展中发挥着极其重要的作用。它与数学、天文学、化学和生物学之间有密切的联系，它们之间相互作用，促进了物理学及其他学科的发展。

现代社会已经进入知识经济的时代，而知识经济是高新技术经济、高文化经济、高智力经济，是区别于以前的以传统工业为产业支柱、以稀缺自然资源为主要依托的新型经济。在知识经济时代里，高新技术的创新对一个国家乃至一个民族来说，是关系其兴衰成败的关键问题，是一个民族乃至一个国家的生命力。

长期以来，在自然科学领域中，物理学一直是一门起着主导作用的学科。近代物理学的几次突破性进展对人类社会生产力的发展起到了巨大的推动作用。"科学技术是第一生产力"，展望 21 世纪，物理学正孕育着令人振奋的进展，并必将引起新的产业革命。

本章主要介绍物理学的发展历史，以及物理学在生物医学、能源科学、信息电子技术、航天航空、农业工程、纳米材料与纳米技术等领域中的应用。

18.1 物理学发展简史

物理学的发展经历了漫长的历史时期，可大致划分为三个阶段：古代物理学时期、近代物理学时期和现代物理学时期，每个时期都有自己的成就及特点。

18.1.1 古代物理学时期

古代物理学时期大约是从远古至公元 15 世纪，是物理学的萌芽时期（见图 18-1）。

物理学的发展是人类发展的必然结果，也是任何文明从低级走向高级的必经之路。人类自从具有意识与思维以来，便从未停止过对外部世界的思考，即这个世界为什么这样存在，它的本质是什么，这大概是古代物理学启蒙的根本原因。因此，最初的物理学是融合在哲学之中的，人们所思考的，更多的是关于哲学方面的问题，而并非具体物质的定量研究。这一时期的物理学有如下特征：在研究方法上主要是表面的观察、直觉的猜测和形式逻辑的演绎；在知识水平上基本上是现象的描述、经验的肤浅的总结和思辨性的猜测；在内容上主要有物质本原的探索、天体的运动、静力学和光学等有关知识，其中静力学发展较为完善；但发展

射猎　　　　　　　渔猎

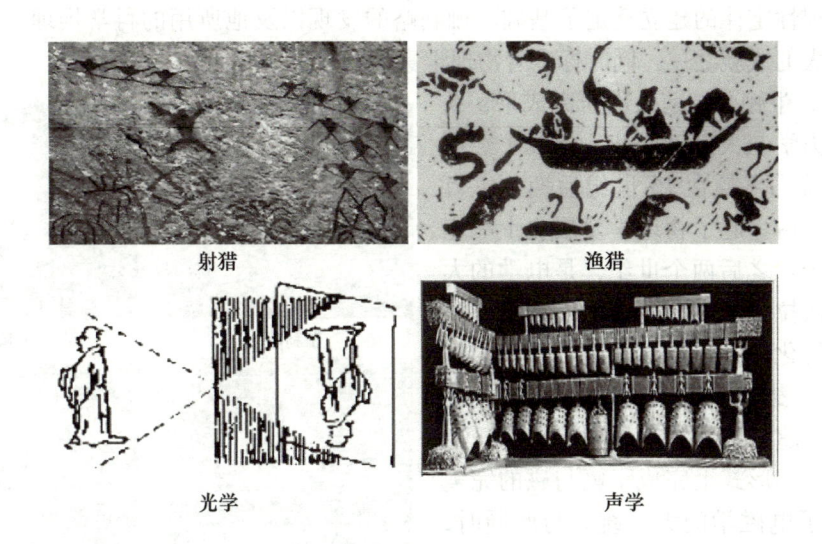

光学　　　　　　　声学

图 18-1　物理学的萌芽时期

速度上比较缓慢。在长达近八个世纪的时间里，物理学没有什么大的进展。

古代物理学发展缓慢的另一个原因，是欧洲黑暗的教皇统治，教会控制着人们的行为，禁锢人们的思想，不允许极端思想的出现。因此，在欧洲最黑暗的教皇统治时期，物理学几乎处于停滞不前的状态。

直到文艺复兴时期，这种状态才得以改变。文艺复兴时期人文主义思想广泛传播，与当时的科学革命一起冲破了经院哲学的束缚，使唯物主义和辩证法思想重新活跃起来。文艺复兴导致科学逐渐从哲学中分裂出来，这一时期，力学、数学、天文学、化学得到了迅速发展。

18.1.2　近代物理学时期

近代物理学时期又称经典物理学时期，这一时期是从 16 世纪至 19 世纪，是经典物理学的诞生、发展和完善时期。

近代物理学是从天文学的突破开始的。早在公元前 4 世纪，古希腊哲学家亚里士多德就已提出了"地心说"，即认为地球位于宇宙的中心。公元 140 年，古希腊天文学家托勒密发表了他的 13 卷巨著《天文学大成》，在总结前人工作的基础上系统地确立了地心说。根据这一学说，地为球形，且居于宇宙中心，静止不动，其他天体都绕着地球转动。这一学说从表观上解释了日月星辰每天东升西落、周而复始的现象，又符合上帝创造人类、地球必然在宇宙中具有至高无上地位的宗教教义，因而流传时间长达 1300 余年。

公元 15 世纪，哥白尼经过多年关于天文学的研究，创立了科学的日心说，写出"自然科学的独立宣言"——《天体运行论》，对地心说发出了强有力的挑战。16 世纪初，开普勒通过从第谷处获得的大量精确的天文学数据进行分析，先后提出了行星运动三定律。开普勒的理论为牛顿经典力学的建立奠定了重要基础。从开普勒起，天文学真正成为一门精确科学，成为近代科学的开路先锋。

近代物理学之父伽利略，用自制的望远镜观测天文现象，使日心说的观念深入人心。他提出落体定律和惯性运动概念，并用理想实验和斜面实验驳斥了亚里士多德的"重物下落快"的错误观点，发现自由落体定律。他提出惯性原理，驳斥了亚里士多德外力是维持物体运动的说法，为惯性定律的建立奠定了基础。伽利略的发现以及他所用的科学推理方法是人类思想史上最伟大的成就之一，同时标志着物理学真正的开端。

16世纪，牛顿总结前人的研究成果，系统地提出了力学三大运动定律，完成了经典力学的大一统。牛顿在16世纪后期创立万有引力定律，树立起了物理学发展史上一座伟大的里程碑。之后两个世纪，是电学的大发展时期，法拉第用实验的方法，完成了电与磁的相互转化，并创造性地提出了场的概念。19世纪，麦克斯韦在法拉第研究的基础上，凭借其高超的数学功底，创立了电磁场方程组，在数学形式上完成了电与磁的完美统一，完成了电磁学的大一统。与此同时，热力学与光学也得到迅速发展，经典物理学逐渐趋于完善。

图18-2列出了近代物理学的部分代表人物。

图18-2 近代物理学的部分代表人物

18.1.3 现代物理学时期

现代物理学时期，即从19世纪末至今，是现代物理学诞生和取得革命性发展的时期。

19世纪末，当力学、热力学、统计物理学和电动力学等取得一系列成就后，许多物理学家都认为物理学的大厦已经建成，后辈们只要做一些零碎的修补工作就行了。然而，两朵乌云的出现，打破了物理学平静而晴朗的天空。第一朵乌云是迈克尔逊-莫雷实验：在实验中没测到预期的"以太风"，即不存在一个绝对参考系，也就是说光速与光源运动无关，光速各向同性。第二朵乌云是黑体辐射实验：用经典理论无法解释实验结果。这两朵在平静天空出现的乌云最终导致了物理学天翻地覆的变革。

20世纪初，爱因斯坦大胆地抛弃了传统观念，创造性地提出了狭义相对论，永久性地解决了光速不变的难题。狭义相对论将物质、时间和空间紧密地联系在一起，揭示了三者之间的内在联系，提出了运动物质长度收缩、时间膨胀的观点，彻底颠覆了牛顿的绝对时空观，完成了人类历史上一次伟大的时空革命。十年之后，爱因斯坦提出等效原理和广义协变原理的假设，并在此基础上创立了广义相对论，揭示了万有引力的本质，即物质的存在导致时空弯曲。相对论的创立，为现代宇宙学的研究提供了强有力的武器。

物理学的第二朵乌云——黑体辐射难题，则是在普朗克、爱因斯坦、玻尔等一大批物理学家的努力下，最终导致了量子力学的诞生与兴起。普朗克引入了"能量子"的假设，标志着量子物理学的诞生，具有划时代的意义。爱因斯坦，对于新生"量子婴儿"，表现出热情支持的态度，并于1905年提出了"光量子"假设，把量子看成是辐射粒子，赋予量子的实在性，并成功地解释了光电效应，捍卫和发展了量子论。随后玻尔在普朗克和爱因斯坦"量子化"概念和卢瑟福的"原子核核式结构"模型的影响下提出了氢原子的玻尔模型。德布罗意把光的"波粒二象性"推广到了所有物质粒子，从而朝创造描写微观粒子运动的新的力学——量子力学迈进了革命性的一步。他认为辐射与粒子应是对称的、平等的，辐射有波粒二象性，粒子同样应有波粒二象性，即对微粒也赋予它们波动性。薛定谔则用波动方程完美解释了物质与波的内在联系，量子力学逐渐趋于完善。

相对论与量子力学的产生成为现代物理学发展的主要标志，其研究对象由高速运动的宏观物体到微观粒子，深入到宇宙深处和物质结构的内部，使人类对宏观世界的结构、运动规律和微观物质的运动规律的认识产生了重大的变革，其发展导致了整个物理学的革命性大变化，奠定了现代物理学的基础。随后的几十年即从 1927 年至今，是现代物理学的飞速发展阶段，这期间产生了量子场论、原子核物理学、粒子物理学、半导体物理学、现代宇宙学等分支学科，物理学日渐趋于成熟。

普朗克 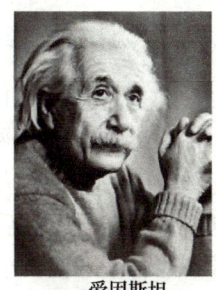　　爱因斯坦

玻尔 　　邓稼先

图 18-3　现代物理学的部分代表人物

现代物理学的部分代表人物如图 18-3 所示。

18.2　物理学在生物医学中的应用

物理学在生物学发展中的贡献体现在两个方面：一是为生命科学提供现代化的实验手段，如电子显微镜、X 射线衍射、核磁共振、扫描隧道显微镜等；二是为生命科学提供理论概念和方法。从 19 世纪起，生物学家在生物遗传方面进行了大量的研究工作，提出了基因假设。在 20 世纪 40 年代，物理学家薛定谔对生命的基本问题颇感兴趣，提出了遗传密码存储于非周期晶体的观点。同样是 20 世纪 40 年代，英国剑桥大学的卡文迪什实验室开展了对肌红蛋白的 X 射线结构分析，经过长期的努力终于确定了 DNA（脱氧核糖核酸）的晶体结构，揭示了遗传密码的本质，这是 20 世纪生物科学最重大的突破。分子生物学已经构成了生命科学的前沿领域，生物物理学显然也是大有可为的。

18.2.1　超声波

超声波是指振动频率大于 20000Hz 的声波，其每秒的振动次数（即频率）甚高，超出了人耳听觉的上限（20000Hz）。超声和可闻声本质上是一致的，它们的共同点都是一种机械振动，通常以纵波的方式在弹性介质内传播，是一种能量的传播形式，其不同点是超声波频率高，波长短，在一定距离内沿直线传播，具有良好的束射性和方向性。超声波在传播过程中一般要发生折射、反射以及多普勒效应等现象，超声波在介质中传播时，发生声能衰减。因此超声通过一些实质性器官，会发生形态及强度各异的反射。由于人体组织器官的生理、病理及解剖情况不同，对超声波的反射、折射和吸收衰减也各不相同。超声诊断就是根据这些反射信号的多少、强弱、分布规律来判断各种疾病。超声在医学的各个领域都有应用，并取得飞速发展，从而产生了超声医学这一分支学科。

18.2.2　阻抗法血细胞分析技术

1. 红细胞检测原理

将等渗电解质溶液稀释的细胞悬液置入不导电的容器中，将小孔管（也称传感器）插进细胞悬液中。小孔管内充满电解质溶液，并有一个内电极，小孔管的外侧细胞悬液中有一个外电极。当接通电源后，位于小孔管两侧的电极产生稳定电流，稀释细胞悬液从小孔管外侧通过小孔管壁上宝石小孔（直径 < 100μm，厚度约 75μm）向小孔管内部流动，使小孔感应区内电阻增高，引起瞬间电压变化形成脉冲信号，脉冲振幅越高，细胞体积越大，脉冲数量越多，细胞数量越多，由此得出血液中血细胞数量和体积值。

2. 白细胞分类计数原理

根据电阻抗法原理（见图18-4），经溶血剂处理的、脱水的、不同体积的白细胞通过小孔时，脉冲大小不同，将体积为 35 ~ 450fL 的白细胞，分为 256 个通道。其中，淋巴细胞为单个核细胞、颗粒少、细胞小，位于 35 ~ 90fL 的小细胞区；粒细胞（中性粒细胞）的核分多叶、颗粒多、胞体大，位于 160fL 以上的大细胞区；单核细胞、嗜酸性粒细胞、嗜碱性粒细胞、原始细胞、幼稚细胞等，位于 90 ~ 160fL 的单个核细胞区，又称为中间型细胞。仪器根据各亚群占总体的比例，计算出各亚群细胞的百分率，并同时计算各亚群细胞的绝对值，显示白细胞体积分布直方图。

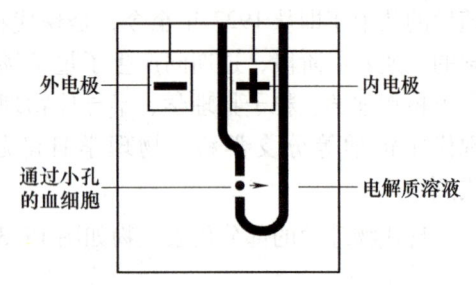

图 18-4　电阻抗法原理示意图

3. 血红蛋白测定原理

当稀释血液中加入溶血剂后，红细胞溶解并释放出血红蛋白，血红蛋白与溶血剂中的某些成分结合形成一种血红蛋白衍生物，在特定波长（530 ~ 550nm）下比色，吸光度变化与稀释液中 Hb 含量成正比，最终显示 Hb 浓度。不同类型血液分析仪，溶血剂配方不同，所形成血红蛋白衍生物不同，吸收光谱不同，如含氰化钾的溶血剂，与血红蛋白作用后形成氰化血红蛋白，其最大吸收峰接近 540nm。

自从 20 世纪 50 年代开始，分子生物学的思想和方法才被迅速地确认为新材料生长、发现和结晶方面的指导思想。由于大部分的生物反应都是发生在材料的界面和表面上，生物学家将表面科学引入生物学，对推动生物医学材料的发展起到了决定性的作用。生物医学材料和器件在救治人类生命方面的能力，以及巨大的商业价值强烈地刺激了许许多多的研究通道。低温等离子体技术在生长生物医学材料和制备生物医学器件方面具有独特的优点和潜力。

18.3　物理学在能源方面的应用——太阳电池

能源的问题是当今世界共同面临、重点关注的问题。化石燃料和工业革命的结合创造了人类历史上辉煌的文明时代，但同时也造成了资源的极大浪费和生态环境的恶化。随着地球上能源数量和利用率的限制，人们不得不向太阳展开研究，希望能更大限度地利用太阳中的能量，来解决人类面临的能源问题。

第 18 章
物理学的发展及其在高新技术中的应用

我国的一次能源储量远远低于世界的平均水平，大约只有世界储量的 10%。开发新能源和可再生清洁能源势在必行。在新能源中，太阳能最为引人注目。开发和利用太阳能已经成为世界各国可持续发展能源的战略决策。

18.3.1 太阳的能量哪里来

太阳，光焰夺目，温暖着人间。从古到今，太阳都以它巨大的光和热哺育着地球，从不间断。地球上的一切能量几乎都是直接或间接来源于太阳。生物的生长，气候的变化，江河湖海的出现，煤和石油的形成，哪一样也离不开太阳。可以说，没有太阳，就没有地球，也就没有人类。

太阳发出的总能量大得惊人。我们可以打一个比方：如果从地球到太阳之间，架上一座 3km 宽、3km 厚的冰桥，那么，太阳只要 1s 的功夫发出的能量，就可以把这个 1.5×10^8 km 长的冰桥全部化成水，再过 8s，就可以把它全部化成蒸汽。

太阳是怎么发出这么巨大的能量来的呢？为了搞清楚这个问题，人类花费了几百年的时间，一直到今天，也还在不断地进行着探索。日常生活告诉我们，一个物体要发出光和热，就要燃烧某种东西。人们最初也是这样去想象太阳的，认为太阳也是靠燃烧某种东西，发出了光和热。后来发现，即使用地球上最好的燃料去燃烧，也维持不了多长的时间。后来又想到可能是靠太阳本身不断地收缩来维持的。但是仔细一算，也维持不了多久。

一直到 20 世纪 30 年代以后，随着自然科学的不断发展，人们才逐渐揭开了太阳产能的秘密。太阳的确在燃烧着，太阳燃烧的物质不是别的，而是化学元素中最简单的元素——氢。不过，太阳上燃烧氢，不是通过和氧化合，而是另外一种方式，叫作热核反应。太阳上进行的热核反应，简单地说，是由四个氢原子核聚合成一个氦原子核。我们知道，原子是由原子核和围绕着原子核旋转的电子组成的，要想使原子核之间发生核反应，可不是一件容易的事情。首先必须把原子核周围的电子全都打掉，然后再使原子核同原子核激烈地碰撞。但是，由于原子核都是带正电，它们彼此之间是互相排斥的，距离越近，排斥力越强。因此，要想使原子核同原子核碰撞，就必须克服这种排斥力。为了克服这种排斥力，必须使原子核具有极高的速度。这就需要把温度提高，因为温度越高，原子核的运动速度才能越快。这样高的温度在地面上是不容易产生的，但是对于太阳来说，它的核心温度高达 1000 多万摄氏度，条件是足够了。太阳正是在这样的高温下进行着氢的热核反应。当四个氢原子核聚合成一个氦原子核的时候，我们会发现出现了质量的亏损，也就是一个氦原子核的质量要比四个氢原子核的质量少一些。那么，亏损的物质跑到哪里去了呢？原来，这些物质变成了光和热，也就是物质由普通的形式变成了光的形式，转化成了能量。质量和能量之间的转换关系，可以用伟大的科学家爱因斯坦的相对论来解释。那就是能量等于质量乘上光速的平方，由于光速的数值很大，因此，这种转换的效率是非常高的。

人们通过对原子和原子核的大量研究，终于利用热核反应的原理，制造出和太阳产生能量的方式一样的氢弹。不过，目前人们还做不到把氢弹的能量很好地控制起来使用。如果有朝一日能够实现可以控制的稳定的热核反应，那么大量的海水中的氢就可以作为取之不尽的燃料。那时候，地球上再也不用为能源问题发愁了。

到达地球大气上界的太阳辐射能量称为天文太阳辐射量。在地球位于日地平均距离处时，地球大气上界垂直于太阳光线的单位面积在单位时间内所受到的太阳辐射的全谱总能量，称为太阳常数。太阳常数的常用单位为 W/m²。因观测方法和技术不同,得到的太阳常数值不同。世界气象组织(WMO)1981 年公布的太阳常数值是 1368W/m²。太阳辐射是一种短波辐射。

到达地表的全球年辐射总量的分布基本上呈带状,只有在低纬度地区受到破坏。在赤道地区,由于多云,年辐射总量并不最高。在南北半球的副热带高压带,特别是在大陆荒漠地区,年辐射总量较大,最大值在非洲东北部。

18.3.2 太阳电池的定义

太阳电池(见图 18-5、图 18-6)是通过光电效应或者光化学效应直接把光能转化成电能的装置。目前以光电效应工作的薄膜式太阳电池为主流,而以光化学效应工作的湿式太阳电池还处于萌芽阶段。

图 18-5 太阳电池

图 18-6 卫星的太阳电池板

18.3.3 太阳电池的原理

太阳电池是一种可以将能量进行转换的光电元件,其基本构造是运用 P 型与 N 型半导体接合而成的。半导体最基本的材料是"硅",它是不导电的,但如果在半导体中掺入不同的杂质,就可以做成 P 型与 N 型半导体,再利用 P 型半导体有个空穴(P 型半导体少了一个带负电荷的电子,可视为多了一个正电荷),与 N 型半导体多了一个自由电子的电位差来产生电流,所以当太阳光照射时,光能将硅原子中的电子激发出来,而产生电子和空穴的对流,这些电子和空穴均会受到内建电场的影响,分别被 N 型及 P 型半导体吸引,而聚集在两端。此时外部如果用电极连接起来,就形成一个回路,这就是太阳电池发电的原理。

简单地说,太阳电池的发电原理,是利用太阳电池吸收 0.4~1.1μm 波长(针对硅晶)的太阳光(见图 18-7),将光能直接转变成电能输出的一种发电方式。由于太阳电池产生的电是直流电,因此若需提供电力给家电用品或各式电器则需加装直/交流转换器,换成交流电。

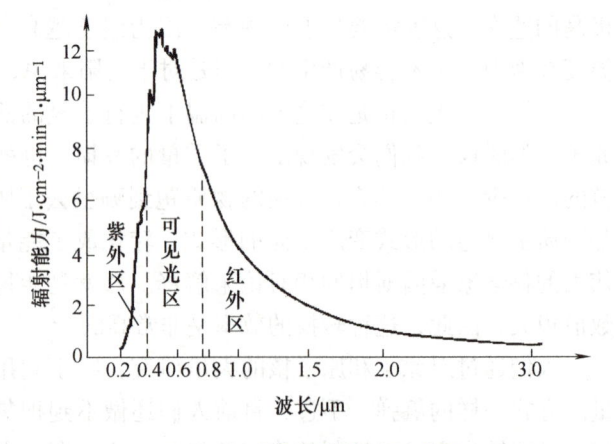

图 18-7 太阳辐射的波长范围

18.3.4　太阳电池的发展

以太阳能发展的历史来说，光照射到材料上所引起的"光起电力"行为，早在19世纪的时候就已经被发现了。1839年，光生伏特效应第一次由法国物理学家贝克勒尔（A. E. Becquerel）发现。1849年，术语"光-伏"才出现在英语中。1883年，第一块太阳电池由弗里茨（C. Fritts）制备成功。弗里茨用锗半导体上覆上一层极薄的金层形成半导体金属结，器件只有1%的效率。到了20世纪30年代，照相机的曝光计广泛地使用光起电力行为原理。1946年，奥尔（R. Ohl）申请了现代太阳电池的制造专利。到了20世纪50年代，随着半导体物性被逐渐了解，以及加工技术的进步，1954年当美国的贝尔实验室在用半导体做实验时发现在硅中掺入一定量的杂质后对光更加敏感这一现象后，第一个太阳电池于当年诞生在贝尔实验室。太阳电池技术的时代终于到来。自20世纪50年代起，美国发射的人造卫星就已经利用太阳电池作为能量的来源。20世纪70年代能源危机时，让世界各国察觉到能源开发的重要性。1973年发生了石油危机，人们开始把太阳电池的应用转移到一般的民生用途上。在美国、日本和以色列等国家，已经大量使用太阳能装置，更朝商业化的目标前进。在这些国家中，美国于1983年在加州建立了世界上最大的太阳能电厂，它的发电量可以高达16MW。南非、博茨瓦纳、纳米比亚和非洲南部的其他国家也设立专案，鼓励偏远的乡村地区安装低成本的太阳电池发电系统。而推行太阳能发电最积极的国家首推日本。1994年，日本实施补助奖励办法，推广每户3000W的"市电并联型太阳光电能系统"。在第一年，政府补助49%的经费，以后的补助再逐年递减。"市电并联型太阳光电能系统"是在日照充足的时候，由太阳电池提供电能给自家的负载用，若有多余的电力则另行储存。当发电量不足或者不发电的时候，所需要的电力再由电力公司提供。到了1996年，日本有2600户装置太阳能发电系统，装设总容量已经有8MW。一年后，已经有9400户装置，装设的总容量也达到了32MW。随着环保意识的高涨和政府补助金的制度，预估日本住家用太阳电池的需求量也会急速增加。

在中国，太阳能发电产业亦得到政府的大力鼓励和资助。2009年3月，财政部宣布拟对太阳能光电建筑等大型太阳能工程进行补贴。数据显示，2012年我国太阳电池继续保持产量和性价比优势，国际竞争力愈益增强，产量持续增大。2013年，我国太阳电池产能为42GW，产量达到25.1GW，位居全球首位。随着太阳电池行业的不断发展，业内竞争也在不断加剧，大型太阳电池企业间并购整合与资本运作日趋频繁，国内优秀的太阳能电池生产企业越来越重视对行业市场的研究，特别是对产业发展环境和产品购买者的深入研究。正因为如此，一大批国内优秀的太阳电池品牌迅速崛起，逐渐成为太阳电池行业中的翘楚！

18.3.5　太阳电池的应用现状

许多国家正在制订中长期太阳能开发计划，准备在21世纪大规模开发太阳能，美国能源部推出的是国家光伏计划，日本推出的是阳光计划。NREL光伏计划是美国国家光伏计划的一项重要的内容，该计划在单晶硅和高级器件、薄膜光伏技术、PVMaT、光伏组件以及系统性能和工程、光伏应用和市场开发等5个领域开展研究工作。

美国还推出了"太阳能路灯计划"，旨在让美国一部分城市的路灯都改为由太阳能供电，根据计划，每盏路灯每年可节电800度。日本也正在实施太阳能"7万套工程计划"，日本准备普及的太阳能住宅发电系统，主要是装设在住宅屋顶上的太阳电池发电设备，家庭用剩余的电量还可以卖给电力公司。一个标准家庭可安装一部发电 3000W 的系统。欧洲则将研究开发太阳电池列入著名的"尤里卡"高科技计划，推出了 10 万套工程计划。这些以普及应用光电池为主要内容的"太阳能工程"计划是推动太阳能光电池产业大发展的重要动力之一。

日本、韩国以及欧洲地区总共 8 个国家决定携手合作，在亚洲内陆及非洲沙漠地区建设世界上规模最大的太阳能发电站，其目标是将占全球陆地面积约 1/4 的沙漠地区的长时间日照资源有效地利用起来，为 30 万用户提供 100 万 kW 的电能。2023 年，全球可再生能源新增装机 5.1 亿千瓦，其中中国的贡献超过了 50%，目前，全球光伏产业近 90% 的产能在中国。

18.3.6 太阳电池的发展前景

太阳电池的应用已从军事领域、航天领域进入工业、商业、农业、通信、家用电器以及公用设施等部门，尤其可以分散地在边远地区、高山、沙漠、海岛和农村使用，以节省造价很贵的输电线路。现在发电成本已降至 0.3 元 kW^{-1}。

市场上销售的光伏电池主要是以单晶硅为原料生产的。由于单晶硅电池生产能耗大，一些专家认为现有单晶硅电池生产能耗大于其生命周期内捕获的太阳能，是没有价值的。最乐观的估计是需要 10 年左右时间，使用单晶硅电池所获得的太阳能才能大于其生产所消耗的能量。而单晶硅是石英砂经还原、融化后拉单晶得到的。其生产过程能耗大，产生的有毒有害物质多，环境污染严重。单晶硅光伏电池生产技术虽然很成熟了，但仍在不断发展，其他各种光伏电池技术也在不断涌现。光伏电池的成本和光电转换效率离真正市场化还有很大差距，光伏电池市场主要靠各国政府财政补贴。欧洲市场光伏发电补贴高达每度电 1 元以上。今后，要使光伏电池大规模应用，必须不断改进光伏电池效率和生产成本，在这个过程中，生产技术和产品会不断更新换代，其更新换代周期很短（仅 3~5 年）。光伏电池生产企业投资大，回收周期长，由于技术更新快，国内企业如果不掌握技术，及时更新技术，很快就会被淘汰，很可能无法收回投资。但是，从长远来看，随着太阳电池制造技术的改进以及新的光—电转换装置的发明，各国对环境的保护和对再生清洁能源需求的加大，太阳电池仍将是利用太阳辐射能比较切实可行的方法，可为人类未来大规模地利用太阳能开辟广阔的前景。

18.4 物理学在信息电子技术中的应用

信息技术在现代工业中的地位日趋重要，计算技术、通信技术和控制技术已经从根本上改变了当代社会的面貌。

计算机技术是人类最杰出的科学成就，计算机的诞生是物理学理论发展的必然结果，计算机技术的高速发展又为物理学提供了强有力的支持，计算机技术与物理学相辅相成，相互促进。回顾计算机的发展史，我们发现每一个阶段都是以物理学的发展变革作为前提的，再看近代物理学的历史，计算机扮演着一个不可替代的角色。下面举计算机硬盘的例子来阐释物理学在计算机中的应用：硬盘是微机系统中最常用、最重要的存储设备之一，由一个或多个铝制或者玻璃制的碟片组成，这些碟片外覆盖有铁磁性材料，它是故障概率较高的设备之一，而来自硬盘本身的故障一般都很小，主要是人为因素或使用者未根据硬盘特点采取切实可行的维护措施所致。其中防震是最重要、最必需的。硬盘是十分精密的存储设备，工作时磁头在盘片表面的浮动高度只有几微米，不工作时磁头与盘片是接触的。硬盘在进行读写操作时，一旦发生较大的震动，就可能造成磁头与数据区相撞击，导致盘片数据区损坏或划盘，甚至丢失硬盘内的文件信息。因此在工作时或关机后，主轴电机尚未停机之前，严禁搬运计算机或移动硬盘，以免磁头与盘片产生撞击而擦伤盘片表面的磁层。在硬盘的安装、拆卸过程中更要加倍小心，严禁摇晃、磕碰。与此同时，一项非常重要的科研技术——硬盘减震就此诞生。各大电子产品的厂商均极大限度地开发此项技术并充分利用在自己的产品中。另外，还有一种新型产品——液态硬盘，其驱动器 SSD 是基于闪存技术的硬盘驱动器。液态轴承马达技术过去一直被应用于精密机械工业，其技术核心是用黏膜液油轴承，以油膜代替滚珠。普通硬盘主轴高速旋转时不可避免地产生噪声，并会因金属摩擦而产生磨损和发热问题。与其相比，液态轴承硬盘的优势是显而易见的：一是减噪降温，避免了滚珠与轴承金属面的直接摩擦，使硬盘噪声及其发热量被减至最低；二是减震，油膜可有效地吸收震动，使硬盘的抗震能力得到提高；三是减少磨损，提高硬盘的工作可靠性和使用寿命。

如果说第一次工业革命是动力或能量的革命，那么第二次工业革命就是信息或负熵的革命。人类迈向信息时代，面对着内容繁杂、数量庞大、形式多样的日趋增值的信息，迫切要求信息的处理、存储、传输等技术从原来依赖于"电"的行为，转向于"光"的行为，从而促进了"光子学"和"光电子学"的兴起。光电子技术最杰出的成果是在光通信、光全息、光计算等方面。光通信于 20 世纪 60 年代开始提出，70 年代得到迅速发展，它具有容量大、抗干扰强、保密性高、传输距离长的特点。光通信以激光为光源，以光导纤维为传输介质，比电通信容量大 10 亿倍。一根头发丝细的光纤可传输几万路电话和几千路电视，20 根光纤组成的光缆每天通话可达 7.62 万人次，光通信开辟了高效、廉价、轻便的通信新途径。以光盘为代表的信息存储技术具有存储量大、时间长、易操作、保密性好、低成本的优点，光盘存储量是一般磁存储量的 1000 倍。新一代的光计算机的研究与开发已成为国际高科技竞争的又一热点。21 世纪，人类将从工业时代进入信息时代。

激光是 20 世纪 60 年代初出现的一门新兴科学技术。1917 年爱因斯坦提出了受激辐射概念，指出受激辐射产生的光子具有频率、相、偏振态以及传播方向都相同的特点，而且受激辐射的光获得了光的放大。他又指出实现光放大的主要条件是使高能态的原子数大于低能态的原子数，形成粒子数的反转分布，从而为激光的诞生奠定了理论基础。20 世纪 50 年代在电气工程师和物理学家研究无线电微波波段问题时产生了量子电子学。1958 年，汤斯等人提出把量子放大技术用于毫米波、红外以及可见光波段的可能性，从而建立起激光的概念。1960 年，美国梅曼研制成世界上第一台激光器。经过 30 年的努力，激光器件已发展到相当高的水平：激光输出波长几乎覆盖了从 X 射线到毫米波段，脉冲输出功率达 $1019W \cdot cm^{-2}$，最短光脉冲达 $6 \times 10^{-15}s$ 等。激光成功地渗透到近代科学技术的各个领域。利用激光高亮度、单色性好、方向性好、相干性好的特点，在材料加工、精密测量、通信、医疗、全息照相、产品检测、同位素分离、激光武器、受控热核聚变等方面都获得了广泛的应用。

电子技术是在电子学的基础上发展起来的。1906 年，第一支三极电子管的出现是电子技术的开端。1948 年，物理学家发明了半导体晶体管，这是物理学家认识和掌握了半导体中电子运动规律并成功地加以利用的结果，这一发明开拓了电子技术的新时代。20 世纪 50 年代末出现了集成电路，而后集成电路向微型化方向发展。1967 年产生了大规模集成电路，1977 年超大规模集成电路诞生。从 1950 年至 1980 年的 30 年中，依靠物理知识的深化和工艺技术的进步，使晶体管的图形尺寸（线宽）缩小了 1000 倍。今天的超大规模集成电路芯片上，可在一根头发丝的横截面上制备 200 万个晶体管。微电子技术的迅速发展使得信息处理能力和电子计算机容量不断增长。20 世纪 40 年代建成的第一台大型电子计算机，自重达 30t，耗电 200kW，占地面积 150m^2，运算速度为每秒几千次，而在今天一台笔记本电脑（便携式计算机）的性能完全可以超过它。面对超大规模电路中图形尺寸不断缩小的事实，人们已看到，半导体器件基础上的微电子技术已接近它的物理上和技术上的极限，这就要求物理学家从微结构物理的研究中，制造出新的能满足更高信息处理能力要求的器件，使微电子技术得到进一步发展。

18.5 物理学在航天航空中的应用

探索浩瀚的宇宙，是人类千百年来的美好梦想。我国在远古时就有嫦娥奔月的神话。公元前 1700 年，我国有"顺风飞车，日行万里"之说，人们还绘制了飞车腾云驾雾的想象图。

自从 1957 年 10 月 4 日世界上第一颗人造地球卫星上天以来，到 1990 年 12 月底，苏联、美国、法国、中国、日本、印度、以色列和英国等国家以及欧洲航天局先后研制出约 80 种运载火箭，修建了 10 多个大型航天发射场，建立了完善的地球测控网，世界各国和地区先后发射成功 4127 个航天器，其中包括 3875 个各类卫星，141 个载人航天器，111 个空间探测器，几十个应用卫星系统投入运行。目前航天员在太空的持续飞行时间长达 438 天，有 12 名航天员踏上月球。空间探测器的探测活动大大更新了有关空间物理和空间天文方面的知识。到 20 世纪末，已有 5000 多个航天器上天。有一百多个国家和地区开展航天活动，利用航天技术成果，或制订了本国航天活动计划。航天活动成为国民经济和军事部门的重要组成部分。

航天技术是现代科学技术的结晶，它以基础科学和技术科学为基础，汇集了 20 世纪许多工程技术的新成就。力学、热力学、材料学、医学、电子技术、光电技术、自动控制、喷气推进、计算机、真空技术、低温技术、半导体技术、制造工艺学等对航天技术的发展起了重要作用。这些科学技术在航天应用中互相交叉和渗透，产生了一些新学科，使航天科学技术形成了完整的体系。航天技术不断提出的新要求，又促进了科学技术的进步。

18.5.1 航天技术涉及的问题

1. 卫星的发射过程中涉及的问题

人造地球卫星的发射速度不得低于 7.9km/s，此速度是卫星的最小发射速度或绕地球飞行的最大速度。轨道倾角是航天器绕地球运行的轨道平面与地球赤道平面之间的夹角，按轨道倾角大小可将卫星运行轨道分为四类：①顺行轨道：特征是轨道倾角小于 90°，在这种轨道上的卫星，绝大多数离地面较近，高度仅为数百公里，故又称为近地轨道。我国地处北半球，要把卫星送入这种轨道，运载火箭要朝东南方向发射，这样能充分利用地球自西向东旋转的部分速度，从而可以节约发射能量，我国的"神舟"号试验飞船都是采用这种轨道发射的。②逆行轨道：特征是轨道倾角大于 90°，欲将卫星送入这种轨道运行，运载火箭需要朝西南方向发射。不仅无法利用地球自转的部分速度，而且还要付出额外能量克服地球自转部分的速度。即逆着地球的旋转方向发射耗能较多，因此除了太阳同步轨道外，一般不采用这种轨道发射。③赤道轨道：特征是轨道倾角为 0°，卫星在赤道上空运行。这种轨道有无数条，但其中有一条相对地球静止的轨道，即地球同步卫星轨道。计算可知，当卫星在赤道上空 35786km（即约为 3.6×10^4km）高处自西向东运行一周为 23h 56min 4s（约为 24h），即卫星相对地表静止。从地球上看，卫星犹如固定在赤道上空某一点随地球一起转动。在同步卫星轨道上均匀分布 3 颗通信卫星即可以进行全球通信（为什么？请同学们思考后做出解释）的科学设想早已实现。世界上主要的通信卫星都分布在这条轨道上。④极地轨道：特点是轨道倾角恰好等于 90°，它因卫星过南北两极而得名，在这种轨道上运行的卫星可以飞经地球上任何地区的上空（为什么？请同学们思考后做出解释）。

按照卫星的发射方式分为：①直线发射，即一次送达，由于整个过程均要克服地球引力做功，且卫星处于动力飞行状态，因此需要消耗大量的燃料。②变轨发射，是先把卫星送到地球的大椭圆同步转移轨道，当卫星到达远地点（航天器绕地球运行的椭圆轨道上距地心最近的一点叫作近地点，距地心最远的一点叫作远地点）时，发动机点火对卫星加速，当速度达到沿大圆作圆周运动所需的速度时，飞船就不再沿椭圆轨道运行，而是沿圆周运动，这样飞船就实现了变轨，从而将卫星送入预定轨道。同步卫星一般都采用变轨发射。

2. 卫星寿命涉及的问题

卫星在轨道上存留的时间，是从卫星进入预定的目标轨道到陨落为止的时间间隔。近地轨道卫星的轨道寿命主要取决于大气阻力。在大气阻力作用下，卫星的实际轨道是不断下降的螺旋线（不考虑卫星在轨运行时采取轨道保持措施）。当卫星下降到 110～120km 的近圆形轨道时，大气阻力将使卫星迅速进入稠密大气层而烧毁。一般来说，卫星轨道高度越高，大气阻力越小，寿命也就越长。超过 1000km 高度的卫星，轨道寿命可能达千年以上；高度在 160km 左右的卫星，轨道寿命只有几天甚至几圈。

3. 卫星回收过程中涉及的问题

回收是发射的逆过程，返回阶段对航天员和飞船的考验最大。在飞船距地表约 100km 时，返回舱开始再入大气层。由于返回舱对大气的高速摩擦和对周围空气的压缩，返回舱的速度急剧降低，这样它的大部分动能与势能变成了热能。虽有大部分热能以辐射和对流的方式散失掉，但仍能达到上千摄氏度的高温。为了防止有效载荷舱或乘员座舱烧毁，再入航天器备有再入防热系统。由于防热系统的重量会影响再入航天器的性能，因此可将不需要返回地面的仪器留在轨道上继续工作或遗弃，从而大大减轻航天器重量而降低技术难度。待要进入大气层时要适时启动航天器反推力火箭使其减速，并选择适当的角度进入大气层，快要接近地面时才张开降落伞使其垂直着陆或溅落安全着陆。进入大气层后在飞船离地 80km 到 40km 范围内，由于飞船摩擦生热，会在飞船表面和周围气体中产生一个温度高达上千摄氏度的高温区。高温区内的气体和飞船表面材料的分子被分解和电离，形成一个等离子区，像一个套鞘似的包裹着飞船，从而使飞船与外界的无线电通信衰减，甚至中断，出现"黑障"现象。

此外把返回舱做成底大头小是因为返回舱返回时将重新进入大气层，气流千变万化将使高速飞行的返回舱难以保持固定的姿态，不倒翁的形状不怕气流的扰动。

18.5.2 我国航天技术的发展

我国航天技术持续不断发展，为我国空间科学的发展以及空间探测奠定了坚实的基础。空间的物理学研究不仅将带动我国基础科学研究，而且将引领我国航天技术水平的进一步提高，有效促进空间科学与航天科技水平的协调发展。自 20 世纪 90 年代开始，我国利用"神舟"号飞船和返回式卫星，在空间材料和流体物理以及空间技术研究等领域开展了大量实验研究，取得了一批重要成果。根据我国空间科学中长期发展规划，将利用返回式卫星进行微重力科学实验，同时探讨进行引力理论验证的专星方案。空间的物理学研究涉及空间基础物理、微重力流体物体、微重力燃烧、空间材料科学和空间生物技术等学科领域。空间基础物理涉及当今物理学的许多前沿的重大基础问题，在科学上极为重要，这在我国还是薄弱领域。

可见，航天技术与物理及计算机软件技术结合最为紧密，和物理、力学的关系更是显而易见，又由于其中牵扯大量实时数据处理，没有相应处理技术也是无法实现的。21世纪，随着现代科学技术的迅猛发展，人类的历史已经进入一个崭新的时代——信息时代。我们成长在这个时代，理应顺应时代发展，为人类文明做出一番自己的贡献。信息时代的鲜明时代特征是：支撑这个时代的如能源、交通、材料和信息等基础产业均将得到高度发展，并且能充分满足社会发展和人民生活的多方面需求。作为信息科学的基础，微电子技术和光电子技术同属于教育部本科专业目录中的一级学科"电子科学与技术"。微电子技术伴随着计算机技术、数字技术、移动通信技术、多媒体技术和网络技术的出现得到了迅猛的发展，从初期的小规模集成电路（SSI）发展到今日的巨大规模集成电路（GSI），成为使人类社会进入信息化时代的先导技术。

航天科技带给全世界人们的知识是丰富的，影响是深远的，把航天科技转化为可实施的工业生产力，转化为可以商用民用的技术，应该是人类共同努力的目标。

18.6 我国现代物理农业工程技术的应用

现代物理农业工程技术包含的内容很多，目前我国在声、光、电、磁和核技术应用方面都有实践，但应用量和应用面积较大的还是植物声波助长促生技术、种子磁化技术、电子杀虫技术等。

对植物施加特定频率的声波，可提高植物活细胞内电子流的运动速度，促进各种营养元素的吸收、传输和转化，增强植物的光合作用和吸收能力，促进早熟、提高产量和品质。

声波助长仪能在植物生长过程中，增强光合作用，增大植物的呼吸强度，加快茎、叶等营养器官的生化反应过程，促进生长，提高营养物质制造量，加快果实或营养体的形成过程，提高产量，如能使叶类蔬菜增产30%，黄瓜、西红柿等果类蔬菜和樱桃、草莓等水果增产25%，玉米等大田作物增产20%。声波助长仪在增强植物光合作用的同时，也增加了酶的合成，从而促进了蛋白质、糖等有机物质的合成，达到提高植物品质的效果。实验证明，西红柿、草莓的甜度都有较大提高，含糖量增加20%以上。

声波助长仪帮助植物促进呼吸作用，加强能量转变的速度，促进物质吸收和运转能力，使植物表现出旺盛的生长速度，达到早熟的功效，如玉米可早熟7~10天。声波助长仪对植物发出的谐振波，能促进植物在生长进入旺盛期时，呼吸能力增高，从而保持细胞内较高的氧化水平，对病菌分泌的毒素有破坏作用。呼吸还能提供能量和中间产物，有利于植物形成某些隔离区（如木栓隔离层），阻止病斑扩大。

当敏感害虫遇到声波助长仪产生的谐振波时，会产生厌恶感或恐惧感，影响正常进食，使其难以生存，不能繁育或者主动离开，对驱逐蚜虫、红蜘蛛等顽固害虫有十分显著的效果。对种子进行磁化处理，可激发种子内部酶的活性，提高吸收水、肥的能力，提高种子的发芽率和作物的新陈代谢，增强抗病虫害能力，促进作物生长，提高产量，是一项很有价值的农业增产技术。

利用害虫的趋光性特点，可诱杀害虫，实现物理灭杀。

综合情况表明，采用现代物理农业工程技术，使用方便，安全可靠，无毒无污染，绿色环保，可生产绿色、无公害农产品，有效改善农产品品质；可促进作物生长发育，增强作物的抗病能力，减少病虫害的发生，促进作物早熟，提高产量，提升产品品质，并提前上市，增产效果显著，增加了农民的收入；可提升农产品安全生产水平，促进农业产业升级，提高农产品在国内外市场的竞争力，促进农业的发展；也是实现生态农业，促进农业可持续发展的重要生产模式之一。

18.7 纳米材料与纳米技术

18.7.1 纳米技术简介

纳米科学技术（Nano Scale Science and Technology）是在20世纪80年代末期诞生的一项以纳米材料为基础的多学科交叉的前沿学科领域。纳米材料通常是指尺寸大小在1～100nm之间的物质。当材料的尺寸降低到纳米尺度时，由于小尺寸效应、表面效应和量子效应等使它们呈现出常规材料所不具备的许多独特的光学、电学、磁学性能。纳米科技就是在纳米尺度内通过对物质反应、传输和转变的控制来创造新材料、开发器件及充分利用它们的特殊性能的科学技术。

从迄今为止的研究来看，关于纳米技术分为三种概念：

第一种概念是1986年美国科学家德雷克斯勒博士在《创造的机器》一书中提出的分子纳米技术。根据这一概念，可以使组合分子的机器实用化，从而可以任意组合所有种类的分子，制造出任何种类的分子结构。这种概念的纳米技术还未取得重大进展。

第二种概念把纳米技术定位为微加工技术的极限，也就是通过纳米精度的"加工"来人工形成纳米大小的结构的技术。这种纳米级的加工技术，也使半导体微型化即将达到极限。现有技术即使发展下去，从理论上讲终将会达到限度，这是因为，如果把电路的线幅逐渐变小，将使构成电路的绝缘膜变得极薄，这样将破坏绝缘效果。此外，还有发热和晃动等问题。为了解决这些问题，研究人员正在研究新型的纳米技术。

第三种概念是从生物的角度出发而提出的，生物在细胞和生物膜内就存在纳米级的结构。1981年扫描隧道显微镜发明后，使人们观察纳米尺寸成为可能。纳米技术其实就是一种用单个原子、分子射程物质的技术。纳米技术的最终目标是直接以原子或分子来构造具有特定功能的产品。纳米颗粒的奇异特性有小尺寸效应、表面效应和量子效应。由多个原子组成的小粒子称为原子团簇，原子团簇有以下特性：①具有硕大的表面体积比而呈现出表面或界面效应；②原子团尺寸小于临界值时的"库仑"爆炸；③幻数效应；④原子团逸出功的振荡行为。因为这些特性使纳米技术的应用显得非常有意义。

纳米技术是一门交叉性很强的综合学科，研究的内容涉及现代科技的广阔领域。纳米科学与技术主要包括：纳米体系物理学、纳米化学、纳米材料学、纳米生物学、纳米电子学、纳米加工学、纳米力学等。纳米材料的制备和研究是整个纳米科技的基础。其中，纳米物理学和纳米化学是纳米技术的理论基础，而纳米电子学是纳米技术最重要的内容。

18.7.2 常见的纳米材料 ZnO

作为纳米材料之一的 ZnO 是一种在室温下具有带隙为 3.37eV、激子束缚能为 60meV 的直接能隙、宽带隙半导体材料，具有很好的化学和热稳定性。由于具有优良的光学和电学性能，ZnO 被广泛应用于表面声波过滤器、光子晶体、发光二极管、光电探测器、光敏二极管、光学调制波导、变阻器和气敏传感器等。此外，ZnO 纳米棒在室温下光致紫外激光的发现更是极大地推动了 ZnO 纳米棒制备和特性方面的研究。同时，由于环境污染的日趋严重，怎样消除污染物已经引起全人类的关注，纳米 ZnO 作为一种性能优异的光催化剂，应用于环境治理与保护是很有潜力的。

18.7.3 常见的纳米材料 TiO_2

随着现代科学技术的发展，能源日益枯竭，全球性环境污染和生态破坏日趋严重，使得人们对全新无污染的清洁生产给予了极大的关注，而占地球总能量 99% 以上的太阳能却是取之不尽，用之不竭，且又不污染环境，是人类将来所利用能源的最大源泉。在此情况下，光催化技术应运而生。光催化技术是一种新型、高效、节能的现代绿色环保技术，光催化技术是在催化剂的作用下，利用光辐射将污染物分解为无毒或毒性较低的物质的过程。在众多的光催化剂中，TiO_2 以其安全无毒、光催化性能优良、化学性能稳定、无副作用和使用寿命长等优点而被广泛使用。

拓展阅读

梦幻神奇的纳米技术

纳米原是一个长度单位，$1nm = 10^{-9}m$，仅相当于 1m 的 10 亿分之一。这在过去显然是一个根本不可"望"当然无法"及"的超微观尺寸。直到 1981 年扫描隧道显微镜（STM）发明后，人们才有了窥测操纵纳米物质的工具。1990 年，在 STM 操纵下，用 35 个原子"写"出了世界上最小的三个字母 I—B—M（见图 18-8）。2000 年 3 月，按照它所达到的尺度，被理所当然地命名为"纳米技术"，并预见它将成为 21 世纪前 20 年的主导技术，成为下一次工业革命的核心。

纳米材料是由纳米量级的微粒组成的，纳米固体包含纳米金属和金属化合物、纳米陶瓷、纳米非晶态材料等。液相平台的纳米材料（如纳米水等）都具有与通常物质不同的特性。纳米金属对光的吸收能力特别强，因此，纳米微粒均呈黑色，是隐形飞机的最好材料。纳米机器人可以直接进入人的血管，诊断病情，清除血管和心脏动脉的沉积物。纳米飞机中队、纳米蚂蚁将会装备

图 18-8 "I—B—M"

部队，成为作战的主力。我们的牙齿之所以如此坚硬，正因为牙齿是天然纳米材料组成的；荷花叶是不沾水、不沾油的，原因就是因为叶上绒毛的线度约为 700nm，这些都是天然的纳米材料。不仅如此，纳米技术的发展将引发一场认知的革命。我们知道，人类从旧石器时代开始就养成了一种想当然的思维模式，即"制造"总是自上而下的，从造飞机到刻录光盘的所有技术，都是以切削、分割、组装的方式来构建物体。这是人们习惯的，但并不是自然创造万

物的唯一方式。1959年，物理学家费曼就提出了一个惊人的想法："为什么我们不能从另一个方向出发，从单个的分子、原子开始进行组装来制造物品？"1986年，专以展望未来为职业的科学"巫师"德雷克斯勒，把费曼的思想说得更清楚了，他说："为什么不制造成群的微型机器人，让它们在地毯和书本上爬行，把灰尘分解成原子，再将这些原子组装成餐巾、肥皂和电视机呢？"并说："这些微型机器人不仅是搬运原子的建筑工人，而且还具有绝妙的自我复制和自我修复的能力……有朝一日，人们将用一个个原子培养、制造出从塑料到火箭发动机等一切东西，甚至也包括人类自己。"因此，他认为："纳米技术不是小尺寸技术的延伸，甚至根本不该被看作是技术，而是一场认知的革命。"而这场认知革命的精髓就是打破人类自有文明以来便遵循的"自上而下"的制造方式，反其道而行之。这里关键要做一个"纳米盒子"，实际上是一个物质复印机，把你想制造的任何东西的原子结构信息提供给纳米盒子，按动一下按钮，纳米盒子里的纳米机器人大军便会按物品的原样，制造出需要的产品。可见，到那个时候——看来不会很远很远，一些哲学界限将会被纳米技术所打破：①物质和信息的界限，从纳米技术的尺度上看，只见原子，不见物质，各种物质的差异仅是原子信息的差异，没有本质的差别；②生物与非生物的界限也将被打破，石头被认为是无生命的，给它几个纳米机器人，当它们把石头的所有原子都组装成纳米机器人后，石头便有了生命的迹象，在显微镜下，如同闹哄哄的蚁窝或蜂房一样；③意识和物质的界限是否会被打破也是一个有趣的问题，理论上，纳米技术可以复制人类自己，当然与克隆人不同，克隆技术只复制基因，而纳米技术则能够重现原体身上的每个细胞，当然也包括思想和意识了。

　　纳米技术带给人类文明的冲击可能还不止这些。从纳米的坐标看出，世界的本性便不再是物质的，而是一个由原子构成的信息库。我们可以用小尺度技术制造大尺度物质，甚至星球和宇宙，还有生活在其中的各种生命形式。看来这已经不是梦幻了。

附　录

附录 A　国际单位制（SI）

国际单位制是在米制基础上发展起来的。在国际单位制中，规定了七个基本单位（见表 A.1），即米（长度单位）、千克（质量单位）、秒（时间单位）、安培（电流单位）、开尔文（热力学温度单位）、摩尔（物质的量单位）、坎德拉（发光强度单位），还规定了两个辅助单位（见表 A.2），即弧度（平面角单位）、球面度（立体角单位）。其他单位均由这些基本单位和辅助单位导出。国际单位制的单位词头见表 A.3。

表 A.1　国际单位制的基本单位

量的名称	单位名称	单位符号	定　义
长度	米	m	米是光在真空中 1/299 792 458 s 的时间间隔内所经路程的长度 （第 17 届国际计量大会，1983 年）
质量	千克	kg	千克是质量单位，等于国际千克原器的质量 （第 1 届和第 3 届国际计量大会，1889 年，1901 年）
时间	秒	s	秒是铯-133 原子基态的两个超精细能级之间跃迁所对应的辐射的 9 192 631 770 个周期的持续时间 （第 13 届国际计量大会，1967 年，决议 1）
电流	安培	A	安培是一恒定电流，若保持在处于真空中相距 1m 的两无限长而圆截面可忽略的平行直导线内，则此两导线之间产生的力在每米长度上等于 2×10^{-7} N （国际计量委员会，1946 年，决议 2；1948 年第 9 届国际计量大会批准）
热力学温度	开尔文	K	热力学温度单位开尔文是水三相点热力学温度的 1/273.16 （第 13 届国际计量大会，1967 年，决议 4）
物质的量	摩尔	mol	①摩尔是一系统的物质的量，该系统中所包含的基本单元数与 0.012kg 碳-12 的原子数目相等。②在使用摩尔时，基本单元应予指明，可以是原子、分子、离子、电子及其他粒子，或是这些粒子的特定组合 （国际计量委员会 1969 年提出；1971 年第 14 届国际计量大会通过，决议 3）
发光强度	坎德拉	cd	坎德拉是一光源在给定方向上的发光强度，该光源发出频率 540×10^{12} Hz 的单色辐射，且在此方向上的辐射强度为 (1/683) W/sr （第 16 届国际计量大会，1979 年决议 3）

表 A.2　国际单位制的辅助单位

量的名称	单位名称	单位符号	定　义
平面角	弧度	rad	弧度是一圆内两条半径之间的平面角，这两条半径在圆周上截取的弧长与半径相等 （国际标准化组织建议书 R31 第 1 部分，1965 年 12 月第 2 版）
立体角	球面度	sr	球面度是一立体角，其顶点位于球心，而它在球面上所截取的面积等于以球半径为边长的正方形面积 （国际标准化组织建议书 R31 第 1 部分，1965 年 12 月第 2 版）

表 A.3　国际单位制的单位词头

词　头	符　号	幂	词　头	符　号	幂
尧[它]yotta	Y	10^{24}	分 deci	d	10^{-1}
泽[它]zetta	Z	10^{21}	厘 centi	c	10^{-2}
艾[可萨]exa	E	10^{18}	毫 milli	m	10^{-3}
拍[它]peta	P	10^{15}	微 micro	u	10^{-6}
太[拉]tera	T	10^{12}	纳[诺]nano	n	10^{-9}
吉[咖]giga	G	10^{9}	皮[可]pico	p	10^{-12}
兆 mega	M	10^{6}	飞[母托]femto	f	10^{-15}
千 kilo	k	10^{3}	阿[托]atto	a	10^{-18}
百 hecto	h	10^{2}	仄[普托]zepto	z	10^{-21}
十 deca	da	10	幺[科托]yocto	y	10^{-24}

附录 B　常用基本物理常量

(1986 年国际推荐值)

物 理 量	符　号	数　值	不确定度($\times 10^{-6}$)
真空中光速	c	299 792 458 m·s^{-1}	(精确)
真空磁导率	μ_0	$4\pi \times 10^{-7}$ N·A^{-2} $12.566\,370\,614 \times 10^{-12}$ N·A^{-2}	(精确)
真空介电常数	ε_0	$8.854\,187\,817 \times 10^{-12}$ F·m^{-1}	(精确)
引力常量	G	$6.672\,59(85) \times 10^{-11}$ m^3·kg^{-1}·s^{-2}	128
普朗克常量	h $\hbar = h/2\pi$	$6.626\,075\,5(40) \times 10^{-34}$ J·s $1.054\,572\,66(63) \times 10^{-34}$ J·s	0.60 0.60
阿伏伽德罗常量	N_A	$6.022\,136\,7(36) \times 10^{23}$ mol^{-1}	0.59
摩尔气体常数	R	$8.314\,510(70)$ J·mol^{-1}·K^{-1}	8.4
玻耳兹曼常数	k	$1.380\,658(12) \times 10^{-23}$ J·K^{-1}	8.4
斯特藩-玻耳兹曼常量	σ	$5.670\,51(19) \times 10^{-8}$ W·m^{-2}·K^{-4}	34
摩尔体积(理想气体, $T = 273.15$K, $p = 101325$Pa)	V_m	$0.022\,414\,10(19)$ m^3·mol^{-1}	8.4
维恩位移定律常量	b	$2.897\,756(24) \times 10^{-3}$ m·K	8.4
基本电荷	e	$1.602\,177\,33(49) \times 10^{-19}$ C	0.30
电子静质量	m_e	$9.109\,389\,7(54) \times 10^{-31}$ kg	0.59
质子静质量	m_p	$1.672\,623\,1(10) \times 10^{-27}$ kg	0.59
中子静质量	m_n	$1.674\,928\,6(10) \times 10^{-27}$ kg	0.59
电子荷质比	e/m	$1.758\,819\,62(53) \times 10^{-11}$ C·kg^{-1}	0.30
电子磁矩	μ_e	$9.284\,770\,1(31) \times 10^{-24}$ A·m^2	0.34
质子磁矩	μ_p	$1.410\,607\,61(47) \times 10^{-26}$ A·m^2	0.34
中子磁矩	μ_n	$0.966\,237\,07(40) \times 10^{-26}$ A·m^2	0.41
康普顿波长	λ_c	$2.426\,310\,58(22) \times 10^{-12}$ m	0.089
磁通量子,$h/2e$	Φ	$2.067\,834\,61(61) \times 10^{-15}$ Wb	0.30
玻尔磁子,$e\hbar/2m_e$	μ_B	$9.274\,015\,4(31) \times 10^{-24}$ A·m^2	0.34
核磁子,$e\hbar/2m_p$	μ_N	$5.050\,786\,6(17) \times 10^{-27}$ A·m^2	0.34
里德伯常量	R_∞	$10973731.534(13)$ m^{-1}	0.0012
原子质量常量		$1.660\,540\,2(10) \times 10^{-27}$ kg	0.59

附录 C　物理量的名称、符号和单位（SI）

物理量名称	物理量符号	单 位 名 称	单 位 符 号
长度	l, L	米	m
面积	S, A	平方米	m^2
体积，容积	V	立方米	m^3
时间	t	秒	s
[平面]角	$\alpha, \beta, \gamma, \theta, \varphi$ 等	弧度	rad
立体角	Ω	球面度	sr
角速度	ω	弧度每秒	$rad \cdot s^{-1}$
角加速度	β	弧度每二次方秒	$rad \cdot s^{-2}$
速度	v, u, c	米每秒	$m \cdot s^{-1}$
加速度	a	米每二次方秒	$m \cdot s^{-2}$
周期	T	秒	s
频率	ν, f	赫[兹]	Hz
角频率	ω	弧度每秒	$rad \cdot s^{-1}$
波长	λ	米	m
波数	$\tilde{\lambda}$	每米	m^{-1}
振幅	A	米	m
质量	m	千克（公斤）	kg
密度	ρ	千克每立方米	$kg \cdot m^{-3}$
面密度	ρ_S, ρ_A	千克每平方米	$kg \cdot m^{-2}$
线密度	ρ_l	千克每米	$kg \cdot m^{-1}$
动量	p	千克米每秒	$kg \cdot m \cdot s^{-1}$
冲量	I	千克米每秒	$kg \cdot m \cdot s^{-1}$
动量矩，角动量	L	千克二次方米每秒	$kg \cdot m^2 \cdot s^{-1}$
转动惯量	J	千克二次方米	$kg \cdot m^2$
力	F	牛[顿]	N
力矩	M	牛[顿]米	$N \cdot m$
压力，压强	p	帕[斯卡]	$N \cdot m^{-2}$, Pa
相	φ	弧度	rad
功	W, A		
能量	E, W	焦[耳]	J
动能	E_k, T	电子伏[特]	eV
势能	E_p, V		
功率	P	瓦[特]	$J \cdot s^{-1}$, W
热力学温度	T	开[尔文]	K

(续)

物理量名称	物理量符号	单位名称	单位符号
摄氏温度	t	摄氏度	℃
热量	Q	焦[耳]	N·m, J
热导率(导热系数)	k, λ	瓦[特]每米开[尔文]	$W \cdot m^{-1} \cdot K^{-1}$
热容[量]	C	焦[耳]每开[尔文]	$J \cdot K^{-1}$
质量热容	c	焦[耳]每千克开[尔文]	$J \cdot kg^{-1} \cdot K^{-1}$
摩尔质量	M	千克每摩[尔]	$kg \cdot mol^{-1}$
摩尔定压热容	$C_{p,m}$	焦[耳]每摩[尔]开[尔文]	$J \cdot mol^{-1} \cdot K^{-1}$
摩尔定容热容	$C_{V,m}$		
内能	U, E	焦[耳]	J
熵	S	焦[耳]每开[尔文]	$J \cdot K^{-1}$
平均自由程	$\bar{\lambda}$	米	m
扩散系数	D	二次方米每秒	$m^2 \cdot s^{-1}$
电荷量	Q, q	库[仑]	C
电流	I, i	安[培]	A
电荷体密度	ρ	库[仑]每立方米	$C \cdot m^{-3}$
电荷面密度	σ	库[仑]每平方米	$C \cdot m^{-2}$
电荷线密度	λ	库[仑]每米	$C \cdot m^{-1}$
电场强度	E	伏[特]每米	$V \cdot m^{-1}$
电势	φ, V	伏[特]	V
电压,电势差	$U_{12}, \varphi_1 - \varphi_2$	伏[特]	V
电动势	$\mathscr{E}$	伏[特]	V
电位移	D	库[仑]每平方米	$C \cdot m^{-2}$
电位移通量	ψ, Φ_e	库[仑]	C
电容	C	法[拉]	$F(1F = 1C \cdot V^{-1})$
电容率(介电常数)	ε	法[拉]每米	$F \cdot m^{-1}$
相对电容率	ε_r	—	—
电[偶极]矩	p, p_e	库[仑]米	$C \cdot m$
电流密度	j	安[培]每平方米	$A \cdot m^{-2}$
磁场强度	H	安[培]每米	$A \cdot m^{-1}$
磁感应强度	B	特[斯拉]	T
磁通量	Φ_m	韦[伯]	Wb
自感	L	亨[利]	H
互感	M, L_{12}	亨[利]	
磁导率	μ	亨[利]每米	$H \cdot m^{-1}$
磁矩	m, P_m	安[培]每平方米	$A \cdot m^2$
电磁能密度	w	焦[耳]每立方米	$J \cdot m^{-3}$

(续)

物理量名称	物理量符号	单位名称	单位符号
坡印廷矢量	S	瓦[特]每平方米	$W \cdot m^{-2}$
[直流]电阻	R	欧[姆]	Ω
电阻率	ρ	欧[姆]米	$\Omega \cdot m$
光强	I	瓦[特]每平方米	$W \cdot m^{-2}$
相对磁导率	μ_r	—	—
折射率	n	—	—
发光强度	I	坎[德拉]	cd
辐[射]出[射]度	M	瓦[特]每平方米	$W \cdot m^{-2}$
辐[射]照度	E		
声强级	L_I	分贝	dB
核的结合能	E_B	焦[耳]	J
半衰期	τ	秒	s

附录 D 地球和太阳系的一些常用数据

表 D.1 地球一些常用数据

密度	$5.49 \times 10^3 \, kg \cdot m^{-3}$	大气压强(地球表面)	$1.01 \times 10^5 \, Pa$
半径	$6.37 \times 10^6 \, m$	地球与月球之间的距离	$3.84 \times 10^8 \, m$
质量	$5.98 \times 10^{24} \, kg$		

表 D.2 太阳系一些常用数据

星体	平均轨道半径/m	星体半径/m	轨道周期/s	星体质量/kg
太阳	5.6×10^{20}(银河)	6.96×10^8	8×10^{15}	1.99×10^{30}
水星	5.79×10^{10}	2.42×10^6	7.51×10^6	3.35×10^{23}
金星	1.08×10^{11}	6.10×10^6	1.94×10^7	4.89×10^{23}
地球	1.50×10^{11}	6.37×10^6	3.15×10^7	5.98×10^{23}
火星	2.289×10^{11}	3.38×10^6	5.94×10^7	6.46×10^{24}
木星	7.78×10^{11}	7.13×10^7	3.74×10^8	1.90×10^{27}
土星	1.43×10^{12}	6.04×10^7	9.35×10^8	5.69×10^{26}
天王星	2.87×10	2.38×10^7	2.64×10^9	8.73×10^{25}
海王星	4.50×10^{12}	2.22×10^7	5.22×10^9	1.03×10^{26}
冥王星	5.91×10^{12}	3×10^6	7.82×10^9	5.4×10^{24}
月球	3.84×10^8(地球)	1.74×10^6	2.36×10^6	7.35×10^{22}

参 考 文 献

[1] 哈里德，瑞斯尼克，沃克. 物理学基础 [M]. 张三慧，李椿等译. 北京：机械工业出版社，2004.
[2] 马文蔚，周雨青，解希顺. 物理学教程 [M]. 2版. 北京：高等教育出版社，2006.
[3] 康爱国，刘红利. 大学物理简明教程 [M]. 北京：高等教育出版社，2014.
[4] 王玉国，康山林，赵保群. 大学物理学 [M]. 北京：科学出版社，2013.
[5] 宋峰，常树人. 热学（第二版）习题分析与解答 [M]. 北京：高等教育出版社，2010.
[6] 秦允豪. 普通物理学教程：热学 [M]. 3版. 北京：高等教育出版社，2011.
[7] 秦允豪. 普通物理学教程：热学（第三版）习题思考题解题指导 [M]. 北京：高等教育出版社，2012.
[8] 上海交通大学物理教研室. 大学物理 [M]. 上海：上海交通大学出版社，2014.
[9] 姚乾凯，梁富增. 大学物理教程 [M]. 郑州：郑州大学出版社，2007.
[10] 贾瑜，沈岩. 大学物理教程 [M]. 郑州：郑州大学出版社，2007.
[11] 赵近芳. 大学物理学 [M]. 3版. 北京：北京邮电大学出版社，2006.
[12] 张三慧. 大学基础物理学 [M]. 北京：清华大学出版社，2003.
[13] 马文蔚，苏惠惠，董科. 物理学原理在工程技术中的应用 [M]. 4版. 北京：高等教育出版社，2015.
[14] 孙洒疆，胡盘新. 普通物理学（第六版）习题分析与解答 [M]. 北京：高等教育出版社，2006.
[15] 梁红. 大学物理精讲精练 [M]. 北京：北京师范大学出版社，2011.
[16] 张汉壮，倪牟翠，王磊. 物理学导论 [M]. 北京：高等教育学出版社，2016.